本书系国家社科基金一般项目"生活世界现象学的文化世界研究"(批准号：15BZX077)的结项成果

国家社科基金丛书
GUOJIA SHEKE JIJIN CONGSHU

现象学视域中的
生活世界与文化

Life—world and Culture
in the Perspective of Phenomenology

张 彤 著

人民出版社

目　　录

导　论

胡塞尔(Edmund Husserl)创立现象学距今已经100多年。胡塞尔现象学的产生是20世纪哲学的重大事件,它对当代人们的精神世界产生了深远影响,对当代哲学作出了杰出贡献。但是现象学绝不仅仅止于胡塞尔,舍勒(Max Scheler)、海德格尔(Martin Heidegger)、梅洛-庞蒂(Maurice Merleau-Ponty)、萨特(Jean-Paul Sartre)、哈特曼(Nicolai Hartmann)、雅斯贝尔斯(Karl Jaspers)、伽达默尔(Hans-Georg Gadamer)、利科(Paul Ricoeur)、德里达(Jacques Derrida)、列维纳斯(Emmanuel Lévinas)等人都展现了具有独特魅力的现象学,而这些人还只是西方世界最广为人知的少数几位。如今,现象学不仅深入数学、物理学等自然科学的基础之中,而且也深入社会学、历史学、伦理学、经济学、心理学、美学、人类学等知识体系当中,从艺术、音乐、文学,到法律、精神分析和医学,再到政治科学、语言学和文化学,等等,都可以发现现象学的踪迹。

胡塞尔自认为而且也被公认为开辟了一种新哲学。他不仅开创了一个新的哲学学派,而且其现象学已经成为一种新的哲学风格、哲学范式和话语体系。还原、构造、意向性、显现等已成为现代哲学的通用词汇,现象学教会我们如何如实地分析和描述事物,从而成为一种新的思维取向和思维方式。现象学主张回到实事本身,正如梅洛-庞蒂所说,"真正的哲学在于重新学会看世界……"①,

---

① 〔法〕莫里斯·梅洛-庞蒂:《知觉现象学》,姜志辉译,商务印书馆2001年版,第18页。

现象学视域中的生活世界与文化

现象学教会我们重返现象,重返我们最初的体验,重返生活世界,这是一种本原性的自我活动,这种本原性的自我活动可以理解为一种直观,通过这种直观,回到我们意识经验原初的某种无中介的原始素材和呈现中。现象学家致力于对这一整块的本原经验进行细致入微的描述,这并不是什么抽象的"原始感觉材料",也不涉及某种神秘的内感知,而是将焦点集中于意识显现和其显现的那些现象之间的本质关系之中。"我思"包含了"我知觉、我记忆、我想象、我判断、我感觉、我渴望、我意愿"等各种不同的意向活动及意向对象,而通过现象学还原,我们就能够把握"纯粹意识"这一绝对物,建立在"纯粹意识"这个新大陆基础上的现象学为传统的哲学研究注入了一种新的热情和原初活力。

数学家出身的胡塞尔起初只是对数学科学存在着缺陷深感不安,因而转入哲学研究,期望哲学可以弥补数学科学基础之中存在着的某些不足,从而使数学和逻辑学等学科成为真正严格的科学。然而非常有意思的是,当胡塞尔转入哲学之后,一生都在进行哲学创作,而远离了数学科学。胡塞尔确立现象学,希望把哲学打造成第一哲学,即一种作为严格科学的哲学。这一哲学理想一直左右着胡塞尔的思维路径,即使他在晚年提出了"生活世界"概念,也只是从另一条道路向他的先验现象学挺进。其实,这种第一哲学的理想在今天看来更像是一个不能实现的遥不可期的梦,也几乎没有人真心愿意跟随他走这条先验哲学的道路。然而,胡塞尔是一个敢于承担责任的哲学家,他一生都坚信,唯有他的先验现象学可以挽救欧洲科学的危机,可以在与实证主义和历史主义的双重斗争中将欧洲从绝望的边缘中拉回来,他希望以一己之力重树理性,重建新时代条件下的新的哲学。

胡塞尔一生的思想发展是一部鲜活的哲学史教程。在系统地阐述胡塞尔生活世界现象学之前先回顾一下这位哲学家所走过的路,不仅是有益的,而且是必要的。因为它可以让我们理解到什么才是原汁原味的纯粹现象学,让我们体会到,从先验还原到生活世界并没巨大的裂隙,也不存在着什么重大转向。迫于欧洲科学危机迅速蔓延和实证主义泛滥的形势，胡塞尔才深刻反思自然科学的主观起源和人性内涵，并将自然科学的起源回溯到生活世界之中。然而，生活世界只是一个起点而非终点，生活世界可以成为我们直达先验现象学的必由之路，因而，在某种意义上讲，并非胡塞尔选择了"生活世界"，而是"生活世界"选择了胡塞尔。

胡塞尔晚年把目光聚焦于生活世界，开启了关于生活世界的研究。生活世界理论被《现象学运动》的作者施皮格伯格（Herbert Spiegelberg）称为"胡塞尔之后现象学历史中最富有创造性的思想"，这是因为生活世界与人的生存经验紧密联系在一起，与人的原始焦虑紧密联系在一起，与人的生活方式、行为方式和思维方式紧密联系在一起，与人的各种文化活动紧密联系在一起。胡塞尔认为，生活世界不仅仅包含了人们的各种实践活动，也包含了人们的各种理论活动，生活世界构成了人们所有活动不可或缺的基本的地平线。人们对世界各种活生生的体验，人们的各种经验积淀，以及人们对世界的各种解释和各种思考，人们的意义构造过程，这些都属于生活世界。因而，生活世界包含着丰富的人性内涵，是一个意义世界，一个文化世界，生活世界能够唤起人们关于一个开端的不断更新的体验，这里涌动着人们的激情和创造，欲望和冲动，希望和理想，包含着人们的爱恨忧伤，无疑，也涌现着知识和真理。生活世界是一个前逻辑的身体性的原初世界，包含着所有知识的源泉，是一种非反思的、始终如一的、处境性的背景和普遍视域，哲学家对生活世界的研究是对开端的研究。胡塞尔说，哲学家永远是初学者，他的现象学全心致力于描述这个开端，生活世界的揭示不仅仅是对活生生的人类生活的揭示，而且还揭示了理性的神秘和世界的惊奇，揭示了社会历史、道德宗教、文学艺术等各门科学的起点。正是因为人类有了社会文化生活，人才具有了精神世界，人才提升为人。

生活世界现象学的重要性并不在于有利于澄清超越论问题，而是成为看待文化世界的一种新视角和新视域。尽管胡塞尔可能并不这么认为，但是，对生活世界的揭示不仅仅是为科学提供一个新的根基,而且也将人类经验扩展到日常生活和社会生活的广阔领域,将世界重新释放为我们自己的活生生的世界。现象学"生活世界"概念揭示了在归根到底的意义上,伽利略式的自然科学的理论动力来源于奠基性的生活世界,只有回溯到鲜活经验的现实生活世界之中,才能摆脱自然科学的观念外衣和概念掩饰,从而展现出生活世界的人性内涵。生活世界现象学同时也意味着在考察某一主题现象的意识时,必须始终对该主题与某一情境之间有一种持续的反思自觉。现象学开启的是一种关于视域的研究,生活世界正是一个永远不会终结的地平线。

胡塞尔极其清晰地表达了现象学的原初立场和必然任务,即哲学并非一种私人事务,哲学家对于人类本身具有一种责任,哲学始终指向当代现实并介入当代世界,指向社会世界,指向政治和伦理,指向历史与未来,因而最终导向的是主体间性的文化世界。主体间性问题在胡塞尔那里无比重要,因为只有向人们证明,从他的先验主体性的构造活动出发,能够恰当地阐明他我问题,而绝不会导致唯我论,才能保证其现象学严格科学的基本立场。但非常遗憾的是,由于胡塞尔热衷于先验还原的方法,这使他不但没有消除存在的困境,反而加剧了先验主体间性的二元悖论难题,从而导致了众多哲学家对胡塞尔的集中批判,这其中包括海德格尔、梅洛-庞蒂、舍勒、萨特等。胡塞尔关于先验主体间性的意识构造学的先验之路让他耗费了巨大的精力和脑力,这其中不乏思想的灵感和闪光之处,但却挽回不了其失败的必然命运,先验主体间性这条道路实际上是行不通的,现象学先验还原的方法在先验主体间性问题上遭到了真正的限制。

而值得一提的是,胡塞尔的一名奥地利学生阿尔弗雷德·许茨(Alfred Schutz)着手解决胡塞尔先验主体间性的理论困境,创造性地开辟了现象学社会理论的一条新路。他在年轻的时候得到了胡塞尔的高度认可,尽管拒绝了胡塞尔希望他做助手的真诚邀请,但是答应胡塞尔继续把现象学研究的事业发展下去。具体来说,许茨发展了现象学的社会理论,他不仅非常熟悉现象学的著作,而且对当代社会科学多门学科都有所涉及,他的学术生涯以韦伯(Max Weber)的社会行动的意义理论作为开端,而胡塞尔无疑给予了他决定性影响。此外,柏格森(Henri Bergson)、威廉·詹姆斯(William James)、舍勒、萨特、梅洛-庞蒂等人也给予他启发。他的理论紧紧围绕着胡塞尔的"生活世界"而展开,因而可以将其称为一种生活世界理论,只不过是一种日常生活世界理论。他在运用现象学分析方法探讨日常生活各主要现象及其社会文化世界时,始终包含着关于主体间性的某些特定理解,在以社会现象为基础进行更高层面的反思中始终关注主体间性充满意义的多种多样的表达方式。当然,作为现象学研究历史中最艰深最复杂也最精妙的问题之一,主体间性问题始终是一个有待进一步探究的主题,成为一种社会分析的奠基性的门径,也成为包含了巨大潜力可充分认识经验的线索。

　　经过深思熟虑之后,许茨把先验主体间性的现象学构造活动放在一边,而将主体间性问题看作生活世界的世间性领域的现象,生活在社会当中,就意味着与他人相互联系、相互影响和共同工作,他人既不需要证明,也不需要推论。现实的日常生活世界已经预先假定了我们关系、你们关系和他们关系,只要我们坚持自然态度,就不会对我们面对的那些清醒而理智的同伴产生怀疑,他人是生活世界的一个原始的材料。这样,许茨就为我们提供了解决先验主体间性问题的一个较好的思路,其理论凸显出一种特殊的意义。而主体间性问题之所以在许茨那里非常重要,是因为日常生活世界具有一种意义结构,这种意义结构是人们以往活动的结果,它指向了历史,指向了文化,指向了人们的各种意图和动机;要想在日常生活世界和社会世界中定位,就必须对这些意义进行解释,就必须手中掌握一定量的知识。而人们对这个世界的知识大都是间接的,它们来源于主体间性,这些知识通过传统文化的链条世代相传。主体间性问题的重要性还在于它构成了生活世界的不同层次和结构,从此在到彼在,从实际可及的领域扩展到潜在能及的区域、可复原的区域和可达到的区域,从纯粹我们关系的世界向同时代人的世界、历史世界和未来世界的延伸,向我们指明了生活世界包含亲近、熟悉、陌生、抽象和匿名等不同层次。这不仅开启了关于生活世界及其社会结构研究的深度，而且促进了现象学与社会学的视域融合，现象学根本性、一般性和持续性的自我反思已经深入社会生活世界的任何一种特定的主题现象，这无疑是对现象学领地的奋力拓展，而同时也丰富了社会学对自身的自我理解。它并不着眼于教条性的概括，而是着眼于对现象世界的各种共同经验作出可能的深刻洞察，因而现象学社会学才会成为一个充满活力、非常新颖而令人激动的研究领域，并日益走向成熟。

而当我们持续关注生活世界现象学这一领域时，就会发现，在此奋力耕耘的开拓者并非许茨一人，古尔维奇（Aron Gurwitsch）与许茨共同开辟了这一新兴的研究领域。二人都受过很好的现象学训练，一个被胡塞尔称为"触及我的生活著作之意义核心的极少数人中的一个"，另一个则被胡塞尔称为"未来最有希望的学生之一"。从 1939 年至 1959 年，在长达 20 年的时间里，这两位社会现象学家持续展开了一场颇具深度的通信"谈话"，直抵现象学阐述最为深邃之处。在这些通信中，不仅有关于胡塞尔现象学的深入交流，而且有对莱布尼茨、康德、舍勒、米德（George Herbert Mead）、詹姆斯、杜威（John Dewey）等众多哲学家的深刻探讨，双方都从对方那里获益匪浅。这些通信不仅成为两个思维活跃的哲学家心与心沟通的充分见证，更是一场彼此双方才思火花碰撞的精彩哲学对白，是一次次思想试验与哲学观念上的"探险"。

在此之后，出现了下一代现象学社会学领域的探索者和拓荒者，他们基本上都是许茨与古尔维奇的弟子、助手和广义的学生，这其中比较著名的有：关注生活世界反思性自我的那坦森（Maurice Natanson），强调社会与生活世界双向互动的社会建构的勒克曼（Thomas Luckmann），转向"生活世界活生生的身体"研究的奥尼尔（John O'Neill），主张在一些必要的限定框架背景之下才可能确立生活世界之中那些较高层面的秩序过程的格拉霍夫（Richard Grathoff），等等。

由此可见，现象学社会学并不是一个独立的学科或学派，也不是一个壁垒森严而与其他学派对立相互攻讦的阵营,而是一个不断前进的全然未经标示的开放的地平线。许茨与古尔维奇所设立的各项原则使这种理论视角的思想之门始终保持着开放的态度,始终吸引着那些富于洞察力的后来的同路人主动地参与进来,并与之进行持续而卓有成效的对话。

从现象学历史的整体脉络来看,法国现象学开启了一条具有生命力和创造力的研究之路,笔者选择了萨特和梅洛-庞蒂作为代表,因为正是他们二人的杰出贡献,才让法国现象学超越了德国现象学,成为20世纪后半叶的哲学主流中最令人怦然心动的一章。萨特以对他人进行出色的心理分析闻名,而梅洛-庞蒂则以对人的知觉分析见长,他抛弃了胡塞尔先验还原的主体性意识哲学范式,将主体与客体、身体与灵魂、物质与精神重新统一于活生生的体验性的生活世界之中,他对现象学进行重新解释似乎正是在述说胡塞尔的临终遗言。不管怎样,正是梅洛-庞蒂和萨特使生活世界现象学焕发出了生机和活力,他们与马塞尔(Gabriel Marcel)、列维纳斯、利科,和后边的福柯(Michel Foucault)、德里达、利奥塔(Jean-Francois Lyotard)、德勒兹(Gilles Louis René Deleuze)、拉康(Jacques Lacan)、亨利(Michael Henry)、马里翁(Jean-Luc Marion)等哲学家共同组成了现象学法国阶段精彩的集体交响乐。

第一章　现象学的基本视域

第一节　胡塞尔与现象学

一、何为现象学

"什么是现象学"是一个既简单又复杂的问题。说它简单是因为可以用教科书里大家都能看到的一句话甚至是一个词来高度概括;而说它复杂则是因为这种回答不是最终的,它向未来开放,没有定论,没有结果,甚至会出现许多相反的观点,相反的论证,以及各种差别巨大的理论形式和范式。

法国现象学家梅洛-庞蒂在《知觉现象学》开篇就说道:"什么是现象学?在胡塞尔的最初著作出版后的半个世纪,还要提出这个问题,似乎是离奇的。然而,这个问题远没有解决。现象学是关于本质的研究,在现象学看来,一切问题都在于确定本质,比如知觉的本质、意识的本质。但现象学也是一种将本质重新放回存在,不认为人们仅根据'人为性'就能理解人和世界的哲学。它是一种先验的哲学,它悬置自然态度的肯定,以便能理解它们,但它也是这样一种哲学:在它看来,在进行反省之前,世界作为一种不可剥夺的呈现始终'已经存在',所有的反省努力都在于重新找回这种与世界自然的联系,以便最后给予世界一个哲学地位。"①

梅洛-庞蒂写这段话的时间是 1945 年,那么,在胡塞尔提出现象学 100 多年,梅洛-庞蒂写《知觉现象学》70 多年以后的今天,重新提出这个问题,仍然有待回答,而且一定会有各种各样丰富的回答。因为胡塞尔开创的现象学研究是一种新的哲学范式,它只是一个开端,是一个持续不断进行的根本的深度的自我反思的尝试。而到了梅洛-庞蒂那里,现象学就不仅仅是一种反思,他要追求的是非反省的各种原始体验,他要重返事物本身,重返现象世界,重返与我们认识之前的那个世界的原始联系,重返我们与世界、我们与他人、我们与事物的交错与交织。因而现象学在每一个现象学家的眼里都有不同的色彩,每一个现象学家都会为现象学增添一些新的内涵,对现象学进行一些新的解释。因此,现象学家们因为教育背景与个人经历的不同,哲学训练的不同,个人旨趣与爱好的不同,哲学思考进路与线索的不同,以及个人理想与精神境界的不同必然带来不同的答案。而我们最应该问的问题是这些现象学家们经过自己深刻而透彻的思考和理论建构,能够把现象学向前推进多少,能够让人们在哲学上获得多少新的启发。

首先,追问这个问题将把我们引向现象学学说的历史,施皮格伯格把现象学看成 20 世纪一场轰轰烈烈的哲学运动,笔者同意施皮格伯格、梅洛-庞蒂等人的观点,认为现象学的核心和灵魂始终是胡塞尔。胡塞尔开创现象学,但现象学家的的确确不只胡塞尔一人,它包括海德格尔、舍勒、普凡德尔(Alexander Puvandel)、雷纳赫(Reinach)、茵加登(Ingaden)、尼古拉·哈特曼(Nicolai Hartmann)、欧根·芬克(Eugen Fink)、兰德格雷贝(Landgrebe)、阿尔弗雷德·许茨、阿伦·古尔维奇,以及以萨特、梅洛-庞蒂、保罗·利科、列维纳斯、亨利、马里翁、德里达等为代表的一支后来居上的庞大的法国现象学队伍。提到 20 世纪的现象学学派,有长长的名字排列在后面等着人们去评论,

---

① [法]莫里斯·梅洛-庞蒂:《知觉现象学》,姜志辉译,商务印书馆 2001 年版,第 1 页。

还有汗牛充栋的文献资料等着人们去翻阅。通过这些公开出版的学术著作与文献，我们看到的是一部庞大繁杂、生动活泼、丰富多彩的现象学的历史，看到的是一座座思想的宝库，它让我们从答案回到问题，让我们思考，为什么这个问题会不断地提出，会不断地寻找新的与众不同的提问方式和回答方式。

其次，对这个问题的不断追问并不是将出发点定位在那些前人规定好了的预定、前置、先见和假设之中。这也是胡塞尔所极力主张的，现象学的口号是："回到实事本身"，现象学反对的正是那些普通大众所习以为常、理所当然、似是而非的日常的观点与理论框架，现象学家认为它们是素朴的，因为它们已经暗含着许多不言自明的东西在其中了，它们经不起现象学家的彻底拷问。现象学追求彻底的无预设性，它希望没有前提就进入哲学，而我们的日常生活、日常实践、日常语言都已经潜藏着一整套的思维方式、参照图式、理解模式与解释框架了，它代表着一种文化、一种世界观或一种生活方式。胡塞尔坚信，任何从事严肃的实际研究的现象学都断然拒绝所有未经省察不言而喻的假设，现象学家们也总是试图从一个绝对的零点重新起步，不带有任何语言、文化和思维的痕迹。胡塞尔直到晚年，还常常称自己是一个初学者，现象学是关于开端的学说，它并不人为地为我们设置理论上的条条框框，或提供严格的逻辑论证和证明，而是努力地试图正确地描述和不带任何偏见地观看，以揭示一般被假定为有效的、真实的东西，在此基础上理解那些处在更高抽象水平上的明证性。为了阐明诸如先验逻辑、判断和意义之类的概念，一个切实有效的方法就是回溯到这些观念和范畴在前述谓的活生生的经验中的起源。

再次，通过不断地追问这个问题，就会发现，现象学既不是一门相对独立的哲学二级学科，也不是一块界线分明的研究领域，它既不与本体论、认识论处于平行地位，也不与伦理学、政治学、逻辑学或美学具有同样的类属地位，毋宁说，现象学是一种新的哲学，一种最原初意义上的做哲学的方式。从古希腊的时候开始，哲学就始终致力于成为一种关于所有事态、所有事情的无所不包、绝对有效的知识，但是到了 20 世纪，随着实证精神的胜利，胡塞尔不无遗憾地说,哲学无可挽回地失落了。胡塞尔的现象学教会我们重新看世界,通过一种本原性的自我活动,希望为传统的哲学研究注入原初的热情,这种本原性的自我活动可以理解为一种直观,通过这种直观,回到我们意识经验原初的某种无中介的原始素材和呈现中。现象学家致力于对这一整块的本原经验或原初现象领域进行细致入微的描述,这并不会导致某种抽象的"原始感觉材料"的理论概述,也不涉及某种神秘的内感知,准确地说,这会把焦点集中于意识显现和意识显现的那些现象之间的本质关系。现象学家们通过积极的直观,以一种描述性的方式,将本质关系及其无中介性,用理论表述出来。

现象学反对构筑任何哲学理论体系,而是从一点一滴地解决基础的哲学问题开始,胡塞尔总是形象地说:"哲学必须有能力将它的普遍命题的大票面钞票兑换成接近实事的细致分析的小零钱。"①通过一种不断的回溯和返回到事物最根本、最细微、最深层的起源的方法,现象学开启了一块新的大陆,而且这块大陆没有终点,没有尽头。这涉及一种态度的彻底改变,它企图抢先渗透到在概念思考之前被阻隔的那些意义层面之中,追求一种彻底的无预设性,这种无预设性不仅要明确地质询与审察各种流行的观念,而且要使哲学达到真正的科学所应该具有的那种严格性和精确性。1906 年,处于内外两方面危机中的胡塞尔写下这段话:"由于缺乏明晰性,由于犹豫不决的怀疑心情,我一直感到十分苦恼。只有一个需要使我念念不忘:我必须赢得清晰性,否则我就不能生活;除非我相信我会达到清晰性,否则我是不能活下去的。"②

最后,现象学总会以各种方式把我们带向包含着丰富多样性的主体间性结构的生活世界。关于生活世界的观念可以回溯到胡塞尔早期的作品,而在

---

① [德]埃德蒙德·胡塞尔:《现象学的方法》,倪梁康译,上海译文出版社 2005 年版,黑尔德的导言第 13 页。

② 转引自[美]赫伯特·施皮格伯格:《现象学运动》,王炳文、张金言译,商务印书馆 2011 年版,第 126 页。

胡塞尔生命的最后 20 年里,主体间性始终是不断萦绕在他脑海中一直挥之不去的主题。在晚年最后一部未竟著作《欧洲科学的危机与超越论的现象学》之中,胡塞尔第一次清晰明确地阐述了关于生活世界的观念,它不仅代表着那个时代的哲学反省的最高成就,而且被后人一代又一代,一次又一次地反复引用、追问和思考。在这部著作中,胡塞尔回溯到了伽利略科学中尚未被揭示的理论源泉,并将这种理论的动力归结于奠基性的生活世界之中,生活世界从此撕毁了自然科学光鲜夺目的理论外衣,而展现出最原始、最丰富、最人性的一面。生活世界开启的是某个视域的研究,并最终导向主体间性的共同的生活世界,这种分析从根本上回溯到最深层的文化根源。20 世纪上半叶,欧洲科学的危机正在悄然来临,其实质是一种文化危机,即一种日益在概念上自足的科学,似乎脱离其自身根基而独立成长,并针对世界开始一种抽象的数学化技术化的征服进程。这种结果导致的是客观性的科学越来越丧失其与活生生的具有生命力的生活世界的原始关联,成为对人来说无意义的虚无。胡塞尔饱含深情地说道:"它严格的科学性要求研究者要小心地将一切评价的态度,一切有关作为主题的人性的,以及人的文化构成物的理性与非理性的问题全都排除掉……人们所依赖的一切生活条件,理想,规范,就如同流逝的波浪一样形成又消失,理性总是变成胡闹,善行总是变成灾祸,过去如此,将来也如此,如果是这样,这个世界以及在其中的人的生存真的能有意义吗? 我们能够对此平心静气吗? 我们能够生活于那样一个世界中吗,在那里,历史的事件只不过是由虚幻的繁荣和痛苦的失望构成的无穷尽的链条?"①胡塞尔在他生命的最后阶段表述了生活世界现象学的基本观念,他希望生活世界不仅能够为迄今为止的所有科学提供一个新的根基,而且还期望在生活世界的基础上重建理性,重建哲学。这也开启了"人类面对活生生的世界应该如何生活"这样一个常新的永恒主题,这也表达了现象学家们的必然使命和一种伦理义务,即对

---

① [德]埃德蒙德·胡塞尔:《欧洲科学的危机与超越论的现象学》,王炳文译,商务印书馆 2001 年版,第 16—17 页。

人类本身的一种责任,哲学并非一种私人事务,它始终指向当代世界和全人类。

处于世纪之交的胡塞尔,面对的不仅是相对主义、历史主义、怀疑论的蔓延,而且还有实证主义、科学主义的盛行,因而胡塞尔一开始就是两面作战,一方面,他要遏制历史主义的"世界观"哲学的威胁,如果任由这种"世界观"哲学的恣意生长,必将把欧洲文明引向虚无主义的深渊;而更主要的方面,他还要与实证主义开战,因为实证主义建立在一种自然主义信仰之上,自然主义对意识进行一种自然化的理解,这种信仰必然导致的是各种悖谬的后果。实证主义以追求科学为己任,但它不能说明的恰恰是客观性本身,这在心理学方面表现尤其突出。现代心理学以实证主义为主导,将人们的心理活动过程与心理活动结果混为一谈,导致的必然是主观主义与客观主义无法协调的一种二律背反的悖论。

哲学并非在一个天才的头脑中一下子就可以蹦出来的装备齐全、系统完美的密涅瓦女神,而是依据明证性和确定性的洞察而不断砌入地基的坚实而稳固的大厦,这个大厦是由一块块砖石自下而上经过数代人的努力探索而逐渐积累下来的,是一层一层地逐渐搭建起来的高耸的建筑物。因而,哲学既冠以形而上学的美名,又保持了严格科学的品格。胡塞尔希望重树欧洲理性,重建"作为严格科学的哲学",彻底地反思哲学的科学特性。他并不是要像他的杰出老师布伦塔诺那样,将哲学发展成一门具体的自然科学,或者运用现代自然科学的方法构造哲学,而是要把哲学发展成为一门真正严格的科学。这门科学实际上并不稀奇,也不是什么新鲜事物,它就是古希腊人所说的一种彻底的没有成见的知识。柏拉图最早就对意见和知识进行了区分,并声言要用真正的知识来代替意见,因为意见因左右摇摆而常常改变,而知识则摆脱了变化着的生活境遇中的主观束缚而成为一种客观而持久的知识,即真理,就像毕达哥拉斯的定理那样。

现象学首先是指一种方法,这也是现象学最初得以成名的立场。胡塞尔试图建立一种哲学新的独特方法,通过这种方法,找到通向真理的一条道路。翻开现象学的历史,不难发现,现象学阵营异常庞大,人物众多,观点精彩纷呈,如果期望用一种连续的观点来把现象学家们的所有思想都串联起来,进而形成一个首尾连贯的体系,那么很遗憾,这个想法注定要破灭。如果说现象学学派成员们存在着某些共同之处的话,那么这种一致之处就在于现象学的方法:"至少在目前阶段上,它的最独特的核心就是它的方法。关于这一点在现象学家中间很少有分歧。"①

胡塞尔最早提出了一种叫作本质直观的方法,他认为纯粹逻辑学与纯粹数学一样,都属于观念科学,研究观念科学需要一种特别的方法,这种方法就是本质直观,胡塞尔在《逻辑研究》之第六研究中,出色地阐明了感性直观与范畴直观的区别:"它们不具有与一个个体的、须通过某个直观来给予的个别性的特定联系,而是以一种总体的方式表达着观念统一之间的联系。"②我看到了白纸、白桌子和白布,但是当我反思"白"本身时,就进入了范畴直观的领域,范畴形式并不是一种实在对象,而是一种观念对象,它们奠基于感性直观之中,是一种二阶对象:"我们也可以将感性的或实在的对象描述为可能直观的最底层对象,将范畴的或观念的对象描述为较高层次上的对象。"③胡塞尔现象学洞察的最后检验就是直观,直观不仅是一种明证性,而且要求人们不带偏见地看,所有的知识都应该以一种明证性的直观作为最后的根据和阐明。

胡塞尔对一门严格科学的无成见的明证性追求必须面对主观的意见与客观的知识二者的张力,他认为已经解决了客观主义与主观主义的这种紧张关系。具体方法是,人们的经验、体验、认识可以是变化的、差异的、多重的,胡塞

---

① [美]赫伯特·施皮格伯格:《现象学运动》,王炳文、张金言译,商务印书馆2011年版,第889页。
② [德]埃德蒙德·胡塞尔:《逻辑研究》第二卷,倪梁康译,上海译文出版社2006年版,第143页。
③ [德]埃德蒙德·胡塞尔:《逻辑研究》第二卷,倪梁康译,上海译文出版社2006年版,第156页。

尔称其为意向活动,而在本原显现中被给予的对象,称其为意向对象,如果说意向体验是主观的、多变的,那么意向对象则是客观的、不变的,这两个方面都是不可相互替代的。认识的具体特征依赖于对象性的种类,"对象的种类与被给予的方式之间的相符性是一个规律,它可以预先被表述为所有经验的绝对普遍性,也就是'先天的'。在加入的被给予方式中自身显现过程中的对象便是'现象',探讨这些现象的科学便叫作现象学。现象在胡塞尔的意义上仅仅是指在世界中'自在'的存在之物,而这个存在之物纯粹是在主观的'为我'的各种情况中所显示的那样"①。

　　关于客观对象与主观被给予方式之间的相关性分析构成了胡塞尔哲学的一个基本起点,早在《逻辑研究》的写作时期,胡塞尔就发现了经验对象与意识的被给予方式之间包罗万象的关系,这使得他深受震撼,而系统地探讨这个"相关性的先天"似乎成了胡塞尔毕生的任务。胡塞尔把明证性作为哲学认识的基础和规范,在对事物进行现象学的分析和描述时,试图将事物的原初面貌真实地显现出来。"如果没有那种通过对实事的接近和把握而得以明了('明见')的认识('直觉''直观'),那么哲学的思维便始终只是空洞的论证和推断。"②依照明证性原则,我们就不会为任何可想象的理论所迷惑,任何理论最终只能从本原的被给予方式中获得真理。因而,哲学所能断言的只能是在本原被给予的直观基础上可能的那些东西。现象学就是一种企图获得明证性的一种方法:"只要这个显现重新又成为现象学哲学的基本课题,人们形式上便可以说:现象学作为方法是一种获得关于明见性之尝试。明见性在这里成为哲学认识的种类和哲学认识的对象的基础。"③

----

　　①　[德]埃德蒙德·胡塞尔:《现象学的方法》,倪梁康译,上海译文出版社2005年版,黑尔德的导言第11页。

　　②　[德]埃德蒙德·胡塞尔:《现象学的方法》,倪梁康译,上海译文出版社2005年版,黑尔德的导言第12页。

　　③　[德]埃德蒙德·胡塞尔:《现象学的方法》,倪梁康译,上海译文出版社2005年版,黑尔德的导言第13页。

因而,胡塞尔将现象学作为一种获得明见性的操作方法。胡塞尔在《逻辑研究》中非常出色地运用了这种方法,这使得《逻辑研究》闻名于世,在当时学术界引起了极大的轰动。我们平常所说的思想,既可以理解为在思维的进行中被思维的东西,即"规定着我们的思维的逻辑规律的一般之物",也可以理解为一种心理过程,而当时的心理主义将被思维的一般之物还原到心理的进行过程,心理活动完全是主观的,而思想,例如逻辑,它们是先天的东西,是完全独立于人们的心理活动的一般之物,它们表现为一种客观有效的规范,它们规定了思维,并成为一般科学认识的基础。因而:"规定着我们思维的一般之物是不依赖于主观认识情况事实的、经验可把握的变化而始终有效的,它具有'客观'、'自在'的成分。"①而心理学正是将先天的思维规律与现代临床心理学的思维活动和神经生理学的自然科学关于事实的经验描述混为一谈,而造成了一种概念上的混淆。

胡塞尔也批评了传统哲学,逻辑规律并不是飘浮在理念王国之中形而上学的神秘之物,而是作为思想产生于思维进程和思维活动之中,逻辑也有它自己的历史。作为具有不依赖于事实的主观进程之内涵的客观有效之物,恰恰只有通过向相应的主观原本的被给予方式的回溯才能获得。"回到实事本身"的这种实事只能在直观的自身被给予方式中的主观进行中原本表现出来。但是,这些客观的逻辑规律一经产生,就具有超越此时、此地和此人的客观的先天的不变的特征。胡塞尔非常有力地批驳了当时盛行的心理主义,它们把逻辑规律看成人的心理过程的一种自然规律,从而混淆了自然科学关于事实的规律与先天科学关于观念的规律的区别。胡塞尔直言,从心理学的命题中无法推论出绝对有效的观念命题,观念的关系与实际的事实真理无关,它们是一种先天的理性真理。胡塞尔令人信服的论证有力地驳斥了心理主义的观点,在他的努力推动之下,这个被心理主义混淆的问题从此得以解决,《逻

---

① [德]埃德蒙德·胡塞尔:《现象学的方法》,倪梁康译,上海译文出版社 2005 年版,黑尔德的导言第 15 页。

辑研究》之后,人们不再争论这个问题。

然而,胡塞尔的反心理学的观点并不是要转向像逻辑那样的"客体",一种反主观主义的客观主义完全误解了胡塞尔的真实意图。胡塞尔虽然强调那些先天之物,但是作为先天之物的实事本身只能到意识中寻找,只能在意识中发生,意识始终是胡塞尔现象学研究的主题,因而,从《逻辑研究》到《纯粹现象学和现象学哲学的观念》(以下简称《大观念》)并不存在巨大的鸿沟,恰恰相反,这里却存在着自然而然的一种过渡。《大观念》的先验转向可以看作实行一种更加彻底的悬置,从而回到人的主观意识当中来为现象学确立一个新的阿基米德点。

但是,回到主观意识当中并不等于是心理主义,胡塞尔一生都在同心理主义进行坚决的斗争。为了不返回到心理主义,胡塞尔跟随他的人生导师布伦塔诺,进一步发展了关于意识的意向性理论。意识在所有的活动中都涉及一个对象,例如,在所有的知觉、期待、欲望、追求、爱、恨、信仰、实践等行为中总是涉及被知觉之物、被期待之物、被欲望之物,如果爱或恨,却没有所爱之物或所恨之物,那是不可想象的。无论是在理论认识中,还是在所有体验中,甚至是在实践中,意识都始终涉及一个极点,即意识具有意向性,意识在其所有的行为中都是关于某物的意识。这当然不是什么新观点,但是,胡塞尔确实赋予了它某种生气和活力,这种意向性不是一种静态的关系,而是一种活的朝向原本性的趋向。具有意向性的意识是一种有意图的追求,即在被体验之物的直观占有中寻求一种满足,在其所有形式中都以此为目的,意识想达到一种明见性的目标。我们不能把意识理解为一片空泛的空洞之物,就像近代哲学所认为的那样,例如,作为白板说,意识也不是一种容器,任由各种各样的事物将其塞满,意识永远都包含了一种主观上的成就,正如马克思所说:"意识在任何时候都只能是被意识到了的存在"①。因而意识是主动的、积极的、有创造性

① 《马克思恩格斯文集》第 1 卷,人民出版社 2009 年版,第 525 页。

的、有活动能力的,意识由各种各样的行为组成,这些行为受到对象的相应种类一般规定性的制约,"这一切都是按照本质上规定的、与先天类型相联系的方式和规则形式进行的"①。而这些对象仅仅在与它相适合的被给予方式中显现给意识,即意识不依赖偶然的经验被给予性,而依赖于本质,"本质的对象规定性各依其相关性先天而符合于与相应的对象相联系的意向行为的普遍、本质的状况"②。这种相关性是一种先天关系,现象学是一门本质之学,现象学不关心个别事实,而关心意识行为中显现的存在区域结构的本质,这些规定是必然、普遍有效的,将意识和其对象的事实特征还原到其基础的本质规定性,这种意识行为的特别运作,胡塞尔称其为本质还原。

胡塞尔把本质还原作为一种基本的现象学方法。现象学家虽然是从个别的事例出发,但却并不束缚在对它们的知觉上,而达到一种绝对的普遍性,因而现象学不是一种关于事实的经验科学,而是一种关于可能的本质科学,通过想象,它可以随意地设想和变更各种事例。哲学一直追求一种总体的认识,但是本质直观还不是对世界总体的认识,"如果现象学是彻底无成见的哲学方法的话,那么胡塞尔必须提出这样的问题,现象学是否并且如何使对世界的认识得以可能"③。在每一个人学习哲学之前,已经具有了关于世界的自然观点,那么,问题在于:人对世界的自然观点如何能够过渡到哲学的观点上呢?人的自然观点中包含着一种存在的设定,但是这种存在的有效性是不稳定的,意识生活总是要充实和证实这些或多或少模糊的空泛的意向,而世界正是作为所有对象的基地而存在着,世界的存在具有终极有效性。尽管人们对世界的意识是潜藏的不明显的,但是它伴随着每一个个别的对象意识,胡塞尔称之

---

① [德]埃德蒙德·胡塞尔:《纯粹现象学通论》,李幼蒸译,商务印书馆 1992 年版,第131 页。

② [德]埃德蒙德·胡塞尔:《现象学的方法》,倪梁康译,上海译文出版社 2005 年版,黑尔德的导言第 19 页。

③ [德]埃德蒙德·胡塞尔:《现象学的方法》,倪梁康译,上海译文出版社 2005 年版,黑尔德的导言第 23 页。

为"视域",即一个以我为中心而指向世界的圆圈,它随我的移动而移动,而世界正是关于"这个无限的最终的地平线"的我的所有信念的总称。

　　尽管我们没有意识到世界,但世界作为一种我们兴趣背后的根基一直发挥着作用,现象学研究正是要将那些同样没有引起普通人注意的被给予方式与世界信仰纳入自己的分析课题。现象学不是直接地指向生活,现象学家并不关注现实存在着的对象,而是关注那些非课题的被给予方式的各种投射以及处于阴影中的视域意识这些主观之物。也就是说,现象学是对意识的反思,这就需要摆脱各种存在信仰、各种生活取向和存在的对象,现象学家要成为纯粹的中立的对外在事物不感兴趣也不介入的冷静分析者,作为数学家出身的胡塞尔形象地用加括号来说明现象学这种反思的态度。"它是某种冷静全然特殊的东西。我们并未放弃我们的设定,我们并未在任何方面改变我们的信念,这类信念始终如是,只要我们不引入新的判断动机:而这正是我们所不为的。然而设定却经历着一种变样,虽然它本身始终是其所是,我们却可以说,'使其失去作用',我们'排除了它',我们'将其置入括号'。"①这是一种对世界中止判断新的态度,通过这种态度的根本转变,现象学哲学与自然的观点区别开来,现象学的方法成为对总体的世界视域的探索:"因此,只有中止判断才使本质直观的现象学有可能转变为一门严格的无成见的哲学方法。"②

　　普遍的中止判断是对自然观点总命题的放弃,它将世界的存在有效性中立化,或者说将世界的存在悬置起来。那么,"如果整个世界,包括我们自己和我们的一切我思都被排除,剩下来的还有什么呢?"③胡塞尔具有以下洞见:"意识本身具有的固有的存在,在其绝对的固有本质上,未受到现象学排除的

---

　　①　[德]埃德蒙德·胡塞尔:《纯粹现象学通论》,李幼蒸译,商务印书馆1992年版,第95—96页。

　　②　[德]埃德蒙德·胡塞尔:《现象学的方法》,倪梁康译,上海译文出版社2005年版,黑尔德的导言第29页。

　　③　[德]埃德蒙德·胡塞尔:《纯粹现象学通论》,李幼蒸译,商务印书馆1992年版,第99页。

影响。因此它仍然是'现象学剩余物'……"①现象学悬置由此得名。即使世界被消除,那么还有某种东西剩余下来,这便是绝对意识或纯粹意识。胡塞尔强调,内在的存在由于奠基在自身体验的明证性基础之上,因而是绝对的、永恒的、不变的,相反,外在的存在由于是一种超验物,因而是相对的、偶然的、变化的:"因此,内在的存在无疑在如下的意义上是绝对的存在,即它在本质上不需要任何'物'的存在。另一方面,超验'物'的世界是完全依存于意识的,即并非依存于什么在逻辑上可设想的意识,而是依存于实显的意识。"②

由此可见,意识不是与世界中事物一样的存在物,而是一个新的存在区域或存在种类,意识已经超越了那些原初的体验,我们的理解要比受各种情况制约的显现中的被给予之物更多,意识具有超出经验的动机,因而意识是不同于世界中对象的绝对存在,正如笛卡尔所说,意识的存在是不可怀疑之物的剩余。"意识的有效性则由于其绝对的给予性而无法删除,就此而言,它是绝对的。"③而悬置则是理解这个绝对之物必不可少的方法。自然态度所见到的只是自然世界,而在现象学悬置的这种新态度之下,我们就会发现一个新的世界——一个不为人知的意识的广阔领域,这种分步骤有条不紊地进行的方法称作先验悬置。"我们有权利把我们还将要讨论的'纯粹'意识称作先验意识和把借以达到此意识的方法称作先验悬置。先验悬置作为一种方法将被区分为'排除'、'加括号'等不同阶段;因此我们的方法将具有一种分阶段还原的特性。"④胡塞尔多次阐明,现象学还原之后,我们并未失去任何东西,只不过把注意力指向"在其自身绝对独特存在中的纯意识":"这就是所探索的余留

---

① [德]埃德蒙德·胡塞尔:《纯粹现象学通论》,李幼蒸译,商务印书馆1992年版,第100页。
② [德]埃德蒙德·胡塞尔:《纯粹现象学通论》,李幼蒸译,商务印书馆1992年版,第134页。
③ [德]埃德蒙德·胡塞尔:《现象学的方法》,倪梁康译,上海译文出版社2005年版,黑尔德的导言第36页。
④ [德]埃德蒙德·胡塞尔:《纯粹现象学通论》,李幼蒸译,商务印书馆1992年版,第101页。

下来的现象学剩余，虽然我们已'排除'了包含一切物、生物、人、我们自己在内的整个世界，严格说，我们并未失去任何东西，而只是得到了整个绝对存在，如果我们正确理解的话，它在自身内包含着、'构成着'一切世界的超验存在。"①

胡塞尔的先验现象学就是在一种先验的意义上而非一种心理学的意义上来理解这种作为意识的存在。前现象学的先验哲学是一种自我异化，因为它们最终无法证明这是不是一种自我幻像，它们或者把人的观念、人的精神与人的心理学直接联系起来，与人的心灵联系起来，胡塞尔说这是一种坏的观念论和坏的主观化；或者直接与物质自然，与客观实在联系起来，实在论尽管为了维护一种客观性的合法地位而陷入一种客观主义的错误，但是胡塞尔恰当地指出了实在论的合理因素，只不过是以一种荒谬的方式把这个经验对象绝对化而使其成为超越性的对象。因而，胡塞尔现象学的观念论并不否认世界的实际存在，它寻求的是要澄清这个世界存在的意义，这也正是哲学家的使命。从一个常人或者说凡俗的观点来看，世界的存在本来就是无可置疑的和天经地义的，是一个不假思索就接受下来的事实，但是哲学家与常人不同的地方在于必须向世人显示出其存在具有的合法性的意义，必须要合理地解释它，这种意义对任何人来说都必须具有一种不可否认的明证性："世界存在着，它在经验中作为一种以普遍和谐的方式持续存在的宇宙而被给予，这是无可怀疑的。"②意识是一个至大无外的绝对领域，而不能将其看作心灵，也不能将其看作一个以物质为根基的局部领域，因而必须从心理学的水平上升到先验哲学的水平，这是一种意义的彻底转变。

现象学作为本质直观的方法，从意向活动—意向对象的意向性关系中揭

① [德]埃德蒙德·胡塞尔：《纯粹现象学通论》，李幼蒸译，商务印书馆1992年版，第136页。
② [荷]泰奥多·德布尔：《胡塞尔思想的发展》，李河译，生活·读书·新知三联书店1995年版，第398页。

示出先天之物。而回溯到这个主观显现之路被胡塞尔称为现象学的还原："它无非是对中止判断的彻底普及化。在普遍的中止判断中被剥夺了其有效性的世界存在暴露出自身是为意识的显现。随着这个还原,现象学的方法在康德所形成的传统的意义上成为先验的方法。"①在《大观念》之后,胡塞尔转向现象学的悬置和先验还原。现象学的悬置和先验还原不仅是一种根本方法,而且扮演着指路明灯的作用,只有经过彻底的先验还原,才能摆脱自然主义和心理主义的束缚,用一种新的视野来看待世界,以一种彻底的方式来阐明相关性问题,进而深入意识深处的"绝对之物"之中。

胡塞尔发现,在这个绝对之物之中,存在着那些在意向的无穷无尽的体验河流中所保留下来的实项部分："这个绝对根源的存在领域是直观的探究可以达到的,并产生着具有高度科学尊严性的、明证性的、无限丰富的知识。"②因而,现象学是一门描述性科学,它不仅要描述各种心理活动,还要描述各种知识是如何构成的,现象学必须从描述心理学过渡到先验现象学。可以有一种心理学的态度,将目光指向各种体验,但也可以具有一种作为本质可能性的、与前者相结合的现象学态度："在进行反思和排除超验设定时转向绝对物,即纯粹意识,并发现一个作为绝对体验的意识状态的统觉……"③我在反思中把我自己作为对象,这个我不是世间的生物,而是一个纯粹的我："在其'纯粹性'中被考虑的意识必定被看成是独立的存在联结体,一种绝对存在的联结体,没有东西可以撞入其内和溢露其外;没有任何东西在时空上外在于它,而且它不可能存于任何时空联结体内,它不可能经受任何物施予因果作用……"④

---

① 〔德〕埃德蒙德·胡塞尔:《现象学的方法》,倪梁康译,上海译文出版社2005年版,黑尔德的导言第31—32页。

② 〔德〕埃德蒙德·胡塞尔:《纯粹现象学通论》,李幼蒸译,商务印书馆1992年版,第149页。

③ 〔德〕埃德蒙德·胡塞尔:《纯粹现象学通论》,李幼蒸译,商务印书馆1992年版,第146页。

④ 〔德〕埃德蒙德·胡塞尔:《纯粹现象学通论》,李幼蒸译,商务印书馆1992年版,第135页。

"'纯粹'在此意味着:任何世界化的客观化都是无法达到的。将世界不再理解为世间的,而是理解为先验的,这是说:思索纯粹的进行的自我。因此,胡塞尔也将它称为'先验的自我'。"①因而,现象学的先验还原是现象学的根本方法,先验现象学是现象学发展的必然和最终归宿。

胡塞尔晚年,仍然越来越执着地痴迷于先验还原的哲学操作活动之中,他不断地赋予还原一种新的哲学使命,正如施皮格伯格所说:"他越来越多地不仅谈论把自然世界还原到纯粹的现象,而且他还补充说,这个还原要还原'到'作为它的'起源'的主体性上……实际上胡塞尔差不多是指派给还原一个宗教皈依的作用。"②

二、胡塞尔与古希腊哲学

胡塞尔一生都在坚信,他找到了 20 世纪哲学的新的阿基米德点,他开启了一种新的哲学。这种新的哲学,以绝对主体性作为其基本的逻辑起点,而通过现象学先验还原的方法,我们就可以回到生生不息的意识活动之中,在这里我们将会发现意向对象与意向活动之间各种奇特的关联。除了《第一哲学》之外,胡塞尔很少谈论哲学史,这似乎给人一个印象,好像胡塞尔对那些经典哲学家不感兴趣,但这是对胡塞尔的一种误解。对于哲学史,胡塞尔确实凭着自己的喜好而有所取舍,例如他对斯宾诺莎、黑格尔几乎绝口不提,而对笛卡尔、洛克、贝克莱、休谟与康德则不惜笔墨。但是他对于哲学的起源、哲学的根本特征以及那些哲学史上的重要观点,有着超出常人的敏感性,当作为数学家的胡塞尔发现数学的基础与哲学密不可分时,他就毅然决然地走向了哲学,而没有再回到数学,他一生都在思考哲学问题,一生都在从事哲学研究。

---

① [德]埃德蒙德·胡塞尔:《现象学的方法》,倪梁康译,上海译文出版社 2005 年版,黑尔德的导言第 39—40 页。
② [美]赫伯特·施皮格伯格:《现象学运动》,王炳文、张金言译,商务印书馆 2011 年版,第 181 页。

　　谈到苏格拉底、柏拉图与亚里士多德这些哲学家,胡塞尔饱含着对古希腊哲学的热爱之情。在他看来,古希腊产生了一门新的学问,那就是作为科学的统称的哲学。这是一件具有世界历史性的重要事件,因为只有在古希腊民族那里,才产生了哲学,而在其他民族,并没有哲学这样一种学问。每一个民族都有自己的文化,有自己的语言,有自己的神话、艺术与宗教,但是唯有在古希腊民族那里,还产生了哲学这样一种新东西。哲学作为一种新事物,尽管在苏格拉底那里还不是很明显,但是到了柏拉图那里,已经具有了科学奠基的意义。苏格拉底的哲学是在反对智者学派的诡辩术的斗争中逐渐发展而来的,他察觉到了模糊的意义与自明性的知识之间的根本对立,他第一个认识到世界上还存在一种理性的普遍方法,这是一种通过沉思而对自身进行澄清的方法,通过这种方法,我们可以通达作为绝对自明性的真理。

　　在古希腊时代人们的观念里,哲学与科学还是统一的,作为爱智慧的哲学不仅仅是对一种实践智慧的爱,更是对一种理论智慧的爱,是一种对纯粹哲学的爱。然而,即使在最繁荣兴旺的古希腊时代,进行纯粹哲学的思考也终究是少数人的特权。但是作为一个开端,它包含了一种思维的新的意向,由此产生了一种新的任务,这种任务穿越了上千年的历史进程,至今仍然焕发着诱人的思想魅力。在那些保留下来的文字残篇中,在那些历史封存已久的文化记忆中,已经开始显露出来与科学的联系,随着时间的增长,这种客观的意义越来越清晰可见。苏格拉底在与智者学派的斗争中,重新树立了科学与伦理知识的真理意义。关于智者学派的观点,我们会产生一种似曾相识的感觉,因为翻开中华文明历史的长卷,在那个早已逝去的思想的灵感火花迸射多发的百家争鸣的春秋战国时代,有许多思想与智者学派的观点何等相似。苏格拉底是一个真正的智者和勇士,他勇敢地与那些智者们展开了激烈的斗争,那些诡辩论者正是对人类正当的理性生活和科学认识的反驳。

　　苏格拉底作为伟大的伦理实践家,更多的是对人类的普遍的理性的伦理生活进行一种彻底说明,因而,在他那里,还缺乏系统的理论的科学的意图。

而到了柏拉图那里,这种新科学的种子才真正开花结果:"在苏格拉底那里,事实上已经有理性批判的基本思想的萌芽形式,它们在理论上和技术上的形成以及最富有成果的继续发展,乃是柏拉图的不朽功绩。"①正如怀特海(Alfred North Whitehead)所说,西方哲学2000多年的发展都是承接柏拉图,都是为柏拉图作注,柏拉图对知识与意见的划分至今仍然具有一种根本性的重要意义。如果说,苏格拉底是有史以来第一个人生哲学家,他的哲学标志着从一种自然哲学向人的哲学转变,那么,柏拉图则将苏格拉底的态度转用于科学,理论的认识、研究与论证不仅仅是一种新的生活方式,而且是一种新的理想的精神生活的追求,这是通过一种辩证法的方式,一种彻底的思考得来的:"真正的理性生活,特别是真正的科学研究和在科学上取得成就的活动,必须通过彻底进行澄清的思考而根本超越朴素态度的阶段,理想地说,必须具备对所有步骤十分充足的正当性证明,而最高的是,必须具有由以洞察所获得的原理而来的正当性证明。"②

哲学思维的产生的一个重要前提是从自然主义观点过渡到哲学观点,真正意义上的哲学,是一种具有反思性的自身自知的人类精神运动,这种精神运动奠基于一个彻底的观点变更基础之上。对于大多数人来说,他们并不具有哲学明察的能力,正如巴门尼德所说:"哲学明察的内在开端就在于,它凌驾于'终有一死的人'的思想方式和行为方式之上……"③哲学不同于大众的各种纷繁多样的观点,而是一种确定性的理性和科学的知识。柏拉图用意见来标示各种各样的自然观点,赫拉克利特曾激烈地抨击多数人,因为他们局限于"我觉得"这样的见解方式之上。这种拘泥于个人的主观的见解基础上的意见阻碍了将自己向真正的知识的完全敞开,而通过对这种局限的克服,人们便

---

① [德]埃德蒙德·胡塞尔:《第一哲学》上卷,王炳文译,商务印书馆2006年版,第41页。

② [德]埃德蒙德·胡塞尔:《第一哲学》上卷,王炳文译,商务印书馆2006年版,第41—42页。

③ [德]克劳斯·黑尔德:《世界现象学》,倪梁康等译,生活·读书·新知三联书店2003年版,第5—6页。

获得了一种总体的目光。正如赫拉克利特所表达的,这个总体不仅仅是一大堆混乱的事件,而是一个秩序,这种秩序可以将各种不同的见解构成一个有机的统一体,借助于这种统一,我们能够发觉到我们生活在一个共同的生活世界之中。这种总体上的知识不仅仅在于收集地理、人种和历史的信息,而且在于一种涵盖着世界的绝对的统一,柏拉图对智者们的批判一个本质方面是认为,他们对特殊世界的有限性的辩护是站不住脚的,哲学家是一种综观者,是能够将全体放在一起观察的辩证法家。人是万物的尺度正说明人看到了如此显现给他的东西,这是一种受境域束缚的显现,每一个人在不同的境域下都看到了一个不同的世界,而唯有哲学家,他的目光并不停留在这个显现者自身所是的东西上面,他超越了这个世界的显现者,而朝向一个可能的更加广阔的世界:"倡导这同一个世界的原初哲学—科学思想的开放性之基础就在于:摆脱那些对特殊世界的兴趣。"①米利都学派曾经以一种无拘无束对求知世界充满好奇的目光向所有显现者开放,这种古希腊人原创的哲学—科学思维准备让所有显现者都显现出来,因为它具有一种沉静的中立的直观的特征,这种批判的观点被亚里士多德规定为理论,这种抛弃了狭隘的特殊世界的观看而保持一种对现象的无限开放的态度无疑是建构性的,它为一代又一代的哲学家们提供了一种不断更新不断改造的对原初哲学的自我理解。

这种更高的追求和更高的兴趣表达了古希腊人的一种坚定的信念。人可以成功地驾驭他的整个生活和全部此在,这种对自身负责的决定最清楚地表露在赫拉克利特的箴言"人的习性就是他的守护神"之中,这里的"习性"是一种对生活完全负责的持续状况,而神灵则是造成人生的幸福与不幸的无法支配的巨大力量的传统的总称,因而关键在于我怎样选择我的生活,我在何种态度和观点下进行生活,而不在于人受无法选择的巨大命运力量的支配。正如柏拉图在《国家篇》所说:"不是神灵决定你们的命运,是你们自己选择了命

---

① [德]克劳斯·黑尔德:《世界现象学》,倪梁康等译,生活·读书·新知三联书店2003年版,第11页。

运。"人应当对自己的生活负责,这尤其表现在社会的共同生活中,赫拉克利特和苏格拉底都把彼此相互谈话中提出的辩论称为"逻各斯",柏拉图以他的老师的辩证法作为一种对自身负责任的基本动机。人应当选择过一种值得过的生活方式,并向其他人作出解释说明,向他们建议选择过这种理想的生活方式,对世界的理论朝向是以对成功的生活的基本兴趣为前提的,而这种成功的生活又是以通过辩论的方式而承担起来的责任的基本决定为前提的。人必须超越他们各自的特殊世界的兴趣,而在一个共同的世界相互遭遇,而后才能在辩论的过程中通过承担自身责任来认真地对待生活。

柏拉图将古希腊人创造的真正的知识和理性的科学这些纯粹哲学的理念系统化,可以说,他是将这些纯粹的理念和真正的理论在哲学上作为最重要的和最根本的课题进行研究的第一人:"柏拉图还是有关方法的哲学问题和科学的创立者,即能系统实现认识本质本身中具有的'哲学'最高目的理念之方法的创立者。"①对他来说,这些真正的存在者成为一种本质的相关物,即一种按一定方式加以联结起来的普遍科学的统一体,在柏拉图的意义上,这就是哲学。因此在这里,一种新的哲学理念出现了,它决定了整个哲学以后的全部发展。从此,哲学不仅仅是一般而言的科学,不仅仅是一种纯粹的以理论认识的兴趣为指向的构成物,而且是一门普遍的绝对的正当的科学,它要求在每一个步骤和每一个方面都达到一种最终的有效性,并且根据一种正当性证明而力求达到这种最终的有效性,这种正当性证明可以被认识者在任何时候当作绝对正当性证明业已完成的洞察加以辩护。而作为哲学家的胡塞尔一生都在时刻铭记的问题正是:我怎样才能成为一个真正意义上的哲学家? 我怎样才能获得自明性? 我怎样才能确保我的思维的每一步骤和每一方面都能够达到一种绝对的自明性?

---

① 　[德]埃德蒙德·胡塞尔:《第一哲学》上卷,王炳文译,商务印书馆 2006 年版,第 42 页。

这就是胡塞尔所说的关于"第一哲学"的理念,它是一种绝对证明自身正当的普遍的方法论,是一种关于一切可能认识的纯粹的先验的基本原理的总体的知识,"因此能纯粹由这些原理演绎而来的先验真理之总和的科学,作为第一哲学,走在前面"①。柏拉图不仅仅想要成为一个科学思维的改革家,作为苏格拉底的得意弟子,柏拉图也同样希望成为一个伦理的实践家。因而他的理论具有一种更加深刻的意义,即人的每一个理性活动最终有效的论证和正当性证明,都是以进行述谓判断的理论理性的形式并以此理论理性为中介而完成的。而人的修养和教化程度要想提升到纯粹的人性高度,就必须以总体上的真正科学的发展为前提,真正的科学是一切合理性认识的场所,人类有才能的领导者和政治家必须从科学中获得他们据以合理规整共同体生活的诸多洞察。因而,一种新的文化理念的轮廓就被勾画出来。在这种文化之中,科学有能力承担起共同体的一切生活职能,哲学家作为一般文化的君主能够承担起这种职能,就像在一个人的内心当中,理智的部分应该承担起统领意志、情感与心理的部分的职能。在这种文化之中具有将人教化为真正的纯粹的人的可能性条件,人可以获得真正的科学,科学是提高并尽可能获得所有其他真正文化的必要手段。这种文化理念规定了,一切真正东西的最后证明,一切具有明见性的判断和认识,都服从科学的规范,通过一种根本的正当性证明,哲学成为一种具有最高合理形态的文化理念。

因而,柏拉图成为一个具有原创文化理念的开创性天才。个别的人必须作为共同体的一个部分来加以考察,这个部分与共同体的其他部分共同组成一个统一的整体来发挥功能,理性的理念不只是个人的理念,也是共同体的理念。柏拉图不仅成为真正合理的共同体学说的奠基者,而且在他那里,哲学成为一种证明为正当的绝对的科学,它能够支持共同体的知识,而共同体的知识

---

① [德]埃德蒙德·胡塞尔:《第一哲学》上卷,王炳文译,商务印书馆 2006 年版,第 43 页。

能够支持每一个个体生活的合理的知识,这样一来哲学就成了一切合理性的基础:"由此就为一种新的人类和人类文化的理念,而且是作为由哲学的理性而来的人类和人类文化的理念,开辟了道路。"①因而,柏拉图的这种严格哲学的思想在某种程度上决定了欧洲文化发展的本质特征、演进趋势和基本命运,科学能够传播到日常生活的全部领域,并且在它发展的所及范围之内,都要求进行这种合理的证明和最终规范的重要性。

柏拉图非此即彼地截然划分意见和知识,反对那种停留在身边最切近的理由的做法,主张在合理而正当的知识那里寻找最终的根据,但是他忽略了一个事实:在特殊世界的局限性与理论世界的开放性之间还存在着一个中间状态的可能性,即那种带有辩解性的意见面对同一个政治世界的开放性。尽管柏拉图在《泰阿泰德篇》中已经引入了"带有辩解性的真正意见"这种知识的第三个定义,但是没有将政治家描述为这种"带有辩解性的真正意见"的人。由于众所周知的原因,柏拉图没有看到政治辩解的远景,没有看到这种意见可能是一种通过它的开放的世界联系而变成具有辩解性质的意见。

胡塞尔在20世纪30年代初计划从现象学上重新恢复柏拉图的国家学说②,尽管胡塞尔的国家肯定不是柏拉图意义上的城邦,而是由哲学家作为国王的国家。柏拉图的思想始终保留在胡塞尔的一个新型国家的遥远目标之中,这种新型的人类国家可以克服现存国家政体的有限性,胡塞尔的这种新型国家理论承载着一种无限性的激情,实际上已经成为现象学的一个负担。因此在面对政治现象时,现象学迄今为止与大部分前现象学哲学一样束手无策,我们在海德格尔和萨特那里都看到了这种政治视野的目光短浅。③ 而这些缺

① ［德］埃德蒙德·胡塞尔:《第一哲学》上卷,王炳文译,商务印书馆2006年版,第46页。
② 参见［德］克劳斯·黑尔德:《世界现象学》,倪梁康等译,生活·读书·新知三联书店2003年版,第17页。
③ 参见［德］克劳斯·黑尔德:《世界现象学》,倪梁康等译,生活·读书·新知三联书店2003年版,第19页。

陷的原因还是应该在哲学上寻找,正是因为某些成见阻碍了他们正确地看待政治现象的目光。如果说现象学要如实反映所看到的东西,要忠实于所有现象,那么这些现象当中也包括政治现象,现象学要成为所有科学的新的基础,就应该构造出一门相应的政治哲学。而且政治现象对于任何一个国家和民族的社会生活都不是可有可无的事情,而是具有核心的意义,那么在现象学上改造了的哲学就面临一个任务,面临一个根本问题,即让生活在自然观点的特殊世界中的人们相信从事哲学是有意义的,哲学能够在众人的意见与真正的合理的科学之间搭起一座随时互通的桥梁。

胡塞尔常常谈到自然态度向哲学态度的转变,他的悬置能够使人从自然观点中解放出来。现象学的悬置是一种特殊的观念化作用,这种操作的要点在于不再关注事实性的事物,而开始转向关注本质性的事物:"我们借助于充分的观念化作用把握和确定那些使我们感兴趣的纯粹本质。在此过程中,单个的事实,一般自然世界的事实性,从我们的理论目光中消失了——正如我们在任何地方进行一种纯本质研究时的情形一样。"[1]一旦进入纯粹意识的领域,或者说是一般意识体验的领域,我们马上就会发现,"我思"包含了"我知觉、我记忆、我想象、我判断、我感觉、我渴望、我意愿"等各种不同的意向活动,而这些意识活动又与人的意识中的对象极发生着本质的关联。正如胡塞尔在《危机》所说,我们不去询问生活世界中的对象与事物是什么,而是转向询问我们的主观意识,询问这些对象和客体的主观的被给予方式,这是通过一种反思而认识到的,我们会惊讶地发现,这里存在着非常令人惊奇的越来越复杂的显现,"这里存在着一些本质关联,它们是延伸得更远的,普遍的先验性的组成部分,在这里显示出一些非常奇特的'关联'……"[2]在反思中,这些令

① [德]埃德蒙德·胡塞尔:《纯粹现象学通论》,李幼蒸译,商务印书馆 1992 年版,第102 页。
② [德]埃德蒙德·胡塞尔:《欧洲科学的危机与超越论的现象学》,王炳文译,商务印书馆2001 年版,第 192 页。

人惊奇的关联越发明显地展现出来,在对事物的各种知觉活动中,包含着非现前的,但却共同起作用的显现方式和有效性的综合的整个地平线,它们包括流逝的东西的连续性,人的意识主观能动的回忆和期望,而且还有被动的滞留和前摄,各种被给予方式又与我的动觉、我的身体运动结合在一起,而在主体间性的相互理解中,我的体验和体验获得物又与他人的体验和体验获得物神奇般地发生着关联,这迫使我们不断地去询问新的相互关联,这些相互关联又与已经显示出来的相互关联不可分割地结合在一起……因而,现象学开辟的是一个全新的研究领域,在其中,哲学的新的阿基米德点显露出来。

这样,胡塞尔就为自己设定了一种新的历史使命,那就是面对欧洲科学的危机,批判被伽利略引入歧途的近代客观主义思维方式,这种客观主义思维方式已经成为现代社会政治生活的厄运和全部精神生活的悖论的总根源。因而,我们在胡塞尔那里,看到了一种拯救科学危机、重塑理性的雄心壮志,他饱含着对古希腊哲学的一种强烈的爱,他以一种哲学家的历史使命感投入新哲学的建设之中,为了一种真实的意义、一种真正的哲学和真正的人性而奋斗:"这个自希腊哲学诞生起欧洲人就固有的目标,即想成为由哲学理性而造就的人,而且只能作为这样的人而存在……"①在古希腊民族那里产生的关于人类本身本质中包含着的"隐得来希"的学问,绝不是在人类文明历史中的一次偶然发现的获得物,而是人类本身与生俱来的普遍理性的历史运动。因而,胡塞尔强烈地意识到了自身所具有的责任感和历史任命感,一定要把这种绝对哲学的理念传承发展下去,以使真理的意义不再成为一种胡闹:"我们不能放弃对作为任务的哲学的可能性所抱的信念,即对于普遍认识的可能性的信念。我们知道,我们作为严肃的哲学家承担着这项任务。"②胡塞尔在 20 世纪这个

---

① [德]埃德蒙德·胡塞尔:《欧洲科学的危机与超越论的现象学》,王炳文译,商务印书馆 2001 年版,第 26 页。

② [德]埃德蒙德·胡塞尔:《欧洲科学的危机与超越论的现象学》,王炳文译,商务印书馆 2001 年版,第 28 页。

怀疑主义、相对主义、实用主义、实证主义、历史主义泛滥的年代,希望重新确立起哲学的理性信念:"我们切不可为了时代而放弃永恒……"①他认为只有通过哲学,人类才能真正实现理想,真正走向幸福的美好未来,人类的存在具有目的性,理性王国是他的终极目的,在这个过程中,哲学家将成为人类的公仆,而胡塞尔则成为古希腊人苏格拉底与柏拉图的真正传人。

第二节　胡塞尔现象学的发展

一、布伦塔诺——胡塞尔哲学的起点

胡塞尔开创了一门新的哲学——现象学,那么了解胡塞尔思想的起源与发展,不仅可以更深入理解现象学,而且能够洞察胡塞尔思想发展的脉络,获悉胡塞尔是怎样从早期的思想一步一步走向赋予生命力和创造力的生活世界现象学。胡塞尔的早期哲学受布伦塔诺的影响最大,胡塞尔哲学的一个重要概念"意向性"就来源于布伦塔诺。在胡塞尔的第一部哲学著作《算术哲学》中,首次使用了"物理现象"和"心理现象"的概念,这种区分也来源于布伦塔诺。布伦塔诺在《从经验立场出发的心理学》这部著作中写道:"我们的整个现象世界分为两大类,即物理现象与心理现象。"②他认为心理现象与物理现象不同,其中最重要的性质就在于心理现象是一种具有意向性的存在,毫无疑问,意向性是心理对象最重要的特性。"因而,我们可以把一个对象的意向的内存在看作是心理现象的一个普遍特征,而这种特征把这类现象与物理现象区分开来。"③

---

① ［德］埃德蒙德·胡塞尔:《哲学作为严格的科学》,倪梁康译,商务印书馆1999年版,第64页。
② ［德］弗兰兹·布伦塔诺:《从经验立场出发的心理学》,郝亿春译,商务印书馆2017年版,第93页。
③ ［德］弗兰兹·布伦塔诺:《从经验立场出发的心理学》,郝亿春译,商务印书馆2017年版,第108页。

　　"意向性"概念最早来源于中世纪的经院哲学,它用关于某个对象的意向存在来指示任何心理现象,"每一心理现象都被一种东西所标识,中世纪经院哲学家称这种东西为关于一个对象的意向的(即心理的)内存在……"可以说,每一个心理现象都包含着作为其内部对象的某物,如某物呈现,某物被一个判断肯定或否定,某物被爱或被恨,等等。意向性的存在与精神中的存在、内在的对象性的意思基本相同,布伦塔诺把"意向性的"这个哲学概念用作描述一个内容的形容词,正是由于布伦塔诺和胡塞尔的工作,"意向性""意向的"概念才在现代哲学上广为人知。意向性成了意识的一种独特的属性,即对象的指向性。

　　但是,意向性还有另一层涵义,即对象的内在性,这与最初经院哲学的意义非常相近,意向的对象意味着内在的对象,它与实在的相反,它意味着某个对象在认识者那里的存在方式,应当与心灵之外的实在对象区别开来。布伦塔诺自身也意识到了他对经院哲学的继承与依赖关系,意向性这个概念在他那里首先指的是那种内在于意识的对象的存在方式,胡塞尔也注意到了布伦塔诺的这个观点,也在这个意义上使用意向性概念。①

　　布伦塔诺的哲学贡献不仅是把"意向的"这个概念与"指向性"这种表述联系在一起,他的独创性还表现在初步指出了一种意识活动,如表象活动、判断活动,这是某种活动所具有的特别属性,而这些活动是一切其他活动赖以存在的基础。根据表象、判断和欲望概念,心理现象与物理现象区分开来,一切心理现象都是以表象为基础的,"我们通过感觉与想象获得的每个表象都是心理现象的一个例示"②。表象不是指被表象,而是指一种表象行为:"这种表

　　①　参见[荷]泰奥多·德布尔:《胡塞尔思想的发展》,李河译,生活·读书·新知三联书店1995年版,第46—47页。
　　②　[德]弗兰兹·布伦塔诺:《从经验立场出发的心理学》,郝亿春译,商务印书馆2017年版,第94—95页。

象行为不仅构成判断行为的基础,而且构成欲求以及每种其他心理行为的基础。"①布伦塔诺希望将意向性的概念作为某种心理学著作的主题,从而厘清心理学和自然科学的界限,"这种意向的内存在是心理现象所专有的特性。没有任何物理现象能表现出类似的性质。所以,我们完全能够为心理现象作出如下界定:它们是在自身中意向地包含一个对象的现象"②。而胡塞尔前期的"描述心理学"概念正是出自布伦塔诺的一个想法,即要寻找把心理现象和物理现象区别开来的一个标准,因而意向性既可以指意识的一种对象指向,也可以指一种心理活动。

布伦塔诺是一个出色的神学家,同时也是一个具有历史使命感的哲学家,这种历史感是什么呢? 依据施皮格伯格的说法,是要促成一次哲学的普遍革命,即要完成对哲学进行科学改造,以造福人类。布伦塔诺非常善于教学,听过他的课的学生都对这位教授留下了深刻的印象,用胡塞尔自己的话说:"由于听了布伦塔诺的课程,才使我获得一种确认,即哲学也是一个严肃工作的领域,哲学也能够以严格科学的精神去研究,因此应该这样去研究。这种确信使我鼓起勇气选择哲学为终生的事业。"③布伦塔诺对他所从事的事业的那种激情,已经强烈地影响了他的学生以及他的同时代人。由此可以看到,一个教师的言传身教多么的重要,他往往会影响到他的学生的未来选择和职业取向。

然而,对布伦塔诺和胡塞尔的哲学进行一番比较却是一件非常有意思的事:"我们看到布伦塔诺的思想也经历了某种发展。将其最初哲学与胡塞尔后期哲学进行比较无疑是哲学史研究中最值得关注和最为生动的一章。在将

---

① 〔德〕弗兰兹·布伦塔诺:《从经验立场出发的心理学》,郝亿春译,商务印书馆 2017 年版,第 95 页。

② 〔德〕弗兰兹·布伦塔诺:《从经验立场出发的心理学》,郝亿春译,商务印书馆 2017 年版,第 106 页。

③ 转引自〔美〕赫伯特·施皮格伯格:《现象学运动》,王炳文、张金言译,商务印书馆 2011 年版,第 121 页。

近40年中,几乎任何方面的进展都代表着与布伦塔诺最初理想的决裂。因此,在布伦塔诺1874年的实证论与胡塞尔后期的观念论之间的确有一条胡塞尔所说的'深深的鸿沟'。"①

胡塞尔早期将其学说定义为描述心理学,这与布伦塔诺关系密切。下面看一看在布伦塔诺学说中发生心理学和描述心理学指的是什么。布伦塔诺在《从经验立场出发的心理学》中认为,发生心理学是要对并存法则和连续法则进行概括和解释,遵循一种归纳程序可以把一般法则确立为一般事实,发生心理学不仅是阐释的和归纳的,而且是心理的和物理的。因而,心理学是一门出现相当晚的科学,科学产生的秩序如下:数学、物理学、化学、生理学和心理学。但是布伦塔诺清醒地看到了心理现象和物理现象之间的根本差异,当我们注意到内心现象时,心理现象便构成了一个全新的世界,心理现象与物理现象是完全异质的,物理科学的任务是借助于外部世界的存在而阐释知觉内容的并存和连续关系,这是一种外部的依赖关系,而心理的领域是一种自主活动,在这里,除了外部的刺激以外,还存在着一种对生理有机体内部的依赖关系,如对身体血液循环系统和大脑的依赖。因而,布伦塔诺的发生心理学是一门经验科学。

关于实在对象与意向对象二者的关系,构成了胡塞尔师从布伦塔诺思想的重要内容。对于布伦塔诺来说,实在对象就是物理学的对象,它外在于我们,物理学概念是一些理论的构造物,物理学是一门经验性科学,而意向对象是认知者内在显现的对象,与实在对象的存在相对立,意向的对象只与意识发生联系,而与外在的实体相分离。这是布伦塔诺的一个主要观点,经院哲学认为实在对象与意向对象之间存在着某种内在联系,而布伦塔诺则几乎完全断绝了二者的联系,实在对象是真正的存在,它们是不显现的,而意向对象不是真正的存在,它们是显现的。布伦塔诺认为,意向对象就是知觉的终端:"这

① [荷]泰奥多·德布尔:《胡塞尔思想的发展》,李河译,生活·读书·新知三联书店1995年版,第488页。

里不存在通过现象而指向实在的思想。"①因而我们认识的就不再是实在对象,而是内在对象,意向对象是我们所认识的直接的唯一对象,因而,实在对象是物理学所要解决的问题,而意向对象是心理学所要解决的问题。胡塞尔基本上赞同布伦塔诺的观点,认为意向对象是一种内在对象,描述心理学主要的目的在于描述这些心理内容与其结构关系,反对贝克莱"存在就是被感知"的观点,而关于内在对象与外部世界的关系问题,在这里可以说不置可否。

布伦塔诺的描述心理学是要对现象进行描述和阐释,但是他这部分并没有写完,只是匆匆地写了一个导论性质的短短的准备性描述。这种描述心理学强调一个非常重要的因素:"即它的全部观念都要根据直观来加以检验。"②而这无疑深深地影响到了胡塞尔,发生心理学可以使用假设的概念,而描述心理学则不存在这样假设的概念,在描述心理学中任何观念都必须通过直观来加以证实和澄清,因而描述心理学是一种对根源的分析,我们必须深入内知觉中去探求观念的根源,例如善的观念就来源于一种具体的直观的内部现象。布伦塔诺晚期成就尽在描述心理学之中。这种根源分析可以确定规范科学中真善观念的先天法则,这些先天法则纯粹以概念为依据,不是以归纳的方式确立的,而是一种先天的确定性。根据"意向性"的定义,任何一种心理现象都具有一个内在内容也是先天的法则。因而,描述心理学不是一门经验科学,而是一门先天科学。因而,尽管布伦塔诺曾经是多么地被自然科学的动机所指引,但是他后期的描述心理学是一门独立于物理学和生物学的纯粹心理学,它已经非常接近胡塞尔纯粹的精神科学的概念了。

---

① [荷]泰奥多·德布尔:《胡塞尔思想的发展》,李河译,生活·读书·新知三联书店 1995 年版,第 47 页。

② [荷]泰奥多·德布尔:《胡塞尔思想的发展》,李河译,生活·读书·新知三联书店 1995 年版,第 56 页。

因而,我们看到布伦塔诺思想前后期存在着多么大的差异,青年布伦塔诺为自然科学的精神所倾倒,他相信把自然科学方法运用于哲学心理学,就会使哲学真正达到一门精确科学的目的。布伦塔诺对于黑格尔和谢林的态度就像伽利略的新科学对于文艺复兴时期混乱的自然哲学的态度那样,他希望通过一门生理的物理的心理学的引入,真正实现严格科学的哲学理想,这种心理学既可以实验,也可以用经验证实,因而没有人能够否认它的科学性。"这是人们长期以来孜孜以求并最终成为现实的科学心理学。通过这门科学,逻辑、认识论、美学、伦理学和教育学最终获得了它们的科学基础,事实上,它们已经处于转向实验学科的路途之中。此外,严格心理学显然是一切精神科学甚至形而上学的基础。当然,对于形而上学来说,这种心理学还不是唯一的基础,因为物理学也承担着为这门关于实在的一般理论提供根据的任务。"①而在布伦塔诺晚年,他认识到用自然科学的方法来确认规范的精神科学不仅是对自然科学方法的滥用,而且是一个严重的错误,自然科学只能告诉我们事实,而无法提供给我们应该怎样,他也反对用一种归纳的方法作为历史科学的根据,历史科学不是一种关于事实的科学,而是一门规范的精神科学,"因此,确立规范科学是描述心理学独一无二的任务"②。

二、胡塞尔在《算术哲学》时期的观点

布伦塔诺的早期思想给予胡塞尔以决定性影响,但胡塞尔还是遵循着自己的哲学道路一步步地向前走。布伦塔诺划分了物理现象和心理现象,而作为数学家出身的胡塞尔更关心的不是一般现象的分类而是对关系的分类,他

---

① 转引自[荷]泰奥多·德布尔:《胡塞尔思想的发展》,李河译,生活·读书·新知三联书店1995年版,第489页。

② 转引自[荷]泰奥多·德布尔:《胡塞尔思想的发展》,李河译,生活·读书·新知三联书店1995年版,第490页。

在对复数概念的分析中获得了一种更加深入的直观。例如,一些物体以一种集合关系组合在一起时,复数便产生了,比如连接词"和"就是如此。各种关系包含其关联者的方式是不一样的,这就把诸种关系分别开来。心理关系中的关联者是以意向性的方法被包含的,这就是说,心理的某种活动,比如说观看或意愿,包含其特定的内容,即观看活动已经包含了观看的东西,意愿活动已经包含了意愿的东西,这与物理现象特性的关系显然不同,诸如广延、性质、连续、颜色等特性,它们与某种表象内容是直接关联的,但是如果表象内容是一种心理关系,这种内容就只能在心理活动中被察觉到,这也表明了心理活动是一种反思的产物,因为我们总是意向性地指向了某个东西,而忽视了对这种活动本身的关注。

因而,这种意向性地包含其内容的心理活动是一种高阶活动。胡塞尔在《算术哲学》中出色地分析了这种活动,在集合关系中,一种活动是以另一种活动为基础的。"首先,要有一种包含每个有待联结的内容的初阶心理活动,随之而来的是一种将全部这些活动包含于自身的高阶活动。这些'二阶'活动是那种'再次指向心理活动并仅仅以此为中介来扩展原初内容'的活动。由此便在全部彼此有别的活动中出现了一种统一的理解。"①二阶活动间接包含着它们的对象,因为这些对象是初阶活动的内容,因而,只有以初阶活动为中介,它们才成为高阶活动的内容。这个观点几乎贯彻了胡塞尔现象学的始终,《逻辑研究》关于范畴知觉的理论,《大观念》关于多义性活动的理论都在不断地延续这个主题。

在《算术哲学》中,意识的内容和活动共同构成了一个统一体,胡塞尔称其为"心理整体",意识内容和意识活动处在一个共在状态,意识是一个整体,而内容则是部分,作为一个整体的意识状态可以同时包含活动和内容,胡塞尔有时甚至把意识内容称为意识的附庸。因而,表象一词就显然具有了模

---

① [荷]泰奥多·德布尔:《胡塞尔思想的发展》,李河译,生活·读书·新知三联书店1995年版,第12页。

糊性,它一方面可以指意识活动,比如说爱、恨、期望等;另一方面也可以指意识的内容,即表象的对象。胡塞尔后来明确区别了被体验的内在内容和被把握的超越对象这二者的区别,因而,一方面活动和内容具有全然不同的异质的领域,另一方面二者又都在意识之中。胡塞尔在《算术哲学》中还将意识的内容划分为两种类型,一种是抽象内容,另一种是具体内容,比如,关系就是一种抽象要素,它们的基础是具体的内容,除关系之外,属性也可以被称为一种抽象。关于这种抽象和具体的内容的差别,胡塞尔以后对此进一步加以研究,他由此追溯到施通普夫(Carl Stumpf)对独立和非独立的内容所作的区别,一个独立的内容是那种始终保持不变的内容,这种独立性是非独立内容的基础,具体内容是独立的,而抽象因素则意味着是非独立的,例如,某物的颜色和广延是抽象的,而一个桌子的一个角和一个马的头则是独立的。胡塞尔在《逻辑研究》和《大观念》中将这种区别置于本质分析的部分加以进一步深化。

关于形式的或范畴的性质是《算术哲学》的另一个重要问题,《算术哲学》的一个主要目的就是分析复数概念的根源,复数是怎么来的呢? 这些量的共同性的抽象基础又在哪里呢? 复数显然不在于被集合物的具体内容,具体内容的改变并不影响复数,正方形、月亮和中国可以构成一个复数3,石头、火星和地球同样可以构成一个复数 3。胡塞尔认为,将这些具体的事物联结成复数,依赖于一种人的精神活动:“即这些对象是由一种特殊的主体活动来联结的。”①因而事物与事物的关系不是内容的一部分,而是应该将其归结为一种更加高阶的活动,这实际上是一种精神上或心理上的活动,胡塞尔把复数概念称为一种形式或范畴,这些形式或范畴是最抽象最普遍的也是最空洞的,它们无一例外可以指向所有内容。数并不能从外表上被知觉,数并不是一个物理现象,而是与人的心理密不可分,因此复数概念

① [荷]泰奥多·德布尔:《胡塞尔思想的发展》,李河译,生活·读书·新知三联书店1995年版,第25页。

的根源只能在对集合活动的反思中才能发现其抽象基础。胡塞尔有时称集合关系为一种心理关系,这种高级的活动所引起的关系只存在于主体方面,高阶活动是基于那种意指这些对象的低阶活动基础之上的。在《逻辑研究》中,胡塞尔发展了他的对象理论,即认为每一个活动都有一个关联者,形式的和范畴的对象的内容是一些更加稳定牢固的对象,因此才可以称其为分析的和先天的判断。这也是胡塞尔经常谈到的范畴直观和知觉到的观念的对象。

关于数的概念,胡塞尔有些犹豫。胡塞尔最初认为,精神的活动并不制造关系,而只是由于某种兴趣的缘故而关注某物,因而认为心理活动是创造出了某种与其自身不同的新的内容的活动,是一个心理学的谎言,但是在《算术哲学》中,他又肯定了高阶活动的创造作用。可以说,数既是创造物又不是创造物,就精神的自发性作用而言,数可以称为一种精神的创造物,但从另一方面来讲,认为数乃我们创造的是一个比较夸张的说法,因为数本身就存在,只不过是等待我们发现罢了,这种精神活动并没有创造出新的原初内容。胡塞尔最终认为,作为高阶活动的精神活动并没有它自己的内容,这种活动只是间接地具有内容,即它的内容是从它们赖以为基础的低阶活动借来的,因而这种活动只有在反思中才能知道。胡塞尔在写《算术哲学》阶段,还并没有发现意识的意义赋予作用,因而并没有进行意识活动与意识对象的关联性研究,只是认为意识活动依据其对象的不同而不同。

胡塞尔接受了布伦塔诺的观点,认为内知觉才是真正的知觉,因为它借助于直接的内在明证性而被知觉,这种内在明证性是我们所有知识的最终基础,"对于内知觉对象的实存我们具有直接明见所提供的清晰知识和完全确定性"①。但是胡塞尔并没有像布伦塔诺那样,把外知觉看成假象,他只是把研究限制在心理学研究的内在内容之上。胡塞尔还认为,外知觉存在着明证性

---

① [德]弗兰兹·布伦塔诺:《从经验立场出发的心理学》,郝亿春译,商务印书馆2017年版,第17页。

程度的不同,比如,当我们看到一个桌子,对桌子的正面的知觉来说是充分的,而对它的其他侧面的知觉就不是充分的。后来,胡塞尔放弃了布伦塔诺对知觉一词的内外二分,他认为在内外两种知觉中都包含了相同的意义,我们不能有时在观察的意义上使用它,有时在反思(附加意识)的意义上使用它,因而这是一个不能在现象学基础上得到辩护的虚假理论。

在《算术哲学》发表后不久,于1894年写的一篇《基本逻辑的心理学研究》的文章中,胡塞尔表述出来一种新观点。他发现有两种全然不同的意识方式,一种是感性地直观到事物的内容,另一种是并没有直观它,而是引向了一种符号,作为一种直观物的替代品,我们理解了这个词并把它用于我们的语言之中。这些替代活动的特征是它们指向非内在内容,也就是说,我们只是以某种方式单纯地意指替代物,尽管这种活动并没有实际包含内在显现的对象,但是我们相信如果想转换为这个对象的直观,就必定能够拥有这个被替代的对象本身,这就是胡塞尔所说的意识的充实,即最初空泛的意向最后达到了目标。未充实活动通过这一充实过程形成了一个统一体,这种活动的综合使我们既可以占有所指对象,也可以进行替代性的表象。这是对布伦塔诺意向性理论的重要发展,布伦塔诺也意识到了各种显现样式,同一对象既可以直接地清晰显现,也可以间接地模糊显现,胡塞尔则将重点指向了对象的显现方式,通过对象的显现方式我们才了解这个对象,这一切都是由主体方面的变化所造成的,与主体的变化相适应,对象方面也发生了某种变化。对于胡塞尔来说,物理的东西是通过主体的不同态度和兴趣而指向某物,因而物理的东西也具有了各种各样的文化意义。事物对于我们来说意味着什么取决于意识对它们采取的态度,正是意识赋予了事物以意义。"我们在这里看到了'构成'概念的诞生,它被理解为'意义赋予',它至少使相关性分析在原则上成为可能。通过一种新的意识样式,单纯的声音组合变成了一种承载着意义的表达。"①

---

① [荷]泰奥多·德布尔:《胡塞尔思想的发展》,李河译,生活·读书·新知三联书店1995年版,第18页。

因而,早在《逻辑研究》之前,胡塞尔就开始了知觉理论研究,并将各种意识形式的分析依赖并归结为主体性原则。

因此胡塞尔早期与他的导师布伦塔诺一样,其意向性表明的是心理现象与物理现象的区别性,这些内在对象是感性知觉的唯一内容,而胡塞尔受数学的低阶—高阶关系的启发,认为人的某些精神活动是一种高阶活动,这些高阶活动与那些感性知觉的低阶活动不同,没有相应对象,但却是低阶活动所不可企及的,这种观点直接导致了胡塞尔的范畴知觉理论和本质直观学说。就意识与这些内在对象的关系而言,似乎意识是被动接受这些对象的,在这里,还没有提到意识的创造和意义赋予问题,但是胡塞尔仿佛又看到意识并非对内容的消极占有,并越来越感到意识对对象的出现可能具有影响。

三、《逻辑研究》——20 世纪哲学的阿基米德点

胡塞尔深受布伦塔诺的影响,认为哲学是对规范科学的基本概念加以描述性的澄清,哲学的任务就在于澄清科学的基本概念,从而为逻辑学、心理学、美学和伦理学等诸多科学奠定一个坚实的基础。因而,胡塞尔尽管出身于一个数学家,但是当他发现数学的基础需要哲学加以规范时,他一生都在进行一种哲学研究,而没有再回到具体的自然科学研究之中。他认为,尽管数学在近几个世纪中硕果累累,但是算术的基本观念缺乏明晰性,算术本身是不完善的,需要哲学加以补充,因而哲学可以被看作对数学科学基础所作的批判,只有回到源头上去,从那些最基本的观念分析入手,最后才能达到抽象的符号观念。《逻辑研究》便是以澄清逻辑的基本概念为主旨,芬克称他的导师是"擅长反思和分析的天才",胡塞尔从事的是对意识进行活体解剖的工程,他揭示了令人惊奇的意识现象,展现了出色而细致的哲学分析能力,为世人描绘出了意识的无穷丰富性和多样性,这部长篇巨著曾得到了海德格尔高度的评价,也奠定了胡塞尔在当代西方哲学界的重要地位。

胡塞尔提出了纯粹逻辑学的概念,以区别于作为规范学科的逻辑学的概

念,后者是具体的实践科学,是心理学的逻辑学,或者说是实践心理学的一部分,而前者则是一门独立的科学,与所有心理学无关。纯粹逻辑学所提出的命题是强有力的,因为这些纯粹的逻辑规律是本质性的,对于所有人都适用,关于这些命题人们所作出的判断并不在心理学之中,它们是一些先天的判断:"而哲学的任务在这里和以往一样,都在于:在将目光超越出技术性的东西……之上的同时,去认识那些合理的基础和联系。"①他在写《算术哲学》的时候认为,对演绎科学的逻辑学的哲学阐明必须寄希望于心理学,但他又对心理学的奠基活动感到非常不满意,特别是对思维的心理联系如何过渡到思维内容的逻辑规律上无法找到一种连贯性和清晰性,这就使胡塞尔用心理学来分析现有科学的逻辑基础的信念发生了动摇,从而使其对逻辑学的本质产生了重新的认识。

穆勒(John Stuart Mill)曾经指出,关于逻辑学的定义和对它的探讨,存在着巨大的意见分歧,许多人都用同样的语言表述着不同的思想,胡塞尔同样认为,至今为止关于逻辑学的定义及其各种逻辑学说的内涵缺乏统一性。面对科学的这种软弱无力的现状,胡塞尔清醒地认识到,目前存在着对领域划界工作混淆的危险性倾向,各种各样的异质性理论被混合在一起,并被误认为是一个统一的整体:"这种不被人注意的'向另一个维度的超越'会造成最有害的结果:确定错误的目标;运用与学科的客体不一致、因而根本错误的方法;混淆逻辑层次,以至于那些真正基础性的定律和理论在最奇特的伪装下作为次要的成分和顺带的结论徘徊于完全陌生的思想之间,如此等等。"②尤其是奠基于心理学的当代逻辑学正处于这种极端的危险境地之中,逻辑学发展所受到的阻碍正是来自对理论基础的误解以及由此而导致的对领域的混淆。

---

① [德]埃德蒙德·胡塞尔:《逻辑研究》第一卷,倪梁康译,上海译文出版社2006年版,第28页。

② [德]埃德蒙德·胡塞尔:《逻辑研究》第一卷,倪梁康译,上海译文出版社2006年版,第6页。

胡塞尔认为,至今为止所有的科学都是不完整的,在从事这些科学研究时缺乏一种内在的明晰性和合理性,即使是数学这门在所有科学中最先进的学科也不例外。数学自古希腊时代,就被看作所有科学的理想,几乎所有的哲学家都与数学保持着一种经常的接近,以往的哲学家都坚信,如果哲学的命题能像数学的命题一样简明、清晰,如果进行的哲学论证能像数学的公式与定理一样具有必然性、客观性和精确性,那么他的任务就完成了,而他无疑会成为一个哲学家,这几乎成为千百年来哲学家们的共同的理想。但是,古老的始终未彻底解决的关于几何学基础的争论问题以及有关虚数方法的合理性等这些问题告诉我们,数学实际上还远远称不上是一门理想的科学,尽管有些人能够熟练地运用数学方法,但是他们却无法充分论证这些方法的逻辑合理性和精确性。因此,尽管科学曾经帮助我们征服自然和控制自然,在二三百年之内得到了飞速发展,但是它们在理论基础上还缺乏清晰性,它们的理论前提还尚待仔细的分析。

形而上学的任务就在于对那些未经考察、甚至是未被注意然而却至关重要的基本前提进行确定和验证,而这些前提通常是所有实在科学的基础。但是,形而上学的基础并不足以达到具体科学所期望的理论的完善性,形而上学只涉及那些实在科学,但并不是所有科学都与实在有关,纯粹数学就是如此,数学与现实的经验科学无关,它独立于实在的有或无,而只是一种理想性的观念科学。还有逻辑学,其研究几乎涉及所有科学,因为它要研究使科学成为科学的东西,即一门关于科学的科学,或者称之为科学论。科学一词意味着与知识有关,科学以各种文献形式作为其客观存在的载体,这些著作显示出一种永恒的存在,而作为人类智慧活动的结晶,又体现了数代科学家们的共同努力。但只要是个体智力活动的结果,就永远会有缺陷。即每一种知识都具有不同程度的明见性,程度最高的明见性我们称其为真理。明见性是一种正确的和完善的知识的标志,它意味着我们直接拥有真理,但在大多数场合,我们缺乏这种对真理的绝对认识,我们只是觉得事态 A 的明见性高于事态 B:"任何真正的知识,尤其是任何科学的认识最终都建立在明见性的基础上,明见性伸展得有多远,知识的概念伸展得也就有多远。"①

胡塞尔认为,科学在本质上要求理论意义上的系统联系,这包括对知识的论证以及在论证的顺序上的合理的衔接和调整,包括论证的统一性,不仅个别的认识,而且论证本身以及被我们称为理论的论证都具有一种系统的统一性,因而科学的形式与我们在最可能的完善性中的最高理论目的相符合,科学作为一种最具有完善性的知识,使我们能在最大可能的范围内占领真理的王国。真理的王国与那些似是而非的事物的最大区别是具有明见性,明见性是一切真理的最终基础,在这里起统治作用的是统一性和规律性,对真理的阐述要具有系统性,必须反映真理的系统联系并且以这些联系作为向导,这样就可以从我们已经获得的知识出发不断向前推进,进入更高的真理区域。

只要作为一个人,作为一个有思维的生物,都能够发现一个其论证和发明服从于有规律的思维形式,在这一点上最聪明的人并不比最愚笨的人从根本上高出多少,最聪明的人也并非总是比最愚笨的人有先见之明,只不过科学家受到更好的专业训练,具有丰富的想象力、广博的记忆力和专心致志的能力。面对一个有待证明的问题,科学家可能比常人更快地回忆起某些类似的推理定律在以往曾经历过的论证过程,或者说在科学家的意识中,面对一个论证,可以比其他人更易于下意识引发曾经做过的推理和论证过程,一个熟练的逻辑学家可能会比一个不熟悉逻辑学的人更快地找到证明,因为这些证明形式在过去多次反复经验,早已经印在他的脑海中,因而规定着他的思维方向,很容易发生作用。科学家之所以是科学家,因为受过科学思维的专业训练,具有数学思维是因为受过专门的数学思维训练,因而他的思维过程更倾向于数学,同样,具有物理学思维是因为曾经受过专门的物理学训练,因而他的思维过程更倾向于物理学。每门学科都具有其典型的特定形式和基本规律,科学的智

---

① ［德］埃德蒙德·胡塞尔:《逻辑研究》第一卷,倪梁康译,上海译文出版社2006年版,第13页。

慧、前瞻性的直觉以及预测能力都与这些形式有关,这些形式规定了在这些学科领域中起主导作用的论证特征,几乎所有的考察、发明和发现都建立在这些形式的规律之上。

逻辑学是要研究科学之为科学的可能条件是什么,逻辑学关心的是科学论证的统一性、系统性与普遍有效性,论证的一般形式在所有论证中都是共同的,这个形式与一个普遍的规律有关,这个规律可以一举证明所有这些个别论证的合理性。它们都不是此地此时的事实规律,而是一些先天规律,如果没有这些普遍有效的先天形式的规律,那么就不存在任何科学了。逻辑学正是要把握先天的规律,它要求在论证关系上、论证层次上、论证顺序上的某种统一,它是所有科学都追求的目标和都要达到的标准。因而,逻辑学是一门规范学科,一门科学是否称得上是科学,一种方法是否真的是方法,这要取决于它是否与它所追求的目标相符。"逻辑学研究的是,真实有效的科学包含着什么,换言之,构成科学观念的是什么,通过这种研究,我们便可以确定,经验的科学是否符合它们的观念,或者,它们在何种程度上接近这些观念,以及在何种程度上违背这些观念。"①逻辑学之所以称得上是一门规范科学,是因为它论证的是一些一般定律,这些一般定律规范了一门科学必须遵守的基本规范,而一门具体科学则提供一些特殊的标准,所以逻辑学可以称作为科学的基础,它为所有科学提供了一般性的方法论原则。

在历史上,逻辑学的形成过程就一直在维护科学的严格性与客观性。新兴的希腊科学在怀疑论和相对主义者的进攻下处于危机四伏的状态,而逻辑学的产生粉碎了诡辩论者们的骗人假象,为科学找到了客观的真理标准,从而促进了科学的进一步发展。在近代,康德提出要调整对知性的使用,并将这样一门学问称为实用的逻辑学,胡塞尔认为康德的观点的重要性在于,他把逻辑学看作一门完全独立的相对于其他科学而言的新的纯粹理论科学:"这门科

---

① [德]埃德蒙德·胡塞尔:《逻辑研究》第一卷,倪梁康译,上海译文出版社 2006 年版,第 24—25 页。

学和数学一样,不考虑自己实际运用的可能性,并且它也和数学一样,是一门先天的、纯粹演证性的学科。"①在胡塞尔看来,逻辑学实际上是一门纯粹的理论学科,它独立于其他科学,尤其独立于心理学。逻辑学不具有经验和归纳性学科的特征,是先天科学,具有纯粹演绎性科学的特征,它是一门形式科学。任何一门规范学科或实践学科都建立在一门或几门理论学科的基础之上,因为规范学科和实践学科的规则中必定包含着某些理论内涵,对这些理论内涵的科学研究恰恰是纯粹理论科学的任务。逻辑学和数学都可以堪当此任。

胡塞尔强调,逻辑学不是心理学的一个分支或一个组成部分,逻辑学独立于心理学,逻辑学是一门先天科学,而心理学在严格意义上来讲是一门经验科学,因而逻辑学的基础不可能由心理学来提供。尽管心理学和逻辑学都研究概念、判断、推理、演绎、归纳、定义、分类等活动规律,但是心理学研究的是思维的自然规律,而逻辑学研究的是思维的先天规律。心理学的规律是一些主观的偶然的在经验上的认识规律,而逻辑学则是一种客观的必然的理性认识规律,心理学关注的问题是我们是如何思维的,而逻辑学则考虑我们应当如何思维。因而,尽管心理学和逻辑学都研究人的表象、判断、推理等问题,但是心理学与逻辑学具有不同的任务,心理学是人们的心理活动规律,一些因果性的自然的经验的联系,而逻辑学的任务则完全不同,它询问的是这些判断和推理的真理内涵,即什么样的判断和推理永真,逻辑学家对实际的自然联系不感兴趣,他寻求的是观念的联系,他们在寻找思维领域的"应该",他们不是思维的物理学家,而是思维的伦理学家。因此,逻辑学不可能建立在心理学基础之上,尽管二者都设定了某些规律的有效性,但逻辑学的规律完全不同于心理学的规律,心理学的规律是前提性的有效性规律,而逻辑学则是为了成为科学而在操作中遵循的规律。将二者混为一谈是混淆了"预设"概念的含糊性,根据逻辑规则进行推理是一回事,而对逻辑规则进行推理则是另一回事,后者是心

① [德]埃德蒙德·胡塞尔:《逻辑研究》第一卷,倪梁康译,上海译文出版社 2006 年版,第31 页。

理学研究的对象,而前者则是逻辑学的特权,正如一些艺术家在不懂得美学的情况下也可以创作出优秀的作品一样,一个研究者在不了解逻辑学的情况下也可以进行本学科专业领域内的证明和论述。

胡塞尔在《逻辑研究》中主要批评了心理主义,心理学并没有为规范逻辑学提供奠基,只有纯粹逻辑学才能为各种实践的规范逻辑学提供奠基。纯粹逻辑学只根据逻辑规则进行推理,这些逻辑规则是所有论证的前提,它们是一些先天的必然性命题,对全部科学有效,因此这可以称为与所有逻辑的基本规则相联系的一个特有的真理领域,它们是整个逻辑学的本质,因此称为"纯粹逻辑学"。而心理学是一门研究事实的经验科学,心理学规则不仅缺乏精确性,而且往往带有经验的模糊性和或然性,它们只是一些大致的规则。而真正的逻辑学规律则具有绝对的精确性和必然性,心理学是对心理现象的个别事实进行归纳,归纳并不论证规律的绝对有效性,而只论证这个有效性或高或低的或然律,"恰恰相反,所有'纯粹逻辑学'的规律都是先天有效的,没有什么能比这更明白无疑的了。这些规律不是通过归纳,而是通过绝然的明见性而获得其论证和证实的"①。我们在考察三段论、同一律、矛盾律以及一些算术定律时发现,我们在这些原则中把握到的是一些关于逻辑规律的真理,这些规律是关于我们思维自身的规律,而不是关于心理学的自然规律,也就是说,它们是一些只要由理性进行思维就能得出的独立的自足的规律,它们与心理学的事实无关,正是这些规律构成了纯粹逻辑学的核心。

而心理主义的谬误就在于混淆了逻辑规律与对这些逻辑规律进行认识判断时的心理规律之间的差异,逻辑规律是这些认识判断的对象或内容,它们是客观存的,是永真的并具有精确性、必然性和明见性的知识,而这些心理规律则是一些实际经验活动的规律,它们不仅具有或然性、模糊性,而且可能出错。因而,把这些先天的逻辑规律误以为是心理学的规律是将本质与事实、观

---

① [德]埃德蒙德·胡塞尔:《逻辑研究》第一卷,倪梁康译,上海译文出版社2006年版,第61页。

念与实在混为一谈,即对这些规律性内容与对这些规律性内容进行判断的心理活动弄混了:"心理主义的逻辑学家们忽视了在观念规律与实在规律之间、在规范性规定与因果规定之间、在逻辑必然性和实在必然性之间、在逻辑基础与实在基础之间所具有的那种根本性的、永远无法消除的差异。"①我们不应当把那些得自归纳的自然事实的心理经验规律与具有逻辑成分内容的先天规律混淆起来,也不能把那种将以纯粹逻辑命题为基础的普遍有效关系的命题转用于关于一般性经验陈述的事实规律,纯粹逻辑命题的内容是一些观念对象,这些命题不仅可以运用于个体对象,而且也可以运用于一般对象。因而纯粹逻辑学的规律不可能是心理学活动或关于心理产品的规律,我们从心理学的经验中抽象不出来纯粹逻辑学的概念和基本规律,把那些当之无愧为真理的逻辑学规律称为事实规律是荒谬的,而把那些此时此地的事实科学的经验规律等同于具有绝对明见性的先天规律是幼稚的,逻辑学规律具有绝对精确性和明见性的特征,它们是超越时间性之上的永恒不变的思维本身的规律,真理本身是超越于所有时间性之上的:"没有一条真理是一个事实,是一种受时间规定的东西。"②

这样,胡塞尔就与穆勒、斯宾塞(Herbert Spencer)等人对逻辑原理的心理主义解释划清了界限。胡塞尔批判性地指出,穆勒运用经验原则得出的心理学规律并不是真正的规律,而只是一些完全模糊的和在科学上未经检验的经验定律。同样,朗格(Friedrich Albert Lange)将矛盾律作为思维的自然规律与思维的规范规律的相互接触之点的折中做法也是肤浅的,而西格瓦特(Christoph Sigwart)关于逻辑原理双重性质的学说也是有问题的,A 是 B 并且 A 又不是 B,同一规律既作为自然规律又作为规范规律,因而这里涉及的不可

①　[德]埃德蒙德·胡塞尔:《逻辑研究》第一卷,倪梁康译,上海译文出版社 2006 年版,第67页。

②　[德]埃德蒙德·胡塞尔:《逻辑研究》第一卷,倪梁康译,上海译文出版社 2006 年版,第74页。

能只是同一种规律,即同一种在相同的意义上起不同作用或出现于不同运用领域的规律,逻辑规律的不可能性是指观念判断内容的悖谬性,而自然规律的不可能性是指相反的判断活动的不可进行性,因而这是两种不同意义上的概念。这样,胡塞尔就建构了纯粹逻辑学的新的观念,树立了逻辑学的科学的统一性,维护了逻辑学所本应具有的真理的权威。那种认为逻辑学与心理学可以相互沟通的观点不仅是错误的,而且是荒谬的,逻辑学的观念与心理学的事实属于两个截然不同的世界。由于胡塞尔出色地解决了这个问题,《逻辑研究》之后,关于心理学规律与逻辑规律之间的哲学争论从此封存在历史的档案之中,人们不再谈论这个问题了。

胡塞尔认为,哲学在纯粹逻辑学当中的任务与数学当中的任务非常相似,都是要澄清一些关键性的概念与法则,正是由于概念中未曾引起人们注意的模糊性而导致纯粹逻辑法则的模糊性,哲学的任务正在于澄清这些法则,通过揭示出这些法则产生的根源,从而使其具有彻底的明晰性。因而,胡塞尔早期认为哲学只是一种观念上的澄清,所以哲学只具有一种有限的功能,只是后来他才赋予了哲学以中心的地位,哲学成为第一哲学,由此可见他早期思想与晚期思想的变化。在《逻辑研究》中,哲学的任务是通过诉诸直观来澄清概念,在这一阶段,胡塞尔认为概念的来源不是活动而是它的本质,而后来他将概念的来源诉诸意识活动的构成性分析,因此:"我们不能透过《观念》第一卷或其他后期著作的眼镜来看待胡塞尔在《逻辑研究》中对概念'来源'的论述。这些来源还只是那种概念赖以得到分析的本质。这种分析尚未涉及那种构成着这些本质的意识活动。"[①]

《逻辑研究》长长的导言,再加上六个研究,构成了一部厚厚的长篇巨著。这部海德格尔曾经高度评价的著作尽管在某些方面还不太成熟,但是胡塞尔后期思想的一些基本轮廓这里已经有了;而且,由于是胡塞尔还很年轻时写

---

① [荷]泰奥多·德布尔:《胡塞尔思想的发展》,李河译,生活·读书·新知三联书店 1995 年版,第 279 页。

的,因而饱含着思想的激情和灵感的火花,让人看了不禁深受启发。因此,这部著作也成为现象学的一个奠基之作,甚至可以称为20世纪哲学的阿基米德点。

四、从《逻辑研究》向《大观念》的过渡

胡塞尔的《现象学的观念》(以下简称《小观念》)为我们了解他从1901年到1910年间的思想变化提供了重要依据,这本简短的小册子由五篇演讲构成,只是关于现象学理性批判更大规模的演讲的序论。《小观念》之所以重要,是因为它为处于困境中的胡塞尔指引了道路,作为哲学家的胡塞尔的一生并非坦途,他经常遭遇到一种在思想上或学术上的失败和绝望的困扰。胡塞尔在1906年左右陷入了一场严重的危机之中,个人的挫折再加上哲学上的困难使其处于崩溃的边缘,他在日记中写道:"除非我能够从总体上弄清意义、自然、方法和理性批判的一般特性,除非我能够成功地进行透彻的思考、规划、叙述并为这种批判确立一个总体轮廓,否则我实在无法活下去。我已经饱尝不清晰性和无休止的怀疑所带来的痛苦。我必须获得一种内心的坚定性。我深知这将诉诸某种奇迹,连那些伟大的天才也不能做到这一点,而要把我自己和他们做个比较,那么我从一开始就会感到绝望……"①尽管这五个短篇具有非常松散的结构,但是让我们看到了胡塞尔思想的成熟过程,它们代表了一种正在建构中的先验现象学,《小观念》成为一个走向更加彻底的观念论的宣言。

在这五篇演讲中,胡塞尔字字饱含了对哲学的深情。他在这里反对的主要是以实证主义为代表的自然主义哲学和以历史相对论为代表的世界观哲学,实证主义无法解决自然科学与精神科学的关系问题,而历史主义和相对主义学说的泛滥无疑会导致怀疑论和虚无主义,胡塞尔试图阐明,哲学成为一门

---

① 转引自[荷]泰奥多·德布尔:《胡塞尔思想的发展》,李河译,生活·读书·新知三联书店1995年版,第299—300页。

严格的科学:"通过系统的思考来彻底地澄清为至今为止的哲学所幼稚地忽略了或误解了的严格科学之条件,尔后再去尝试新建一座哲学的学说大厦。"①这也是自苏格拉底和柏拉图开始,经过笛卡尔和康德一直延续到19世纪伟大的哲学体系中所具有的对哲学共同的核心推动力,哲学家们坚信,哲学代表着人类文化的最高兴趣,能够成为一门严格科学的哲学。然而,在这种信念发展的同时,实证主义的洪水也在不停地汹涌奔流,实证主义以经验上能够被证实的精确科学为目标,但是实证主义的自然科学无法解决人类生存的意义与价值问题,它也无法分辨什么是真正的善,在面对人文精神科学的基础建构时脆弱难堪,而在面对正义、自由、人性、选择等问题时尤其显得无能为力。他们将意识和观念加以自然主义的理解,把人的精神生活看作自然的事件,或者看作从属于人和动物的身体的一种附带现象,而没有把意识活动看作一个相对独立的领域,一个自主的存在王国,他们用一种物理主义的方式来回答人的心灵事件,他们没有发现,人的心理领域完全不同于物理领域,每一个人的心灵都是一个独立的自由的单子。在心理领域内,并不具有现象和存在的区别,心理的事物都可以称作现象,它不是自然,并不具有实在的属性,心理存在无法从对物理有效的同一意义上的经验那里得知,物理事物侧显给我们,而心理事物则是一种体验,一种不断流淌的赫拉克利特式的河流。因而心理事物并不像物理事物那样,占有着一块绝对空间,它并没有那样的物理空间,而是处于无边无际的流动状态,物理事件具有一种客观的时间,而心理事件则具有一种内在的绵延的主观时间,这是一种无法用计时器来测量的时间。

在心理现象中,存在着各种各样不同的活动方式,诸如感知、想象、回忆、判断、意愿、预期、希望等,而在每一个心理活动中,又存在着直观、意指、想象、充实、概括等不同的清晰、生动与真实程度,这是一片广阔的尚未开发出来的意识分析的新的沃土,而对于这样一些现象的理解,一门关于心理的经验科学

———————

① [德]埃德蒙德·胡塞尔:《哲学作为严格的科学》,倪梁康译,商务印书馆1999年版,第5页。

是无法达到的,而只有一门真正彻底的和系统的现象学:"一门不是附带地和在分散的反思中进行的,而是在对极为错综复杂的意识问题的完全献身中、在完全自由的、不为任何自然主义成见所迷惑的精神中进行的现象学,只有它才能为我们提供对'心理'的理解……"①因而,现象学为我们开辟了一条自下而上建立的能够充分达到理解心理现象的真正科学道路。

现象学还可以延伸到人类普遍精神生活的深处,为一门真正的精神科学提供论证。我们的生活目标有两种,一种是为了眼前和时代,另一种则是为了绝对和永恒,科学的观念是超越时间的,它不受任何时代的精神相对性的限制,它服务于整个人类的完善与整体幸福,与此相对,世界观的哲学则是处于一个有限之中的特定的观念。面对20世纪上半叶的欧洲现实,胡塞尔警醒地看到,人们的现实生活的动机已经远远地超越了人们的纯粹理论的动机:"正是在一个实践动机超强地上升的时代里,一种理论的本性也可能会比它的理论职业所允许的更为强烈地屈从于这些实践动机的力量。但在这里,尤其是对我们时代的哲学而言,存在着一个巨大的危险。"②实证科学越是发展,哲学的困境也就变得越大,因为实证科学虽然能够提供给我们如此丰富的科学得以说明的各种"事实",但是我们处于一种精神的空虚之中,作为人类的我们则更需要的是"应该",而对于这种"应该",实证科学无能为力,实证科学不能解答人类生存的意义、人的最终归宿以及人的生命的价值等问题,现代科学与技术为我们提供了各种各样完备的生活设施和场景,但是我们这个时代的精神困境却已经变得让人越加无法忍受了。各种自然主义和历史主义的世界观哲学相互之间不断地争论不休,但是它们的共同之处在于对事实的迷信,胡塞尔大声疾呼式地表达着自己的心情:"我们始终意识到我们对人类所应承担

---

　　①　[德]埃德蒙德·胡塞尔:《哲学作为严格的科学》,倪梁康译,商务印书馆1999年版,第43页。

　　②　[德]埃德蒙德·胡塞尔:《哲学作为严格的科学》,倪梁康译,商务印书馆1999年版,第61页。

的责任。我们切不可为了时代而放弃永恒，我们切不可为了减轻我们的困境而将一个又一个的困境作为最终无法根除的恶遗传给我们的后代。"①

世界观哲学只是一种实践智慧，而科学才具有真正的理论品质，世界观可以争执，而唯有科学才能决断，世界观只会对今生此在的我们受益，而科学则会赐福于整个人类。因而，胡塞尔具有真正的使命意识，他以一种真正的哲学家的使命感和责任感，指明了作为严格科学的哲学是我们这个时代人们最为迫切需要的，他认为他的现象学的哲学通过向最终的起源进行回溯，已经在直接地直观中找到了真正科学的道路："我们这个时代所迈出的最大一个步伐便是，它认识到，借助于正当意义上的哲学直观，借助于现象学的本质把握，一个无限的工作领域便显露出来，一门科学便显露出来，它不带有任何间接的符号化和数学化的方法，不带有推理和证明的辅助，但却获得大量最严格的并且对所有进一步的哲学来说决定性的认识。"②

《逻辑研究》以后，胡塞尔持续地反思现象学的方法，用悬搁这一概念来表示否定的方面，即排除、中止和暂停对一切与超越物有关的判断，而现象学还原则更多的是在具有肯定方面的意义上来使用的，即回到绝对的所予物中。借助于笛卡尔的普遍怀疑方法使其更加彻底化，胡塞尔发现了一个全新的领域：只有我思活动是怀疑所不可企及的，对一个思维的直观和把握已经具有认知的特征，我思的诸活动是首要的绝对材料，我可以怀疑世界上的一切东西，但是我正在怀疑这一活动本身则是毋庸置疑的。而这适合于我的所有思想活动，无论是知觉、描述、判断还是意愿，尽管这些活动的对象可能是不同的，但是我知觉、我描述、我判断和我意愿这些活动则是无可置疑的。在这里，胡塞尔站在一个绝对所予的基础之上，站在一个绝对哲学的新起点之上。

---

① ［德］埃德蒙德·胡塞尔：《哲学作为严格的科学》，倪梁康译，商务印书馆1999年版，第64页。

② ［德］埃德蒙德·胡塞尔：《哲学作为严格的科学》，倪梁康译，商务印书馆1999年版，第70页。

真正所予的东西不仅仅包括先天判断，而且还有个别经验、个别判断等，那么，所予物就不仅仅包括内在性的东西，还包括那些作为所予物而出现的超越物。这是一个重要的结论，因为它打破了笛卡尔封闭性的意识，"对超越物的悬搁不再意味着对一切超越于意识的东西的悬搁，而是对一切未被给予的东西的排除。"①胡塞尔已经意识到，绝对所予的东西并不等于内在的东西。因而我们必须把活动的内在性视为广义的内在性的一个特例，把所予的东西限定在真正内在内容的领域只是一种偏见，在意向活动中，例如对一个桌子的观看，或者对某种声音的体验，显现以及被显现的东西是相互联系的，是一体化的。在晚年的《危机》中，胡塞尔经常为此而感到由衷的赞叹，那些曾经被悬搁起来的超越物现在又重新作为所予物而重新出现了，因而，现象学应该包含一切材料，无论是内在的还是超越的，尽管某些超越之物以一种非常不充分的方式而显现出来，例如，桌子向我们显现的某一个或二三个侧面。当我们以一种不偏不倚的方式看待所予物时，我们发现，不仅包括各种主观经验，各种本质对象，而且还应该包括那些所予的超越对象，它们都是通过多种方式而被给予的，这些方式正好对应了意识所拥有的各种形式。在胡塞尔确立了意向对象的各种不同形式之后，就已经开始进入了一个全新的事业，晚年的胡塞尔仍然多次对这个意识之中的伟大发现不时表示出巨大惊异之情。尽管这座房子是一个超越之物，但是经过现象学还原之后它就失去了它的存在，它变成了纯粹被给予的东西，也许这所房子的显现在我的意识之流中可以忽闪忽现，但是这个房子在我脑海里的显现对我难道没有明证性吗？我不是已经把它作为对房子的知觉了吗？而且不是对一般房子的知觉，恰恰就是这所房子的知觉，它以如此生动鲜明的形象得以规定，正是基于这个显现和这个知觉，这所房子才如此这般清晰明了。

因而，当我们把被感知的房子悬搁起来以后，不仅一个活动，即我们对房

---

① ［荷］泰奥多·德布尔：《胡塞尔思想的发展》，李河译，生活·读书·新知三联书店1995年版，第309页。

子的知觉得以保存,而且我们也对房子留下了深刻的印象,即在活动中出现了一个对象,这个对象可以再次出现在我们的脑海中,比如在回忆中,在想象中,而即使是现实中真正的房子被烧毁了,在我们的脑海中仍然保留着那座房子的概貌。胡塞尔说道,物质的房子可以烧毁,但是说我们脑子里的房子也被烧毁,那绝对是一种谬论,而对于那些现实世界实际上不存在的东西,我们仍然可以想象它,可以描绘它,这些想象活动和描绘活动都具有一个对象。这就是胡塞尔重要概念——所谓的"意向对象"概念的诞生地,它作为"被意向物本身"是作为思想对象的所思之物而出现的,而这种意向对象就是在我们将超越之物排除在外之后剩余的东西,它们并不是某种神秘存在,也不是什么形而上学的建构,而是纯粹内在的意义上的意向性对象。因而在经过现象学还原的方法的操作之后,剩下的除了活动之外,还有意向对象,这是一种在纯粹内在意义上的真正经验,一种超精神之物。

这样,现象学的主旨"回到实事本身"就得到了确认,向所予物的还原就是把现象看作向我们显现如其所是的东西,现象学反对任何空中楼阁和形而上学的存在物,那些宣称的一般事物如果不是所予之物,那么就是一些并非奠基于直观的先入之见而需要将其悬搁起来。现象学忠实于我们看到的东西,更需要放开眼界而大胆地面对实事,在这里,知性越少越好,而直观越多越好。胡塞尔将符号思维也看作一种意向对象,$2+2=4$ 可以不借助于任何直观而得到,那些先天的算术命题都可以成为一种所予物,然而,那种无意义的或完全荒谬的东西也可以成为所予物吗?例如圆的方,尽管它不能像某个外部事物那样在我们的知觉中向我们呈现,但是显而易见,它仍然可以成为一种意向对象,我完全可以根据圆的方来思考,同样,金山、带翅膀的马都属于这些可以思考的意向对象。因而,即使在现实中我们无从发现这种所予之物,但是我们仍然可以思考它们,毫无疑问,我们在我们的精神活动中经常会面对这些所思之物。关于这一点,胡塞尔在《大观念》第一卷中进行了更加清晰的阐述。

五、《大观念》——现象学先验构造的完成

《大观念》第一卷是胡塞尔现象学的主要著作,它引起了人们的极大关注,对于理解胡塞尔思想的发展具有重要的意义。在这部著作中,胡塞尔实现了向一种彻底的连贯的现象学观点的重大突破。在著作的第一编,胡塞尔首先阐明了现象学是一门先天的本质科学,并批评了自然主义的错误解释。在著作的第二编"现象学的基本考察"中,胡塞尔论述了应当如何将自然态度排除和悬搁起来,在自然态度中,人们直接面对这个世界,这种态度的特征是视这个外部世界为一种实在,这是一种理所当然的不言而喻的态度。胡塞尔的先验现象学意味着自然设定的彻底改变,悬搁意味着自然态度断定的失效,并把所断定的内容置于括号之中,那么,胡塞尔通过悬搁究竟要排除掉自然断定的什么对象呢?

在第二章"意识与自然现实"中,胡塞尔说道:"如果整个世界,包括我们自己和我们的一切我思都被排除,剩下来的还有什么呢?"①虽然作为事实的世界被排除了,但是作为本质领域的世界并没有被排除,像算术这样的观念世界并没有被排除,剩余下来的是一个新的存在区域,这个存在可以称为"纯粹体验"的东西,这种体验包括两个方面,一个方面是指自我的一种纯粹意识活动,另一个方面是指纯粹的意识相关物。胡塞尔认为,他发现了一个新的科学领域,悬搁正是发现这个存在领域的手段。无论是悬搁、加括号,还是使自然断定失效的操作方法并没有使自然世界损失什么,自然世界还一如既往地在那里存在着,通过现象学的方法,我们将把目光转向一个新的领域,我们将改变日常生活中的自然态度,而转变了关注的重点。在自然态度下,我们是直接面向物体、事物、对象等的,而经过悬搁,我们就将研究的领域转向意识领域,胡塞尔称为"先验意识"或"纯粹意识","我们有权利把我们还将要讨论的

---

① [德]埃德蒙德·胡塞尔:《纯粹现象学和现象学哲学的观念》,李幼蒸译,商务印书馆1992年版,第99页。

'纯粹'意识称作先验意识和把借以达到此意识的方法称作先验悬置。"①因而,胡塞尔现象学反思的特征非常明显。

初看起来,这个悬搁之后的剩余物与《逻辑研究》中的非常相似,经过悬搁,我们就开始进入了意向体验和意向内容的领域,然而,此刻所涉及的东西似乎包含了更多,先验意识的领域是一个自在的完全独立的领域,它具有绝对独特的本质,因而能够保持自身而不受到现象学悬搁的影响。胡塞尔的论证大致经历了两个阶段:首先,表明意识具有一种绝对属于自身的特性和统一性;其次,这种意识具有一种没有受到悬搁任何影响的绝对存在方式。"意识本身具有的固有的存在……是一种存在区域,一个本质上独特的存在区域,这个区域可肯定成为一门新型科学——现象学科学。"②

胡塞尔把内在指向的活动与超越指向的活动区别开来,内在指向的活动本质在于,它们的意向对象属于意识活动的一种体验之流,在这个连绵不断的体验之流中,一个活动与另一个活动彼此相连。超越指向的活动指的是在这种流动之外的对象,例如客观本质或客观事物,胡塞尔强调,那种本质上的东西绝不可能出现在内在意识体验之流中。也就是说,在内在之物中,活动与对象浑然成为一个本质的统一体,而在超越之物中,情况并不是这样,在这里,事物在根本的意义上完全超越于意识,它绝不可能构成意识的一个部分。在自然态度中,意识以物质实在为基础,而在现象学态度中,要将意识作为一切存在的根本来源。胡塞尔对物质和意识的进一步分析始于外知觉,知觉与知觉的对象不是一个东西,我听一首动听的音乐,我的体验与这首曲子是两回事,投射与所投射物不是一类东西,投射是一个体验,而投射物是一个超越物,因而作为物的存在与作为体验的存在之间具有一种根本

---

① [德]埃德蒙德·胡塞尔:《纯粹现象学和现象学哲学的观念》,李幼蒸译,商务印书馆1992年版,第101页。

② [德]埃德蒙德·胡塞尔:《纯粹现象学和现象学哲学的观念》,李幼蒸译,商务印书馆1992年版,第100页。

的本质区别。外在世界的一个存在物,由于具有空间特征,因而是在各种投射中显现给我们的,是侧显的,它不可能出现于意识之流中,这是一条严格的本质性法则。

实在物是超越的对象,而知觉是内在的对象,超越物不可能作为真正内在的东西而被给予,因而在作为体验的存在与作为实在物的存在之间具有一种本质上的差别。许多人都把实在物与对实在物的显现混淆起来,胡塞尔认为这是"荒谬的",实在物是一种空间上的物体,它侧显给我们,但是体验只是一种内在的知觉,而非作为某种空间物而存在,体验是一种我思行为,它不是侧显的,而是一种绝对地被给予。因而存在着意识与实在的区别,实在物作为一种超验物对于我们来说是一种纯粹现象的存在,而意识作为一种内在物对于我们来说则意味着是一种绝对存在,一种情感体验不可能是侧显的,我们绝对拥有它,一首动听歌曲的美妙旋律是一种侧显,声音可以时大时小,忽深忽浅,但它让我们产生了一种非常惬意的感觉,这种感觉是无侧显作用的,这种感觉也可能忽明忽暗,或强或弱,但是只要我们直观它,它就是一种绝对的所予物。胡塞尔认为,客观实在物作为一种超越物都只是单侧呈现给我们的,它不可能作为绝对物而呈现给我们,而内在体验作为一种所予物不可能是侧显的,它们作为一种绝对物而呈现给我们。一个体验作为意识之流统一体的一个短暂的瞬间也许会让我们不能充分把握,但是当我们用一种反思的目光指向它时,就可以完全拥有它。因而客观实在物作为一种超验的知觉是可怀疑的,而内在知觉则具有不可怀疑性:"我就无条件地和必然地说:我存在着,这个生命存在着,我生存着,cogito(我思着)。"①

外在世界是可以怀疑的,因为物质存在绝非必然所需的东西,它们是偶然的,这意味着下一步的经验可以证实,也可能否定那些假定,它们也许只是一种幻想,一种虚妄,或者是一个白日梦,它不仅可以改变,而且向未来敞开;反

---

① ［德］埃德蒙德·胡塞尔:《纯粹现象学和现象学哲学的观念》,李幼蒸译,商务印书馆1992年版,第127页。

之,在我们的内在所予物中,则绝无发生冲突和虚妄的可能:"因此从每一种方式上看都很显然,在物质世界中对我存在的东西,必然只是假定的现实;而另一方面,世界对其存在着的我自己(在排除了'被我'归为物质世界的东西之后)或者说我的实显体验则是一绝对现实,这个现实是被一无条件的、绝对不可取消的设定所给与的。"①纯粹我思是必然的,绝对无疑的:"一切在机体上被给与的物质物都可能是非存在的,但没有任何在机体上被给与的体验可能是非存在的:这就是规定着后者必然性和前者偶然性的本质法则。"②对外在世界的一切经验永远都要以内在体验为前提,即使是外部世界消亡了,那么绝对意识作为剩余之物仍然可以保留下来。假如有一天我们生存的地球因为被撞而不存在了,那么意识作为一种内在存在,保留了人们以往的记忆依然存在,它之所以是绝对的存在是因为在本质上它不需要依赖任何外在客观物的存在。而另一方面,超验物的世界则是完全依赖于意识的,我们之所以能够认识这个超验物的世界,这种超验物必须首先侧显给我们,而我们只有依据于这些侧显的体验内容,才可以认识它们。

因而,意识体验与客观实在绝对不是那种相互睦邻友好的可以相互协调的存在,它们在本质上有根本的差异,而尽管我们把内在的存在和超验的存在都称为对象或存在物,但是:"在意识和现实之间存在着真正的意义沟壑。"③一方是偶然的相对的存在,而另一方则是必然的绝对的存在,因而意识在其纯粹性中可以看成一个独立存在的联结体,一个绝对存在的联结体:"没有东西可以撞入其内和溢露其外;没有任何东西在时空上外在于它,而且它不可能存于任何时空联结体内,它不可能经受任何物的因果作用,也不可能对

---

① [德]埃德蒙德·胡塞尔:《纯粹现象学和现象学哲学的观念》,李幼蒸译,商务印书馆1992年版,第128页。

② [德]埃德蒙德·胡塞尔:《纯粹现象学和现象学哲学的观念》,李幼蒸译,商务印书馆1992年版,第128页。

③ [德]埃德蒙德·胡塞尔:《纯粹现象学和现象学哲学的观念》,李幼蒸译,商务印书馆1992年版,第134页。

任何物施予因果作用……"①

　　因而,通过现象学还原,就产生了一种现象学新的态度,它排除了整个自然界和人的心理世界,但是仍然给我们留下了某种东西,即意识的整个领域,这就是所谓的现象学剩余,胡塞尔用"加括号"这样一种数学化的方式非常生动地向我们显示了:即使一切物体、生物和人,包括我们自己在内的整个世界都被排除了,实际上我们并未失去任何东西,它们只是被放到括号里而悬搁起来,但这样做的后果却是让我们得到了构成世界一切存在的纯粹意识的世界——一个绝对存在。在这种新态度中,我们在原则上不介入自然态度的任何假定,我们不执行它们,而是把目光指向那些如其所是的绝对存在,进入一个绝对体验的无限领域,一个所予物的世界,这正是现象学研究的基本领域。

　　胡塞尔强调,体验的所予性不同于实在物的所予性,除了实际所予的一个侧面之外,这里还存在着一个尚未得到确定的共同所予性的视域,这就是新的知觉成为可能,当我们变换姿势、位置与角度,新的东西总会呈现在我们眼前,知觉活动是没有止境的,因而我们才会时常产生惊讶,这个世界总会让我们感到新奇。一个体验是在内知觉中被给予的,因而是绝对的,而不同于对诸实在物的知觉,这些对实在物的知觉是在诸侧面和诸投影中显现自身的。胡塞尔认为意识的超越性与物的超越性的不同在于,我们可以通过某种直接关注而反省这个体验,无论是在知觉中还是在回忆中,但对物来说,我的知觉实际上只是物的一小部分,而其余部分有待于我的其他知觉进一步证实,因而内知觉必然保证了对象的存在,而因为意识之流的过去与未来总是未知的,因而意识也是超越的,但是我们随时可以反思意识之流。对诸知觉很有可能出现错觉,因而物的存在并不是所予性的必然条件,从某种方式上说,它总是偶然的,更深层的体验常常会改变甚至是抹去已经被断定的东西,那些断言、预设、假定

① 　[德]埃德蒙德·胡塞尔:《纯粹现象学和现象学哲学的观念》,李幼蒸译,商务印书馆1992年版,第135页。

都很可能是一些谬论、幻影和假象,而这一切在内知觉中绝对不可能发生,我们知觉所予的物可能是不存在的,而我们亲身给予的体验则不可能不存在。

胡塞尔极力要表明,自然科学的世界和知觉的世界依赖于意识而存在,自然科学的产生成因其实就在那些简单而纯粹的体验世界之中,一旦我们要对被体验的世界进行更精确的规定,我们就必须从如其所是的实际体验入手,因而我们的体验世界才是一个终极的世界,在它背后不存在物理世界。实在世界只是多个可能世界的一个特例,超越物是什么,我们只能诉诸构成它的体验来回答,超越物只是某一特定知觉的关联项。因而对物的知觉敞开了一种可能性,未来的体验将改变现在的体验,物当前给予我们的所予状态是暂时性的和不充分的。可以想象一下,如果我们消除知觉,世界也将随之消失,而如果把我的体验当作我的反思把握的对象,那么我就把握到了一个绝对的自我,它的存在是不可否定的:"它是在我们的分析所产生的确切意义上的绝对存在全体。在其本质中,它独立于一切世界的、自然的存在;而且它甚至也无须为其实存之故而需要任何世界存在。"①

认为胡塞尔关于意识的绝对必然存在的学说是对意识的神化的观点,是对胡塞尔深深的误解。我们不能从一条本质法则中得出任何关于实际存在的结论,一条本质法则只是一种纯粹的可能性,如果这种内容存在,那么它就必然拥有这些特性。而这同样适用于内知觉,根据本质法则并不能得到意识实际存在着。一条本质法则并不蕴含着存在,胡塞尔想说,作为一条本质法则,没有任何意识不是必然地存在的,没有任何内在知觉不具有其对象。尽管我们不能从一种本质知觉中引申出关于存在的断定,但对某一本质的知觉很可能伴随着一个对存在的断定,而对存在的断定是一种个别的内在知觉,本质判断具有一种普遍的有效性,作为基础的个别判断只对此时此地的我的意识具有经验有效性,而二者的结合则提供了一个关于我的意识的无可置疑的判断,

---

① [德]埃德蒙德·胡塞尔:《纯粹现象学和现象学哲学的观念》,李幼蒸译,商务印书馆1992年版,第138页。

我的意识不仅就其本质而言存在着,而且实际上也存在着,它们都是以一种原初的和绝对的方式给予我的。因而,世界依赖的不仅是一种以逻辑方式构想出来的意识,而且是一种现实的意识。胡塞尔在《逻辑研究》中认为,对某人自己的意识的充分知觉是现象学所依据的阿基米德点,而在《大观念》时,胡塞尔的思想发生了进一步的变化,这时他认为意识是一个无可置疑的起点,在这里胡塞尔并没有从思想引出存在,这是一个传统理性主义哲学的古老的错误。现象学的出发点是:"任何以本源的方式给定的直观都是知识的恰当来源。"①这也是现象学的最高原则。这种直观不仅包括经验直观,而且包括本质直观,一种先天法则也是以直观的方式给予我们的,而传统理性主义的缺失在于它没有通过直观来为先天法则辩护。

　　内在的东西是绝对确定的对象,反之,超越物则只具有一种相对的存在。胡塞尔对意识与物的存在样式的基本区别的分析意在表明,物的假定所予性与意识的绝对所予性之间的根本对立。尽管物也是所予的,但是它们只是给予我们某个部分,即侧显的,因而并不排除将来可能发生的修正,人们的进一步的经验可能会证实,也可能证伪物的样式与特征,因而人们的知觉尽管是真实的,这种真实性还有待于确证,因而是相对的,与之相反,人的内在的绝对所予则是无可置疑的,它具有一种真正明证的性质,我们只有在涉及意识的内在性时才具有一种无可置疑的明证性。在经验的持续过程中会产生怀疑,我们下一步经验一定会证明这种怀疑是对的还是错的。这说明这个世界对我们来说永远是开放的,过去的某些经验可能得到了修正,但是我们仍然保留着一种世界信念的普遍基础,怀疑并没有瓦解我们整个经验的和谐一致性,怀疑让我们能够更进一步地认识事物,增长知识,丰富阅历,获得智慧。正因为世界存在着未知的东西,我们的未来是不确定的,才让我们感到了生命的趣味,才让我们体味到了人生存在的乐趣和生存奋斗的价值。

---

　　① ［荷］泰奥多·德布尔:《胡塞尔思想的发展》,李河译,生活·读书·新知三联书店 1995 年版,第 348 页。

在此,胡塞尔并没有削弱外部经验,尽管它的合理性证明只是相对的,但是我们必须把这种证明作为下一步的基础。胡塞尔晚年在《危机》中警告我们不要把明证性当作一个僵死的逻辑偶像,这将使我们不能公正地对待经验的明证性。被悬搁的是一种信念,即那种将世界绝对化的信念,对世界信念的悬搁并非要删除对实在的断定,它删除的是断定这种自然而然的性质,因而悬搁是一种对物质实在绝对化的反驳。这时我们才意识到对世界的所有断定都只不过是一种解释,而所有解释都是一种可以被悬搁起来的解释。悬搁也并非要在意识中取消存在,胡塞尔多次批评了贝克莱式的唯心主义,加括号的方法并没有隐藏括号中的内容,它们仍然故我地存在着,而只不过是获得了某种标记。它提示我们,它们不再是一个绝对的存在,而只不过是一种意义的统一体,经过还原的世界作为现象而重新出现,这种现象也是一种实在。因而对对象的悬搁并非要放弃对象,而只是对它的净化,只有经过先验还原,我们才如其所是地回到实事本身,因而这里作为剩余物的意识就不再是心理学的意识,而是先验的绝对的意识,意识才是物质实在的承载者,对世界的相对性见解蕴含着意识的绝对性观念,对物质的再解释必然导致对意识的再解释。

悬搁也意味着一种解放,意味着一种对存在的反思,这种反思使那些对意识的自然化的态度或自然化的解释的荒谬性一览无余。悬搁与其说是一个在自然世界的极限,不如说是超越一般自然世界局限性的运动,它是对世界的深层向度——"先验根基"的揭示,我们摒弃了关于世界的整体性的自然主义解释,而得到了经过先验澄清的现象的自由境界,开始正式步入现象学的领域。因而悬搁同时也是一条走向彻底自我反思与自我认识的道路,它让我们意识到被自然态度所掩盖的意识的领域,它让我们发觉了意识自身自我统觉的力量,我虽然一直是作为先验自我而活动,但自然态度一直在遮蔽这个事实,而没有意识到这个先验自我就是我本身。胡塞尔经常借用奥古斯汀的说法,我们应该进入自我,因为真理就寄居于内心中,悬搁并没有让我们损失毫发,却让我们赢得了先验现象学的整个存在,这个存在就是绝对的意识,我们每一个人都在它之中生活,并具有我们的存在。

世界不可能从外部进入我的意识之中,意识是一个封闭系统,一个没有窗户的单子。意识是绝对独立的,而物不是一个独立的实体,这种独立是指一种独立于意识的认识独立性,认为超越物具有认识独立性正像认为圆的方的观念一样荒谬,物实际上是一个依存性的意向性的实体。说物在原则上具有单纯意向性的特征,是指物单纯地面向意识、迎接意识,物是可以让意识呈现的显现物,因而物绝不是某种与意识毫无关系的东西。这样,胡塞尔就排除了与意识不能企及的超越之物有关的所有难题,这里不存在任何在意识之外并使意识望而却步的东西。他的悬搁和先验还原排除的并不是世界,而是对世界的一种荒谬的无根据的解释,意识是在其纯粹所予的状态下得到考察的,即作为实际所是的东西,一个自足的宇宙,一个不可分割、无法从中逃逸、不具有任何时空外观的绝对存在系统,"在其'纯粹性'中被考虑的意识必定被看成是独立的存在联结体,一种绝对存在的联结体……这个意识本质上只可被规定作和直观作某种有一协调一致性动机的复合体的同一物——除此之外,别无所有"①。物质无非一种意识的意向关联项,意识具有一种意义赋予功能,因而意识在其自身中构成着世界,它具有绝对性,而世界的存在与否取决于意识中出现的某些联系。这样,胡塞尔不仅否认了超越意识之外的所有涉及物自体的观点,而且从根本上解决了超越性问题。

心理学还原是在自然态度中产生的,而先验还原是在现象学的态度中产生的。要摆脱自然态度而真正达到先验还原是一件并非轻而易举的事,先验还原超越了自然态度,但是心理学还原与先验还原把同一个意识作为自身的主题,只不过心理学还原把意识看作世间的一个部分,而先验还原则把意识看作一个原初的存在领域。胡塞尔在《逻辑研究》中把意识看作理解人的一个领域,但是当得出意识本质结构的新观点之后,即在1903年以后,他在方法论

① [德]埃德蒙德·胡塞尔:《纯粹现象学和现象学哲学的观念》,李幼蒸译,商务印书馆1992年版,第135页。

上迈出了关键的一大步。胡塞尔发现,笛卡尔将思想存在的明证性与思维者存在的明证性混为一谈,因而笛卡尔的我思需要净化,正是通过一种渐进而又彻底的净化过程,胡塞尔突破了描述心理学的研究领域,而进入先验现象学的研究领域。尽管自然态度与现象学态度仅有一墙之隔,但是从自然态度向现象学态度的挺进意味着一种革命性的转变,意识从世界的一个局部领域转变为一个原初的领域。胡塞尔逐渐地走出了心理学的阴影,对他来说,这经过了漫长的智力求索和艰辛的潜心考验,他深深知道,自然科学的显赫地位和实证主义的固执偏见一直左右时下人们的思维与观念,而且很难根除,我们必须时刻清醒地与其保持斗争,与之拉开距离,一不小心就会重蹈自然态度的覆辙。在心理学的意义上,意识是某种心理活动与其意向对象的关系,而在先验现象学的意义上,意识是绝对意识或纯粹意识与由它所构成的世界之间的关系。

意识不仅是被动的,而且是主动的,意识体验是一种不断的建构和生成,这种体验是对某种东西的意识,"体验本身的本质不仅意味着体验是意识,而且是对什么的意识,并在某种确定的或不确定的意义上是意识"①。因而意识本身就具有一种意向性的体验,意识本身就包含了对某物的意识。在《逻辑研究》中,胡塞尔使用统觉来表明意识具有分享物理自然的能力,而在先验现象学中,意识必须得到净化,只有把物质自然悬搁起来,真正的意识才能表现自身,通过消除世界的试验,就剩下一个纯粹意识或先验意识的绝对存在领域。对于胡塞尔来说,区分心理学意识和先验意识是一个重要发现,但是一个非身体的、非个人的甚至是非生命的意识是如何可能的? 正是在这一点上,海德格尔与胡塞尔走向背离,海德格尔认为在世存在才是现象学的核心问题,而在胡塞尔看来,这是现象学的倒退。胡塞尔赋予其先验现象学第一哲学的崇高使命,这种学说不仅是一种纯粹理性学说,而且也承担着解决人的自由、不

① [德]埃德蒙德·胡塞尔:《纯粹现象学和现象学哲学的观念》,李幼蒸译,商务印书馆1992年版,第106页。

朽、生存和上帝的问题。胡塞尔在《笛卡尔式的沉思》中提到了死是一个偶然性的事实性问题，但是意识体验之流则不可能终结，一个生命的死亡意味着在世界中的一个具体身体的死亡，而这只是一个局部领域的意识的死亡，而不是意识自身的死亡，作为生生不息的意识体验之"赫拉克利特"的河流的中止则是不可想象的，因为没有了这种体验之流，世界将不再存在任何人的认识、思考和反思，不再存在人的任何思想与精神活动，那么人将成为草木山石一样的存在。心灵只不过是对意识的世俗性解释，心灵的死是那种仅仅把自身视为世界一个部分的自然心灵的死亡，而并不意味着绝对意识的死亡。

心物统一体是一种实在，这实际上只是一个假设，这是需要某种说明和有待解释的。在完成先验现象学的转向之后，胡塞尔发现，意识才是构成世界的绝对自洽的系统，先验还原能够使意识失去作为心物统一体的假定，而成为一个绝对的剩余物。然而，胡塞尔并非要否定自然科学的学说，而是从认识论方面来进行一种澄清工作，现象学试图要为物理学提供一个最后的辩护。哲学并不是要丰富具体的科学理论，而是澄清科学的基础概念并使之更加完善。哲学并不对具体的科学理论提出怀疑，哲学质疑的是经验科学的一般基础，自然科学成果只有经过一种现象学的批判才能真正立稳脚跟。因此，现象学可以成为各门具体的特殊科学的根，物理学的最终意义需要现象学来加以确定，先验现象学将完成对传统哲学的改造。物理学家在本学科领域发表观点没有问题，但是如果他超出本专业科学范围之外发表哲学言论，那么他的假定就很可能导致各种各样的谬误。因此，胡塞尔实际上是发出一种警告：作为一个物理学家跨越自己工作的界限而进入哲学的领域，就很可能出现概念和问题域上的混淆，物理学家无法克服自然态度是可以理解的，但是在认识论上使用因果性解释必然会得出荒谬的结论，因为人们的意识并非以一种自然科学的方式来加以说明的自然事实。这也同样适用于心理学，某些心理学家孜孜以求期望通过将心理学建立在实验的精确的科学基础上，使科学心理学成为逻辑学、认识论、美学、伦理学等各门科学的基础，胡塞尔认为这是一种高谈阔论，是一种实证主义自欺欺人的幻象,这将导致欧洲科学危机弥漫开来的世界图景。

由于意识是世界的一个必要和充分的根据,因而我们说世界在意识中得到了确立,胡塞尔把先验意识看成最终的根据和基础,一个"知识之母",或一个真正的诞生地,意识是世界存在的先决条件,从这个意义上来说,先验现象学是无前提的,因为我们只能把意识而非世界当作最后的根基,这也是胡塞尔的先验现象学继康德之后的第二次"哥白尼革命"。它是一门严格科学的哲学的唯一基础,一种最彻底的洞察,以绝对经受住检验的真理形式,它成为一种哲学的绝对必然的开端,即从绝对的纯粹的对自身充分认识中获得这种开端,因而它是真正的唯一的绝对的第一哲学。意识成为万物的根据,先验现象学正是以这种方式实现了传统纯粹哲学或理论智慧的理想。在胡塞尔的现象学学说中,甚至是在其最后的著作中,我们都能非常清晰地看到这样一种观点,关于世界的相对性和意识的绝对性始终占据着一个中心的地位,这已经成为胡塞尔先验观念论的灵魂,一旦放弃这一根本观点,我们将再次堕入自然态度和教条的非批判的哲学之中,而那些自认为高明的存在主义哲学便是如此。我们在消除世界的试验中,得到了意识必然绝对存在的这个唯一答案,这也是胡塞尔得出的最终结论。

第二章　现象学的生活世界理论

　　能够真正揭示出意识所予物并不是一件容易的事,胡塞尔凭借的方法还是现象学还原。他认为,现象学还原能够擦亮我们的双眼,揭示出一个全新的必然的科学领域。而由于受传统习俗的各种偏见的影响,人类思维具有惯性,习惯于追求简单的经济原理,那些根深蒂固的似是而非的观念一直束缚着我们,首先应该破除那些从未受到怀疑的不言而喻的价值观念。胡塞尔常常教导我们,这种惰性思维的力量实在是太强大了,我们从本性来说都是教条主义者,并且一向是经不起自然态度的诱惑,如果实在轻而易举地向我们显现,那么就不需要哲学了,如果一眼就能望穿真正所予的东西,那么我们就没有必要在这里进行如此艰苦而卓绝的精神劳作了。只有经过一种艰难的反思,真正的所予物才豁然可见,因而,现象学实际上是一种关于认识的理性批判。笛卡尔的普遍怀疑试图指明一个绝对无可怀疑的存在领域,而胡塞尔则希望通过先验还原揭示出所予物是如何被给予的以及它具有何种存在方式。因而胡塞尔晚年已经开始远离笛卡尔式的道路,开辟出另外两条道路,一条是心理学的道路,这条道路在《大观念》中就已经开始了,而另一条是生活世界的道路。尽管来自生活世界的道路同样始于不言而喻的有效生活的周围世界的纯粹自然生活的立场,但是通过对自然生活的分析,我们会不断地意识到先验自我的显身与涌现,生活世界之中包含着一系列有意义见解的获得和充实的过程,对生活世界的分析将成为进入先验现象学的一个新的方式。因而,生活世界不是终点而是一个起点,这也是胡塞尔写作《欧洲科学的危机与超越论的现象学》(以下简称《危机》)的最终目的。为了能够更好地理解胡塞尔的后期思想,我们将着重阐明:一门关于生活世界的观念科学如何成为可能?

第一节　胡塞尔的生活世界理论

20 世纪 30 年代,欧洲社会正处于风雨飘摇之中,德国纳粹的上台成为欧洲政治生活的大事。胡塞尔说,欧洲国家病了,欧洲处于危机之中,这种危机不仅仅包括科学危机,而且也包括社会政治危机,它已经成为欧洲人的一种阴暗的悲观的历史命运。他将危机的部分原因归结为一种被误导的理性主义,现代欧洲的理性主义源于古希腊人对世界的纯粹静观的理论化的态度,而问题出在现代欧洲的理性主义出现了极端化、片面化和畸形化发展的倾向。胡塞尔在晚年的《危机》之中比较系统地分析了欧洲科学的危机、超越论的现象学以及生活世界等问题。

一、生活世界概念的提出

胡塞尔关于生活世界的观念是其晚年最重要最著名的研究之一,得到了现象学传人及众多的 20 世纪哲学家们的接受、赞赏和认同,伽达默尔称"生活世界的科学"不仅仅把哲学的任务局限于为科学奠定基础,而且可以把哲学"延伸到日常经验的广阔领域"。

胡塞尔关于生活世界的描述揭示了伽利略式的自然科学所隐蔽的条件和被忘却的意义基础:"自然科学经受一种多方面的意义改变和意义掩盖的过程。"①在

---

① [德]埃德蒙德·胡塞尔:《欧洲科学的危机与超越论的现象学》,王炳文译,商务印书馆 2001 年版,第 63 页。

这种新式的自然科学中,人们的思维活动都是在改变了的意义的地平线上进行的:"虽然人们还可以意识到在技术与科学之间的差别,但是人们早就不再对应通过技术方法为自然获得的真正意义进行反思了。"①伽利略用数学化的理念世界暗中代替了现实的感性生活世界,数学本来是一种关于现实测量技术实用的方法,从伽利略开始,人们就用理念化了的自然代替了前科学的直观的自然,这样就忘却了这种几何学的意义基础,人们再也不可能追溯到前几何学的全部理论和实践生活了,数学和数学化的自然科学这种"理念的外衣使我们将只不过是方法的东西认作是真正的实在……"②经过伽利略的理论改造,那些数学公式、命题、定理,那些理论的真正意义对于人们来说就成为无法理解的东西了。

在早已经被遗忘的前科学的生活世界之中,人们的经验是具体地、感性地和直观地被给予的,"预先给定的生活世界的存在意义是主观的构成物……"③生活世界是一个境遇性的历史性的相对真理的世界,其中的对象以相对的近似的大致的某种视角的方式给予我们。而自然科学则脱离了第一人称的主观视角,以一种严格的、精确的、客观的普遍知识呈现在我们面前,科学的对象以单一性、非角度性、非相对性、精确性为特征,科学发现的目标独立于心灵的世界如何运行,它并不关心我们对世界的感受、价值与意义。在这里,胡塞尔绝没有贬低近代自然科学家的意思,也绝没有否定追求普遍性与客观性的科学的有效性,他想要批判的是近代自然科学的自我膨胀和妄自尊大:"随着对于宇宙的认识能力的向前发展和越来越完善,人也获得了对于他的实践的周围世界的越来越完善的支配,这个周围世界能在无限的进步中扩展……因此人实际上是与上帝酷似的……作为这种新理念的普遍科学如果不是——被认为

---

① ［德］埃德蒙德·胡塞尔:《欧洲科学的危机与超越论的现象学》,王炳文译,商务印书馆2001年版,第63页。

② ［德］埃德蒙德·胡塞尔:《欧洲科学的危机与超越论的现象学》,王炳文译,商务印书馆2001年版,第67页。

③ ［德］埃德蒙德·胡塞尔:《欧洲科学的危机与超越论的现象学》,王炳文译,商务印书馆2001年版,第87页。

是理想地完成了的——全知,还能是什么呢?"①

胡塞尔试图表明,即使是最精确和最抽象的科学,也植根于在感性直观中被给予的生活世界,科学在追求客观知识的过程中,在个体主观明证性的决定之中获益良多。科学家在进行实验时,读取测量仪器,依照运算模型计算,参考其他科学家的解释,都是建立在经验明证性的基础之上:"这种验证工作本身是实验物理学家的责任,正如从直观的周围世界和在其中实行的实验和测量提高到理念的极的全部工作是实验物理学家的责任一样。"②尽管这种数学化的自然科学在新理念的指导下超越了具体的直观被给予的生活世界,但是生活世界仍然是人们的工作由之开始并赋予这种工作的意义基础。胡塞尔想说,科学在历史上的某个时代产生,最早产生了"纯粹几何学的观念"这种新的类型物,之后,这种新的理想类型逐渐被人们广泛应用,被科学家共同体接受并一代代传承下去,被人们视为理所当然的观念,而它们所由产生的历史性事件也就被人们遗忘了。而当我们重新在生活世界中追溯这些数学定理、命题和理论发生的起源时,就会发现这种理念化的态度并非自然而然的,它们也有历史,它们是在历史上某个时间点产生的。胡塞尔警示我们,必须留意近代科学的这种客观主义倾向,因为这是一个危险的客观主义:"当观念物和它们与主体相关的起源相分离时,很容易完全忘记起构成作用的主体性。最终,胡塞尔认为,这两个危险都要对现代科学的危机负责。"③

胡塞尔常常是从多个层面来谈生活世界,生活世界最常用的意义是"不言而喻的有效的生活的周围世界"④,这是一个感性直观的前科学的预先被给

① [德]埃德蒙德·胡塞尔:《欧洲科学的危机与超越论的现象学》,王炳文译,商务印书馆2001年版,第83—84页。

② [德]埃德蒙德·胡塞尔:《欧洲科学的危机与超越论的现象学》,王炳文译,商务印书馆2001年版,第62页。

③ [丹]丹·扎哈维:《胡塞尔现象学》,李忠伟译,上海世纪出版集团2007年版,第148页。

④ [德]埃德蒙德·胡塞尔:《欧洲科学的危机与超越论的现象学》,王炳文译,商务印书馆2001年版,第124页。

予我们的经验世界,在日常生活中,我们视其为理所当然的,从来不质疑它。它是我们活动的一个基本背景,无论我们的理论活动还是实践活动都是在生活世界之中进行的,对生活世界的朴素的认可是各种活动不可或缺的一个先决条件。生活世界就像远处的地平线一样,构成了我们全部精神活动的一个背景或视域,如果没有这种朴素的承认,哪里来的怀疑呢?怀疑正是对某个具体环节或事物某个部分的怀疑,而作为整体而存在的世界本身则是无法怀疑的,同样,我们也可以对历史上发生的某个文化对象加以质疑,但是作为我们的精神生活本身,则是无法进行怀疑的。生活世界是从未得到人们系统表述的关于世界实际存在的信念,它充斥着、伴随着并渗透到我们全部精神生活之中,不仅构成了各种特殊的精神活动的基础,为其提供支持,而且已经渗入这些精神活动之中了。

生活世界是给定的,它是预先就假定存在的。这种假定既不是以一种明确判断的形式作出的,也不是以一种深思熟虑的方式作出的,而是以一种模糊的未经过任何质疑就加以接受下来的公认的形式给予我们的,生活世界的存在不仅包括它的实际在那里,而且包括人们用来解释这个世界的方式。生活世界有自己的历史,是人们一点一点建立起来的。当许多传统惯习、文化风俗和科学理论被日常实践所接纳时,就成为生活世界的一部分,成为人们习以为常、熟视无睹的日常经验,"作为这个世界中的文化事态的诸科学,以及它们的科学家和理论,也预先被假定为存在着的"①。然而,生活世界不仅仅是我个人所具有的私人世界,而且还是一个主体间性的公共世界:"作为对我们有效存在的世界,我们还共同地属于这个世界,属于这个我们大家的世界,作为在这种存在意义上预先给定的世界。当在清醒的生活中不断地发挥功能时,我们也是共同地发挥功能,以多种多样的方式共同地观察预先一起给定的对

---

① [德]埃德蒙德·胡塞尔:《欧洲科学的危机与超越论的现象学》,王炳文译,商务印书馆2001年版,第127页。

象,共同地思考,共同地评价、计划和行动。"①

然而,胡塞尔不相信对生活世界的经验研究是充分的,哲学的任务是要揭示出生活世界的先天结构:"所有相对的存在者都与之关联的这种普遍结构本身,并不是相对的……因此首先应该将生活世界的先验性按照其特征和纯粹性变成科学研究的主题,然后应该提出这样一个系统的研究任务,即客观的先验性如何在这种基础上以及以什么样的新的意义构成方式,作为一种间接的理论成就而产生出来。"②尽管生活世界具有历史与文化特征,但是胡塞尔仍然认为,通过回溯到一种先验哲学的框架中展开一种生活世界的先验性研究,是非常必要的,只有这样,客观的逻辑的科学才能获得一种真正彻底的科学基础。

关于生活世界,胡塞尔到底指的是什么,非常遗憾地说,不可能有一个确切而统一的答案,生活世界把它自身体现在一种主观的相对的结构之中,对生活世界的自然态度只是哲学工作的准备,"只有通过对自然态度的彻底改变才有可能"③。悬搁意味着一种新的普遍兴趣的转变,通过悬搁,我们的兴趣就转向了人的主观意识,开始关注意识的被给予方式、显现方式、内在有效性的样式以及不断的变化。这是一种新的理论兴趣,而摆脱了日常生活的自然态度的实用动机和实践的兴趣,这个主观意识的领域以不断地综合的形式构造着意义,不断地形成着各种意义和有效性的成就。生活世界的科学是一种新的特殊科学:"它是关于世界的预先给予性之一般的给予方式的科学,因此是关于使这种预先给予性成为每一种客观性之普遍基础的东西的科学。"④

---

① [德]埃德蒙德·胡塞尔:《欧洲科学的危机与超越论的现象学》,王炳文译,商务印书馆2001年版,第132—133页。

② [德]埃德蒙德·胡塞尔:《欧洲科学的危机与超越论的现象学》,王炳文译,商务印书馆2001年版,第168—170页。

③ [德]埃德蒙德·胡塞尔:《欧洲科学的危机与超越论的现象学》,王炳文译,商务印书馆2001年版,第179页。

④ [德]埃德蒙德·胡塞尔:《欧洲科学的危机与超越论的现象学》,王炳文译,商务印书馆2001年版,第177页。

在这里,关于生活世界人的意识主观的建构成为客观科学的基础,这种意识主观的先验性绝不是传统形而上学的先验性,而且它还为所有客观的科学奠定基础,那么它与先验自我是什么关系呢?"因为作为基础价值,作为基本有效性,它先于所有科学,包括逻辑学。难道它不是一个对所有真理来说的新基础吗?难道它没有取代先验自我吗?"①生活世界有自己的历史,建基于生活世界之上的知识,绝大多数都是包含着生活利益和情感的直接的情境化的认识,它无法回避在自己以前的投射与筹划中走向未来,它包含各种各样的文化记忆,因而,生活世界不能回避历史与文化研究。而正是海德格尔的《存在与时间》打开了胡塞尔生活世界的广阔的存在视域,生活世界中不仅存在着逻辑和科学,而更多的是社会历史的经验和生活实践的问题,人活在世界上就意味着正在理解和解释,"我认为海德格尔对人类此在的时间性分析已经令人信服地表明:理解不属于主体的行为方式,而是此在本身的存在方式。"②生活世界包含了作为此在的人类的世界经验的全部历史,正如伽达默尔所说:"当胡塞尔进入历史阐释方式,把哲学活动的个体性生活世界前提主题化时,胡塞尔自己毕生追求的任务在某种意义上就改变了。"③

因而,胡塞尔的"生活世界"概念包含着各种含义,对它的解释可以是多元的、多义的,面对未来是开放的,在这里,主体间性、历史性、构成性、先验性都成为核心的概念。因而,不管怎样,胡塞尔的"生活世界"的观念开启了人类无限丰富的想象空间,对生活世界的探讨必然导向主体间性,生活世界开启的是主体之间亲密性、匿名性和抽象性不同程度的多维社会结构。这种社会

---

① [德]汉斯-格奥尔格·伽达默尔:《伽达默尔集》,邓安庆译,上海远东出版社 2003 年版,第 382 页。

② [德]汉斯-格奥尔格·伽达默尔:《真理与方法》,洪汉鼎译,上海译文出版社 2004 年版,第 4 页。

③ [德]汉斯-格奥尔格·伽达默尔:《伽达默尔集》,邓安庆译,上海远东出版社 2003 年版,第 386 页。

结构具有横向和纵向两个方面的深度,用梅洛-庞蒂的话说:"这就是历史的维度。"①人们用烟斗吸烟,用筷子吃饭,用手机打电话,对人的世界的知觉只有通过对人的行为和对另一个人的知觉才能得到证实,人的行为与人的知觉已经饱含了社会文化的因素,社会越发展,人的世界的历史文化内涵就越来越丰厚,人的世界就越来越成为文化世界,"正如自然深入到我的个人生活的中心,并与之交织在一起,同样,行为也进入自然,并以文化世界的形式沉淀在自然中。"②生活世界成为 20 世纪哲学家共同关注的主题,正如施皮格伯格所说,生活世界理论"毫无疑问,它是在胡塞尔之后现象学历史中最富有创造力的思想"③。卡莱尔·科西克(Karel Kosik)称胡塞尔在《危机》中关于生活世界的论述堪称对当代社会现实最深刻的哲学反思之一:"它的哲学内容跻身于 20 世纪前半叶具有深远影响的知识成果之列。"④

可见,胡塞尔的生活世界学说给未来的哲学发展提供了活生生的精神营养与思想源泉,它与人的社会文化世界和历史生存境遇紧紧地联系在了一起,生活世界不仅可以成为科学和逻辑的奠基性起源,而且可以成为展现人们社会文化多样性和历史丰富性的大舞台。正如阿尔弗雷德·许茨所说:"生活世界作为共同世界,作为历史文明,作为同时代的私人顾问这种特殊群体,作为主体间性共同体,作为共同的奠基,作为集体活动的产物,作为精神上的探索(最后落实为反思!)……"⑤生活世界概念具有在多种不同意义上来回穿插的张力,凸显出一种理论和实践的深度,成为 20 世纪哲学的一个前沿和热点问题。

---

① [法]莫里斯·梅洛-庞蒂:《知觉现象学》,姜志辉译,商务印书馆 2001 年版,第 15 页。
② [法]莫里斯·梅洛-庞蒂:《知觉现象学》,姜志辉译,商务印书馆 2001 年版,第 438 页。
③ [美]赫伯特·施皮格伯格:《现象学运动》,王炳文译,商务印书馆 2011 年版,第 210 页。
④ [捷]卡莱尔·科西克:《具体的辩证法》,刘玉贤译,黑龙江大学出版社 2015 年版,第 76 页。
⑤ 转引自[英]布赖恩·特纳编:《社会理论指南》第 2 版,李康译,上海人民出版社 2003 年版,第 341 页。

二、"生活世界"概念与自然科学的起源

胡塞尔在《危机》中清晰地阐明了生活世界是自然科学真正的意义基础，但是自然科学在近二三百年一路凯旋的胜利进军中却忘记了这个意义基础，胡塞尔把由于近代自然科学发展而造成人们观念的转变的节点追溯到伽利略那里。"但是现在我们必须指出早在伽利略那里就已发生的一种最重要的事情，即以数学方式奠定的理念东西的世界暗中代替唯一现实的世界，现实地由感性给予的世界，总是被体验到的和可以体验到的世界——我们的日常生活世界。"①伽利略将自然数学化，用一种理念化了的自然替换了前科学的直观的经验化的自然，而这对以后几个世纪的物理学家产生了非常深远的影响。

伽利略创造了近代欧洲客观主义和理性主义的科学的普遍性新理念，他是一个伟大的天才，因为他发现了一种新的形式——数学理念的新构想，使我们的自然成为纯粹空间的点、线与面，纯粹的立体图形。在这种使周围世界不断完善化的理念世界之中，一系列个体都朝向一个永远不变的在现实上达不到的理想的极点不断逼近。而在这个理念实践的不断进行之中，作为文化对象和历史所沉积下来的文化意义就被抽空了，在我们得到了一个具有客观性、普遍性和精确性的纯粹的自然科学的世界的同时，却是以牺牲我们所有的历史生命的丰富情感、生动个性、文化多样性和各种实践类型的存在意义作为代价的。而当这种纯粹几何学的思维方式用可预测性、因果性规则、理想化、抽象测量方法以及实际的技术化倾向来看待我们身边的自然世界与社会历史世界时，我们生存的意义就面临着被抽空的危险，正如胡塞尔所说："在我们生存的危急时刻，这种科学什么也没有告诉我们。它从原则上排除的正是对于在我们这个不幸时代听由命运攸关的根本变革所支配的人们来说十分紧迫的

---

① ［德］埃德蒙德·胡塞尔：《欧洲科学的危机与超越论的现象学》，王炳文译，商务印书馆2001年版，第64页。

问题:即关于这整个的人的生存有意义与无意义的问题。"①由于特殊的人性问题被排除在这种普遍化和客观性的自然科学新理念之外,被这种纯粹几何学的思维所抽空的人类生存活动从此就变得肤浅化了,因而,伽利略"既是发现的天才又是掩盖的天才"②。

胡塞尔并没有贬低伽利略的意思,反而是"十分真诚地将伽利略的名字列在近代最伟大的发现者之首"③,伽利略仍然是近代古典物理学的奠基人,取得了非常了不起的科学成就,一个值得尊敬的令人赞叹的伟大的科学家,"他为无数物理学上的发现者和发现开辟了道路"④。他发现了一种方法论的理念,发现了世界的先验的形式,发现了不变的法则和精确的法则,一个客观的精密的数学化的宇宙,使我们的经验从粗糙走向精确,从模糊走向实在。"这种理论所具有的本来的、原始的真正的意义,是物理学家们,即使是伟大的和最伟大的物理学家们,也仍然看不见的,而且是一定看不见的。"⑤胡塞尔认为,不应该指责作为科学家的伽利略,而发现物理学基础中包含了什么是那个时代哲学家应该完成的任务。对于伽利略之后的哲学家,胡塞尔则采取一种原则上批评的态度:他们没有进一步追溯到原初的意义赋予的成就,而意识的这种意义赋予活动才是所有理论体系与精神生活的真正基础,即伽利略以后的哲学家对科学的意义基础及哲学与科学的关系问题的反思不够彻底,洛克、贝克莱、休谟和康德都在被批评之列。

---

① [德]埃德蒙德·胡塞尔:《欧洲科学的危机与超越论的现象学》,王炳文译,商务印书馆2001年版,第16页。
② [德]埃德蒙德·胡塞尔:《欧洲科学的危机与超越论的现象学》,王炳文译,商务印书馆2001年版,第68页。
③ [德]埃德蒙德·胡塞尔:《欧洲科学的危机与超越论的现象学》,王炳文译,商务印书馆2001年版,第69页。
④ [德]埃德蒙德·胡塞尔:《欧洲科学的危机与超越论的现象学》,王炳文译,商务印书馆2001年版,第68页。
⑤ [德]埃德蒙德·胡塞尔:《欧洲科学的危机与超越论的现象学》,王炳文译,商务印书馆2001年版,第68页。

哲学家应该时刻提防那些"由传统的沉积物中产生的暧昧不明的东西"①，应该时刻对那些没有自明性尚待确证的东西保持警惕。胡塞尔在《危机》中常常带着几分遗憾而又几分责备的口气说道，近代那些伟大的哲学家们都没有发现自然科学隐蔽的基础："然而并没有任何一个人真正理解这种成就的本来的意义和内在的必然性，这种情况是怎么发生的?"②"没有一种客观的科学，没有一种的确想成为有关主观东西的心理学，没有一种哲学，曾经将这种主观东西的领域当成主题，并因而真正发现这个主观领域。"③"从来也没有人想到过这些存在于科学之前的述谓和真理，以及在这种相对性范围内起规范性作用的'逻辑学'，从来也没有人想到过，即使是就这种纯粹描述性地适合于生活世界的逻辑东西，探究先验地规范它的诸原则体系的可能性。"④他常常或明或暗地批评笛卡尔或康德等哲学家，而唯有他的现象学，才可能完成对自然科学的奠基工作，才能够彻底地反思客观性与主观性的二元悖论问题："超越论哲学越彻底，它就越纯正，就越能更好地完成它作为哲学的使命……"⑤因而，先验现象学是一种彻底的理性批判，它能够为每一门特殊的科学提供评价性的判断，能够为其对象提供存在的最终意义的规定和方法的基本阐明："因而我们可以理解，现象学可以说是一切近代哲学的隐秘的憧憬。"⑥现象学意味着一种态度的根本转变："我们自己将被带入到一种内在

---

① ［德］埃德蒙德·胡塞尔:《欧洲科学的危机与超越论的现象学》，王炳文译，商务印书馆2001年版，第90页。

② ［德］埃德蒙德·胡塞尔:《欧洲科学的危机与超越论的现象学》，王炳文译，商务印书馆2001年版，第67—68页。

③ ［德］埃德蒙德·胡塞尔:《欧洲科学的危机与超越论的现象学》，王炳文译，商务印书馆2001年版，第136页。

④ ［德］埃德蒙德·胡塞尔:《欧洲科学的危机与超越论的现象学》，王炳文译，商务印书馆2001年版，第163页。

⑤ ［德］埃德蒙德·胡塞尔:《欧洲科学的危机与超越论的现象学》，王炳文译，商务印书馆2001年版，第122页。

⑥ ［德］埃德蒙德·胡塞尔:《纯粹现象学通论》，李幼蒸译，商务印书馆1992年版，第160页。

的转变之中,在这种转变之中,我们将会真正发现,并直接体验到早就被感觉到但却总是被隐蔽了的'超越论的东西'的维度。按其无限性展现的经验基础,很快就变成按一定方法进行研究的哲学沃土;而且是以这样一种自明性变成的,即从这个基础出发,过去一切可以想象到的哲学的问题和科学的问题,都能提出来并加以判定。"①

伽利略物理学用一种公式化和纯粹几何学的思维方式来认识自然,当生活世界原有的朴素经验被精密科学所代替,几何学的原始的意义就被抽空或被遗忘了,生活世界的人性化主题和丰富的内涵就被遮蔽了,这就使得几何学远离了真正直观的源泉和原初直观思想的源泉。生活世界因而被披上了一件客观科学真理的外衣,伽利略精心制作的"数学和数学的自然科学"理念化的外衣,尽管光鲜亮丽,尽管无比荣耀、被冠以客观真理的神圣光环,而实际上这件外衣只不过是装点生活世界的东西,严格说来,它只是一种方法:"理念的外衣使我们将只不过是方法的东西认作是真正的存在"。② 胡塞尔说道,生活世界才是唯一现实的由感性给予的实在,一个总是能够被体验到的和经验的世界。尽管伽利略是伟大的发明家,但是,他只是"一位在方法方面最有创造性的技术家",而由于缺乏对精密自然科学的原初意义的哲学反思,这就造成不仅不理解自然科学的开端和自然科学的发展的意义,而且使精密自然科学的全部意义经历了意义改变和意义掩盖的过程,最后造成了对自然科学的一种错误的解释,而这一结果导致的是实证科学精神的泛滥,胡塞尔在批评实证主义者时,饱含着对哲学的深情说道:"实证主义可以说是将哲学的头颅砍去了。"③这些方法在以后的发展过程中不仅出现了机械的抽象的非人性化倾

---

① [德]埃德蒙德·胡塞尔:《欧洲科学的危机与超越论的现象学》,王炳文译,商务印书馆2001年版,第124页。

② [德]埃德蒙德·胡塞尔:《欧洲科学的危机与超越论的现象学》,王炳文译,商务印书馆2001年版,第67页。

③ [德]埃德蒙德·胡塞尔:《欧洲科学的危机与超越论的现象学》,王炳文译,商务印书馆2001年版,第19页。

向,而且随着技术化而逐渐变得更加肤浅化了,它们终将变成不可理解的东西。

实际上,自然科学最早是为了服务于人们的实际生活需要而产生的,例如测量土地、建筑房屋等。然而在历史上的一个时间点,几何学作为一种观念物首次出现,这是一个新的类型的对象,是一种"原初的创建",胡塞尔常常把其追溯到古希腊,"我们是由于一种原初的创建而成为这样的,这种原初的创建,既是对于古希腊的原初创建的仿造,同时又是对它的修改。一般欧洲精神的目的论的开端,它的真正诞生,就发生在古希腊的这种原初创建中。"①胡塞尔将其看作非常重要的时刻,在古希腊产生出了一门名副其实的观念的科学②,因而成为欧洲各民族精神上的故乡和发源地。"但是在希腊产生的新的人类(哲学的人类,科学的人类)认为自己有责任改造有关自然存在的'认识'与'真理'这些目的理念,并赋予这种新形式的'客观真理'理念以更为崇高的地位,即将它看成是一切认识的规范。"③而其他民族尽管也创造了自身各有特色的文化,即每一个民族都有自己的神话、语言、宗教与艺术,但并不是每一个民族都能够产生真正的哲学,而唯有古希腊民族孕育了最早的科学家,并且最后发展成为哲学,即一种纯粹理论哲学:"理论哲学是首位的东西。应该开始进行一种冷静的,摆脱神话和一般传统束缚的对世界的考察,这是一种绝对没有先入之见的有关世界的和人的普遍的认识……"④

在胡塞尔看来,这种纯粹的理论思维,是一种原初的构型,它只在古希腊民族那里有其起源,它是"隐得来希",它是追求绝对的永恒的超时间的无条

---

① ［德］埃德蒙德·胡塞尔:《欧洲科学的危机与超越论的现象学》,王炳文译,商务印书馆2001年版,第89页。

② 胡塞尔等一些西方哲学家认为,在其他国家和民族,只是产生了一种粗糙的经验科学,译者注。

③ ［德］埃德蒙德·胡塞尔:《欧洲科学的危机与超越论的现象学》,王炳文译,商务印书馆2001年版,第147页。

④ ［德］埃德蒙德·胡塞尔:《欧洲科学的危机与超越论的现象学》,王炳文译,商务印书馆2001年版,第18页。

件的真理的理论,它是一门关于最高的和终极问题的学问,它是一门形而上学,因而获得了诸种学问之上的王后的高贵尊严,它不是某个文明的偶然产物,而是在本质上指向理性的必然的存在:"或者相反,是否人类本身本质上包含着的隐得来希最初没有在希腊人那里显露出来……因此哲学和科学应该是揭示人类本身'与生俱来的'普遍理性的历史运动。"①

胡塞尔一直构思建立一种关于生活世界本体论的观念,他要把生活世界本身当作一个新型科学的主题,这也是胡塞尔生命最后时光里的一项重要的哲学使命。生活世界不只是我们的一种主观的个别的一时的兴趣,我们可以将生活世界作为一个普遍的主题:"生活世界的问题不是局部的问题,宁可说是哲学的普遍问题"。② 与生活世界相比,科学理论最终会失去它的独立性,并成为生活世界的局部问题,因为生活世界包含了人们为其共同生活的世界所获得的全部有效性层次,数学和物理学理论的思维活动在我们的生活世界的直观活动中有其基础,而那些人们意识主观的构造活动,也属于生活世界。在生活世界之中,不仅包含着石头、树木、山川、日月、动物等自然对象,还包括房屋、庙宇、工具与器械等人造对象,还包括各种各样的意识活动方式。很显然,自然对象和人造对象都具有一种形态学的特征,它们在本质上是模糊的、大致的、近似的,尽管生活世界以形态学为典型特征,但仍存在着普遍的本质结构,"所有相对的存在者都与之关联的这种普遍结构本身,并不是相对的"③。那些完美的数学图形、几何图案在现实世界是不可能找到的,它们无限地趋于一种圆满状态,它们是一些理想性的观念,是一些完美的理念,它们属于观念世界。尽管存在着形态学的本质和观念性的本质的不同和差异,但

① [德]埃德蒙德·胡塞尔:《欧洲科学的危机与超越论的现象学》,王炳文译,商务印书馆2001年版,第26页。
② [德]埃德蒙德·胡塞尔:《欧洲科学的危机与超越论的现象学》,王炳文译,商务印书馆2001年版,第160页。
③ [德]埃德蒙德·胡塞尔:《欧洲科学的危机与超越论的现象学》,王炳文译,商务印书馆2001年版,第168页。

是,理论活动也奠基于前逻辑的前科学的生活世界之中,理论也是实践的结果,即一种特殊的实践——理论实践,像数学、逻辑学这样更高一级的观念对象,以及像语言、艺术、宗教、神话这些文化对象都属于一种精神成就,这种精神成就与精神活动过程必然也奠基在生活世界之中:"一切客观的先验性,在它们必然地通过回溯而与相应的生活世界的先验性相关联这一点上,也属于生活世界。这种通过回溯的关联就是奠立有效性的回溯关联。在生活世界的先验性基础上产生出数学的先验性以及任何客观的先验性这种更高程度的意义构成以及存在的有效性,乃是某种理念化活动的成就……只有通过回溯到应在一种独立的先验的科学中展开的生活世界的先验性,我们的先验的科学,客观的—逻辑的科学,才能获得一种真正彻底的,真正科学的基础,而这种基础是它们在这种情况下绝对需要的。"①

因而在生活世界之中,孕育着各种各样的精神操作和精神成就,这些精神成就借助于逻辑、数学、数学的自然科学,使前科学的经验对象具有一种客观的有效性,而自然科学尽管表现了一种客观的普遍的确定的真理形式,但是它们只不过是一种主观的精神构成物,胡塞尔认为他的先验现象学完成了一个伟大的变革,即从客观主义转向了主观主义:"这种一切变革当中的最伟大的变革,被称作从科学的客观主义——不仅是近代的客观主义,而且还有以前数千年所有哲学的客观主义——向超越论的主观主义的转变。"②而人的自我意识正是生活世界与自然科学的中介与桥梁,一切谜之中最大的谜。"'客观上真的'世界,科学的世界,它是更高层次上的构成物,是建立在前科学的经验和思想活动之上的,更确切地说,是建立在经验和思想活动的有效性的成就之上的。"③世界的

---

① 〔德〕埃德蒙德·胡塞尔:《欧洲科学的危机与超越论的现象学》,王炳文译,商务印书馆2001年版,第169—170页。

② 〔德〕埃德蒙德·胡塞尔:《欧洲科学的危机与超越论的现象学》,王炳文译,商务印书馆2001年版,第86页。

③ 〔德〕埃德蒙德·胡塞尔:《欧洲科学的危机与超越论的现象学》,王炳文译,商务印书馆2001年版,第87页。

意义和有效性,都是在生活世界这个基础上建立起来的,因而,预先给定的生活世界是人类所有活动的根,不仅包括人们的物质生活,而且包括人们的精神生活,包括人们的认识和人们的思想。

三、作为各门科学基础的生活世界现象学

有一种观点认为,显现与显现的东西,即现象与背后的本体是分离的,在我们所感知的现象的背后具有不为人知的秘密,本体具有某种不同的固有结构。而为了对我们体验这些以流动的方式显现的现象进行解释,就必须将这种背后的本体作为一种实在,它是作为一种假设和完全未知物、作为这些现象的隐蔽原因、作为只能间接地加以说明或者通过数学概念来加以类推的根源而必须被接受下来的。这种观点正是胡塞尔曾经的老师布伦塔诺所信奉的观点,很显然,胡塞尔决不同意这种观点,他多次指明了这种观点的错误性和荒谬性,因为它是与我们关于物的经验的本质完全对立的,感性规定性内容的对象和物理规定性内容的对象完全是同一个东西,物理学的经验内容与日常生活的感性知觉的经验内容毫无二致,只不过物理学家的经验内容更加精确,甚至是更加隐晦罢了。因而把物理物视为感知物背后的未知的原因的观点是站不住脚的。

胡塞尔试图表明:自然科学家所做的一切在那个对物的经验较低水平的构成活动过程的生活世界之中具有其起点。在科学之前,人们的知觉就已经在显现的多样性中提供了某种统一性和连续性,我们不仅能够经验到同一对象,而且能够经验到对象的同一属性,但是我们却是从不同的角度来观望它,接受它,对待它,我们把一系列属性知觉为同一对象的属性。而在物理学的世界中,物理学家的构成活动产生了一些更加高级的类型,这种较高层次的构成类型无疑更加精密,更加具有理性特征,它超越了感性的直观的水平,因而我们的肉眼可能无法察觉,或者根本感觉不到,像原子、质子、中子和离子这类概念是非直观的。但是,这并不代表我们的知觉器官是有缺陷的,是不完善的,

因为这些理论概念构成的意义就在于达到一个比我们的知觉更加高级、更加深刻的层次,物理学将所经验的物与一切可能的境况联系起来,并在不断变化的经验中寻求着某种规律性、永恒不变性、同一性和普遍性,使所面对的物从属于一种因果性分析。

这种对同一性和规律性的追求并不完全抹杀感知物和物理学之间的区别,感知物的性质,例如颜色、体积和空间是我们完全能够感知到的,而物理学对象的有些性质如分子、能量、密度,则是我们几乎完全感知不到的,但是这些明显的区别并不代表感知物的对象与物理学的对象并不是同一个对象。实际上对某一个对象的日常生活的感性解释和物理学的科学解释完全是可以相容的,感知的属性与物理学的属性之间没有什么冲突与对立而言,只不过后者代表了对前者更加精确、更加细致的规定。物理学家的对象和前科学的日常生活经验的对象其实是同一个东西,只不过物理学家将这个对象放在了试验室中,放在了天平上,放在了容器中或溶液里,持续进行观察与测量。这个物是物理学谓词的主体,与日常生活感性属性的主体是同一个主体,只不过物理学家用能量、力、加速度、重量、质量、密度、电阻等一些物理学概念来对这个物重新处理、规定、解释与说明罢了。

早在《大观念》中,胡塞尔就意识到了感知到的空间与数学空间的不同,前者是直接所予的并通过形态学的特征而得到描述的,而数学的空间是从某些公理中纯粹演绎出来的,这些公理是通过在一个以感知空间为起点而进行某种观念化和抽象化的精神操作下实现的。胡塞尔曾经答应说要在以后的研究中进一步探讨感性描述的概念和精确的理想性概念之间的关系问题,而这正是胡塞尔在《危机》之中对生活世界的主题不遗余力加以讨论的原因,他坚信,在对生活世界各种对象的形态化的本质描述中,一门关于生活世界的观念科学将成为可能。形态化只是一种与生活世界的非精确的特征相适应的属性,当我们进行观念化时,我们所面对的对象就不再是它们原有的样子了,数学的点、线、面和圆不同于日常生活世界之中物体的点、线、面和圆,数学化的自然是一种完美的理想的观念,是现实世界的一种极限,即一种理论和思想构造。

因而,那种把物理物视为被感知的现象的原因的观点是错误的。被感知的现象与物理学家所面对的现象是同一个对象,在被感知的对象的背后也不存在未知的神秘的存在,这个世界的确有一些特性是通过我们的感官所无法感知的,但是它们可以被理智所思想,因而,我们对于一种直观模式的探讨并不代表我们的感知器官是有缺陷的,我们还可以以一种新的方式来理解一个观念统一体,这些由思想创造的统一体具有一种在直观中所予的意义。同时,将物理学的方法论程序描述为对第二性质的纯粹主观的性质的排除显然也是错误的,知觉并非假象,尽管我们所感知到的世界对我们来说都是相对的,但是它与物理学的世界同样都是现象,这些现象并不是一些不可捉摸的凭空的幻影。当我们在物理学的构成中发现一种更深层的统一体时,并不会把那些较为初级的感知阶段视为幻象和假象而予以排除,而几何学的所有理论成就实际上都与我们的日常经验、与我们在生活世界中那些原始的感受密切相联。"从前科学的生活及其周围世界中产生出来的新的自然科学和与它不可分割的几何学,从一开始就应该是为这个最后的目的服务的,这个目的必然存在于这种前科学的生活之中,并且必然与它的生活世界相关联。"①因而,我们的活生生的感性世界在理论建构中具有一种基础地位,如果把这些感性经验都看作幻觉,那么理论推出的结论将是完全不可思议的。

因而,物理学与我们的感官知觉并不冲突与对立。物理学家的经验只不过是我们对物的常识性经验的一种提升与深化,物理学依然分有着物的某些属性和特征,所以对物的感性知觉层次阐述的结论对物理学同样是有效的,我们实际的感性经验为我们提供了建构一个真实世界的前提和根基,自然科学不可能违背我们的全部常识和所有确信:"对每一个朴素经验的存在的确信,

① [德]埃德蒙德·胡塞尔:《欧洲科学的危机与超越论的现象学》,王炳文译,商务印书馆 2001 年版,第 65 页。

就已经以最原始的方式进行归纳了。"①随着自然科学的发展,一些科学的理论结论会改变我们对世界的认识,比如说以前我们的经验告诉我们,太阳是绕着地球转的,而实际上是地球绕着太阳转,科学的观点会不断地深入到生活世界之中,生活世界不断地吸收科学的结论,这些科学观点就成为生活世界的一部分。但是,生活世界作为一个整体,是毋庸置疑的,天经地义的,理所当然的,我们非常自然地接受它,从来不会怀疑它,我们会修正与改变关于生活世界的一些具体观点,而生活世界作为一个整体则屹立不动。

由于物理物被看作一种纯粹主观现象的来源,意识的显现是对物理物的显现,因而,人们错误地将一种神秘的绝对的实在归结于物理学的存在,而根本没有看到在我们各种认识背后纯粹的绝对的意识一直在起的作用,因而,因果规律变成了物理学家的实在与绝对的存在的一种神秘纽带,意识中物理学的某些联系就变成了意识的根本原因。胡塞尔指出,一旦中止这种神秘化过程而探寻物理物的本质,那些荒谬的理论就会失去立足之地,物理学的物的确超越了我们日常生活的感性对象,但这也只不过是具有一种更高层次的意义,它们并没有超越意识,它也绝没有超出作为任何认知主体的我思的前提。

生活世界承载着所有科学的基础。在《危机》中,胡塞尔试图阐明自然科学是以生活世界为前提的,而物理世界又是先验意识的一个意向关联项,他意在证明,显现的世界并不是覆盖着某个真实的客观的物理世界的一块苫布,二者实际上是同一个东西,而物理学的概念体系实际上只不过是罩在生活世界之上的一件观念的外衣。而披上这件外套的,正是以伽利略为代表的近代自然科学家们,正是伽利略将生活世界数学化、观念化,并以一种几何学的态度来对待它。《危机》指明了一条通往先验现象学的新的道路,那就是从自然科学的世界向生活世界的还原,进而从生活世界进入一个先验意识的绝对领域,

---

①　[德]埃德蒙德·胡塞尔:《欧洲科学的危机与超越论的现象学》,王炳文译,商务印书馆2001年版,第66页。

对生活世界的分析将引领我们进入先验现象学,生活世界也是先验构成性意识的一个关联项,因而,从物理世界进入生活世界只是一个准备阶段,而从生活世界进入先验还原的领域才最能够符合胡塞尔的基本立场。

因而,现象学永远不会也不可能与自然科学的具体结论发生冲突。现象学不关心各门特殊的自然科学的答案与具体理论,现象学也并不质疑自然科学家的研究方法、研究内容、研究程序与研究结果,现象学关注的是关于自然科学基础的问题。胡塞尔对一个自然科学家在本专业领域中发表观点并无疑义,作为一个自然科学家不关心哲学问题也无疑义,但是如果一个自然科学家开始自我膨胀把手伸向哲学的领域,用自然科学的观点来发表一种哲学宏论,俨然以哲学家自居,胡塞尔认为这是非常危险的,而当代的那些实证主义家们正是这样做的。胡塞尔对那个时代这种日益明显的趋向越来越保持警惕,而《危机》正是在这样的背景下写成的,生活世界的提出是要澄清自然科学的基础问题,而得到了澄清和奠基之后的自然科学才名副其实地真正地成为严格的科学,因为它是从生活世界的基础上牢固建立起来的理论大厦,这种牢不可破的坚实地基彻底结束了物理学、逻辑学、心理学以及其他自然科学无根的空中飘浮的状态,使这些科学更加完善、更加清晰,基础更加牢固。如果自然科学家一眼就看穿了存在于自然科学基础之中的缺陷、瑕疵和漏洞,那么现象学干嘛还要做这些吃力不讨好的事呢?正是因为涉及自然科学基础的问题隐而不显,现象学家才会不畏艰险地做大量开拓性工作,而只有经过现象学异常辛苦的艰难努力,这个问题才能得到完满的解决,因而,"现象学研究的各种结论不能、而且也绝不会与世俗科学那些经过检验的结论相冲突,而且也不会与那些经过证明的所谓科学哲学的学说相抵触。正像我们在上文中强调指出的那样,现象学具有属于它自己的研究领域,它希望在其他科学开始的地方结束。"①

---

① [奥]阿尔弗雷德·许茨:《社会实在问题》,霍桂桓译,华夏出版社 2001 年版,第 168 页。

四、生活世界与文化

那么,胡塞尔所说的生活世界的本质结构到底是由什么组成的? 胡塞尔的论述既模糊又让人费解,他认为,生活世界首先是一个在空间和时间中的事物的世界,生活世界是"一种作为可能的事物经验的地平线的世界的地平线"①。但是我们总是指向生活世界中存在的事物和对象,而根本不指向作为"普遍的地平线"这种背景,我们总是处理与对待事物,而事物的界限则远远处于我们的想法之外,我们很少考虑到地平线意识,也就是说,我们总是把生活世界当中的存在物当作主题,而根本不把生活世界本身当作主题,生活世界并非我们现实生活要考虑的问题。毋宁说,生活世界是一个反思的主题,它是我们生活、工作与思考的背景那样的东西,我们只有经过一种彻底的悬搁,放弃对日常生活的实践兴趣、功利性的实用兴趣乃至一切科学上的认识兴趣,我们才能注意到生活世界。而为了研究生活世界,光有悬搁是不够的,悬搁只是一种中止判断的活动,我们还必须经过现象学的先验还原,回到生生不息的人的主体意识流之中,然而,我们的一切目的设定、一切意图安排、一切计划、一切预想,都已经以生活世界为前提了,生活世界是先于一切目的的预先被给定的东西,因而,我们在这里看到了胡塞尔关于生活世界的悖论:人的主观想法和意识以生活世界为前提,而对生活世界的看法又必须还原到人的主观的意识经验中。这是一个无法解决的困境,胡塞尔的生活世界理论实际上无法回避、无法走出这样一个循环论证的怪圈。

胡塞尔对生活世界的表述时而是明晰的,时而又是模糊的。他认为生活世界是一个实践的领域,无论科学的实践还是生活的实践,都以直观的共同存在的预先被给定的周围世界为基础和出发点。这种生活世界是给定的,具有历史的特征,是人类历史活动的凝结,胡塞尔之后,许茨和哈贝马斯(Jürgen

---

①　[德]埃德蒙德·胡塞尔:《欧洲科学的危机与超越论的现象学》,王炳文译,商务印书馆2001年版,第167页。

Habermas）都把生活世界看作一个日常性的、经验性的社会文化世界。生活
世界还是一个日常性的周而复始的自然世界，它与每一个人的身体、每一个人
的需要和欲望、每一个人的原始情感和生死问题联系在一起，我们每一个人都
需要补充营养，每一个人都需要休息、睡眠与娱乐。正如胡塞尔所说："每一
种兴趣都有'它自己的时间'，当兴趣改变的时候，我们就会譬如说：'现在该
去开会了，该去投票了'等等。"①即使是科学家和哲学家也不例外，在他们进
行研究的时候，是科学家和哲学家，而在休息时间与常人并没有什么差别，他
们和普通人一样进行吃喝住穿等日常生活的活动，这一点对所有人都适用。
因而我们可以把科学、艺术、宗教、教师、医生、军队当作我们的职业领域，在进
行科学研究、艺术创作、传教布道、传授知识、给人看病、执行兵役等活动时，就
成为一位科学家、作曲家、牧师、教师、大夫和军人。在不同的时间内有不同的
工作和不同的兴趣，一个人可以担任多个不同的角色，比如说一个学者，可以
同时既是一个教师、研究者、兼职者，还是一个丈夫、儿子、父亲等。同样，几何
学是一种新的职业兴趣，科学家的理论也是一种特殊的实践，是一种在人类历
史上出现较晚的新的思想构造，用胡塞尔的话说就是一种"理念化的成就"。
因而生活世界是我们所有活动的基础："我们回想一下反复说来的话：生活世
界对于我们这些清醒地生活于其中的人来说，总是已经在那里了，对于我们来
说是预先就存在的，是一切实践（无论是理论的实践还是理论之外的实践）的
'基础'。"②

我们在生活世界之中是清醒的，这意味着我们经常现实地意识到世界。
说生活世界是一个文化世界，是因为我们总是受以往的传统习惯所影响，生活
世界凝结了历史与文化的所有成果，我们总是受到既定的文化模式、思维图

---

① ［德］埃德蒙德·胡塞尔：《欧洲科学的危机与超越论的现象学》，王炳文译，商务印书馆
2001年版，第165页。
② ［德］埃德蒙德·胡塞尔：《欧洲科学的危机与超越论的现象学》，王炳文译，商务印书馆
2001年版，第172页。

式、解释模式和理解框架所束缚、所影响、所定形。生活在世界之中,意味着我们的经验被原有的各种预期、常态与模式所引导,我们的理解、我们的经验和我们的实践都以早先存在的普通类型和基本的思维结构所塑造,世界的界限就是我们的界限,我们不可能冲破这个界限。胡塞尔说道,必须时刻提醒自己,努力避免思维的自然化、简单化和经济化倾向,严格遵守现象学的悬搁,努力进行现象学的还原操作,只有这样,才能真正回到实事本身。

从某种意义上来讲,生活世界是一个匿名的领域,一个未曾言明的前提,一个不言而喻而有效的东西,它就在那里,我们从来不会质疑它的存在和有效性,它包含了许多先见、前设和假定,这是一个文化的领域。我们当前的经验与我们原有的经验经常会发生冲突,这也是惊讶的来源,亚里士多德的《形而上学》第一句话就指明了哲学来源于惊异,这正是我们的知识、我们的阅历、我们的经验开始丰富和增长的过程,一些非常态的经验会修正和扩大我们的经验。生活世界不仅包含了人们毋庸置疑的似曾相识的前经验,而且包含了向未来保持开放的视界,我们对事物的观点、看法和态度会不断地发生改变,我们对事物预期的类型和内涵会不断确证,不断充实,不断扩展,我们对原有的类型预期可能会落空,这些类型也相应地会分裂为一些次级类型,事物的普遍特征还会增加一些个性特征。一般来说,我们在生活世界之中总是既从容又很熟悉,它为我们每一个人提供了一种安全舒适的家的感觉。

因而,生活世界提供给我们的不仅是一种自然环境,而且更多的是包含了一种社会历史和文化维度的某种处境,一个人不仅仅是根据他的外在时间和物理空间的定位来看待这个世界的,而更多的是根据他在社会系统中所处的地位和所扮演的角色来考虑问题,这包括他所接受的教育、他的个人的生平情境、他的道德立场和意识形态观点,而这些都具有历史,它是一个人过去生活的积淀,它包括习俗、传统、惯例、常态等众多的"如此这般",这些构成了一个人的现有的知识储备。从我一出生起,就被父母养育,就生活在众人之中,我接受的是主体间性传递下来的共同感受、预期与盼望,我与其他人互相影响、共同学习与工作,互相联结在一起,我理解他人,并被他人所理解。我从小就被教育什么是对的,什么是错的,我的父母和老师传授给我的是一整套为人处世、待人接物的方法和关于生存问题的技巧。当我学习这些东西的时候,我就沿着世代的链条而进入晦暗的遥远的似曾相识的共同的文化之中。因而,生活世界是一个主体间性的共同世界,是一个具有历史性的社会文化世界,是一个充满了各种文化对象和各种人类活动指涉的意义的宇宙。

生活世界作为文化世界聚集着各种集体记忆和知识贮藏的沉淀,人们的经验、知识、技能与智慧都在此凝结。而在近代以伽利略为代表的自然科学家最先斩断了自然科学与生活世界的原始脐带的联系,将自然科学发展成为一个与人无关的纯粹客观真理体系。但是这种客观主义却很可能是一种危险的客观主义,因为这让人很快就忘记了起构成作用的主体性,而这正是追求事实的现代欧洲精神的具体写照:"科学的客观的真理仅在于确定,世界,不论是物质的世界还是精神的世界,实际上是什么。"①它把一切评价的态度,一切人性的主题,一切文化的构成物都排除掉,这样就使我们生之于斯长之于斯的生活世界不再能够为我们提供一种生存的意义和价值的安全感,使我们生活在世界上毫无存在感,丧失了一种生命内在自由的根本根基,成为盲目地跟从他人,并任由他人摆布的木偶了,因而生活在现代社会就意味着彻底地被放逐,越来越远离了生活世界这个丰富而多彩的意义家园。而这正是胡塞尔所描绘的欧洲科学危机爆发的灾难时刻,在这人性丧失的悲惨图景背后,那些已经具有自在特征的客观的观念化的存在物,终究要对这场现代世界无意义的虚无主义负责。

胡塞尔还提醒我们一定要对那些历史的"先入之见"保持警惕,这些先入之见以一种理所当然和貌似合理的方式让人们轻而易举地接受下来,这些先

---

① [德]埃德蒙德·胡塞尔:《欧洲科学的危机与超越论的现象学》,王炳文译,商务印书馆2001年版,第16页。

入之见看似一种真知,实则是一些含糊不明的主观构成物,而语言正是这种构成物之一,我们经常会被植根于语言的那些传承下来的假设、暗语、俗话、传统、习惯的理解和解释方式所迷惑和沾染,而没有严格按照明证性的基本原则行事,"所有的先入之见都是由传统的沉积物中产生的暧昧不明的东西,而绝不仅是在其真理方面尚待决定的判断……"①哲学家必须摆脱各种先入之见的束缚,成为一个哲学家就必须成为一个能够进行独立思考并能够对被回忆起来的思想的整体统一性实行一种负责任的批评的人。哲学家意味着再一次唤醒由世世代代的思想家所连接起来的链条,揭示他们的思想的联系和他们的思想的共同性,哲学家的任务在于批判地理解历史精神的构成物,这些客观精神的构成物都隐蔽着一种主观的精神成就,这些隐蔽的历史意义是有生命的东西,我们不应该将其看作完全与人无关的冷漠的非人的客观的必然真知的形式,它们还包含人性的主题、狂野与激情的记忆、审美与艺术的维度、道德和价值的关切、历史与文化的视域、正义与善的终极关怀。

胡塞尔对科学的历史起源的关注,并不意味着要把科学的观念物回溯到经验性的生活世界的企图,他也并没有丝毫贬低客观科学的有效性。胡塞尔并非一个时代的逆行者,他具有一种使命意识:"胡塞尔本人的一个主导问题是:我怎样成为一个真正的哲学家? 他以其深入仔细的研究深化了这个问题。因为他指的是:我如何能够做到使我思想的每一进步都出现在一确定的基础之上? 我何以能够避免每一个未被合理证明的假定,并因此最终让严格科学的理想在哲学中得以实现?"②胡塞尔试图阐明,几何学的公式、公理和逻辑这些理念的存在物是人的主观性的构成,哲学要想把握科学初建时候的那些意义,就不能让这个领域保持它的匿名状态。科学隶属于一个科学家共同体,并随着由无数先验主体性组成的科学家共同体一代又一代世代发展并传递下

---

① ［德］埃德蒙德·胡塞尔:《欧洲科学的危机与超越论的现象学》,王炳文译,商务印书馆2001年版,第90页。

② ［德］《伽达默尔集》,邓安庆译,上海远东出版社2003年版,第337页。

来,科学也是由一个历史性的主体共同构成的文化存在物,只不过是一个更高一级的文化存在物罢了。"这首先涉及我们人在这个世界上从个别人格的立场上作为文化成就所实现的一切精神成就……它们将这种普遍成就的精神获得物当作永久的基础,而所有它们自己的获得物都能够汇入到这个基础之中。"①

因而,胡塞尔强调现象学还原的重要性,我们不是要回到生活世界原初发生事件的起源之中,也不是要将那些客观的自在的科学体系加以否定和颠覆,而是要让这些客观科学真正成为可以理解的东西,要对这些科学的概念与理论构造加以彻底的说明。先验还原并没有否认任何东西,那些不言而喻的东西,那些毋庸置疑的东西依然在那里,依然完好无缺存在着,但是先验还原恰恰是要让那些毋庸置疑的东西成为理智的东西,变成具有清晰性可以明证的东西。悬置并没有让我们生活的这个世界丧失任何东西,悬置只是让我们的目光短暂地回避实用主义和实践的立场,而把关注点停留在纯粹的意识生活之中。我们身边存在的东西,不仅包括山河、日月、桌椅、石头这些物质存在物,而且包括哲学、科学、艺术、诗歌、宗教和语言这些精神存在物,还包括我们的全部思考,以及我们对人格、共同体、社会、主体间性和观念化的所有构成活动,胡塞尔认为所有这一切都属于生活世界。胡塞尔的先验还原就是要回到那些活生生的主观经验的意识流之中,只有从根本上回到我对生活世界的最初的体验和原始的构造活动之中,我们才能理解和把握各种事件,当然这也包括自然科学。

人的存在以及属于它的意识生活,正是理解这个世界最为深刻的问题,同时也是解决关于"生动的内在存在"与客观的外在表现的一切问题的最终场所。而我们要想对世界进行一种彻底的考察,就必须从外向内进行一种态度的根本转变,转向主观性的系统的纯粹内在的考察,胡塞尔强调意识具有不透

---

① [德]埃德蒙德·胡塞尔:《欧洲科学的危机与超越论的现象学》,王炳文译,商务印书馆2001年版,第137—138页。

明性和深度,如果我们一眼就能看出自然科学的基础,那么我们何必在这里进行着耗费脑力的异常艰难的精神历险呢? 正是因为问题的答案隐而不显,所以我们才会付出艰苦卓绝的努力而不断地追问:"那个匿名的主观性还能是别的东西吗?"①"在这里我具有在'自我'(ego)这个名称下同时包含的绝对必真的存在领域,绝不仅仅只有一个公理式的命题:'我思'(ego cogito)或'我在思维'(sum cogitans)。"②由于缺少直观显示的方法,笛卡尔与康德都与这个绝对的存在领域失之交臂,而借助于现象学还原的方法,就让我们看清了隐藏在意识活动之中的沉淀之物,在《危机》中,他不时地表达一种惊喜的神情和由衷的赞叹:"一切最终的认识概念的源泉一定就在这里,一切客观世界借以成为可在科学上理解的本质的普遍的洞察之源泉,绝对自足的哲学可达到系统的发展的本质的普遍的洞察之源泉,一定就在这里。"③"我,这个我,包含所有这一切。"④

在我们进入"意识"这个具有无限的主观被给予方式的神奇领域时,我们就会发现,各种知觉的样式,诸如触觉、视觉、听觉、嗅觉等,它们之间相互结合,使意义不断丰富、不断形成,在这个过程中,已不再显现的东西作为尚能保持的东西而继续有效,而预先想到的东西、将来要发生的东西则不断地得到更加详细的规定,所有这些都可以纳入一个有效性的统一整体。而在日常生活中,我们具有一种实用主义的思维动机和指向对象的思维方式,因而我们是根本看不到意识这种奇特的景观的,只有在一种反思中,通过反向自身研究才可能发现,这时我们探求的是事物和对象是怎样呈现给我们的。我们会发现,这

---

① [德]埃德蒙德·胡塞尔:《欧洲科学的危机与超越论的现象学》,王炳文译,商务印书馆2001年版,第137页。

② [德]埃德蒙德·胡塞尔:《欧洲科学的危机与超越论的现象学》,王炳文译,商务印书馆2001年版,第97—98页。

③ [德]埃德蒙德·胡塞尔:《欧洲科学的危机与超越论的现象学》,王炳文译,商务印书馆2001年版,第139页。

④ [德]埃德蒙德·胡塞尔:《欧洲科学的危机与超越论的现象学》,王炳文译,商务印书馆2001年版,第224页。

里存在着一些非常奇特的本质关联,我们的知觉虽然把握的只是现在,但是在这个现在的后面存在一个无限的过去,而在它们前面则面向未来无限敞开,在过去的方面,不仅有我们的回忆,即对过去的某个事件进行主动的回想,而且有滞留,这种滞留是完全不再被直观而仍保留在意识中能够意识到的一种流逝的东西的连续性。想一想听一首动听的音乐的例子,我们之所以称为美妙的旋律是因为它保留着以前的所有音符,并连续性地伸向未来,在这里,过去、现在与未来凝聚在一起,而在将来的方面,不仅有我们主动的希望,而且还有一种被动的"前摄"的连续性在起着作用,前摄并不是主动的认识对象,而是对对象的一种奠基于过去的相似经验基础之上的被动性的预期。当我们把目光转向同一事物对意识显现的多样性时,我们就会发现,由于远近、光线、颜色、方位等视角的不同,同一事物向我们的显现呈现出一些特殊的方面和侧面,而这些侧面是以一种连续的综合呈现给我们的,这意味着我们所意念的永远比它实际所提供给我们的要更多,要多得多,而通过我们的身体运动,我们的动觉和活动,那些对事物的假象很快就会得到修正,我们对事物的了解会不断地得到充实,各种各样的新经验以一种和谐的方式纳入这样一种对存在的确信当中。

我们对世界的知觉并不是孤立的,我们与其他人共同生活在一起,这种共同生活使每一个人都能参与到其他人的生活之中。而在某些特殊的场合,例如在面对面的关系中,可能是你对我的理解比我对我自我的理解更多,因为你可以直接看到我身体和外观的一些微妙的变化,比如脸红、手势、眼神等,这些可能是我所疏忽没有在意的,而恰恰是这些细节可能透露出我内心的真正想法。因而,世界不仅是为个别化了的个人而存在,而且是为人类的共同体而存在。在这种共同体化过程中,我们对世界的看法相互修正,我们的体验与他人的体验不断发生融合,最后能够趋向一种主体间的统一,而主体之间有分歧和隔阂的时候,通过相互辩论和批评,就可以明确表达出一致性,至少具有一种和解和达成共识的可能:"世界是由现实存在的事物构成的一切人共有的普遍的地平线。"①由于每一个人都有不同的观察角度、不同的侧面位置和不同的远近清晰程度，因而每一个人都可以从自身特别的一些方面来对该事物的理解提供一种不同的差异性的经验，事物恰恰表现了这种多样性的统一，这种不同方面的综合恰恰能够全面地把握和理解事物的本质和概况。

客观性、共同的观点和一致性都是在与他人的交往过程中实现的，客观性与实在的意义都是在主体间性的活动中得以构成的，它们属于历史性的事物，是在与他人共同联系相互影响的社会化过程和视域融合过程中得到实现的，因而，世界的超越性是通过他者主体间性地共同构成的。胡塞尔晚年对主体间性问题给予了越来越多的关注，他在 1931 年给普凡德尔的一封信中说道："'作为有关高一级的人和人格的现象学，文化的现象学，人类一般环境的现象学，移情作用的超验现象学和超验的主体间性理论，作为纯粹是由经验、时间与个体化构成的世界的现象学即超验美学，作为被动性的构成成就理论的联想现象学，逻各斯的现象学，关于形而上学的现象学疑难，等等'。"②所有这些问题都成为晚年胡塞尔思考的主题，尽管关于这些问题的手稿没有形成某些系统性的定论，但是这些问题的展开无疑都是现象学观点的延续与深化，而且与生活世界有着千丝万缕的联系。因而，主体间性问题不仅成为生活世界基本的构成性要素之一，而且与生活世界理论一样，成为胡塞尔之后现象学哲学发展的一个热点问题和持续探讨的主题。

尽管在胡塞尔那里，文化概念的重要性还没有凸显出来，他也没有更多地阐述文化理论，但是，胡塞尔提出了生活世界这一概念。胡塞尔把生活世界当

---

① ［德］埃德蒙德·胡塞尔：《欧洲科学的危机与超越论的现象学》，王炳文译，商务印书馆 2001 年版，第 198 页。

② 转引自［美］赫伯特·施皮格伯格：《现象学运动》，王炳文译，商务印书馆 2011 年版，第 198 页。

作一个起点,但在笔者看来,生活世界以及所由之展开的理论并不是先验现象学的构成的起点,而是关注社会历史现实的当下事实、事件与现象的起点,20世纪的生活世界理论之所以具有鲜活的生命力和创造力,是因为它与我们每一个人都息息相关的现实生存联系起来,与人的实践、历史、社会、生命、异化、意志、创造、非理性、意义、权力联系起来,与他人和主体间性联系起来,这正是一个生生不息的文化世界的展开与延续。

第二节　许茨的日常生活世界理论

阿尔弗雷德·许茨 1899 年出生于维也纳,他在一个具有良好知识氛围的家庭中长大,青年时代在著名的维也纳大学上学,在路德维希·冯·米塞斯(Ludwig Heinrich Edler von Mises)、奥斯玛·斯潘(Othmar Spann)、汉斯·凯尔森(Hans Kelsen)、弗里德里希·冯·维塞尔(Friedrich Freiherr von Wieser)等学者的指导下学习法律和社会科学,狄尔泰(Wilhelm Dilthey)、李凯尔特(Heinrich John Rickert)、齐美尔(Georg Simmel)和马克斯·韦伯关于自然科学与精神科学的方法论之争、人文社会科学的特征及其方法论构成了他的社会科学研究的一个基本背景。胡塞尔和柏格森从意识生活本身之中来为社会科学概念奠定基础的方法则决定了许茨一生所贯彻的基本主张,柏格森回到意识的直接材料和内在时间体验的观点深刻影响了许茨,而胡塞尔现象学,特别是其关于生活世界与主体间性的观点成为许茨建构其学说的基本的理论实质与核心。许茨认真研究了胡塞尔现象学将近 10 年之后,写下了他的处女作《社会世界的意义结构》,这部著作不仅是理解和解释社会学的经典名著,而且成为现象学社会学的开篇之作,而当他把这部著作赠给 73 岁高龄的胡塞尔时,独具慧眼的胡塞尔在看过他的著作之后对他大加赞赏:"我很渴望见到这个思想严谨、见解透彻的现象学家,他是触及我的生活著作之意义核心的极少数人中的一个,不幸的是,要接近这种核心是极其困难的;他答应把它作为真正'稳固不变'的哲学的代表继续研究下去,只有这种哲学能够成为哲学的未来。"①胡塞尔希望能够与这位年轻的现象学家合作,他真诚地邀请许茨做他的助手,然而许茨不想辞去银行家的工作,因而并没有成功,但是许茨并没有中断现象学研究,并一直与胡塞尔保持了书信往来。

一、常识思维的基本成分:类型化与关联

许茨的理论完全是在日常生活的自然态度下展开的。他认为,人们在日常生活中觉察到的事物并非那么简单,人们对事物的感觉本身已经是一种思维的客体,已经是一种高度复杂的思维构想,它包含了内在时间意识、人的多种感觉形式以及各种假定和预设的基本的地平线,我们的知觉在呈现事物时,已经进行了选择、归类、对比、预期和抽象。因而实际上我们关于这个世界的所有知识,不管是常识方面的知识,还是科学方面的知识,都包含了人的思维组织的运作,它们都是一种高度复杂的思维构想:"都包含着思维组织的各个层次所特有的一整套抽象,一般化、形式化和理想化。严格说来,根本不存在这些作为纯粹而又简单的事实的事物。所有事实都从一开始即是由我们的心灵活动在普遍的脉络中选择出来的事实。"②这种真知灼见也是怀特海、威廉·詹姆斯、杜威和柏格森等现代哲学家共同持有的基本观点。

我们在感知世界中的对象时,并不会把其当作孤立的个体来觉察,而是将其作为一种预先熟悉的知识地平线之中的对象来觉察,这种预先熟悉的知识是一些前经验的知识,一种类型化的知识,即一种被相似的预期所引导的具有开放的视界的知识。例如,当我们看到一只狗时,它的外形、它的奔跑与它的叫喊都让我们将其作为狗的类型来经验,狗的类型行为表现出来的是不同于猫的类型行为的,但是当我们关注一只狗时,我们不仅仅关注的是狗的一般性的类型化特征,而是在询问,眼前的这只狗有什么特殊的特征。即具体的对象

---

① [奥]阿尔弗雷德·许茨:《社会实在问题》,霍桂桓译,华夏出版社2001年版,第3页。
② [奥]阿尔弗雷德·许茨:《社会实在问题》,霍桂桓译,华夏出版社2001年版,第31页。

不仅仅具有一般类型化特征，还具有独特的个性化特征，类型化特征只是我们思维视界的一种背景，而我们更对那些个性化、具体化的特殊特征感兴趣。但是，事物、对象与客体具有各种各样的特征、特点和特性，为什么我们会关注某一个方面的特征呢？因为这是我们的心灵进行选择的结果，我们把事物和对象的某一个或某一些特征突出地表现出来，而我们在这样做的时候是因为在当前情况下我们只对其某一方面的存在特征感兴趣，而忽略了与当前关注点不相关的其他存在特征。

如果我们接下来继续追问，为什么我们只对事物和对象的这些方面感兴趣呢？这与我们每一个人的生平情境密切相关，日常生活世界是一个具有历史性的社会文化世界，我们都身处于一种给定的自然环境与社会文化环境之中。我们所拥有的立场，不仅是根据我们所处的物理空间和外在时间所决定，而更多的是根据我们在社会系统中所处的位置和所扮演的角色所决定，这其中就包括各种文化传统、道德规范、风俗惯例、宗教思想和意识形态立场，它是一个人过去所有经验的积淀，是给予他并仅仅给予他的。这构成了一个人独特的生平情境，这种生平情境决定了一个人如何思考现实和对未来加以规划，也构成了一个人由现有的意图所构成的关联系统，这种关联系统决定了构成一个人的类型化思维的基本成分，也决定了一个人为何把那些特殊的方面作为独一无二的个别特性而选择出来。

然而，通过分析常识思维构造，我们就会发现，日常生活的世界并非我一个人的世界，而是一个与他人共在的主体间性的世界，我们是作为一群人而共同生活在一起的，我们之间相互影响、相互协调，通过共同工作而相互联系在一起，我理解我的同伴的行为和做法，同样我的同伴也理解我的行为和做法。日常生活世界从一开始就是一个意义的宇宙，因为它包含了一种意义的结构，我们要想在其中进行定位，并找到我们的位置（这种位置不仅包括物理的空间位置，而更多地是指社会的阶层和角色所决定的位置），就必须先解释它，我们的前辈已经为我们规定好了一整套的行为准则和处事的诀窍，我们接触和面对的所有对象——工具、器材、符号、语言系统、艺术作品、社会制度等都属于文化对象,它们的起源都可以回溯到以往人类主体的各种活动中来,"因此,我们总是能够意识到我们在传统和习俗中遇到的文化所具有的历史性。"①而当面对一个遥远时代的工具时,我们无从知晓它的具体用途,对制造工具者的意图也仅仅具有一个大概的模糊的轮廓,同样,一个从遥远地方而来的陌生人,对我们理所当然所接受的事物则很可能表现出惊奇的神情,因为他自身的关联系统很可能与我们的关联系统失之毫厘,差之千里。因而,在许茨看来,生活世界不仅是一个意义的宇宙,而且是一个与他人共同组成的主体间性的社会文化世界,许茨将胡塞尔生活世界现象学的意义构造的观点运用于日常生活世界的常识知识的分析上来,从而将生活世界的主体间性的维度与文化的维度展现出来。

　　我们的常识知识不仅蕴含着主体间性的特征,而且这些知识都具有社会的起源,并且是从社会的角度来加以分配的。在日常生活中,我作为此在与他人处在不同的位置上,我与我的同伴都具有自身特有的由现有的意图、知识储备和生平情境所构成的关联系统。许茨认为,常识思维通过两种基本的理想化,就克服了由个别视角所造成的差别:一是关于立场可相互交换的理想化,我和我的同伴都理所当然地认为,如果我们交换位置,那么他的彼在就会变成我的此在,我的此在同样也就会变成他的彼在;二是关于各种关联系统一致性的理想化,即我们都以一种经验角度的方式来看待世界和处理事物。通过这两种理想化过程,就导致了我们对世界上各种对象及其事物的理解是共同的,这样我们就获得了客观的匿名的知识,这些知识显现为一种区域化的地方性知识的特征,即对于一个内群体的成员来讲,他们具有共同的话题、共同的风俗惯习、共同的处事方式和共同的生活方式,这也就是我们通常所说的文化规定与文化传统等。在它们之中都包含了具有社会化结构的知识的思维构想,

①　[奥]阿尔弗雷德·许茨:《社会实在问题》,霍桂桓译,华夏出版社 2001 年版,第 37 页。

这些思维构想取代了我们作为独特个体的知识的思维构想,而成为一种社会遗产,它们具有自己的历史,是以往特定群体的人们活动的积淀,这也成为我们从小就开始学习和被教授知识的重要内容,即文化是代际之间传承的。因而我们所具有的知识只有一小部分是从我自己那里产生的,而大部分知识都是习得的,是由我们的前辈传授给我们的,是历史的结晶,这些知识来源于社会,它们还有一种尚未开发的开放视界,我们可以不断地丰富它们、改进它们和证伪它们。同时,我们的知识是从社会角度来分配的,我在我所精通的领域内是一个专家,而在其他领域则是一个门外汉,威廉·詹姆斯曾经把知识分为"熟识的知识"和"关于的知识","熟识的知识"是一些我们只是模糊了解的大致如此的知识,而"关于的知识"则是我们不仅知其然而且知其所以然的我自己专业领域内非常精通的知识,因而每一个人的知识构造中都可以包含不同程度和不同层次的明晰性、独特性和精确性等。

同样,生活在社会世界中就意味着我与他人组成了各种各样的社会关系,这些社会关系也包含了亲密与匿名、熟悉与陌生、友好与敌对等各不相同、复杂多样的形式。在所有这些形式中,我与你面对面的关系是一种典型的社会关系,这种社会关系既可以用来表示朋友之间的亲密关系,也可以用来表示一对陌生人在某个场合的遭遇和共同在场,如火车和飞机上的同坐关系。这种关系之所以典型是因为我与你共享同一个空间共同体,这意味着我们不仅可以观看到同样的对象和事件,而且我们双方的身体、着装、姿态、表情和手势都是可以直接观察到的,它们也被当作某种意图和想法的征兆;而我与你共享同一个时间共同体则意味着我们双方都参与到了一种不断发展而走向未来的共同的时间之流,我们都共同经历了一种生动的现在,这在我与你之间的语言交流中表现得非常明显,我说出的话与你回答的话共同组成了一个不断向前伸展的思维之流,我们任何一个人都不知道我们谈话的结果是什么,是心心相通,还是谈崩了最后都很气愤,我们双方都包含在对方的生平情境之中,用许茨的话说就是我们生活在一种纯粹的我们关系之中,我们是一起变老练的。

　　而我们与其他人的社会关系,则只有仿照和参考这种面对面的关系模式才能理解和领会。例如,我看一本书,实际上可以看作与作者之间进行交流,语言文字作为一种符号把我们引向了一个意义的世界之中,一个历史的世界之中,而这时,我们只有通过构造一些关于行为和关于人格的基本类型,我们才能理解他们,这些人格类型和行为类型都涉及了人的某些动机、意图、计划与期望。再比如,当我与我的朋友握手告别,我只能看到他远远的身影,再以后我们偶尔打个电话、发个邮件,经过了几十年以后,我们对对方的认识就都仅限于几十年前的情形,因而实际上我们双方已经都非常陌生了,我的关联系统与我曾经好友的关联系统已经是差异巨大了,我知道的他并不知道,他知道的我也可能一无所知,我们双方都对对方仅剩下了一个模糊的大致轮廓,最后很有可能成为陌路人。

　　在社会生活中,我们不仅仅面对的是我们认识的或不认识的各种各样的人,我们还接触到我们并不相识,而且今生今世都不可能相见的同时代人,例如地球那一面的外国人,或者处身于非常偏僻山区里的农村人等;我们还可能接触到历史久远的古代人和无限未来的后人,在神话、宗教、历史、文学与艺术中,我们面对的是一些文字符号,它们把我们引向了一个历史的世界或一个艺术的世界之中。而我对这些世界中出现的人及其行为的理解仅限于一些匿名程度不断增加的思维构想,匿名程度的增加则意味着内涵丰富性的减少,这些思维构想匿名程度越高,就越脱离它所内在个体的生平情境,而成为一种客观的可以相互替换的人格类型和行为类型,这种人格类型和行为类型成为对任何人都可以适用的一种完全抽象的客观知识形式。这些来源于社会的基本类型得到了某个文化共同体的接受和认同,并逐渐发展成为一整套适用于内群体所有成员的基本的行为规范和活动准则,它们都被认为是理所当然的,它们已经经过前人的检验,而且将来也能被后人不断地检验和修正。之后,这些类型化的思维构想被当作一种标准的思维模式而得以制度化,成为约定俗成的东西,并且得到了人们的认同和文化传统的保证,在有些地方还得到了国家法律规范的强制推行。

在日常生活中,我对未来的全部设计过程都存在于我的头脑中,通过试想各种行动的结果和对未来的行为加以预期,我就能大致推测出我的未来行动造成的事态。而我对未来行动的全部设计过程,都建立在我的现有知识储备基础之上,即胡塞尔所说的"我再做一次的理想化",也即这样一种假定,在同样的类型情况下,相同的行为会造成相同的行为后果,而我在执行我的设计的时候,我会发现许多我没有考虑到的因素,现实的行动结果很有可能与我原先的设计不同,我在实现我的设计方案过程中增加了新的经验,我变得更加老练了,我的知识储备与以前相比更加丰富了。在设计我的计划过程中,我预期其他人会对我的行动作出反应,我的行动的目的动机会变成他人的行动的原因动机,他人会接受一些动机类型的引导,而现实社会生活的互动就建立在这些常识思维关于动机类型的构想基础之上。

因而,类型化与关联构成了常识思维的基本成分,常识的合理性概念所指的就是这些成分。类型化与关联都具有尚未完成的开放视界,它们都只是一种关于存在的假定、预设、预判、先见和前置。它们表现出一种大致如此的情境,需要我们的经验的进一步确认和证实,我们必须抱着一种试试看的态度来对待它们,这种情境是通过我们的欲望和情绪表现出来的,是通过各种希望与畏惧表达出来的,它与我们的在世存在、生存焦虑与内心情感密切关联,与我们的操劳与生计密切关联。因而在日常生活中,我们的想法,我们的行动,我们的现实经验都在不断地经历一场场确证与纠错的"冒险"。

二、作为社会文化世界的日常生活世界

胡塞尔认为用一种符号和指号可以指向某种与自身完全不同的事物,即"接近呈现",他认为这是在我们的意识生活中发生的一个普遍现象。例如,烟是一种自然事物,我们把烟看作呈现给我们的感官知觉的一种物理的现象,但是如果将烟看作一种指示,烟可以代表火,还可以代表出征、开战或庆祝,在

我国古代烽火台点烟早已经成为一个重要的军事上的和外交上的信号,因此,烟作为一种自然属性的事物,可以作为一种指示、信号而指向社会属性的事物,还可以作为一种抽象符号而指向某种精神属性的事物,这样,烟与其所指物就构成了一对配对的成员,它们之间是一种接近呈现的关系。再比如,一块红布是一个自然事物,但是它作为一面红旗代表的不是自身,而是代表完全属于另外一个领域的事物——代表着国家和民族,它代表了一种精神的事物,勇敢的战士冲锋陷阵,并不是为了一块红布,而是为了革命的胜利,为了国家的荣誉,为了民族的独立而献身;同样,边疆的战士在国境线上插上红旗,是为了祖国的安宁和边境的安全。

胡塞尔在晚年进一步发展了关于接近呈现的观点,他认为这是我们意识活动中的一种被动的综合形式,可以称其为类比统觉或联想,即在意识的统一体中,两种或者更多的材料是从我们直觉的角度给定的,而正是我们意识的这种类比统觉的作用,把两种或更多的材料构成一个统一体。例如,我们看到一个桌子的两个面,而桌子的另外两个面,桌子的底面、背面都是被接近呈现的,它们只是一些有待证实的空洞预期,这样我们实际上是通过一种类比统觉而把握了立于我们面前的桌子的,这说明桌子实际上呈现给我们的知觉比我们的意识所统觉到的要少得多。类比统觉的形式建立在配对这种现象基础之上,我们看到桌子的正面因而联想到了桌子的背面,但它们都属于同样的一个桌子,具有同样的物理属性,关键在于接近呈现可以引向某种第二级的其他属性的事物,一些无法直接经验的抽象物,比如数学的公式等纯粹符号形式,这样我们就把某种事物作为有意义的指示其他东西的事物来经验。胡塞尔在晚期的重要著作《经验与判断》中表明,这种配对的被动综合形式也可以在实际的知觉和回忆之间,在实际的知觉和潜在的知觉之间,在知觉和幻想之间,在事实性的理解和可能性的理解之间而存在,人们对某一对接近呈现的一方的理解,唤起了被接近呈现的另一方的理解。例如某件粉红色的衣服唤起了我早已经被遗忘的一种"粉红色"的少年时的记忆,任何主动的记忆都以一种以前曾经发生过的事件的联想觉醒过程为基础,这种被动的综合过程不仅在知觉和回忆之间进行联想,而且可以在知觉到的事情与未发生的事情之间,在过去与未来之间自由地联想。人的内在时间意识是过去、现在与未来凝聚在这一刻,这也就是柏格森所说的绵延。因而,在所有这些情况下,一个客体、事实或者事件,都不是被当作自身来经验,而是被引向了另外一个没有直接呈现给我们的客体、事实或者事件来经验,人们可以把它们作为一种实在来经验,这种现象在符号的领域广泛存在,在社会生活的广阔领域,尤其在数字化和信息化的互联网时代的今天,这种现象更是变得比比皆是。

在日常生活的任何一个时刻,我都通过我的自然态度理所当然地把这个世界当作我的实在来看待,这个世界既是我的各种行动的发生场所,也是我的各种行动的对象,我的身体运动持续不断地与这个世界连结在一起,我在这个世界之中不断地实现着我的意图、期望与既定目标,我把这个世界作为以我为中心而建立的时间和空间的坐标轴而经验。我的此时此刻就是我的时间坐标轴的原点,过去、现在与未来,同时与接替、连续与断裂都以我为中心,我的这里也是我的空间的坐标轴的原点,上下、左右、前后、远近都围绕着我进行,这个以我为中心而构成的世界,被称为我的实际能力所及的世界,这是一个由我可以操纵的事物而组成的领域。而随着现代科学文明的不断进展,我通过利用各种先进工具而不断扩展我的操纵领域,例如,我通过私人飞机而可以到达这个星球的任何一个角落,我通过使用手机可以与地球上的任何地区的公民进行联络,我通过移动我的身体可以不断地改变我的操纵领域,这个操纵领域具有不断前进的开放的地平线而无限地伸向远方。我把处在我的实际能力所及范围内的世界当作我的独特的生平情境的成分来经验,而生活在现代大都市的今天就意味着一种双重的超越,我不仅超越了以我为中心的渺小的自然地理位置的范围,而且超越了以我为中心的狭窄的社区文化环境的范围。这也是舍勒所说的只有人类才拥有世界,而动物只具有周围狭小的环境。我把我实际所在的位置与我操纵范围之外从未去过的广大的世界领域联系起来,而这是通过各种信号、指号和符号的作用来完成的，我可以把它们作为一种统觉图式来理解，可以把它们作为接近呈现的图式来理解，也可以把它们作为一种参照图式来理解，还可以把它们作为一种解释图式来理解，这样，我就进入了社会文化生活的广阔领域。

而当我看一本书时，我被引向了一个意义整体，我通过理解文字的意义而生活在一个意义世界之中，生活在历史世界与艺术世界之中，生活在一个文化世界之中，而这一点对于一个工具、一个建筑、一个剧院、一件艺术作品都同样适用，这些客体都具有一种物质载体，但是我们更加关注的是这些客体对于我们精神生活的意义。因而，我们不仅仅生活在物质世界之中，而且还有更高的精神追求，我们还生活在一个具有无限广袤领域的精神世界之中，人之为人的特殊本质正在于人能够超越动物界，而过一种崇高的精神生活，在现代世界，人们更多的是与符号打交道，更多的是生活在精神与文化世界当中。现代交通工具可以为我们提供便利快捷的出行，这让我们可以跨越巨大的空间的阻碍而进行异地办公和异地交往，并为我们节省了大量的时间，生活在现代大都市也意味着通过网络和通信而重新定义工作。人类现今发明了各种各样的符号系统，首先是语言，还有像科学、文学、艺术、宗教、政治学、哲学等各种复杂的符号系统，关于符号在人类社会的组织所发挥的作用，许茨引用了埃里克·沃格林（Eric Voegelin）在其著作《新政治学》中的一段重要的总结性陈述：

"人类社会并不像一种自然现象那样，仅仅是存在于有待观察者研究的外部世界之中的一种事实或者一个事件。虽然它像它的一个重要组成部分那样具有外界存在性，但是，它作为一个整体是一个小小的世界，是一种宇宙状态，它是被持续不断地创造它、并且把它当作他们自我实现的方式和条件来忍受的人们通过意义从内部来具体说明的。它是被人们通过一种详尽的符号论，通过各种各样的致密性和分化程度——从典礼仪式，通过神话，一直到理论——来具体说明的，在符号使这样一种对于人类实存的奥秘来说的宇宙状态的内部结构，使它的成员以及成员群体之间的关系，以及使它作为一个整体的实存变得清晰明澈的范围内,这种符号论是用意义来具体说明它的。社会通过符号进行自我说明,这是社会实在的一个不可缺少的组成部分,而且人们甚至可以说,是它的根本组成部分,因为通过这样的符号化,一个社会的成员就不再把它仅仅当作一种偶然事件或者一种便利来经验,他们把它当作有关他们的人类本质的东西来经验。相反,这些符号表达这样的经验,即人由于参与一个超越他的特殊实存的整体才完全成为人。"①

语言、历史、科学、哲学、文学、神话、宗教、艺术、政治学等既可以看作有限的意义域,又可以看成各种各样接近呈现的符号体系,这些符号体系通过该领域特殊的认知风格而向我们接近呈现了各种各样的超越性经验,正是凭借着这些超越性经验,我们走出了我们各自的私人的狭小的个人空间(包括物理空间与社会空间),而走向了一个非常广阔的社会文化世界。日常生活世界中充满了各种各样的接近呈现,从我一出生之刻起,我就进入了一个已经由我的前人经验过和解释过了的世界,我的世界已经预先做好了安排。而我开始逐渐长大,父母养育我的过程,就是我开始习得文化和不断的符号化的过程。我学会了语言,掌握了一套具体的符号体系,而通过父母亲自教我和送我上学校学习,我逐步学习更加复杂更加抽象的新的符号体系,数学、语文、外语、物理、化学、政治、地理、历史、生物等各门课程都可以看成一个个符号体系。日常生活中的环境也已经预先被其他人解释过、作过记号甚至是符号化了,我开车向前通过道路的指示牌,我到达商场、银行和医院的指定地点,这种环境已经是一种社会历史的情境:"因此,人现有的知识储备只有一小部分来源于他自己的个体经验。他的知识的更大的部分是从社会角度产生出来的,是由他的父母和老师当作他们的社会遗产传给他的。它由一整套相关的类型化系统,由解释类型的实际问题和理论问题的类型方法系统以及有关类型行为的类型戒律系统——包括接近呈现参照的相关系统所组成。这种知识全部被各

---

① [奥]阿尔弗雷德·许茨:《社会实在问题》,霍桂桓译,华夏出版社 2001 年版,第 437—438 页。

自社会群体认为是理所当然和毋庸置疑的,因此,它是'从社会角度得到认可的知识'。"①借助于符号的力量,人们可以在社会世界的大舞台中施展自己的才华、智力和无穷的能量。

人们通过一种文化的移入过程学习了某一个社会群体经验自身所依据的整个类型化和关联系统,就处于社会分层结构之中具有某种社会地位、社会角色、社会声望和社会职权的社会成员所占有的各种信号、指号和符号系统来说,这一点同样适用:"为了在社会群体中找到我的方位,我必须了解服装打扮、行为处事的各种不同方式,了解各种各样的标识、纹章、器具等等,社会群体认为这些东西指示人的社会地位,因此,它们作为相关的东西从社会角度得到了认可。"②为了承担交付给我的社会角色和社会责任,我就必须学习与该社会角色相适应的各种社会行为,满足人们对我所具有的各种期望。如果我是一个售票员,我的所作所为就必须符合人们对一个售票员所具有的类型化的期望,如果我是一个邮递员,当别人把信交给我的时候,他就理所当然地相信我会顺利地将其送到指定人的手里,而如果我是一个公务员,那么我在执行公务时就应该秉公办事,而不能贪赃枉法。

生活在科技和信息高度发达的当代社会,每一个人都具有各种各样不同的社会关系,有一些社会关系是基于我与你面对面基础的直接的社会关系,而更多的则是并不直接接触的间接而抽象的社会关系。在社会世界之中,还存在着各种各样的实体,它们并不是存在于我们日常生活的意义域中的具体实体,而是具有一些或多或少抽象和匿名程度的社会文化实体,比如说,国会、议员、法官、军队、政体、规范、法律、道德、仪式、风俗等,它们实际上是一些常识思维的构想,而我们只有从符号的角度才能理解它们,尽管这些接近呈现它们的符号本身属于日常生活的最高实在,但是通过一种符号化活动,我们就超越

---

① [奥]阿尔弗雷德·许茨:《社会实在问题》,霍桂桓译,华夏出版社2001年版,第450—451页。

② [奥]阿尔弗雷德·许茨:《社会实在问题》,霍桂桓译,华夏出版社2001年版,第454页。

現象学视域中的生活世界与文化

了我们有限的个体的情境,而进入社会世界的领域,"社会关系越稳定、越制度化,这些符号就变得越容易辨别"①。一个巨大的社会网络根本不能依靠面对面的"我们"关系而建立起来,而正是通过各种各样的常识思维的构想,通过各种特殊的接近呈现经验,社会结构和政治制度才得以组织化,因而社会实际是一种超越性实在的代表,人要生存在社会中,必须要依靠符号来解释社会。正如卡西尔(Ernst Cassirer)所说,人确实是一个"符号动物"。

因而,通过一种符号化,我们超越了我们的个体情境,我们达到了抽象和匿名的领域,符号的意义让我们体会到了超验的力量,体会到了神圣、崇高和永恒,人们通过运用各种各样的符号,超越了他们能力所及的自然世界和社会世界的界限,而走向社会文化生活的深处。"就更狭隘意义上的符号而言,它们超越最高实在的领域这一事实,不是具有排斥以经验为依据的社会科学根据制约这些科学的概念和理论构造的各种规则、研究符号在社会世界中的各种功能和形式的倾向,而是具有鼓励这些科学进行这些研究的倾向。"②

---

① [奥]阿尔弗雷德·许茨:《社会实在问题》,霍桂桓译,华夏出版社 2001 年版,第 457 页。
② [奥]阿尔弗雷德·许茨:《社会实在问题》,霍桂桓译,华夏出版社 2001 年版,第 460 页。

第三章　现象学的主体间性问题

第一节　胡塞尔的先验主体间性理论

主体间性问题在胡塞尔那里得到了异乎寻常的重视,先验主体间性悖论问题是在生命的最后 20 多年中,一直持续困扰他的核心难题之一,也是胡塞尔现象学以后的发展中最艰深、最复杂、最精彩的部分。

一、主体间性问题

众所周知,胡塞尔的《观念》第一、二卷早就写完了,他之所以迟迟没有发表,就是因为他认为自己对主体间性问题的思考还并不成熟,他还没有确定构造主体间性的方法。鉴于当时许多人对他在《观念》第一卷中所表现出来的严重的唯我论倾向的批评,胡塞尔已经意识到了主体间性的重要性。关于主体间性,胡塞尔是从主体性开始展开论述的,主体间性实际上是一种交互(inter)概念,即主体之间的关系。胡塞尔的理论是建立在一种移情的基础之上的,对于他者的经验首先是一个关于他者的身体的侧显的经验,尽管他人的身体是以一种侧显的方式给予我的,但是由于人们的心灵是相通的,因而内在性比外在性更容易把握,这是胡塞尔一以贯之的观点。移情预设了我所遇到的相异的主体与我自己之间存在着某种相似性。但是,胡塞尔关于他者的经验并非总是一个类比性的推论,严格来讲,我们所面对的并不是任何推论,而是一种实际的经验,移情显示了人的身体的主体与客体的独特地位,正如我的左手触摸我的右手时,我是以如此直接的方式经验自身的,这种经验既可以扩展到他者经验到我的方式,也可以预期到我经验他者的方式,因而主体间的关系是一种交互的关系。

从某种意义上来讲,关于身体的经验构成了所有对他者经验的基础和范例,在胡塞尔之后,梅洛-庞蒂的知觉现象学以人的身体体验和动觉为核心展开理论的基本建构,而从未来的发展看,身体现象学也确实成为一个重要的发展方向。然而,尽管我和他人的身体与心灵都具有相似性,都具有相同的结构,但是并不意味着我能够以他者经验他自身同样的方式来经验他,也不意味着他者能够以我通达自身同样的方式来经验我。正是因为他者作为一个相异的主体而避开了我的直接经验,他者才被称为他者,如果我能够以经验自身同样的方式来经验他者,那么他者就不再是他者,而成为我自身了,他者是超越的,或者说对我来说是不可通达的,用萨特的极度悲观的话语来说,他人是一个黑洞,是一个深渊。然而我们也可以与他人进行合作,进行交往,因此我们大可不必那么悲观。而不管怎样,对于他人,我们都应该给予一种应有的尊重。

主体间性的另一方面特征在于,这是一种主体与主体的关系,主体与主体的关系同主体与客体的关系最大的差异就在于我经验到他人的同时,他人也同样在经验着我,经验的主体与被经验的主体是不同的,这徒然增加了问题的复杂性。"在易变的、协调一致的经验多样性中,我就把他人经验为现实地存在着的,也就是说,一方面,我把他人经验为一个世界对象,而不只是自然物(尽管按照某一方面他人也是自然物)……另一方面,我同时又把他人经验为对这个世界来说的主体,他们同样能经验到这个世界,以及那些单纯的自然物……"①他

---

① [德]埃德蒙德·胡塞尔:《笛卡尔式的沉思》,张廷国译,中国城市出版社 2002 年版,第124页。

者经验是一种原初的根本的经验,除非他者出现,否则就不可能遭遇到他者,他者具有某种不可还原性,只有当这个他者作为一个显现真正出现时,我们才可以描述这种绝对陌生的经验。因此,他者对我来说永远意味着一种新奇、新鲜和新颖,我并非凭空抽象地构成他者,也不是在创造和复制他者,相异的主体的存在是主体间性关系的一个根本前提,而每一个主体的存在实际上都取决于他与其他主体的一种先在的关系。正如海德格尔所说,人被抛在世界上,具有"在世"的结构,与他人"共在",在现实的具体的情境下,没有任何主体能够完全独立于他者而存在。

二、主体间性的先验构造理论

早在 1905 年,胡塞尔就觉察到了自我体验个体的差异性。在 1908—1909 年前后,胡塞尔认识到了个体间交往与移情的重要性,为此他写下了大量的手稿,在弗赖堡时期,胡塞尔写下了关于个人的整体、共同体和社会、共同精神的文稿。在《形式逻辑与先验逻辑》中,胡塞尔关于主体间性这样说道:"我作为哲学家,不可须臾忽略。对于哲学之子来说,这可能是一个晦暗角落,在此出没着唯我论、心理主义或相对主义等鬼怪。真正的哲学家,不应逃离而应照亮此晦暗角落。"①而在公开发表的《笛卡尔式的沉思》中,他展开了关于主体间性与先验主体性、关于构造理论、关于主体间性的先验存在领域等方面的论述。可以说,这本胡塞尔思考多年并决定发表的晚年成熟著作,包含着他关于先验主体间性理论的基本观点、方法与深刻洞见。芬克也指出,"第五沉思"概述了对由各种先验的单子组成的宇宙先验还原过程进行某种展示的方法论基本原则。

在著名的第五沉思中,胡塞尔试图回答,对于所有人来说世界的客观性以及他人的存在究竟是怎样在自我学中被建立起来的,主体间性又是怎样从我

---

① ［德］埃德蒙德·胡塞尔:《形式逻辑与先验逻辑》,李幼蒸译,中国人民大学出版社 2012年版,第 202 页。

自己的意识生活的各种意识性中推论出来的。如何从自我的意识孤岛中走出来一直是胡塞尔思考的主要问题："当我这个沉思的自我通过现象学的悬搁而把自己还原为我自己的绝对先验的自我时，我是否会成为一个独存的我？而当我以现象学的名义进行一种前后一贯的自我解释时，我是否仍然是这个独存的我？因而，一门宣称要解决客观存在问题而又要作为哲学表现出来的现象学，是否已经烙上了先验唯我论的痕迹？"①为了摆脱唯我论的哲学困境，现象学需要察明：什么样的构造对于另一个在我的意识领域和我的世界中作为存在者出现的他我是必需的？他我在我之中的意义是在哪些意向性、哪些综合活动和动机中形成的？他我的陌生经验是如何被证实的，甚至是如何以他自己的方式被证实为自身在此的？只有解决好这些问题，现象学才能真正走出唯我论的困境，从而成为一门彻底意义上的严格科学，胡塞尔通过引入他我的概念，希望找到一条从自我的内在性中通往他人的超越性的道路，进而阐明在先验构造意识中的主体间性问题，并在此基础上构造一个客观的世界。

在胡塞尔看来，我所体验的世界在本质上应当是交互主体的，而他我的经验的复杂性就在于一方面我要把他人经验为一个对象，而不只是一个自然物；另一方面我又要把他经验为一个世界的主体，一个和我一样也能经验到这个世界的主体。在先验自我的经验过渡到他我的经验之前，胡塞尔认为必须实行一种新的现象学还原，即还真还原，从而保证把先验自我的经验还原到本己性领域。"我们首先就要在先验的普遍领域内部实行一种独特的主题性悬搁。现在，我们首先将把所有可疑的东西都从一切主题性的领域中排除出去，这就意味着：我们不必考虑一切可与陌生主体直接或间接地相关联的意向性的构造作用，而是首先为那种现实的和潜在的意向性的总体关联划定界限。在这种意向性中，自我就在它的本己性中构造出了自身，并构造出了与它的本

① ［德］埃德蒙德·胡塞尔：《笛卡尔式的沉思》，张廷国译，中国城市出版社2002年版，第122页。

己性密不可分的、从而它本身可以被看作是它的本己性的综合统一体。"①

通过这种还原,我就还原到了我的先验的本己领域,它实际是一种自我构造他我和世界的一般本质结构。胡塞尔认为,在向本己性领域回溯时,必须在我的先验经验中把本己之物理解为非陌生之物,通过先验悬搁,我们就要摆脱从一切一般陌生者那里抽象出来的经验的束缚,我们不仅要抽象地排除掉人与动物各自的特殊意义和对这个世界的一切文化形态的规定,而且要把一切陌生的精神性的东西排除掉,最后还要把每一个生活于其中的周围世界及其存在的意义也排除掉。通过对陌生经验及所有与陌生经验有关的意识方式的构造作用的排除,胡塞尔认为我就达到了一个新的阶段,这是一个奠基性的层次,如果在现实的经验中没有这个层次,那么我就不可能具有陌生者的经验,进而就不可能经验客观世界的意义,这表明自我内部的先验层次上的同一性关系是在经验层次上与各个陌生的自我之间发生关系的可能性前提。②

在我的本己性中,我发现了作为特殊自然的一个奠基性的底层:我的身体。胡塞尔认为,我的身体不仅是唯一的身体,而且是我在抽象的世界层次上的唯一的客体,通过感知活动,我不仅主动地经验自然,而且也经验到了我的身体,我身体的各种器官的动觉让我行动起来,我的各种行动都与身体保持了一种自然联系,对我的身体的阐明已经是对这个我的本质所作的阐明的一部分了。"借助于这样一些独一无二的自我相关性和生活相关性的持续不断的经验,它就在心理物理学方面与躯体的身体一起统一地构造出来了。"③当胡塞尔把自我的身体看作为本己性领域的底层时,不仅我的身体,而且我的经验和我所能感受到的一切,其中包括我经验到的他我,全都属于这个本己性领

---

①　[德]埃德蒙德·胡塞尔:《笛卡尔式的沉思》,张廷国译,中国城市出版社2002年版,第127页。

②　参见张廷国:《重建经验世界》,华中科技大学出版社2003年版,第82—83页。

③　[德]埃德蒙德·胡塞尔:《笛卡尔式的沉思》,张廷国译,中国城市出版社2002年版,第133页。

域,它们都是我的世界经验中唯我独有的,并且是在我的经验世界中统一地直观地相关联着的东西。在本己性领域中,任何外在事物都是我经验到的外在事物的现象,任何他人,都是我以一个会活动的身体而经验的自我的现象。"所有这些东西(因而所有固定的引号)根本就不是什么自然意义上的现世之物,而只是在我的世界经验中的独一无二的本己之物,是遍布于我的世界经验中的东西,并且也是在我的世界经验中统一地、直观地相关联着的东西。"①在自我的意识构造过程中,我以前的生活经验和习性起着重要作用:"这样一个自我就存在于他自己的现实的和潜在的体验和习性中,而在这些体验和习性中,他和所有那些客观性的东西一样,也把自己构造为了一个同一的自我。"②

这样,胡塞尔通过向本己性领域的回溯,就找到了一个在先验哲学上毋庸置疑的阿基米德式的起点,但是,如何从这个纯粹本己的领域构造出他我呢?"现在的问题是怎样去理解这样一个事实:这个自我本身不仅具有新型的意向性,而且总是能够伴随着一种能使自我的本己存在得以完全地和彻底地超越存在的意义而构成更新的意向性。"③这意味着,意识不仅具有一般意义上的构造对象的作用,而且还具有一种特殊意义上的构造作用——如何能够从自身出发并且超越自身而构造出另一个主体,这另一个主体不单纯是一个客体,它同时也是一个主体,即一个他人,这显然表明:他我的构造与他物的构造相比要复杂得多,这也说明了胡塞尔自我构造学说的任务的特殊性和艰难性。

胡塞尔的基本观点是:在我个人世界的特殊领域之中,我的各种经验不仅指向客观自然,而且也指向他人,他人也属于人的特殊性的个人世界的组成部分。通过一种接近呈现,我把他人解释成与我相似的人,解释成另一个身体和

---

① [德]埃德蒙德·胡塞尔:《笛卡尔式的沉思》,张廷国译,中国城市出版社 2002 年版,第134 页。

② [德]埃德蒙德·胡塞尔:《笛卡尔式的沉思》,张廷国译,中国城市出版社 2002 年版,第136 页。

③ [德]埃德蒙德·胡塞尔:《笛卡尔式的沉思》,张廷国译,中国城市出版社 2002 年版,第144 页。

另一个自我,这是胡塞尔称作配对或结对的意识的被动综合作用,因而他人并不是通过类型和推理而得到的,他人的身体真正的在场,但是他人的心灵是被接近呈现的,处于我的个人领域中的我的身体与心灵的统一体成为接近呈现的一方,它通过真实的在场而呈现给我,而他人的身体与心灵的统一体是被接近呈现的一方,它是以非直觉预期的形式呈现给我的,在随后的接近与交往中,这种预期会不断地得到充实和填补,这种充实和填补是通过把他人的经验解释成我的经验来完成的。因而他人并不是以一种舍己为人的形式而被我经验的,而是通过参照我的原初领域而被我经验的,他人是我的一种意向性修正,从他人的身体出发,通过一种移情作用,我就可以达到对他人内部的心理生活和更高阶段的精神生活的理解。

胡塞尔称移情为一种对某个他人意识的假设活动,由于他人在现象学上只能被理解为自我的一个变样,所以他我尽管不能像他的身体那样被我直接经验,但是我可以通过当下化活动而进入他的意识活动中,即把我的自我置入他人的身体,仿佛我处在他的位置上。但是,当我用这种方式来知觉他人时,他人并不会成为自我的重叠,他人只能是一个与自我有截然不同的知觉意识的他我。当我超出自己的意识而进入他人的意识中时,他人就会以他自身的观点来把他意识围在这里,而把我意识围在那里,他人会以他自己为中心极来构造一个围绕他存在的周围世界。

由于移情始终都是一种统觉的假定,因此它在原则上并不能通过原初的经验而得到证实。既然他人并不是在自我的构造作用中的一种存在,所以对他人的移情只有借助于更进一步的移情才能得到证实,所以,他人的经验成了一种预期,就是不断地从这个预期过渡到另一个预期中,而且正是在这种不断预期和共现中,移情才成为一个开放的系统,在其中,经验他我才有可能。通过移情的意识方式,我就经验到了一个与我完全一样但又不是我的他我。因而,一个完整的他我就构造出来了,在此基础之上,一个客观世界,一个单子的群体化的共同体,先验主体间性,客观化的观念构造物以及包括各种人格关系和文化产品的文化世界就被一一构造出来了。然而,在严格意义上,这种先验的单子共同体和先验主体间性仅仅是由我自己意识的意向性之源建构起来的,当人们意识到他人的原初领域与我的一样,也是一种先验意识的结果时,在移情作用的推动下就走向了先验主体间性和一个先验的单子共同体。"这个单子共同体纯粹是在我这个沉思着的自我中,纯粹是从我的意向性的根源处被为我地构造出来的,但它又是在每一个(通过'他人'的变样而)被构造为同一个的共同体中被构造为这样一个共同体的,只不过它是以其他主体的显现方式被构造罢了,而且被构造为了在其自身中必然具有这同一个客观世界的共同体。"①

因而,主体间性的重要性在于正是对他人的超越性经验的确认,才使得客观性和有效性的经验成为可能,而不再是我主观的唯我论假象。而相异的主体对于超越的对象的构成来说具有根本的意义,因为如果对象也能被他者经验到,那么它就不再仅仅属于我,不再还原到我的意向性生活之中,它同样也给予了他人。"只有当我经验到他人和我经验到同样一个对象时,我才真正地将这些对象经验为客观和真实的。只有如此,对象才具有有效性地显现,而这使它们不仅仅是纯粹的意向对象。现在,它们是作为真实的(客观的,即主体间性地有效的)意向对象被给予。"②客观性与超越性都预设了其他主体的存在,这证明了我的经验不再是一种仅仅属于我的意向性变更,例如,我梦里的经验在梦的世界中非常真实,即使我醒来仍然相信它的真实性,但是对另一个主体来说,它只能是不切实际的虚构。人的自我理解以他者为中介,当我认识到存在着另一个自我的他者的视角时,这就成为一个对于构成客观性、超越性具有关键性的一刻,因为我意识到了看待世界的角度可以有许多种,而我只是这许多角度之中的一个,而不是唯一的一个。当我发现他人与我经验到同

---

① [德]埃德蒙德·胡塞尔:《笛卡尔式的沉思》,张廷国译,中国城市出版社2002年版,第178页。
② [丹]丹·扎哈维:《胡塞尔现象学》,李忠伟译,上海世纪出版集团2007年版,第124页。

样的东西,对象就不再纯粹为我存在,也可以为他存在,它是一种属于主体间性的共同存在。

死亡就是一种关于他人的超越性经验,活着的任何一个人都不可能经验和直观死亡,死亡经验并没有直接被给予,而给予我们的只有从他者的死亡而获得的一种间接经验。因而,关于他者的经验已经彻底地改变了人们的经验范畴。当我确定他者与我获得同样的经验时,这个对象才得到了主体间性的有效性确认,它才不是一种主观的现象,而成为一个具有客观性的对象。胡塞尔对主体间性的分析指明,在任何对其他主体的具体经验之前,我的意向性意识结构中已经包含了对其他主体的指向,即人的意识先天地具有指向他人的基本结构,"无论如何,在我之内,在我的先验地还原了的纯粹的意识生活领域之内,我所经验到的这个世界连同他人在内,按照经验的意义,可以说,并不是我个人综合的产物,而只是一个外在于我的世界,一个交互主体性的世界,是为每个人在此存在着的世界,是每个人都能理解其客观对象的世界。"①

胡塞尔时常谈到一种具有构成性功能的匿名的共同体,这个共同体包含各种各样的文化对象:"属于这个经验世界的还有伴随着'精神'述谓的诸客体,按照它们的起源和意义,这些客体都与主体相关联,而且一般说来,都与陌生的主体及其主动地构造出来的意向性相关联:如一切文化客体(书籍、工具以及各种类型的作品等等),但同时,这些文化客体又具有为每个人在那里的经验意义(就是说,为相应的文化共同体的每个人,如欧洲文化共同体,也许更狭窄一些:法国人文化共同体等等中的每个人具有了经验意义)。"②这种匿名的共同体是向未来敞开的,具有一个开放的无限视域:"这个第二次构造出

① [德]埃德蒙德·胡塞尔:《笛卡尔式的沉思》,张廷国译,中国城市出版社2002年版,第125页。

② [德]埃德蒙德·胡塞尔:《笛卡尔式的沉思》,张廷国译,中国城市出版社2002年版,第126页。

来的世界作为一个'世界',它必然是作为从原真的东西出发可通达的并有序地开启的存在视域而被给予的。"①

因而,对先验自我的分析必然会引向主体间性结构的揭示,我的世界经验不仅蕴含着作为世间性对象的他者,而且总是蕴含着在共同有效性中作为共在之主体共同构成的他者,我与他人是不可分离地缠绕在一起的。我无法通达另一个他者的内心深处,他人的身体对我来说是侧显的,而他人的心灵尽管可以通过同感而得知,但是这种感知永远不会是我自己的感知,并没有窗户可以探知每一个单子里面究竟是什么样子,但是,我与他人仍然具有一种相互沟通和相互理解的可能性。我的知觉的意向性结构不仅仅唯我独有,它先天地属于一个开放的主体间性,在我与他人具体相遇之前,主体间性已经作为先天的结构在场了。因而从某种程度上来讲,先验主体性又依赖于先验主体间性,一个人只有成为共同体的成员,它才能经验世界,如果将先验还原彻底地进行下去,那么不仅仅导向主体性,而且也导向主体间性,每一个先验单子都通向一个具有多个构造性中心的开放共同体,无数个先验自我是可能的(这一点与笛卡尔、康德不同)。因而,胡塞尔的先验主体间性强调先验主体性之间的交往与互动,自我本身就具有一种主体间性的结构,而同时主体间性也预设了我自己的主体作为一个相关项。所以,由现象学还原完成的对先验领域的揭示是多元的,既可以导向主体性,也可能导向主体间性,主体性和主体间性是相互依存的概念,主体间性在主体的自我构造过程中至关重要,而同时,每个特定个体都是独立的、自治的、多元的,他们共同构成的一个匿名的社会共同体,每一个单子性个体通过结对、同感、共现等移情活动朝向他者,朝向一个具有敞开性的无限未来。

胡塞尔先验主体间性理论极其晦涩艰深,篇幅所限,这里不可能详尽地展开其全部观点。胡塞尔试图表达:唯我论只是一种方法论的开端,从先验主体

---

① [德]埃德蒙德·胡塞尔:《笛卡尔式的沉思》,张廷国译,中国城市出版社 2002 年版,第183 页。

性到先验主体间性的转化是一种必然选择，"按照这门科学固有的意义，它前后一贯的实现过程所导致的则是一种先验的交互主体性的现象学——一种先验的唯我论只是哲学的一个低级阶段，而作为这样一个低级阶段，它必须在方法论的目的上得到界定，以便能够以正确的方式，使先验的交互主体性问题作为一个已被奠定基础的、因而作为一个更高阶段上的问题而起作用。"①

　　尽管胡塞尔自己认为已经解决了先验主体间性的理论困境，然而，笔者同意梅洛-庞蒂、许茨等人的主张，认为胡塞尔仍然停留在一个唯我论的先验哲学的框架之中，他还没有走出主体性哲学的窠臼，他的理论中保留着主体性优先的传统哲学的预设。尽管他意识到了主体间性无可替代的重要性，但是他最后并没有意识到主体间性所包含的由主体性哲学向主体间性哲学根本转换哲学范式上的革命。在胡塞尔那里先验主体间性与先验主体性之间的关系是非常模糊的，他一会儿主张，先验主体间性在先验主体性那里有其起源，一会儿又试图表明，先验主体间性是先验主体性的绝对的并且是唯一自足的本体论基础。每一个具体的先验主体间性都是由许多个先验主体性所共同组成的开放的共同体的总体的一员，每一个客观事物都从那里获得最终的意义和有效性，因而现象学的发展必然意味着从先验自我学向现象学社会学的转化。单个主体自身所能完成的是非常受限制的，而只有充分认识到主体间性的全部意义，才能理解所有实在，因而，主体间性问题包含着理解客观实在和超越者的构成的关键，但是这里的主体间性是一种先验的主体间性还是世间的主体间性，这是一个有待回答的问题。胡塞尔的先验主体间性的合法性问题也成为先验现象学论证最重要的任务之一，而从目前的资料来看，无法保证其论证的合理合法性和自洽性。胡塞尔热衷于现象学先验还原的构造方法，这就使他的现象学并不能圆满地解决先验主体间性难题，反而更加重了其基本理论观点中存在着的矛盾和无法克服的悖论，这也成为后人对胡塞尔现象学集

---

① ［德］埃德蒙德·胡塞尔：《笛卡尔式的沉思》，张廷国译，中国城市出版社 2002 年版，第42页。

中诟病的地方,在胡塞尔之后,当代哲学家们对此展开了强烈的批判。

第二节　对胡塞尔先验主体间性困境的批评

胡塞尔先验主体间性理论几乎成了以后的哲学家们加以批评的众矢之的。关于胡塞尔先验主体间性问题,舍勒、海德格尔、梅洛-庞蒂、萨特、许茨、约瑟·奥特加·伊·加塞特(José Ortega Y Gasset)以及迈克尔·托尼逊(Michael Tonison)等人都有过非常精彩的批判性论述,正如梅洛-庞蒂所说,如果我构造了世界和我所知觉到的一切的意义整体,那么其他人就是我构造的,而不是一个真正的他人;而如果他人也在构造意识,那么我就是一个他人构造出来的我,而不是真正的我了,因而似乎从一开始胡塞尔就面临着一个必须解决但又几乎不可能解决的二元难题。由于篇幅原因,这里不可能对所有批判过胡塞尔先验主体间性困境的哲学家们的观点一一加以陈列,而只能选择少数几位哲学家有代表性的观点加以阐述。

一、奥特加

西班牙哲学家约瑟·奥特加·伊·加塞特和德国哲学家迈克尔·托尼逊是对胡塞尔先验主体间性理论展开批判最猛烈的两个人。而奥特加对胡塞尔的观点是追随得最紧的,他的批判的焦点集中在一种先验的单子共同体团体的基础之上,在他看来,这种团体危害了自我的唯一性。在《人与人们》中,他像胡塞尔一样进行一种"准现象学"的还原活动,但与胡塞尔相反,他还原到一个最终实在的层次,这个层次是彻底的根基,不可能有其他任何实在在它之下,这一层次就是我们人类的生活,而最终还原为我自己的生活,因为人类的生活作为彻底的实在,只不过是每一个人的生活,是我自己的生活,他把人类生活看成在本质上彻底孤独的生活,这种孤独并不意味环境的缺乏,而仅仅意味着他在他的周围环境中是完全孤立的。外面的世界是一个广袤的宇宙,它们为无边的阴影所笼罩,它们或者是作为工具或者是作为阻碍而为我所经验的,而哲学的作用在于对这些内容之表象的意义与方式进行理解和解释。因为人被禁闭于他需要生活的肉体之中,结果世界的其他内容是作为人的肉体或与肉体相联系的东西而出现的,而他人对我来说,我拥有他的一切都只是一个肉体。尽管这种肉体不断地为我送来丰富多样的各种信号、指示和提示,它们持续地传递的是一个内在心灵的表达,但是这种内在的心灵永远不会现身,而只是一种共现,就像我们虽然看不见苹果的另一面一样,而我可以转动苹果或转动身体,就可以看见苹果的那一面,但是他的内在性在任何时候都不能出现在我面前,哪怕是移情也不行,移情不可能像我的生活一样属于我的专利权,移情仅仅是一种预设,一种假定,一个一厢情愿的梦,它随人而变,"但绝不是彻底的、毋庸置疑的、原初的'实在'"①。

奥特加尽管赞许了胡塞尔现象学严谨而细致的工作,承认其对主体间性作出了精确的系统阐述,但奥特加在胡塞尔的研究中发现了一个特别严重的错误,即这种由我及他的类比式和移情式的换位,他人的肉体被推论为另一个我。然而,我的肉体和他人的肉体的差异,并非仅仅是一种视角上的差异,即在这里和在那里的差异,我的肉体是我的各种活动的器官和工具,而他人的肉体对于我来说则仅仅是通过我的肉体、我的视角、我的触觉、我的听觉及抵抗而给予我的,我的肉体是从我的内部感觉到的,而他人的肉体则全部是一种外在性,一种异己的形式。这种知觉的差异是如此明显,以至于我永远处于一种对立与互补之中,当对面是一个与我一样的男人的时候,对方可能是朋友,但也可能是对手和敌人,而当对面是一位妙龄少女时,她的形体特征是我所没有的。因而,胡塞尔试图根据人的身体的换位来联结各个自我的尝试注定要失败,他的移情理论只是一种抽象性认识论的同一化,而与人的具体生活毫不相关,在每一个个体身上都有某种孤独的独特品质,认为我身上

---

① 转引自[美]弗莱德·R.多迈尔:《主体性的黄昏》,万俊人译,广西师范大学出版社 2013 年版,第50页。

具有的东西在他人身上同样具有这只是一种类比和抽象,而永远不是真实的内容。

奥特加承认,主体间性的遭遇是人类生存条件的基本特征,人类生活在本质上是一种共同生活,但是他反对胡塞尔在先验层面上来谈论该问题,主体间性更多的是发生在世间的层面上:"人是一个对他人、对异己存在开放着的本位者;或者换句话说,他在我们每一个人的面前都能意识到他自己,他已经具有了这样一种基本的经验,即他人不是'我'而是他人。"①我对他人的态度是一种我们生活中的自然的日常的态度,而反思的态度太过于艰辛,以致大多数人难以付诸实践。奥特加认为,在社会中,人是虚假的和虚伪的,而只有在一个人的绝对孤独的时刻,才是真实的,社会是一种趋同性的意见,在社会中我们掩饰着真实的自我,伪装着生活,反思会使我们自己从所有这些为他人所接受的解释中解放出来,这样我们就创造了一个富有生气的彻底的实在的生活。"集体性确实是某种人类的事情,但它是一种没有人的人类,是没有精神的人类,是没有灵魂的人类和反人性化的人类。"②

二、托尼逊

在奥特加逝世 10 年之后,迈克尔·托尼逊发表了一部名为《他人》的长篇著作,在该书的第一部分,对胡塞尔先验哲学的主体间性观点展开了集中批判,其分析的焦点在于驱逐胡塞尔论点中的自我学的支撑点。他发现了胡塞尔在反思层次和世俗的经验层次上固执于主体性这一探究方式的致命缺陷:胡塞尔非常固执地隐蔽了他人的他性。胡塞尔竭力逃避唯我论局限的努力是不成功的,这是因为主体性僭越出自身的界限并试图在真正的相互作用中保留地

---

① 转引自[美]弗莱德·R.多迈尔:《主体性的黄昏》,万俊人译,广西师范大学出版社 2013 年版,第 51 页。

② 转引自[美]弗莱德·R.多迈尔:《主体性的黄昏》,万俊人译,广西师范大学出版社 2013 年版,第 52 页。

位实际上是无能为力的,他以一种自我学的构造功能为先决条件,这种自我本身的领域没有受到外界任何的影响。托尼逊认为这是对自我的一种处罚,但也是一种很容易医治的创伤,自我知觉并不是与他人隔离的,自我体验也包含着他人的情感,尽管我自己的见解可能与他人的见解严重分歧,但是自我并非我的自我隔离的执行机制,把主体间性仍囿于我思主体的范围之内,这是先验哲学的一种自我膨胀,我思主体实际上是一种被封闭于意识内在性的现象。

胡塞尔关于生活世界的观点处于一种前认知的经验层次,这种前认知的经验削弱了主客体的二元区分,在这种前认知的生活世界经验之中,人们是作为完整的类而相互遭遇到的。日常生活中与他人的相互作用乃是一种在共同的前主体性的联系的基础上,凸显出的一种公共的策源地,人们之间共享一套语言、共享一套交流模式,共同参与到各种实践活动进程之中,尤其是在日常的工作中相互牵涉与紧密配合。但是,托尼逊认为胡塞尔关于生活世界的观点是朦胧而隐晦的,它常常被一种占主导地位的自我学观点所统治,生活世界蒙上了先验哲学的一层厚厚的面纱,他固执地把自然态度、人格态度与主体性态度同一化,似乎我们要进入同类人的领域只能通过一种移情的过程。由于胡塞尔给予生活世界一种主体性的结构,这就使得日常经验的自然特征都成为问题,在胡塞尔那里,生活世界由一种先验哲学的观点所预先塑造,人们日常生活的相互作用成为一种先验理论的向导。①

毫无疑问,在胡塞尔现象学的分析中,主体性占有绝对的支配地位。托尼逊认为,主体性的这种支配作用对主体间性起着一种腐蚀的作用,移情只是主体性一种向外的投射作用,而不是对我与他人真正遭遇的展示。依照胡塞尔的观点,他人是一个他我,是作为另一个自我而出现的,胡塞尔强调的是自我的组成部分,"他人的自我却是通过从我自己的主体性发出的类比性投射而

---

① 参见[美]弗莱德·R.多迈尔:《主体性的黄昏》,万俊人译,广西师范大学出版社2013年版,第56—57页。

被推导出来的"①。他人只是我的本真的世界的一个类似物,这样就销毁了他人的特性,我的主体性因而被描述成为主体间性构成中的一个基本准则,尽管胡塞尔多次指明,他人并非一个类比,而是一个真实的存在,但是囿于一种纯粹主体性的哲学的框架之内,只能将个体间的差异归结为世间性的身体的层面,但是这种探讨方式并没有给他人的他性留下空间,他人只是被看作我的一个变形,一个他我,其结果是他人在与我的遭遇过程中,永远也不会使我感到惊奇和意外,他人永远无法改变我,他人永远不会以一种未知的方式接近我,他人并不会向未来敞开,这就错过了他人无限的可变性。

三、海德格尔

海德格尔的《存在与时间》以一种对人的在世存在的研究开创了对具体世界经验的分析。在这里,纯粹的自我学为此在所取代,此在被解释为一种具体的肉身存在,这一点与奥特加的身体概念有某些相似之处,并且,海德格尔本真的生活和非本真的生活的区分,与奥特加的世俗经验和本真经验的二元张力也很相近,本真的生活是彻底孤独的生活,而非本真的生活则淹没在社会常人的观点之中。但是,海德格尔反对奥特加的自我学的前提,他力图超越主体性界限,与任何的自我学前提决裂,此在从世界方面来领会本己的存在,②而且向存在的大门敞开,具有无限制的特点。

《存在与时间》的中心主旨既不关心意向性及其意识的构造功能,对人的能力和自然倾向也不感兴趣,而关注的是存在问题,③存在并不是主体性的成就,存在既不是本质的完成,也不会构成本质。在世存在既不指与天上的王国

---

① 转引自[美]弗莱德·R.多迈尔:《主体性的黄昏》,万俊人译,广西师范大学出版社2013年版,第57页。

② 参见[德]马丁·海德格尔:《存在与时间》,陈嘉映、王庆节译,生活·读书·新知三联书店1999年版,第19页。

③ [德]马丁·海德格尔:《存在与时间》,陈嘉映、王庆节译,生活·读书·新知三联书店1999年版,第14页。

相对应的尘世王国,也不指与精神王国对立的物质性的现实存在,"此在的存在在时间性中有其意义"①。时间性是历史性得以可能的条件,而历史性则是此在本身的时间性的存在方式。因而在世既不指任何实物和客体,也不指任何具体的领域,它是指向存在的开放性,世间是存在的空白地,人向由之产生的存在那里伸展开来,人与存在的空白地是出神的关系。而人的实存仅仅是一个间接的研究题目,人的实存不是自我控制的,或自律的,它为存在所塑造。此在既不是自我的同义语,也不是主体性的代名词。传统的语言实际上可能已经成为人类自我理解中的一种障碍,从人的主体性出发,恰恰是失去了对人的此在现象内涵的理解,继续并重复这种依赖主体性的探究方式,最后必然导致的是精神实体的概念和意识的具体化,因而必须告别主体性。

胡塞尔比较推崇笛卡尔,并声言他的哲学就是笛卡尔的沉思的彻底化,而海德格尔主要批评的就是笛卡尔,笛卡尔将自我解释为思维实体,通过"我思故我在",他宣称正把哲学推向一个崭新而可靠的根基,但是他也留下了特殊的我思者的存在样式的悬而未决的问题,或者说此在的存在意义问题。康德的哲学同样存在着一种顽固的传统主义本体论的遗留,康德哲学的优点在于,他用一种先验的或逻辑的主体性取代了思维实体,用一种伴随所有概念的纯粹意识取代了思维实体,但这种重新阐述并没有澄清主体本身,康德仍然把我作为一个主体来看待。

胡塞尔和舍勒都认为人的本质,包括他的意识、精神和人格,完全是超越经验的,一切实体性的或客观主义的蛛丝马迹都从人的本质中清洗出去了。舍勒就曾指出,个人的概念指的是意向性的源泉或意向行为的履行者之源泉,而不是一种经验心理学的现象,个人不是一种事物,不是一个实体,也不是一个对象;而胡塞尔在假定个人的统一性是一种本质上不同于自然对象的人格性时,也使用了相似的划分和界定。海德格尔质问道:意向性、构成和个体存

---

① ［德］马丁·海德格尔:《存在与时间》,陈嘉映、王庆节译,生活·读书·新知三联书店1999年版,第23页。

在模式的本体论意义是什么呢,在没有探求这些问题之前,个人和意识是很容易被当作预先给定的实体来对待的,尽管对人格的现象学解释比以前的各种方法更加彻底和透明,但这种解释并没有揭穿此在的存在的意义问题。

海德格尔声称他主要研究的是存在问题,此在则是这一问题的寄居地和探询主体,而人的实存则具有一种深究存在和关心存在的出神之能,人的自我性并不是一种纯粹的副产品,在本质上它是关心的同义语,在人的本质中就包含有操劳、操持、烦神、费心、关切等要素。"因为在世本质上就是操心,所以在前面的分析中,寓于上手事物的存在可以被把握为操劳,而与他人的在世内照面的共同此在共在可以被把握为操持。"①此在的关心不仅直接指向一般的存在,而且指向所有实体性现象的意义和存在,而首先和最重要的是指向自身实存的意义。"然而,因为实体性现象镶嵌在某一世界的情景关联之中,所以对它们的存在的关心得以对这种情景关联的一种基本注意为先决前提,这种关心不单要通过一种关心与世界的并举,而且也要通过一种内在的世界性或此在的世界涉牵性[来实现]。在世的存在这一术语中反映了自我与世界的这种亲密的相互渗透性。"②我是一个就近把握事物的在世存在,在世存在是作为共在的自我存在,对在世存在的解释已经表明,我们不可能找到作为一种出发点或作为一种既定实体的无世界的纯粹主体,同样,我们也不能把自我作为一种没有他人原则的既定的孤立自我来处理。

这样,海德格尔就与主体性分道扬镳了,尽管他对主体性的批判非常有力,但是人们还是低估了这种批判的意义。海德格尔实际上是对哲学的探究方式和研究范式上的革新,他希望从自我学的窠臼中走出来,而建构一种主体间性的哲学的新范式,这不仅仅是一种方法论上的改变,他对此在的分析已经

① [德]马丁·海德格尔:《存在与时间》,陈嘉映、王庆节译,生活·读书·新知三联书店1999年版,第222—223页。
② 转引自[美]弗莱德·R.多迈尔:《主体性的黄昏》,万俊人译,广西师范大学出版社2013年版,第63页。

包括了人与人之间的共在或同类人相互作用的领域,他的此在概念并不能解释成一种自我中心论或原子论的个体主义。此在只有滑入非本真性,个体才能逃避孤独,这就是与大众的共处,个体被淹没在社会匿名之内,飘摇于常人的公共舆论之中,与之相反,本真的此在则意味着一种经过深思熟虑而培植起来的孤独和非牵涉性,"被选择的是有良知,即对最本己的罪责存在的自由存在"①。由于自由的自我封闭,解放的努力将使某人的生活与他人走向分离,而这无疑妨碍了主体间的相互作用,消解了我与一切他人之间的直接联系。然而,对海德格尔哲学的理解应该换一种方式,应该远离传统哲学主客对立的思维方式,与胡塞尔强调认识论前提的先验自我的纯粹理论意义不同,海德格尔更加强调人的情感性活动和对世界的实践性活动特征,他把人的关系描述为被缠绕于而又产生于日常事务和对具体器具的实践关照。人与人之间的遭遇具有一种世界性和实践性,诸如,他对一个手工艺人生活情景的分析揭示了他人是我们在工作的联结中首先遭遇到的,我们操作仪器和设备时,就遭遇到为这些仪器设备服务的他人,此在包含着世界性,它的存在样式或上手器具的意义都意味着一种基本的关涉,我们在世界中所发现的东西都是他人创造的,或者说是经过了他人的解释,而为他人所理解和掌握了的。海德格尔描述的生活场景并非主体对对象的关系,或者说是在思想中的人类主体,他的上手器具并不是自我或某一精神实体的外在封闭物,他的"此在"概念是为世界和他人内在性地渗透了的此在,这种此在是在前自我学的意义上的存在。同时,它也是前认知性的,它首先意味着实践的关注,通过共同的实践工作而与他人连接起来。此在对上手器具的牵涉并不同于按照主体的自我中心来计划和制造世界的活动,相反,人与器具都是一种在更广泛的生活情景中的因素,这一生活情景塑造着使用者及其用具。

　　海德格尔已经偏离了胡塞尔现象学,不仅限于对日常工作境况这一方面

---

　　① 〔德〕马丁·海德格尔:《存在与时间》,陈嘉映、王庆节译,生活·读书·新知三联书店1999年版,第330页。

的说明,而且还包括对移情的分析,移情提供的是一座桥墩和中介,借此与另一个主体发生联系,因而这种关系并不是笛卡尔所谓的主客二分,而是主体与主体之间的相互作用、相互协调的一种新样式。自我关涉并非此在与他人关系的复制品,也非对此在与他人关系的替代,在这里,移情包含了一种优先性的反转,即更加强调此在的在世存在和共在,移情并不构成共在,相反,移情的产生是以共在为基础的,而由于共在缺乏一种进入的样式而使移情显得尤为急迫。海德格尔的非本真性是指一种无差别的准集体生活形式的普遍化,此在成为可以相互交换的和在他人之中的某人,而他人则意味着一种本体论的存在状态,一种此在的在世存在的基本样式,这种存在样式并不是一个大写的主体的派生,也不是一种把个体沦为一种经验集体性的状态,作为一种存在状态,非本真的共在具有它自己的类型和人独有的焦虑和关照特征。而关心、关注与焦虑并非一种内在的意向性或一种心理状态,而毋宁是此在的基本结构和人类相互作用的多样性形式,非本真的存在状态是从上手事务与常人的视角来看待自身的,这种状态缺少的是对存在问题的探讨。这是对此在与世界、此在与他人的恰当关系的说明。

如果此在是一种在世存在的样式,那么与他人共在就是一种原初现象,他人属于此在的基本结构,趋向本真并不意味着使自我的孤独从隐匿的状态中脱胎而生,相反,本真的自我是对被考虑为一种存在结构的他们的一种存在限制,这种自我含蓄地面对存在而开放。海德格尔谈到了死亡,他对死亡的论述在《存在与时间》中占了很大的篇幅,死亡随时随地可能降临,死确定可知地会到来,但现在暂时尚未到来,死亡是每一个人都不可能回避的,它迟早会到来,因而死亡涉及的是一种本真的自我的原始焦虑。死亡处于此在的最深处的可能性之中,这种可能性是非关系性的、确定的,同时也是无限定的和不可超越的。死亡是超验的,我们任何人都不可能预先体会死亡,同时,死亡又是切身本己的,是以一种个体性的方式蕴含在此在的生存之中,这种个体化是一种泄露存在的所在地的样式,而与他人的所有牵涉使此在存在的最深处的潜在性处于危险的状态。每一个人都趋向死亡这种可能性,此在在不同的和内在的可能性中逃避着死亡的威胁。死亡是人的生存论结构的本质要素,死亡内在于此在之中,对死的预期蕴含在趋向死亡的存在之中,这种焦虑情感必然伴随着人的终生,此在必须单独地肩负起他自己处于危险状态的内在存在。人们可以关心他人,并帮助他人成为对自己透明的存在,这就因此而可能实现自由,人在为自身的自由的努力中也使他人获得了自由。海德格尔的本真存在和共在的概念可以视为对传统的善的生活的重新阐述,是对康德的目的王国的假设的重新阐述,康德把他人永远作为目的,而不作为手段,在海德格尔那里,"本真的共存则通过在他人的此在和'存在之潜在性'中,而不是在他们作为道德目的的角色中对他人的尊重而凸现出来"①。

海德格尔关于死亡的探讨也成为其哲学最晦涩最艰深的主题之一。尽管他将死亡描绘成一种可能性,但死亡肯定不是一种理论性的选择,即不是认知主体性可以在其他抉择中加以沉思的那种选择。死亡也不是一个个体在主动地履行一种意向性设计或谋划意义上的实践可能性,相反,死亡代表了一种终结,一种极端。死亡是对生的侵略和冒犯,也是人的存在的归宿,我们可以把死亡看作一种此在的终止和自我放弃的最终可能性,趋向死亡的存在才有助于达到本真性,"它不是通过自我维护或自我封闭来达到本真性的,而是通过出于对存在的一种真诚的关心和对此在的'存在之潜在性'的注意,不探出存在的秘密而达到本真性的"②。对死亡的预期具有一种让人敬畏、让人谦卑、让人清醒的作用,通过与这种最终可能性的对抗,此在面临着一个完全逃避人的管制、操纵和支配的领域,死亡是一种可能性,没有为现实化和履行实施留下任何的空间。而人的个体性仅仅意味着,每一个人都不得不面对他自己的

---

① 转引自[美]弗莱德·R.多迈尔:《主体性的黄昏》,万俊人译,广西师范大学出版社2013年版,第74页。

② 转引自[美]弗莱德·R.多迈尔:《主体性的黄昏》,万俊人译,广西师范大学出版社2013年版,第75页。

死亡,死亡是无法替换的,其他任何人都不可能代替我自己的死亡。

趋向死亡的存在并不是唯我论的一种保障,人的相互作用也不是一种单子的先验共同体的集合,死亡不可认知,不可论证,死亡的非关系性不但没有加强个体的孤独,而且防止了各种抽象逻辑的介入和过于简明的观点。此在的本真性与共在密切关联,这意味着一种不同的社会性样式,这种社会性样式不同于人们在主体性设计的基础上所预言的社会,也不同于各种缺乏性的相互作用。进而海德格尔提出了"解放性焦虑"的概念,在"解放性焦虑"的保护下,人们不再通过自我学的构造方式来对待他人,也不再把他人预先设想为一种"自我"的内在组成部分。共在既不是主体性的融合,也不是每一个分离开来的单子的孤立化,而是一种面对存在问题的相互性意愿,趋向死亡的存在并不是让此在在世界中更加孤立,也不是将其转化为一个自由飞翔的自我,而是一种预期,这种预期让共在的他人体会到他们最深处的潜在性的存在,并帮助他们通过预期性的"解放性焦虑"来泄露这种潜在性的可能性。海德格尔通过一种极其晦涩的哲学语言,表达了一种不同于传统哲学的新的观点,并为20世纪的哲学开辟了新的方向。

四、舍勒

从现象学在德国的发展来看,还有一个人的地位突出而重要,那就是舍勒。舍勒与胡塞尔生活在同一个年代,是慕尼黑小组的主要参与者之一,胡塞尔曾经热情地支持该小组,该小组还有普凡德尔、莱纳赫等人,慕尼黑学派把现象学看作一种对对象进行纯粹描述的实在论哲学,强调通过细致描述而达到客观真理。舍勒在德国现象学界的地位仅次于胡塞尔:"他是一等星,他耀眼的光芒显示出,他不只是新学派杰出的一员,而且是一位现代的哲学家……"[①]舍勒不仅仅是一个现象学家,还在人类学、社会学、政治学和教育学

---

① [美]赫伯特·施皮格伯格:《现象学运动》,王炳文等译,商务印书馆2011年版,第372页。

等领域颇有建树,而且他是一位具有原创性观点的哲学家,在现象学的方面与胡塞尔也存在着很大的分歧。舍勒并没有像胡塞尔那样,要建立一种新的作为严格科学的现象学的第一哲学那样的宏伟抱负,舍勒很少像一位书斋学者那样因循守旧,只要环境允许就尽可能地远离那些纯粹的哲学讨论,舍勒的哲学栖身之地是咖啡馆:"他是以一种生活于时代之中并为了时代而生活的强烈意识从事哲学研究的。"①伦理学一直是舍勒哲学研究的中心,他认为伦理学不仅应当为人生提供虔诚的规范原则,而且还应当提供能在具体情况下指导个人行动的基本原则。舍勒更加关心的问题是如何在一种新的与意识休戚相关的基础上重建欧洲的精神统一:"但是对于舍勒来说,问题的中心仍然是发展一种具有更深刻的人的概念的哲学。"②可以说,人的问题,重新定义人,如何理解他人并改造人,成为舍勒哲学研究的中心,这其中涉及的大部分问题都集中在哲学人类学这一问题上,哲学人类学的目的是要确定人的本性,人的最终意义和最后价值是什么,人格中的至善、人格最高度的充实、人格最全面的发展以及人格最纯真的美和内在的和谐等问题。

　　舍勒与梅洛-庞蒂一样,都属于英年早逝的哲学家,二者的相像还表现在他们都具有一种超人的智慧和卓越的思维能力上,在舍勒生命的后期写了一本名叫《人在宇宙中的地位》的小册子。这本书尽管篇幅不长,但是总结了心理学、生理学和其他科学的最新观点,集中阐明了他关于人的概念的新思想,并对笛卡尔以来的西方哲学传统给予了严厉的批判。舍勒这本关于哲学人类学的著作也可以看作他的新哲学的宣言。

　　人与动物的根本区别是什么? 在人身上有什么与众不同的东西呢? 冲动、欲望、感觉欲求、意识、本能、联想记忆、理智和选择能力都不是人类所独有

---

　　① [美]赫伯特·施皮格伯格:《现象学运动》,王炳文等译,商务印书馆2011年版,第376页。
　　② [美]赫伯特·施皮格伯格:《现象学运动》,王炳文等译,商务印书馆2011年版,第378页。

的,人有语言,动物也有语言,尽管动物的语言与人的语言不可同日而语,但是动物的语言可以用来表达和抒发情感,也可以用来作为社会交往的工具,那么人的本质及人可以称作他在宇宙中特殊地位的东西到底是什么呢? 舍勒提出了他的非常独到的观点:"我们宁愿用一个更全面的词来形容这个未知数。这个词一则也包容了理性的概念,而同时除了理念思维之外也包括一种既定的观照——对元现象或本质形态的观照;再者,还包括了确定等级的尚待说明的情感和意志所产生的行动,例如善、爱、悔、畏等等——这就是精神一词。"①

精神的本质包括自由、对象化存在和自我意识。这三个特征唯人所独有,精神的本质不再受本能和环境的制约,它对世界开放,动物只具有周围环境,而没有世界,而人则从周遭有限的生存空间的藩篱和限制之中解放出来,人能够体会无限和崇高。人面向世界则意味着具有无限开放的扩展能力,人的世界扩展到哪里,人的行为也就延伸到哪里,因而人的路途永远没有尽头,人永远是一个面向未来不知疲倦的开拓者,永远是一个大写的未知数 X。动物像蜗牛一样,走到哪里就把壳背到哪里,它与周围世界融为一体,而始终亢奋的生活,动物只听到声音、看到图像,而人不仅听到声音、看到图像,而且知道自己在听,知道自己在看。人能够将一切转化为对象,人不仅能够把外界事物作为自己的对象,而且能够将人自身的意识活动作为自己的对象,人不仅能够走进去,而且能够走出来,人不仅能够聚精会神,而且能够超然物外。动物体会不到它的冲动是它自己的,它与它的环境浑然一体,而人则可以让最远的你成为最深的爱,人不仅知道冲动和欲望是他自己的,而且能够压抑和抑制住自己的冲动和欲望,可以将欲望转化成学习和工作的动力,可以过一种更加娴静而高尚的精神生活。"人能够把他的才能中的能量升华为精神的行动。"②

---

① 〔德〕马克斯·舍勒:《人在宇宙中的地位》,李伯杰译,贵州人民出版社 1989 年版,第 26 页。

② 〔德〕马克斯·舍勒:《人在宇宙中的地位》,李伯杰译,贵州人民出版社 1989 年版,第 42 页。

但是,精神本身是孱弱无力的,高级的东西依靠低级的东西提供思维的动力和能量的源泉,"精神以精神的身份用观念来规劝本能的力量,欲望则给必然已经存在的本能冲动提供这样的劝诫,或从冲动那里夺走之"①。因而,欲望与冲动的"恶"完全可以利用起来,转化为使人的本质升华的力量。人作为一种最高级的生命存在形式,傲然独立地行走在天地之间,但是,伟大的人格、无限的权威和崇高的价值范畴并不是从它自身当中汲取力量的,而恰恰是从更低级的存在形式中汲取力量以实现自己的目标。"'从根本上说,低级的是强大的,最高级的则是孱弱的'。"②人类精神与滚滚向前的生命洪流相比,显得格外的脱俗,却又是那么的无力,精神自己天生原本是没有力量的,而正是生命赋予精神以力量,精神能够通过升华的过程而赢得生命的力量,生命通过这个过程而进入精神的法则和意义结构之中。

这就是舍勒在其生命的最后阶段悟出来的基本原理。即使在今天看来,舍勒的基本观点仍然给人以灵感和重大启发。舍勒还认为,人类精神的创造力是非常稀有而珍贵的,"人类历史上文化的繁荣时期既短暂又罕见。美,娇媚柔弱,易受损害,也是既短暂又罕见"③。人类历史上表现出了精神与生命之争的过程,人的精神的生成是对生命的提升,它把本能的力量转化为精神的行动,精神因此变得勃勃生机,而生命则变得丑陋和低级。但是与此同时,精神与欲求仍然处于一种对抗与斗争之中,人必须学会忍耐和克制,人也必须压抑自己的原始冲动和欲望,这是成长的代价,弗洛伊德学说的成功就是因为他正视了人的生命现象这一现实。精神与生命之间也可以表现为一种相互帮衬相互依托:"精神把生命观念化;而只有生命才有能力把精神投入到行动中,

_____

① [德]马克斯·舍勒:《人在宇宙中的地位》,李伯杰译,贵州人民出版社 1989 年版,第54 页。

② [德]马克斯·舍勒:《人在宇宙中的地位》,李伯杰译,贵州人民出版社 1989 年版,第52 页。

③ [德]马克斯·舍勒:《人在宇宙中的地位》,李伯杰译,贵州人民出版社 1989 年版,第52 页。

并把精神变成现实,无论是从最简单的行为刺激起,还是一直到完成一件我们认为具有精神意蕴的产品上,都是如此。"①

古希腊哲学认为逻各斯或理性是人类所独有的特性,而舍勒却偏爱"心灵"这一概念,它不仅指人具有可以通过观念而进行思考的能力,具有理智直观和感性直观的能力,而且指人还具有坚强的意志和更加高级的情感,比如仁义、爱、希望、忏悔和畏惧等,舍勒把与人的心灵相关联的活动中心称为人格(persona)②。正是因为人具有人格,所以人可以扬起高贵的头,雄踞于万事万物之上,使人与其他的生命区别开来,并赋予了人在宇宙中的特殊位置。人格使人的灵魂远远高于动物的灵魂,人格、心灵和灵魂都意指一种活动能力,即能够进行理性思考,能够进行对象化活动,能够将外在事物和内在体验都加以对象化,这样人就具有了一种自我反思的能力,人可以不断地总结过去的错误,以史为鉴,并创造一个崭新的未来。舍勒认为人格无法客观化,这意味着心灵和人格指的是一种行为、一种活动或一种构造能力,不仅自我的人格无法客观化,而且其他人的人格也不能客观化,毋宁说,心灵和人格是一种人们进行各种活动和共同活动的一个场所,"一个'人格'只有凭借共同完成这些活动,凭借与他人一起思考、一起感受和一起意愿,对另一个'人格'来说才是可以接近的"③。

在《伦理学中的形式主义和实质价值伦理学》中,舍勒阐述了对于他的哲学至关重要的人格概念。他把我和人格鲜明地区分开来,我可以成为一个对象,它作为一个材料,对于我们的内在体验来说是给定的,而另一方面,我们却不能让人格客观化,因为人格是一种活动,我们无法将活动客观化,但是我们

---

① 参见[德]马克斯·舍勒:《人在宇宙中的地位》,李伯杰译,贵州人民出版社1989年版,第67页。

② 该译将"persona"译为"位格","位格"一词对于中国人而言比较难以理解,所以这里译成"人格"。

③ Alfred Schutz, Collected Papers I, *The Problem of Social Reality*, Martinus Nijhoff/The Hague, 1973, p.153.

可以通过活动的进行而体验它,人格恰恰通过这些活动表现出来。人们在一个人的所作所为中可以观察到人格的存在,那些表现了勇敢或高尚的行为的英雄人物不禁让人对其人格肃然起敬,而那些显示出自私、狭隘或低贱行为的市井小民则让人对其人格不屑一顾。在与他人共同活动时,比如进行一次倾心长谈,或恋人之间深情的久久凝视,都让人体验到了人格的存在。舍勒把人格的活动与单纯我的功能性感觉区别开来。我具有视觉、听觉、触觉、味觉等各种知觉,我可以进行各种身体的运动,我还可以特别留意某个事物,我注意到了某些细节,某个人物或某件事情引起我的兴趣等,这些都属于我的功能性活动,它们以我的身体为基础,并与特定的环境相连,它们是我的一种体验,一种心理活动,或一种思考。因而当谈到"我"的概念的时候,我们总是想到"我"具有一个外部世界,而且我是与你相对的我,但是人格概念则摆脱了这些含义的束缚,上帝是一个人格,但上帝却不是一个我,它既不拥有一个外部世界,也不具有一个对面的你。人格可以觉察到一个人的自我,以及他的身体、他的外部世界,但是,要把一个人格表现为一个各种觉察活动的对象是不可能的,因为人格除了在一个人活动时存在以外,其他场合并不存在。对人格的任何客观化的尝试,无论是一种觉察过程,一种回忆过程,一种思考过程还是一种期待过程,都会把人格转化成为一种先验的观念,反思也不可能把人格当作一种对象,因为反思只能把一个客体或一个目标作为对象,而不能把一个过程作为对象,人格恰恰是这种过程,反思活动把另一种活动作为对象是不可能的。另一方面,舍勒批评了胡塞尔,认为要想理解另一个自我或另一个身体,就必须首先参考他自己的自我经验,然后再指涉他自己身体的经验,这是错误的。因为在我与你的面对面的关系中,我的表情、外观与肢体语言只有你能看见和注意到,而我可能看不见,因而很有可能你比我更了解我自己,反之亦然。

舍勒对同情的研究得出以下的结论,即人们处理主体间性问题所付出的巨大努力之所以失败,是因为他们在这里没有将所涉及的不同问题明确区分开来。第一,人与同伴的关系已经是一种事实,人这个概念已经预设了社会的存在,这是一个本体论的问题。第二,我相信他人的意识生活也真实存在,那么,我又是怎样能够接近他人的意识生活呢？这是一个认识论的问题。第三,关于对他人的知识完全显现之前,我们必须预设一些个体经验,我们关于他人意识的知识已经预设了我们的自我意识活动的前提了,正如胡塞尔所说,关于其他人的心理和精神生活的知识以人们对他人的身体的统觉并将其解释为一个表达领域为基础,这是先验现象学的构造问题,它为心理学提供了基本的前提和保证。第四,经验心理学则是在另一个完全不同的层面上来谈论这个问题,它不仅已经预设了他人的存在,而且也预设了他人的意识生活将他人的知觉、体验和情感等都保持在记忆中,心理学的某些现象是可以通过实验再现出来的,这些心理现象可以在人类主体那里重复地发生,因而可以将某些心理事件及其活动加以客观化。第五,关于主体间性的形而上学问题则属于另外一个问题,例如,笛卡尔的物质实体和精神实体这两个实体的形而上学体系假定了二者相互分裂而又相互影响。第六,关于他人的价值与道德问题则处于社会性问题之中,舍勒认为社会性在每一个人那里都要呈现出来,不仅人类个体是社会的一部分,而且社会也是个体不可分割的一部分。

舍勒认为,人们对他人实存的信仰建立在一种日常生活的自然态度基础之上,而不是建立在一种理论活动基础之上,一个人可以将各种情感活动表现出来,诸如爱、恨、希望、悔恨、意欲,因而根本不会缺乏对他人的实存的明证。在他的意识中存在着一种在本质上是社会性的情感,比如说同情、怜悯、共享等。关于人类共同体存在的信仰从人的一出生就已经注定了,他本身就属于某个共同体的成员之一,即使是成为一个孤独的鲁宾逊,那么在此之前他也是生活在一个社会群体中,是由父母养大的,因而"根本不存在说出下面的话的唯我论者:'没有任何人类共同体,我也不属于任何一个共同体。在这个世界上我独自存在'"①。

---

① Alfred Schutz,Collected Papers I,*The Problem of Social Reality*,Martinus Nijhoff/The Hague,1973,p.158.

　　各种身体运动只是我关于他人知识的源头之一，而不是唯一的源泉，舍勒批评了对他人的实存的信念建立在一种推理、类推或者移情作用上的理论，很显然，那些没有推理能力的动物、原始人或者儿童，也具有关于其同伴实存的信仰，而通过类推对其他人的表情和姿态进行说明，这已经预设了他人的心理实存了。同时，移情作用的理论也不是对他人的知识起源的一个说明，而只是一个假设，因为把他人的姿态说成是表达，这只能是我们关于他人实存的一个结论，而不是关于他人实存的一个证明。我们不只是思考自己的思想和感受自己的感情，而实际上我们思考我们自己的思想，也思考别人的思想，感受自己的感情，也感受他人的感情，甚至存在着这样一个情境，我们无法把我的思想和他的思想截然分开，一种经验是不带任何个体性的独特标志而呈现出来的，即经验之流是独自流淌的，它对于"我的"和"你的"并无明确的区分，它包含了混合在一起的、毫无差别的我自己的经验和他人的经验。舍勒坚持认为："与其说，人从一开始就生活在他的个人领域之中，还不如说人从一开始就生活'在'其他人的经验之中。"①舍勒认为传统观点把内在经验和自我体验等同起来是没有任何根据的，我可以通过内在知觉而觉察他人的经验，因为我的内在知觉不仅包括我现在的心理状态，而且包括我过去的心理状态，甚至还包括无限多的未来可能性，因而我可以将我的同伴现在的心理状态当作我过去曾经有过的心理状态来感知，意识既包括了我的经验，也包括了其他心灵的经验，还包括了没有什么区别的多少有些模糊的全部思想流和情感流的心灵领域的经验，而传统哲学的形而上学理论，无论是身心平行论还是两种实体相互作用的理论都严重地误解了身体的作用，都把身体当作外在知觉和内在知觉的载体和显示器了。

　　因而，仅仅通过身体上的感觉并不能找到通向他人自我的道路，而只有将自己当作一个人格的时候，当作一个超越于所有生物体更高一级的精神性的

　　①　Alfred Schutz, Collected Papers I, *The Problem of Social Reality*, Martinus Nijhoff/The Hague, 1973, p.161.

存在时,才能获得关于他人的经验。当我发现他人与我一样具有人格时,那么他的身体及姿态都是其内心生活的表达,他的微笑显示了他的愉快,他的眼泪证明了他的痛苦,他的脸红说明他的羞愧,他的话一句一句地传达出了他的思想。而这既不是通过移情,也没有通过类比推理得来,而就是眼前的直接经验。只有我们对他人的经验产生怀疑的时候,我们才会对这些知觉进一步地追问,例如,我是否误解了他,或者他是不是脑子摔坏了,我们才会进行推理或思考移情的作用。而当我与他的眼睛四目相对,我们之间正在进行的是直接的沟通和直接的交流时,我觉察到的并不单单是一个身体或他的心灵、他的自我等,而是一个整体,一个尚未被我分成内在经验和外在经验的统一体,我可以对它进行解释,将其看作他的人格的表达,然而,"只要人仍然深陷于各种身体感觉中,他就不能找到通向他人生活的道路。没有人能把握他人的身体感觉。只有作为一个人格,他才能找到通向其他人格的思想流的道路"①。正是因为人格既不是自我,也无法对象化,所以我们只有通过共同进行或者重新开始共同进行的活动才能把握它们。

第三节　许茨的主体间性理论

阿尔弗雷德·许茨提出了一种世间性的主体间性观点,其特殊重要意义有二。首先,作为胡塞尔高度认可的学生,许茨理论观点的独特性在于,他是在现象学内部对胡塞尔展开批判的,许茨不仅对胡塞尔现象学的著作非常熟悉,而且他本身作为一个现象学家,不仅参与了胡塞尔与其弟子进行的学术讨论活动,而且与胡塞尔一直保持着书信往来,因而他的批判更加具有颠覆的力量,是在现象学内部展开的根本性和基础性的批判。其次,许茨的主体间性理论不仅吸取了舍勒、萨特、梅洛-庞蒂等人的主体间性理论,而且融入了他早

---

① Alfred Schutz,Collected Papers I,*The Problem of Social Reality*,Martinus Nijhoff/The Hague,1973,p.164.

年关于社会学思想的许多思考,特别是在晚年,许茨移民到美国之后,美国本土的米德、库利(Charles Horton Cooley)、戈夫曼(Erving Goffman)等人的学说为他带来了新的理论灵感,这就使得许茨对胡塞尔主体间性理论的批判不仅具有说服力,而且非常新颖。1957 年 4 月在卢瓦蒙特召开的胡塞尔学术讨论会上,许茨的《论胡塞尔的先验主体间性问题》一文在会上引起了激烈的争论,造成极大反响,许茨也因此成为批判胡塞尔先验主体间性理论的代表性人物之一。

一、对舍勒关于人的概念和主体间性观点的汲取与继承

舍勒关于人的概念和主体间性的观点对许茨的影响较大,许茨吸收了舍勒的许多观点。舍勒对主体间性理论的贡献不仅在于区别了人们研究他人自我问题所涉及的六个层次,而且指出经验流是独自流淌的,这种经验流既包括了我自己的经验,又包括了其他个体心灵的经验,因而我的经验流与他人的经验流的区分在这里没有意义。

但是,舍勒的观点并不是通过先验领域的分析而得出的,而是通过参照儿童心理学和原始人心理学的经验事实得到证实的,舍勒并没有将他人自我这个问题作为一个先验问题来对待,而是作为一个世间性的社会问题来对待的。舍勒正确地指出:胡塞尔对他人自我的先验还原过程从关于他人的全部意义出发进行抽象,实际上已经包含了生活世界和主体间性的世间性指涉了。舍勒批评胡塞尔的配对作用和移情作用过程存在着的谬误,因为这里已经参照了世间性的他人经验,如果严格执行胡塞尔的先验还原的策略,那么先验还原的结果留下的必然是一个孤独的单子的自我内在经验及其反思,因而舍勒的结论是关于他人自我的问题并不是一个先验领域的问题,而是一个社会性的问题,它仅属于我们的生活世界的世间性领域。在生活世界之中,他人的实存与外部世界的实存一样是毋庸置疑的,在自然态度下,我们根本不会怀疑他人的存在,而只有疯子或彻底的唯我论者才会为他人的存在寻找证据:"只要人

类不像侏儒那样在曲颈瓶中被调制而成,而是由母亲们生育并哺育长大的,那么,'我们'这个领域就朴素地被预先假定了。迄今为止,我们可以同意舍勒的观点,'我们'的这个领域对于自我的领域来说是预先给定的。"①

在日常生活中,我并没有意识到我思考和活动的所有对象,称之为我们、你们或他们的人实际上都是与我有关的。我以我为中心,并根据我们关系和你们关系而建构社会关系,这就像我根据上下、前后和左右而建构起我的空间关系一样。然而,我并没有意识到我自己,我生活在我的活动和思想中,我被引向了这些活动和思想的对象,在这种自然生活的朴素态度下,我被思想流默默地推向前方,我的思想流是一种匿名流,我追随着思想流走,而只有停下来进行反思的时候,我才会意识到我们关系与他们关系的差异,一直被我的活动和思想的对象遮掩着的我的自我才显现出来。因而,许茨批评了舍勒没有进一步阐明日常生活的自然态度与反思态度的区别,而且,舍勒的人格概念只有参照一种宗教神学和伦理学才能明确认识到它的起源,舍勒对自我功能与人格活动的区分也让人们难以理解。

许茨认为,我们直向生活的态度和领会活动的反思态度具有不同的时间结构。在第一种态度中,我们生活在现在之中,我们的各种期望把我们的注意力引向接近现在的未来,它持续不断地将未来纳入现在之中,我们生活在生动的现在意味着这时我们并没有意识到我们的自我和我们的思想流。而只有转向一种反思的活动,我们才接近自我的领域,但是这种自我已经不是现在的自我了,而是过去的自我,"但是,通过反思行为我们所领会的绝不是我们思想流的现在,也不是貌似有理的现在,我们所领会的总是它的过去。这种被领会的经验刚才还属于我的现在,但是我知道在我领会它的时候就不再是现在了"②。

① Alfred Schutz, Collected Papers I, *The Problem of Social Reality*, Martinus Nijhoff/The Hague, 1973, p.168.

② Alfred Schutz, Collected Papers I, *The Problem of Social Reality*, Martinus Nijhoff/The Hague, 1973, p.173.

因而,自我以及我们全部生动的现在,都是反思态度所无法接近的,在日常生活的自然态度中,我们被引向各种各样的客体,在这些客体中,还有其他人的行为和思想,例如,听一个讲座或一个报告,我这时已经参与到他的思想流的发展过程之中。我通过一种生动的现在而领会和理解他人的思想,这意味着我正在领会他人的自我,而我只有通过反思才能领会我的自我,因而他人的自我通过一种生动的现在关系可以让我们直接经验,他人的自我思想流与我的思想流是同时存在的,我可以通过我的各种意识活动的现在而把握它们,即我们是一起变老练的。这意味着他人的思想流与我的思想流具有同样的时间结构,他人也能和我一样进行同样的思考和活动,他人的意识生活与我的意识生活处于一种完完全全的联结状态,他人与我一样,具有反思经验、预期经验,可以回忆,也可以展望,有注意力的核心和边缘。因而,舍勒的观点无疑具有重大的意义,即对于自我来说,我们这个领域是预先给定的,我们无须进行一种反思就可以参与到我们生动的现在活动之中,我与你都体验到了一种同时性。同样,舍勒的观点在另一方面也千真万确,我们领域这种生动的现在的关系是无法客观化的和对象化的,我们只有共同进行,才能经验这些活动。

根据胡塞尔的观点,我自己的身体是这个世界的时空秩序的原点,它是作为此在而呈现给我的,他人的身体是作为彼在而呈现给我的,而通过一种视角的转变,我就能够把任何一个彼在转化为一个此在,我可以从此在出发观察一个事物,我还可以从彼在出发观察同一事物。观察事物视角的转变意味着我们的经验更加丰富、更加充实,意味着我们看待事物的视域更加扩大了,意味着我们有更多的思路和更多的视野来面对眼前的事物,意味着我们可以不断地转变视角思考,不断地换位思考,不断地更新思考的空间和领域。然而,对此在的我来说,彼在永远是一个陌生的他者,是一个永远未知的谜,他的视角也永远不会与我的视角完全同一,正如莱布尼茨所说,每一个单子都反映整个宇宙,而且他是根据不同的观点来看待宇宙的。但是关于此在和彼在的问题,不仅可以延伸到关于现在、过去和未来的时间视角的探讨,而且可以扩展到关于我们、你们和他们的社会视角的探讨，还可以扩展到关于亲近与陌生、家园与异地的文化视野的探讨，因而许茨认为，舍勒的他人理论，对于社会学、历史学、心理学、伦理学等各门社会科学都具有开放的研究空间，舍勒关于他人问题细致而深入的研究，无疑能够让我们有更加充分的知识来理解我们的同伴。

二、对萨特主体间性理论的批判性继承

许茨也受到了萨特的影响和启发，他认为，萨特关于他人实存精巧而细致的分析为我们提供了富有价值的思想。萨特的基本观点是，我的某种经验类型引导我去构造关于他人的经验，通过我对他人的各种经验，我持续不断地观察他人的情感和意志，观察他人的思想和性格。而当我在观察他的过程中发现了他也在观察我时，我尝试性地决定我在他人的经验系统中所处的位置，这就使我超越了我自己的经验领域，打破了我的意识统一体，因而，他人既是我思想的一个客体，又是一个积极的能动的主体，这就是唯心论的困境。要想摆脱这种困境，要么证明我的经验构造根本不需要他人，这无疑会导致唯我论，要么假定存在着处于我与他人之间的第三者，而这种假定又会导致无限的循环倒退。萨特通过一种在我的意识与他人的意识之间设置一个真正的外部经验的交流，来尝试解决该问题，这也导致了一种存在主义的解释。

萨特说道，胡塞尔、黑格尔和海德格尔都试图解决这个问题，但遗憾的是他们都没有取得成功。胡塞尔认为，对他人的参照是这个世界的存在所不可或缺的条件，如果我思考这张桌子或这棵树，无论是在孤独状态下还是在有他人陪伴下，他人总是出现于构造性意义某个层次的组成部分之中，这个构造性意义的层次属于被我如此这般考虑的对象本身，因而关于他人的一般性意义看起来似乎成为构成我的经验自我的一个不可或缺的先决条件，我自己的经验自我的存在并没有高于我的同伴经验自我的特权，而具有这种特权的是我的先验主体性，它完全不同于我的经验自我。萨特认为，现象学家的先验主体间性从一开始就指的是作为意向对象整体性构造条件的其他主体，谈论它们

是作为意义,而不是作为外部世界的真实存在,这样一种参照仅仅具有一种假设的特征和统一概念的功能。

　　萨特相信,胡塞尔从来就没有达到对他人超出世间性存在的可能意义的理解,而通过将存在定义为完成操作的无限系列的一个指示,已经把知识建构为存在的衡量标准。即使人们承认知识可以作为存在的衡量标准,那么他人的存在也必须根据他自己的知识而不是根据我所具有的关于他的知识来定义的,除非他人和我合二为一,而这是不可能的,他人完全超出了我的知识范围。萨特指出,胡塞尔的他人只不过是一个空洞的意向性的对象,这种空的意向对象相对应于我的意向性而言,当他具体出现在我的经验里时才直接指向他,而我的这种经验只是在某种先验的概念帮助之下才一致性地建构起来。因而,胡塞尔一直在试图克服唯心论立场的基本困境,但遗憾的是他始终没有走出唯我论的泥潭,他和唯我论者一样,都依赖于我自身的经验,这就证明了胡塞尔克服唯我论的先验现象学的尝试是一种失败的尝试。

　　萨特批评了胡塞尔,认为胡塞尔的构造理论其实还不如黑格尔,尽管在胡塞尔浩繁的著作中,他对于黑格尔几乎只字不提。黑格尔把他人当作对这个世界和我的经验自我的构造来说是必不可少的因素,他人对我的自我意识来说也是不可缺少的,作为自我意识,为了发展到下一个阶段,就必须把自身设想成为一个客体,因而他人是自我的一个中介,他人同时作为我的自我而出现,因为自我意识是通过排斥他人而与自身同一的,这种排斥采用两种形式,因为我是我自己这个事实,所以我排斥他人,而因为他人是他自己这个事实,所以他人也排斥我。这样,黑格尔就避免了胡塞尔在处理先验主体间性问题时的单向关系,他人从一开始就假定了一种双向的互动和交流,黑格尔把这种关系定义为"一个人通过他人的自我而对自我的把握",他人的存在是自我把握自身的条件,而自我把握自身也是任何一种我思的条件。

　　许茨赞同萨特的观点,这确实是克服唯我论的一个富有创造性的尝试,我的自我意识依赖于他人的实存,而他人的自我意识则依赖于我的实存。但是萨特认为黑格尔的尝试仍然是不能令人满意的,因为这种根据认识论的方法来解决本体论问题的思路坚持的仍然是唯心主义的立场,以这种方式描述的意识仍然是空洞的观念,而不是关于这个世界以及我与他人的具体意识。黑格尔乐观地相信,在我的意识与他人的意识之间,通过认识的方式可以达成一致,但是,我始终都把自我当作一个主体来经验,而把他人当作一个客体来经验,反之亦然,黑格尔并没有研究我自己的具体意识与他人的具体意识之间的关系,他也没有关注自我与他我之间存在的密切关系,而仅仅研究了一种抽象的相互关系,这些他人意识都只不过是客体罢了。因而,萨特批评黑格尔并没有解决"意识多元性的耻辱",黑格尔既是他的认识论乐观主义的受害者,又是他的本体论乐观主义的受害者。

萨特关于他人理论很富有创造力,这些观点许多都受益于胡塞尔,但是萨特看到了胡塞尔理论的一个致命的缺陷,他说道:"胡塞尔依据先验主体性之间的关系来解释主体间性的问题没有取得成功。"①因为接近呈现的一方并非是我的先验自我,而是我在原初的领域中作为心理—生理统一体而存在的我自身的生命,这是一个以世间性方式存在的我,而被接近呈现的也不是另一个先验主体性,"然而,他人仍然作为一个在世界之中的世间性的心理—生理统一体,作为一个同伴,而并非作为一个先验的他我"②。萨特对胡塞尔的批评无疑是正确的,胡塞尔以哲学家的巧妙方式说明的是我和我的同伴在世俗领域中发生的事,我和我的同伴在日常生活世界之中不仅共同存在,而且进行各种交往、联系与沟通,期望相互之间达成一致,但是非常遗憾的是,胡塞尔并没有清晰地阐明先验自我的构造活动是如何进行的,以及通过这种构造活动,怎样构造出一个共同存在的先验主体间性,而为了克服那种唯我论的观点,这种

① 转引自 Alfred Schutz,Collected Papers I,*The Problem of Social Reality*,Martinus Nijhoff/The Hague,1973,p.197。

② 转引自 Alfred Schutz,Collected Papers I,*The Problem of Social Reality*,Martinus Nijhoff/The Hague,1973,p.197。

阐述又是非常必要的。

许茨充分地肯定了萨特对胡塞尔先验主体间性的批评,并且高度赞赏了萨特关于他人理论的精彩分析,这是对主体间性理论作出的杰出贡献。但是,萨特的理论并不是用来证明他人的实存,因为他人的实存并不需要证实,它是一种植根于前本体论的朴素信仰,并且,萨特希望回到法国哲学引以为豪的祖先笛卡尔那里,从他的我思中汲取哲学的灵感的源泉,而且在某种程度上延续了德国唯心主义黑格尔的哲学传统。然而,萨特的理论只不过是对黑格尔的主仆关系的辩证法的一种借用,这种辩证法声称在任何时候主客双方都可以改变其角色,"根据萨特,主体的我和主体的他人之间的关系是不可能的"①。我或者成为一个主体,或者沦为他人的一个客体,从他人的角度来说,反之亦然。这种观点自始至终地存在于萨特的他人理论之中,它也构成了萨特关于诸如爱、仇恨、冷漠、注视、诱惑、欲望和性等具体分析的中枢,我或者异化而沦为受虐狂式的无条件服从的奴隶,或者成为施虐狂式的利用和摆布他人的主人。正是源于使用了主体与客体这种两元对立的概念,我的自由成为他人的自由的界限,反之亦然,在萨特那里,自在与自为、自由与异化、存在与虚无始终存在着一条无法弥合的深深的鸿沟。因而,萨特尽管批评黑格尔对辩证法的乐观自信,但是最终,萨特也没有走出主人与奴隶的二元对立的辩证法,他认为我对他人的经验和他人对我的经验是完全可以互换的,但这是需要说明的,在他本应该提供我的身体对于他人来说具有的意义时,他却仅仅提供了他人的身体对于我来说所具有的意义,但是这两种意义真是一致的吗?"构造他人的全部都在于回答以下问题:'这样一种相互交换性如何可能?'"②即使他人不需要证明,那么也需要说清楚怎样才能达到对他人具体行为的理解,因

① Alfred Schutz,Collected Papers I,*The Problem of Social Reality*,Martinus Nijhoff/The Hague,1973,p.198.

② Alfred Schutz,Collected Papers I,*The Problem of Social Reality*,Martinus Nijhoff/The Hague,1973,p.199.

而许茨指出了萨特的某些疏漏,萨特忽视了"如何具体理解他人"这个日常生活中人类实存的主要问题,他的理论也不能合理地说明社会行动和社会关系的问题。关于萨特主体间性的思想,下文还要详尽阐述,因而这里不再赘述。

许茨说道,在日常生活中,我把自己和他人都看成一个活动的中心,我们每一个人都生活在围绕我自身而建立的一个关系之网中,我手头上应该处理的事务,我能够利用的工具,以及我当前的自然环境与社会文化环境都具有一种特殊性,他人也一样,每一个人都通过其行动而不断地界定其情境。但是,认识到他人生活在另一个中心之中,他人并不处于由我来界定的环境之中,这并不足以导致一种他人的工具说,我可以把他人看作界定他的各种情境的执行者,他也与我一样,可以进行各种设计和计划,利用各种工具,达到各种目标。这也是全部社会科学的中心问题:如何理解行动者,如何理解行动者的意义,以及这种意义在我这里和在行动者那里是否同一,这也是韦伯曾经竭力研究的问题,韦伯通过他的卓越研究已经得出了许多具有建设性的结论。而根据胡塞尔的类推、推理、同情和移情等理论,并不能解决这个问题,而萨特所说的主体客体化与客体主体化则是一个完全不同性质的问题。因而,萨特富有灵感的思维和敏锐的判断力并没有触及问题的核心,尽管他对注视、偷窥、羞耻、情欲等问题的分析非常精彩,描述得有声有色有点像文学小说,将哲学与文学巧妙地结合起来融为一体,但是,它们涉及的只是人的行动的自由问题以及那些面对大千世界的各色人物所涌起的复杂情感。因而,萨特忽略了主体间性的最重要的方面,即二者如何相互理解的问题,例如,当我与你交谈时,我预期你可以理解我,而实际上你也能够和愿意理解我,我的听话过程也是你的倾听和解释过程,我们的共同进行都把外在世界与我们的内在世界紧紧地联系在一起,我们是一起变得老练的。因而,许茨坦诚地说,尽管萨特关于他人理论不乏创造力的精彩洞见,但是他却没有从根本上解决主体间性问题。"他试图克服认识论上的唯我论的尝试导致了一种非现实的建构,可以说,这包含了一种实践的唯我论。或者他人在观察我,并且使我的自由异化;或者我同化并且攫取他人的自由。因而在萨特哲学中,彼此之间自由的相互作用并没有任何地位。"①

三、对胡塞尔先验主体间性理论的批判性改造

许茨借用了胡塞尔《观念》第一卷的观点,自然态度被人们看成理所当然和毫无问题的,其他主体都可以当作我的同伴来理解,他们也都和我一样具有客观的时间—空间的认识,但是他们对这个世界的认识与我存在着视角和清晰度的差异,我与这些同伴是可以进行沟通的。胡塞尔认为身体经验是一个原初的事实,通过身体上的位置,每一个人都可以在自然界的时间和空间之中得到定位,而通过移情,我与其他活生生的主体就可以相互理解了,这种在移情作用基础之上的领悟是一种发挥直观作用和具有呈现性的活动,通过他人的身体的呈现,我们就可以接近呈现他人的意识生活了,尽管他人的心理和意识生活并不能像对他的身体经验那样,在原初的意义上是给定的,但是我可以在我的内在意识流中体会他人,我自己在移情作用方面的经验是原初给定的。因而胡塞尔在原则上阐明了我与他人以一种移情作用的方式相互理解是可以出现的,即建立一个主体间性的单子共同体,这也将成为还原后的纯粹意识自我向人类共同体的普遍扩展。在对事物的先验构造过程中,存在着不同层次上的意识经验,第一个层次是具有实体性的和因果性的事物的层次,第二个层次是在第一个层次基础上的更高的一个层次,即从主体间性角度来看具有同一性的事物,即开放的多元的可以与其他主体达成一致意见的各种事物,而后在此基础上,更高一级的对象和更抽象的对象,例如文化对象和社会存在物,例如政党、道德、教会、法律、惯例、传统等,也一一构造出来了。

胡塞尔在写作《观念》第一卷时,就意识到了他的观点是有缺陷的。众所周知,胡塞尔《观念》第二、三卷很早就完成了,而当问及为何迟迟没有发表

---

① Alfred Schutz, Collected Papers I, *The Problem of Social Reality*, Martinus Nijhoff/The Hague, 1973, p.203.

时,胡塞尔坦言还没有找到建构先验主体间性合适的方法:"但只有当先验自我的现象学揭示达到了这样的程度,在它当中包含的共在主体的经验也达致向先验经验的还原时,这一切才获得其充分意义;因此也就是当表明,作为先验经验所予物的'先验主体'对于在某一时刻进行自我思考者不只意味着:自我作为先验自我本身具体地在我自己的先验意识生存中,而且也意味着:在我的先验生存中作为先验的自我显示的共在主体,后者存于共同显示的先验的'我们共同体'中。先验主体共同体因此是这样一种东西,在其中实在世界是作为客观的,作为对'人人'都存在的东西被构成的。"①主体间性涉及的是整个先验构造理论的得失成败,因而,必须给予主体间性问题足够多的重要性。而在胡塞尔生命的最后 20 年中,先验主体间性问题一直成为他持续地不断思考的主要哲学问题之一,为此胡塞尔留下了大量的工作笔记,这些是他不断更新思考的痕迹和明证。胡塞尔只有论证了通过现象学先验还原的操作过程,作为其他主体的经验也得到证实,并且把自身呈现给一个先验的我们共同体,才能真正完成对先验自我的最终揭示,从而彻底地反驳越来越多的人对胡塞尔唯我论的指责。

可以说,对于主体间性这个异常复杂的问题,胡塞尔耗尽了大量的思维和智力活动,但是要回答另一个心理—生理的统一体究竟如何才能在我的自我中被构造出来则是一个非常令人头痛的问题,因为根本不可能通过一种哲学上的操作来达到从属于其他人的心理活动和精神生活的内容,我无法以一种我自己的经验原初性来体会到他者的经验的原初性,他人的内在生活并不对任何人开放。而在原则上区分开他人的先验构造过程和自我的先验构造过程就更加困难了,因为先验自我是先于我的各种世俗性的意识而存在的,这里的他人是通过参照我而构造出意义的,但是他人参照的不是先验的自我,而是世俗性的自我,是世间性的自我。许茨问道,我的先验自我怎样才能构造出另一

---

① [德]埃德蒙德·胡塞尔:《纯粹现象学通论》,李幼蒸译,商务印书馆 1992 年版,第 460 页。

个先验自我,这的确是一个非常令人费解的问题,也是胡塞尔现象学必须说明白的,他人的身体是可以直接呈现给我们的,但是他人的内心生活却是不可能直接给予我们的,他人就是这样一种存在:就其原初性而言,绝对是我们所无法理解的,但是他们又的的确确地存在在那里,我们又是可以对他们进行理解和领会的。

在《笛卡尔式的沉思》第五沉思中,胡塞尔对先验主体间性问题给予了系统性的阐述。但是胡塞尔认为解决了该问题与实际上是否真正解决该问题是两回事,许茨试图说明,在胡塞尔执行先验还原过程的每一个步骤,都伴随着异乎寻常的困难:"这些困难使人们产生了下列怀疑,即胡塞尔所作出的、系统论述一种——作为有关客观世界的先验理论的基础的——关于经验其他他人(移情作用)的先验理论的尝试,究竟是不是能够取得成功;不仅如此,这些困难还使得下面这一点也令人怀疑了,即这样一种尝试在先验领域之中是完全能够取得成功的。"①

胡塞尔试图阐明,这个对我们所有人来说都具有客观性的世界以及他人的存在,究竟如何在自我学的宇宙中被构造出来,怎样才能把主体间性从我自己的意识生活的各种意向性中合理地推导出来。胡塞尔通过在先验还原的自我的领域中进一步还原,就排除了指向其他主体的各种意向性活动,在完成了第二次还原之后,在自我的领域中就只剩下那些现实的意向性和潜在的意向性了,自我就是通过这些意向性而构造出来的,这个世界还原成了我的本来领域的世界,这是一个专属于我的世界,它对于我来说是一个原初性的世界。现象学的悬搁和还原把本来从属于我的东西和那些严格意义上不属于我的东西区别开来,对本来并不属于自我的东西的排斥,是通过一种思维的还原术来实现的,即对那些人和动物的特殊意义,那些指向其他人的文化意义进行一种限定性的抽象来实现的。但是,世界作为一种主体间性的事物对于我们所有人

---

① [奥]阿尔弗雷德·许茨:《现象学哲学研究》,霍桂桓译,浙江大学出版社2012年版,第62页。

来说仍然是共同经验的,那些文化对象对于我们所有人来说也是共同存在的。这样就把先验自我分割为两个层次:第一个层次是由本来从属于我的领域构成的,它屏蔽掉了那些不从属于自我的关于世界的经验;第二个层次是由不属于自我的东西构成的领域,而这个层次各种实际和潜在的经验又都依赖于自我本来所具有的经验。在许茨看来,胡塞尔根据本来并不从属于自我的领域来界定本来从属于自我的领域的这种做法,至少包含以下困难。

第一个困难是,在经过先验还原的领域之中,人们必须识别出哪些是本来并不从属于自我的领域,那么这些本来并不从属于自我的领域的事物预先构造的基质是什么,它们又是如何展开构造过程的,而这些构造过程又是如何展现给我的? 这些问题仍然是晦暗不明的。第二个困难是,关于“本来并不从属于自我的领域”的概念本身就是非常含糊的,因为谁才是与自我主体相对立的其他主体呢? 一个孩子称得上吗? 一个未长大的青少年长到多大才能称得上是一个主体呢? 那些精神病患者,或者是大脑受到损伤,意识和理智受限的人,还有那些智障儿,那些处于贫困落后地区的少数民族,那些遥远国度的陌生人,那些土著人,他们都可以称为一个活生生的像我一样的他者吗? 第三个困难是,胡塞尔将作为主体的我们和作为客体的我们的意义参照都加以悬搁,然而,这种观点怎样才能与本来从属于自我领域之中关于各种他人的实际经验和可能经验保持一致呢? 在许茨看来,第四个困难是一个异乎寻常的困难,即对我们关于他人的意识与不从属于自我的领域的意识进行区分,因为通过第二次还原,那些本来不属于自我领域的各种实际经验和潜在经验也被规定为本来从属于自我的领域的东西了,这样,其他主体各种统觉的产物,也都分配给了自我,在自我学的领域中被当作意向性相关物而保留下来的不仅有我自己的意识的产物,而且还包括其他主体的意识的产物,这让人非常困惑:“难道它们不是至少都由我们按照以这种方式得到设定的样子而加以解释的吗? 而且,难道不恰恰是因为这一点,它们才具有了关于某种‘本来’并不从属于自我的东西的‘经验’这样的意义吗? 我根本不理解这种区分究竟怎样才能得到维持。"①第五个困难是,现象学还原涉及了三种自我,正如芬克所说,第一种自我是一个世间性的自我,它与我的全部世俗生活都得到了人们毋庸置疑的承认;第二种自我是先验自我,这种自我是所有意义的构造之源,先验自我也认为这个世界是理所当然的,它持续不断地进行意识的自我统觉活动,而且不会中断对这个世界的确信与证实;而第三种自我是进行现象学悬搁和还原的自我,这是一个以理论态度为特征的超然的观察者,它不会利用任何一种世间性的预设,它的问题是要回答这个世界所具有的先验意义。②

对自我领域进行第二次还原的操作者,以胡塞尔《笛卡尔式的沉思》的观点来看,是以沉思的方式存在的作为主体的我,按照芬克的观点,这种主我无疑是第三种自我,即超然的观察者,在这里的他人并不是被原始经验到的,而是通过一种接近呈现的方式表现出来的,他人存在于客体的我之中,是通过客体的我而被构造出来的,而这种客体的我又是按照另一个他人的自我而得到修正的,因而这里存在着一种不断循环论证的悖论,许茨批评了胡塞尔:实际上那个作为客体的我,不就是一个真正的他人吗? 不就是一个也进行统觉和意识活动的另外一个主体吗? 而这不就发生在世间性的领域吗? 难道这种领域不就是对另一个处于其世俗生活之中的世俗性的自我进行的统觉吗?

而根据胡塞尔的第二个步骤,这个步骤可以导致作为主体的他人在原初领域中的构造过程:经过还原之后,在本来从属于自我的领域中,发现了另一个的身体,我把活生生的身体并且与我的身体不同的某种意义赋予这个身体,我是通过从我自己的活生生的身体出发进行某种统觉性转换,通过一种类比性推理而完成这种意义赋予行为。但是根据胡塞尔,这又不是类比性推理,而是一个关于他者的真正经验,他的身体可以让我们直接经验,他的身体是直接

---

① ［奥］阿尔弗雷德·许茨:《现象学哲学研究》,霍桂桓译,浙江大学出版社 2012 年版,第 67 页。

② 参见［奥］阿尔弗雷德·许茨:《现象学哲学研究》,霍桂桓译,浙江大学出版社 2012 年版,第 66—69 页。

呈现给我们的,但是他人的心灵又是接近呈现给我们的,即胡塞尔所说的结对,它实际上属于意识的被动综合的原始形式,也可称之为联想,人的意向性活动包含了重叠和相互刺激、碰撞和巧合过程,由于这种巧合,某种意义转移就在经过结对的两种成分之间实现了。在我的身体与他人的身体的结对过程中,虽然我不能直接体会他人的心灵,但是通过以我的身体经验为基础的某种意义转移,我就可以体会他人的想法了。胡塞尔关于在符号与事物之间、在指号和所指之间的接近呈现理论无疑具有非常重要的意义,但是,许茨质疑了胡塞尔将接近呈现理论无条件地应用于主体间性理论当中,我们面对的是另一个活生生的他人,通过他人的身体与我的身体的相似性而以我的身体为参照扩展到他人的这种做法到底有多少可行性呢? 这是非常值得质疑的,"这样一种相似性的适用性究竟能够达到多么大的程度呢?"①因为我能够直接通过视觉而观察到他人的身体,而我只能看到我的身体的局部,而只有通过照镜子才能看到我的身体,我对我的身体是一种内在的感知,而对与我的身体不同的另一个身体则属于外在感知,这种外在感知是以与我的内在感知完全不同的方式呈现出来的,因此,"根本不可能导致某种具有类比性的统觉"②。也正是在这一点上,舍勒、梅洛-庞蒂、萨特和许茨等哲学家共同对胡塞尔展开批判,而且这种批判无疑是正确的。像我一样的他人这样的说法本身就非常含糊,包含着非常大的不确定性,如果我是一个男人,那么我的体貌特征与一个女人的区别是非常大的,像我一样的他人只能是一个像我一样的男子,而与我一样具有活生生的身体的他人的范围究竟有多大呢? 包括不包括痴呆者、精神病患者、弱智者、身体缺陷者、儿童或者动物的身体呢?

　胡塞尔认为,通过观察他人的身体特征和行为举止的态度,并参照我在相

---

① [奥]阿尔弗雷德·许茨:《现象学哲学研究》,霍桂桓译,浙江大学出版社 2012 年版,第71页。

② [奥]阿尔弗雷德·许茨:《现象学哲学研究》,霍桂桓译,浙江大学出版社 2012 年版,第71页。

似的境遇下的行为举止就可以理解一个人的内在意识生活了,例如看到一个人怒气冲冲,我知道他现在非常生气。但是,他人是作为一个彼在的身体而与处在此在的人的身体相对应的位置,这就造成了以下的一系列难题:首先当把他人的活生生的身体及其各种身体行为还原到从属于我的自我领域的时候,怎样才能保证我的行为与他人的行为具有一致性呢? 而且这种一致性的范围有多大呢? 即在哪些方面具有一致性,而又在哪些方面不具有一致性呢? 这种在理论上的原则一致性在现实上又有多大的可行呢? 这在日常生活中无疑会表现出各种各样的实际困难,例如我是一个爱憎分明的好人,而他则是一个无恶不作的坏人,虽然我们的身体特征和行为举止会表现出某种相似性,但是由于我们两个人的想法相差天壤之别,因而我们的行为不可能保持一种一致性。而当遭遇到一个异域文化的陌生的他人,把从属于他人的心理经验还原到从属于自我领域的心理经验,那么这种心理经验到底是什么呢? 到底是他人的经验呢还是我的经验呢? 而且,这种关于一致性的观念已经预设了人的行为的正常状态,而这种正常状态和异常状态的分界线在哪里,胡塞尔并没有忽视这些复杂而艰深的问题,他还特别地谈到了盲人和聋哑人,认为这些异常状态,甚至是动物的身体都可以依据人的正常身体而被构造出来。而这种正常状态是一种预设,所有正常状态都是多种多样、千变万化的,正如福柯所说,定义一个人是否是精神病人,是由医生说了算的,而在不同的社会历史背景下,这种定义又非常不同,差异巨大,这些变化取决于他人和我所从属的文化。因而,只把他人作为以彼在方式存在的对我的一种修正是根本不够的,"在我的单子中,这第二次还原根本不可能导致把他人当作一个完满的单子来构造的过程,而是充其量只能导致对从我的心理—生理自我开始的、另一个心理—生理自我的接近呈现"[①]。

而根据胡塞尔的第三个步骤,通过把另一个有生命的身体当作他人的身

---

① [奥]阿尔弗雷德·许茨:《现象学哲学研究》,霍桂桓译,浙江大学出版社 2012 年版,第75 页。

体的接近呈现,所有从属于另一个自我的具体化过程,便在一个修正性的意义
上而在我的原初世界中得到接近呈现,在一种更高层次上的统觉作用下,他人
就作为一个彼在的共同存在的自我而接近呈现出来。通过这种方式,另一个
单子便以接近呈现的方式在我的单子中被构造出来了,他人的身体是作为彼
在而显现的,而我自己的身体是作为此在的参照中心而定位的,这样客观的自
然界就可以被当作某种经验现象被构造出来了。这同一个自然界既当作给
予我的东西来认识,又当作以接近呈现的方式给予他的东西来认识,这就有
助于构建一个自我和他人的自我的共同体,因而某种客观的时间形式、空间
形式就得到设定了。然而,通过把另一个人的身体当作他人的身体而进行
的接近呈现过程,原初本来属于他人的自我的领域便也能够得到充分的接
近呈现。胡塞尔的这种观点是让人很难理解的,因为根据他人的身体经验
并不足以将本来从属于他人的自我领域构造出来,因为这个领域是由另一
个主体的各种现实的和潜在的意识流构成的,它包含了他能够和他想要的
各种可能性,而将其转换为我能够和我想要的各种可能性,这种意义转换是
不具有合法性的,因为我的此在能够很可能意味着他的彼在的不能够,他能
够和他想要做的事情与我能够和我想要做的事情是不能通过一种接近呈现
作用来定义的。并且,"对一个心理—生理自我进行的接近呈现,究竟为什
么会导致另一个完满的单子的具体化过程,这一点就更不清楚了。"①尽管
我的内在时间性与他人的内在时间性可以成为一种共同的时间形式,我的
意向性生活和他人的意向性生活共同存在,但是,这仍然不能保证我的意向
性内容与他人的意向性内容的一致性,他人的内在时间性根本无法向我揭
示出来。

在《观念》第二卷中,胡塞尔对人格主义态度和自然主义态度进行了区
分,并谈到了具有内在性的活生生的身体,通过将我的感觉领域进行的定位过

① [奥]阿尔弗雷德·许茨:《现象学哲学研究》,霍桂桓译,浙江大学出版社 2012 年版,第
77 页。

程转移到其他的身体之上,那些心理活动的定位过程也都会得到转移,因为我的心理生活从属于我的身体,而由于我与他人身体的共同在场,所以另一个身体之中被转移的心理生活也是可以理解的,但是:"这种对定位过程的'转移'究竟是如何发生的呢? 以及因此而出现的、生理方面和心理方面的持续不断的协调过程究竟是怎样才能发生呢? ——这些问题既没有得到任何'合法有效的'说明,也都是难以理解的。"①根据胡塞尔的观点,通过一种移情作用就可以对他人的内心世界和精神生活进行理解,这种移情不仅可以导致主体间性之间的客观性的构造,而且也可以导致各种生理—心理统一体的构造过程。但是,胡塞尔并没有说清楚究竟如何才能把他人的心理生活构造出来,即使这样一种意义转移从原则上来说是可能的。胡塞尔也没有说明,通过一种移情,他人的哪些内心生活是可以理解的,哪些是不可能理解的,因为毕竟他人的内心世界是不透明的,除了他自己之外,任何人都没有永久进入的特权,而关于这个世界客观性的构造也是非常勉强的,这个世界不仅对于我来说是一种实在,而且对于一个他人来说也是一种实在,仅仅通过这一点,并不一定得出一种世界的客观性结构。

因而,许茨得出结论:胡塞尔希望从自我与他我之间的沟通的观念中构造出一个共同的周围世界和社会共同体,这实际上是根本不可能的,而反过来却是简单明了的,我与他人之间的沟通和理解过程实际上已经预设了某种共同的社会关系,预设了某种社会和共同体,并且预设了某种共同的文化与知识,我与他人的沟通过程正是在自然态度下进行的。胡塞尔对他人自我的构造过程实际上是一种对自然态度的描述,在自然态度下我与他人相互联系在一起,周围的世界是一个人通过各种活动而感知、记忆并且从功能上加以把握的世界,在周围世界中,每一个人都作为主体与其他人进行沟通,在交往和合作的过程中形成了共同体和社会。"社会性就是通过各种特殊的沟通活动而被构

① [奥]阿尔弗雷德·许茨:《现象学哲学研究》,霍桂桓译,浙江大学出版社2012年版,第79页。

造出来的……"①萨特与舍勒都曾经正确地指出过这一点。胡塞尔在《笛卡尔式的沉思》中乐观地相信,各种主体间的共同体,都可以从自我与他我之间的共同体推导出来,社会共同体,更高一级的人格关系,客观精神世界,"包括自然界、文化(科学、美术、技术等等)和更高层次上的人格(国家、教会)等等"②,就一一被构造出来了。胡塞尔认为自我具有绝对的独特性,它在全部构造过程中具有核心地位,他又认为任何一个主体都同样可以转化为先验主体,但这却是一个非常天真而不切实际的断言,我与你,我与他,我们可以一起散步,一起谈话,一起工作,但是:"一个人怎样才能达到作为各种共同体的原始基础的,先验的我们呢? ……我的处于具体化过程之中的完满的单子,究竟怎样才能与你的处于具体化过程之中的完满的单子,形成某种先验的我们关系呢? ……即使人们假定了所有这一切,先验的共同体,先验的我们依然根本不可能被建立起来。"③除非退回到自然态度中去,否则我与他人不可能建立起一种沟通关系,胡塞尔的先验主体间性的构造分析既没有导致先验主体之间的沟通过程,也没有导致对存在于先验领域之中的沟通性主体间性的设定,因为沟通过程并没有发生在先验的领域,而是一个存在于日常世界中的自然事件,这样的沟通已经预设了主体间性与社会共同体的存在,预设了我们关系的存在。尽管胡塞尔关于他我的构造性分析极其精妙,但是他的主要问题依然是:"我的先验自我究竟是否了解一个先验的你,或者进一步来说,我的先验自我究竟会不会把它构造出来。与此相关的另一个问题是,怎样才能通过这种先验自我和这种先验的你,把某种先验的我们设定出来。"④说得更清楚

① [奥]阿尔弗雷德·许茨:《现象学哲学研究》,霍桂桓译,浙江大学出版社2012年版,第80页。
② [德]埃德蒙德·胡塞尔:《笛卡尔式的沉思》,张廷国译,中国城市出版社2002年版,第104页。
③ [奥]阿尔弗雷德·许茨:《现象学哲学研究》,霍桂桓译,浙江大学出版社2012年版,第85页。
④ [奥]阿尔弗雷德·许茨:《现象学哲学研究》,霍桂桓译,浙江大学出版社2012年版,第86页。

一点,先验自我是不能加复数的,这是一个根本性的问题:"先验自我……是不是一个无法变成复数的术语。不仅如此,其他他人的存在从根本上说是不是先验领域的问题……"①因此,许茨最终拒绝了胡塞尔试图根据先验自我的各种意识运作过程来说明先验主体间性构造的尝试,因为这种做法不可能取得成功:"可以预测的是,主体间性并不是一个可以在先验领域之中得到解决的构造的问题,而毋宁说是生活世界的一种材料。它是有关人在这个世界上的生存的、具有根本性的本体论范畴,并且因此也是全部哲学人类学的、具有根本性的本体论范畴。只要人是由妇女生育出来,那么,主体间性和我们关系就是其他各种与人类的生存有关的范畴的基础。"②

许茨不仅批评了胡塞尔的先验主体间性理论,而且还将现象学运用于日常生活意义构造的分析上来,阐明了意识生活的意向性特征和意识的多维意义结构,而这不仅有助于人们理解日常生活世界的预设、意义及其构造,而且开启了一个新的研究领域——现象学社会理论。生活世界现象学包含一种社会历史与文化的深度,而正是许茨和古尔维奇,将生活世界现象学的历史文化的维度挖掘了出来,就日常生活的各种文化积淀的历史而言,对这些积淀进行研究,把我思对象回溯到不断进行的意识生活的各种意向性活动之中,所有这一切都具有经久不衰的价值。

---

① [奥]阿尔弗雷德·许茨:《社会实在问题》,霍桂桓译,华夏出版社 2001 年版,第 230 页。
② [奥]阿尔弗雷德·许茨:《现象学哲学研究》,霍桂桓译,浙江大学出版社 2012 年版,第92 页。

第四章　现象学的社会文化理论

——以许茨为例

第一节　许茨的社会理论

一、论最高实在与多重实在

在日常生活世界之中，我们以一种自然态度生活，我们在各种客体中间运动，或者是它们阻碍我们，或者是我们移动它们，以便继续前进。我们并不把类型化和关联作为我们活动的主题，我们并不考虑我们的心灵怎样通过一种意识的统觉作用而从知觉领域把某些事物或某些特征挑选出来，突出表现出来，我们在自然态度下并不思考这些问题，对于这个现实的生活世界来说，我们对它并不具有理论的兴趣，而是具有一种突出的实践兴趣和实用兴趣。日常生活的世界是一个我们进行表演、操作、行动和互动的舞台，为了实现和达成我们的意图，我们必须支配它、改变它，我们必须影响他人，同时也受到他人的影响，我们的身体的动觉和运动连结着这个唯一的现实生活世界。因而，世界是我们必须通过我们的行动加以修正的东西，或者世界成为修正我们的行动的东西。

日常生活世界是一个主体间性的世界,这就意味着这个世界并不是我一个人的世界,而是一个对我们所有人来说共享的公共世界,这个世界存在着与我结成各种各样的社会关系的其他人。首先,存在着我们的同伴,即我与你之间面对面的我们关系,我们不仅处于同一客观时间之内,而且处于同一个内在的主观时间之中。例如我与你的面对面的沟通,我向你讲话而你正在倾听,我们一起经验这个事件,我们共处于一种生动的现在之中,在这种关系中,我的面部表情,我的各种姿态,我的下意识的动作以及我的声音的变化,都会成为一个倾听者解释我的内心心灵状态的不可缺少的成分,这些方面我可能没有在意,而你可能已经注意到了,因而从某种程度上讲,你可能比我更了解我;同样,我也可能看到你没有看到的你身体和姿态上的变化,因而从某种程度上来说,我也可能比你更加了解你。当然,我与你看到的都只是某个片断,我与你的内心生活的经验不可能完全重叠,如果完全重叠,那么就不是两个人了,而成为一个人了。

我与你面对面的我们关系的重要性就在于,在所有的时间共同体和空间共同体中,各种各样其他的社会关系都是从我与你的最初经验中产生或派生的,而对各种社会实践进行任何的理论分析都必须从这种作为日常生活世界基本结构的面对面的关系出发。我们关系分享了一种生动的现在,它预先假定了其他人的共同在场,从这种生动的现在关系中可以产生各种各样的特殊时间视角,这包括了过去的时间视角和将来的时间视角,还包括各式各样的准现在的时间视角。比如我给我的朋友写好一封信,当我的朋友看到信时,就像与我交谈一样,或者我在看一本书,这等于说我正在倾听书的作者讲述故事,这里还存在各种各样的时间维度与空间维度,我与我的前辈,与古代人,与我的后代,与遥远时代的未来人,还有与我虽然生活在同一个时代但是终生不能谋面的人,比如遥远国度的外国人。所有这些时间视角和空间视角都可以看作我们的生动的现在的关系的变体,即我们以前的生动的现在,我们将来的生动的现在,或者彼在的生动的现在等,各种不同的时间视角还可以相互渗透、重叠、转移以及发生孤立、分解、再现和综合的各种类型，还可以将这些时间视角和空间视角进行重新组装、重新拼接和重新解释。在社会生活中，我们假定存在着同质的单一的时间维度，这种时间维度涵盖了全部个别的时间视角而成为对于我们来说所有人共同的时间视角，即一种客观的标准时间，它可以由时钟来准确地测量，正是由于标准时间对于我们所有人来说都是共同的，因而它使不同个体的计划系统相互之间的协调成为可能，社会世界因而具有了一种普遍可以计量的时间结构。

在日常生活的经验中，有一些自发的经验，比如说，脸红、眨眼、膝盖反射、分泌唾液等，对于所有这些非自觉的自发性经验，人们几乎都亲身体验过无数次，但是它们基本上没有在人们记忆中留下任何痕迹。因为它们只是一些生理性的不稳定的短暂的片断性的无法分离的经验，而不是被统觉到的有意义的经验，我们既不能描述它们，也不能回忆它们，它们仅仅存在于我们的现实经验之中的边缘，而不能被我们通过一种反思的态度来加以领会。在日常生活中，还有一些是从主体角度来讲有意义的经验，即我们的行为既可以是公开的，也可以是隐蔽的。例如，在我的心中做一道复杂的数学题，这就是一个隐蔽的内在的行为，因为这些行为建立在预先设想的一种筹划和计划的基础之上，我虽然具有一种实现它的意图，但是这种内在行为并不会造成任何实际的后果，我只是在内心里把这些计划付诸实施，它们也都是一些有目的的行动，因而是一些可以反思的有意义的行为。

然而，外在行动，通过身体运动与外部世界连接起来，因而成为一种公开的行动。在外在行动中，有一种行动——工作，它建立在我们预先的设计与谋划的基础之上，并且通过身体的操作来一步一步地实现，因而工作构成了日常生活世界的全部自觉性行动之中最重要的一种形式。"正像我们很快就可以看到的那样，精明成熟的自我在它的工作中、并且通过它的工作，把它的现在、过去和未来结合成一种特殊的时间维度；它通过它的工作活动实现作为一种整体性的自身；它通过工作活动与其他人进行沟通；它通过工作活动把这个日常生活世界的不同空间视角组织起来。"①因而,工作世界作为一个整体,可称为最高的实在,工作世界不仅是实在的一个重要领域,而且是在所有实在中人最清醒、最理性、注意力也最集中的时刻。

在工作世界之中,我们或者获得成功,或者成为一个失败者。我们还和其他人一起分享这个世界及其对象,我通过多种社会活动与他人建立了千丝万缕的社会关系,我们共同工作,相互协调,相互验证。工作世界之所以被称为最高实在,是因为在这里,我与他人的沟通畅通无阻,我的行动的目的动机成为他人行动的原因动机,我从我现实所能触及的世界出发,达到我的能力所及的各种各样潜在领域。我首先要实现我的计划和目的,并为此选择各种各样的手段,这个工作世界成为能够给我带来快乐的地方,成为可以享受幸福的地方,但也可能为我带来危险,有许多时候我不得不忍受和忍耐,因而工作世界成为我的希望和我的痛苦的所在地。在工作世界之中的我完全处于自然态度的主导之下,我把世界看作一个我们可以支配和获取的领域,而不是一种我们思想的对象,工作世界的兴趣是由满足我们的生活的基本需要而产生出来的。自然态度支配了我的整体关联系统,并且建立在我作为一个个体所独有的生存经验和个性体验之中,我知道我将来可能会得病,甚至会死,从人的原始生存焦虑中还可以产生出许多相互联系的希望与畏惧、期待与厌恶、欲望与满足、机会与冒险、失望与追求的关联系统,这些关联系统不停地激励我们制定各种计划、愿望、意图与想法,并着手去实现它。正如萨特和梅洛-庞蒂所证明的,左右与支配我与他人进行交往的首要因素是一些基本的情绪,甚至是性。

根据柏格森的观点,我们的意识生活表现了不同的紧张程度,在我们工作的过程中,意识的张力最高,而在我们的梦中,意识的张力最低。我们的意识所具有的不同程度的张力表现了我们对生活不断变化的兴趣,毫无疑问,在工

① ［奥］阿尔弗雷德·许茨:《社会实在问题》,霍桂桓译,华夏出版社 2001 年版,第 289 页。

作中注意生活的程度最高,表现出了最大的实用兴趣,而梦则是完全缺乏实用的兴趣的,因而,注意生活成为我们意识生活的基本调节原则。"它界定了与我们相关的世界的范围;它连结着我们那不断流动的思想流;它决定了我们的记忆的广度和功能;它——用我们的语言来说——或者使我们生活在我们现在的、指向其客体的经验之中,或者使我们通过一种反思态度回过头来看我们过去的经验,并寻求它们的意义。"①

只有对生活完全感兴趣的自我,才是精确成熟的自我,我在工作中把注意力完全集中在我的设计、我的策划以及它的实施上,这种注意是一种积极的主动的注意,而非像在梦中那样,是一种被动的断裂的注意,在梦中随时可能会突然冒出来一些意想不到的事物,因而我们无法左右我们的梦,梦可能会让我皆大欢喜,但更可能是一个让人极不愿意的噩梦。而在工作时间,在工作世界中就完全不同了,这时我们是完全觉醒的,这种工作连结着外部世界并可以改变这个世界。在工作的自我之中,宇宙的客观时间与我内在的主观时间在此交汇,我们同时在两个不同的平面上经验到我们的身体运动,首先它是外部世界中的运动,我们把它当作一种在外部空间发生的一个事件来观察,而同时又将其看作一个从内部属于我们的意识生活的一种经验表现,它分享我们的内在时间意识之流或者说绵延,一方面我们可以用一种客观的时间来测量它记录它,另一方面它又处于我们的意识活动内在时间之中,我们可以通过回忆、滞留与过去保持着一种联系,并且可以通过希望、预期与未来联系起来:"在我们的身体运动中,并且通过我们的身体运动,我们从我们的绵延出发向这种空间性的时间或者宇宙时间的转化,我们的工作行动分享这两种时间。在同时性中,我们把这种工作行动当作外在时间与内在时间的一系列事件来经验,它们把这两种时间维度统一成一种单一的流,我们可称之为生动的现在,因而

---

① [奥]阿尔弗雷德·许茨:《社会实在问题》,霍桂桓译,华夏出版社 2001 年版,第 289—290 页。

生动的现在是从绵延和宇宙时间的交叉点上产生的。"①因而在工作之中,我才是理性的、具有决断力的和最精明成熟的。

二、多重实在——各种"有限意义域"

威廉·詹姆斯在《心理学原理》中说道,实在仅仅意味着与我们的情感生活和意识生活的关系,全部实在的起源都是主观的,只要它激发了我们的兴趣、我们的意图,它就是真实的,各种原始冲动激起了我们生存的动力和欲望,它们都是真实存在的,因而也可称为一种实在。"当每一个世界被人们根据它自己的式样注意的时候,它都是真实的。只有实在随着注意消逝。"②这个世界中可能存在着多种、甚至是数量无限多的实在秩序,每一个实在秩序都具有它自己特殊而独立的存在风格,威廉·詹姆斯将其称为"次级宇宙",许茨则将其称为"有限意义域"。因而,我们的知觉和物理事物的世界、想象和幻想的世界、梦的世界、神话与宗教的世界、艺术的世界、数学等各种理想关系的世界、各门科学的世界、哲学的世界,甚至是精神病人的世界,都可称为一个次级宇宙,或者叫有限意义域。研究这个有限意义域的时候,我们必须暂时忘记它与其他世界的关系,但是我们又必须回到日常生活这个最高实在的秩序之中。而当我们注意其中每一个次级宇宙的时候,所有命题,无论是关于存在的命题还是关于属性的命题,所有的概念术语,无论是现实世界事物的概念,还是观念世界或者是想象世界的概念,只要它们之间不矛盾,就都是真实可信的。因而我们可以把实在赋予每一个有限意义域,在每一个意义域之中,这种经验都是有意义的,这种经验因表达了我们的某些情感、某些思维和某些理性的构造而成为一种独特的认知风格,在这种认知风格之内,各种事物与对象都合乎逻辑、前后一致、彼此相容,但是超出这种独特的认知风格,就很可能会造

---

① [奥]阿尔弗雷德·许茨:《社会实在问题》,霍桂桓译,华夏出版社2001年版,第293页。
② [奥]阿尔弗雷德·许茨:《社会实在问题》,霍桂桓译,华夏出版社2001年版,第284页。

成各种悖论、矛盾与不一致的现象。在某一个时间区间内,我们不仅可以将科学作为一个实在来接受,而且完全可以将一个玩笑、一个神话或者一个梦作为实在来接受。正如胡塞尔所说:"虽然在特殊的意义上我们称科学、艺术、兵役等等为我们的'职业',但是作为普通人,我们经常是(在一种扩大的意义上)同时处于许多种'职业'(兴趣方向)之中;我们同时既是家庭中的父亲,又是公民等等。每一个这样的职业都有它自己的实现它的活动的时间。以后,那些新产生的职业兴趣(它们的普遍主题称作'生活世界')也纳入其他的生活兴趣或职业之中,并且在一个人的时间中,在职业时间得以实现的形式中,总是有它自己的时间。"①

在日常生活中,我们几乎每天都不停地在各个实在世界来回转换,在不时地经历各种各样的"冲击",它既让我们生活经验非常丰富,但有时也让我们手足无措。在我进行了一天的科学研究之后,我回到我的日常生活之中,我喝一些水,吃一些东西,然后我拿出一本书来读,由此就进入一个历史世界中,或者进入一个作者所虚构的文学作品中。在我看书的时候,书中故事的情节就是一种实在,比如《白鹿原》的田小娥就是真实存在的;而当我矗立于拉斐尔的《雅典学院》这一幅画面前的时候,我就进入了画家所描绘的艺术世界之中,我的眼睛凝视着这幅画,画中的世界就是一个实在,我在思考或追问柏拉图和亚里士多德在谈些什么;而当我打开电视,或者去剧院当舞台的帷幕缓缓拉开的时候,我都在接受实在转变的冲击。在我倾听一个小品、相声或笑话的时候,我忍俊不禁哈哈大笑,我实际上已经把这个小品或这个笑话当作一个实在来接受了;而当小孩子玩过家家时,游戏世界就是一种实在。此外,各种宗教体验的世界、神话的世界、梦的世界、各种想象和幻想的世界甚至是精神病患者的世界,都可以成为一种有限意义域,都可以接受一种独特的认知风格,只要它们彼此不矛盾,都可以称作一种实在。而只有通过一种"惊险的跳跃"

---

① [德]埃德蒙德·胡塞尔:《欧洲科学的危机与超越论的现象学》,王炳文译,商务印书馆2001年版,第165页。

或"冲击",我们才能从一个有限意义域到另一个有限意义域,在各种有限意义域之间,并没有通用的货币,说一个童话故事之中的女巫是不是另一个世界的女巫是丝毫没有意义的。① 而只有经过一种在我们意识活动中的根本修正的张力,我们才能进入另一个世界之中,但是,处于日常生活之中的工作世界是我们关于实在的各种经验的原型,而所有其他的有限意义域都可以看作它的一个变体。在各种有限意义域之中,我们意识的张力也各不相同,日常生活的工作世界意识生活的张力最大,而梦的世界的意识生活的张力最小,心灵离开生活越远,我们的意识张力就越松弛,我们想象的翅膀就会越飞越远。

关于想象和幻想的有限意义域,包括白日梦的领域、神话和童话的领域、游戏的领域、虚构的领域、音乐和绘画的领域以及小品和笑话的领域等,它们具有无限丰富的意义,它们之中的每一个领域都来源于我们日常生活的最高实在的一种特殊的修正。而当我以一种准真实的幻想或想象来取代日常生活的工作世界的时候,而当我停留在想象世界之中的时候,我就没有必要支配和操作这个世界,我暂时摆脱了实用动机的束缚,也摆脱了主体间性的客观的标准时间的束缚,而徜徉于我的主观的时间之中,我就不再被外在空间和外部世界的事件所限制所束缚,而可以任由我自由地联想和自由地创造。理解这些幻想活动有一种重要的意义,几乎所有的幻想都缺少一种实现这种想象的意向,即缺少一种有目的的选择倾向,用胡塞尔《观念》中的话说,全部想象过程都是中性的,它们缺少一种意识所具有的特殊位置性。在日常生活的工作世界中,我们也进行各种各样的想象,比如设计方案、制订计划等,但是,我们应该把两种想象分别开来,一种是可以实现的想象,而另一种是不可能实现的想象。想象过程本身是无能为力的,关键在于它是否与日常生活的外部世界连接起来,不断进行想象的自我并不改变这个世界,唐·吉诃德想象的风车就是

---

① ［奥］阿尔弗雷德·许茨:《社会实在问题》,霍桂桓译,华夏出版社 2001 年版,第 319 页。

巨人,而这些风车不就在外部世界之中并与外部世界连接在一起吗?但是唐·吉诃德眼中的风车并非日常生活的工作世界中的实在,而是在幻想的世界中魔鬼施展魔术变的风车,他的经验与日常生活的自然态度持续不断地发生抵牾,他与我们的工作世界的经验并非同一种经验,他不承认幻觉,也不顺从各种经验的冲击的爆发,尽管风车阻碍了他的前进,但他并不接受这个事实,他这样来解释这个事实,即魔鬼是在最后一刻将真实的巨人变成了风车的。① 他取消了工作世界的实在特征,而将实在特征唯一地赋予他幻想的意象世界,在这个幻想的世界之中,风车纯粹是一个表象,而不是实在,真正的实在是巨人。尽管魔鬼和巨人与我们日常生活世界的自然态度所不相容,但是在唐·吉诃德臆想的世界之中,它们之间彼此是相容的,因而对于他而言,它们都是真实的,是一种实在,我们可以以这种方式对儿童童话的世界、精神病人的世界、原始人的神话世界、虔诚信徒的宗教世界、音乐和绘画的艺术世界,例如,一场话剧、一场电影、一场游戏持续进行同样的分析。

我可以想象或梦见一个带着双翅的马,这匹马与它的双翅都是真实的,但如果说我梦见的这匹马就在我的马棚里,这就是在痴人说梦话,这样的马不可能存在于日常生活世界之中。胡塞尔比所有其他的哲学家都深刻地研究了这个问题。他区分了关于实在的判断和关于实存的判断,实存的东西的对立面是客观不存在的现实物,而实在的涵义要更广得多,它不仅包括物质上的实存,而且还包括精神上的实在,数学公理、逻辑公式尽管不以物质形式而存在,但也仍然是一种实在。② 与实在相反的是虚构的东西,虚构的东西只在想象世界之中存在,在这种幻想活动中,我们只能够克服事实上的不相容性,比如说带翅膀的马,但是无法克服逻辑上的不相容性,我们想象不出一个三角形的

① 参见[奥]阿尔弗雷德·许茨:《社会实在问题》,霍桂桓译,华夏出版社2001年版,第316页。
② 参见[德]埃德蒙德·胡塞尔:《经验与判断》,李幼蒸译,中国人民大学出版社2019年版,第233—237页;[奥]阿尔弗雷德·许茨:《社会实在问题》,霍桂桓译,华夏出版社2001年版,第317—318页。

内角和超出 180 度,我们也无法想象一个规则的正十面体。用胡塞尔的话说,幻想没有得到个体化,相同这个范畴不适用它们,它们在客观的时间秩序中也不具有任何固定的位置,在某一个特定幻想的连续活动中,幻想物可以多次出现,但是两个不同的幻想或两个不同的有限意义域的东西无法比较相同或者相似。在想象和幻想活动中,我能够在各种想象活动中消除客观的标准时间的所有特征,因为它是在我内在的绵延时间中进行的,我可以根据我的需要而任意地设想事物,它时而比客观时间快,时而比客观时间慢,我的主观时间具有一种时间"减速器"和"加速器"的作用。而控制器就处于我的内心,我的心灵活动可以构造出不同于外界的客观事物的新的组合和安排,我可以通过想象和幻想重塑我的过去,也可以通过想象和幻想再造我的未来,我可以用让我满意的任何内容来填补我所想象的那些空洞的预期,我可以让我扮演我所希望扮演的任何一个角色,而具有别人无法干涉的任意决断和任意选择的自由。

与工作世界的充分觉醒相比,梦的世界的意识张力最低,因为梦发生在人的睡眠状态中,人的睡眠则意味着休息,意味着离开生活,并不注意生活,梦的意识张力被调整到最低状态,但是在梦中人的内在时间的意识之流并没有完全停滞,人们以往知觉的印象、人们曾经的计划与安排,以及意识中内在固有的滞留、延展、预期、统觉、被动综合等现象依然存在。梦的世界也是一种实在。在梦的世界中,人的知觉能力很弱,但依然在持续不断地知觉,关于过去的回忆和滞留,以及关于未来的期望与延展,会经常突然不经意地冒出来而拼凑起一幅混乱不清的画面,而那些在觉醒状态难以辨识、难以名状的细微知觉,在梦的世界中则获得了一种显要的地位。在充分觉醒的工作世界中,理性统治着情感和欲望,意识管控着无意识的活动,并审查那些不合规矩的细微知觉。而在梦中,那些模糊不清的细微知觉虽然没有变得清晰明确,但是它们不再受到主动的注意生活的实用态度的干扰和妨碍,正是这些被动的注意以及它对人的内心人格所发挥的全部影响展露出来,它们决定了做梦者的兴趣,让梦沿着这种兴趣伸展,因而我们醒来的时候,总是觉得梦是那么的真实。因为梦体现了我们平常没有充分注意到的知觉活动的某些深度,对梦的解释本身就是对人的意识生活和心灵生活的解释的一部分,弗洛伊德的精神分析学派已经对此作出了非常杰出的贡献。

做梦不同于工作,也不同于自由的幻想和想象活动。想象的自我可以用一种任意的内容来填补那些空洞的预期,但是梦中的自我并没有这种主动性,它没有做这种事的自由权限,想象的自我具有各种机会来实施他的宏大志向,他可以随心所欲地把事件解释成处于他的控制范围之内的东西,而梦中的自我却并不具有这种支配权和决定权,做梦者在面对事件的发展时常常是软弱无力的,噩梦表明了我们在梦中是受人摆布的,而没有操控权。在梦中,我们虽然被剥夺了设计和操控权,我们的实际意图和实际设计不可能在梦中产生,但是在梦中可以对那些在觉醒的世界中产生的意识经验进行回忆、保持和再现,因而我们觉得我们好像正在实施某些设计,正在完成某些计划和意图,而且有时是那么的清晰,但是那些计划、设计与意图在梦中已经被修正了,它们的主动权在减轻,我们可以把充分觉醒的工作世界存在的各种内容看作梦中世界的最初的原始经验,而把梦的世界的各种内容看作现实世界的一种变体、修正或者重构。此外,做梦者是彻底孤独的,我们不可能一起做梦,我梦中的对象不可能与其他人共享,我与梦中的人的关系也不是一种生动的现在关系,即使我与梦见的人处于一种非常亲密的关系中,这种关系也只是一种模拟现实的具有空洞预期的虚构的准我们关系,我的梦并不向任何人开放,并没有一个透明的窗户能够让人清晰地看到我梦中的各种场景,即梦属于我并且唯独属于单子式的我。

而我在科学研究的活动中,则是以一种理论静观的态度沉溺于其中的,科学的理论化的态度意味着并不为任何实践的意图服务,我们并不是把世界当作我们活动和操作的舞台,而是要研究它,静观它,冷静客观地对待它。我们科学研究的工作有两种意图:一种意图是要解决科学研究中具体的理论问题,提出新的问题,发现新的结论,创造新的成果,这是一种理论化的意图;另一种意图是通过科学研究工作,让我们的生活过得更好,通过发现和创造新的科学成果不仅能够使生活在这个世界的人们更加便利和舒适,而且也能够让研究者自身获得丰厚的物质奖励和额外的经济回报。因而,科学的理论化态度是一回事,科学研究活动的实用效果则是另外一回事。这里,我们关注的是前者。各种理论思考也可以称作一种行动,或进行,但是这种与在外界空间中的行动的不同在于,前者做错了,只需要重新酝酿,重新构思和设计就行了,而不需要承担什么后果,但后者不行,在外部世界中做错了事情则必须负责任,必须承担无法补救的后果。然而,在科学的理论化态度中,我们和在外界行动的自然态度一样,也具有原因动机和目的动机,这些原因动机和目的动机并不具有一种实用的取向,而是早已经由以往的科学家共同体建立好了,它们包含了一整套的研究方法、研究计划、研究程序和研究对象等。它们也具有一种解决现有问题的这样一种意向,但是这里的问题并不是日常生活的具体的实践性或实用的问题,而是一个现实的理论问题。

理论思考活动并不与外部世界连结在一起,不管是用笔、用纸或用电脑写论文,用工具测量或做实验都离不开这个外部世界,但这只是理论思考活动的前提或基础,一旦进入理论思考活动之中,笔、本、电脑、工具并不具有任何地位,而由该门专业或学科领域现有的理论问题、理论研究的目标、研究的方向和研究的方法早已为研究者规定好了他的工作的内容,在科学研究过程中,他必须想以往科学家所想,做以往科学家所做。他的关联系统必须从以他个人为零点的日常生活的自然态度转变为一种以某个科学家共同体为中心的科学研究的理论态度,他必须摆脱他个人的实用的动机和生存问题的困扰,摆脱由各种希望和恐惧、幸福和烦恼、爱和恨等构成的喜好与兴趣倾向的各种原始情感的侵扰,而进入一种特殊的关联系统之中。在这种关联系统中,本专业或学科领域之内的过去的知识储备和知识结构决定了他的思考的层次与深度,而他的关注程度、他对原有知识储备的想象力和理解消化吸收的能力以及他对问题开放视域所具有的特有的敏感度和预见能力则决定了他的创造力的大小,也决定了他的研究工作的进展程度和造诣。这时,他思考的问题已经脱离了日常生活的实用兴趣,尽管这是一种暂时的脱离,因为即使是一个废寝忘食的科学家也不可能永远停留在理论态度之中,他必须回到日常生活世界休息和补充能量。但是,在科学研究的时间之内,他必须严格限制他思考的问题的范围,他思考的问题必须与正在进行的科学活动紧密相关,在这里他思考的前提是科学的前提,他作出的判断是科学的判断,这种理论思维完全独立于实践生活的领域。

因而,当一个科学家和理论工作者在决心成为一个研究者之时,他就必须暂时放弃对他的个人生活的关心,而重新扮演一个新的角色。"他认为他在社会世界中的位置以及与之相联系的关联系统与他的科学事业是毫不相干的,他现有的知识储备就是他的科学的总体,而且他必须认为它是理所当然的。"①他对下面这样的事情感兴趣,并且唯一地对此感兴趣,即目前科学研究的内容展现给他的取向系统和关联系统会得出什么样的理论结论,为了应对现有的理论问题而产生出哪些解决办法,他的所有计划、动机、意图与想法都与之相关。他也在选择,但是他是在本门科学既定的关联系统内选择进一步要探索的对象和客体,他是在理解现有的科学问题时寻找下一步要研究的目标,那些与此有关的现实的成分和潜在的成分都已经被界定好了,现有的科学问题决定了他的研究的相关领域,也向他展示了它所蕴含着的开放视界。科学家究竟为什么会选择他所感兴趣的这个或那个科学问题,这是由他的内心人格的倾向或生平情境所决定的,但这并不意味着他可以就现有的科学状况作任意的选择和任意的决定,科学家已经进入一个由科学家共同体预先规定好了的、由前辈科学家的历史积淀而构成的科学世界之中,他所论述的每一个问题,他所进行的每一个判断,他所制订的每一个方案,都包含着一整套的科学程序与既定的关联系统的索引和目录。因而科学世界作为一个有限意义

---

① [奥]阿尔弗雷德·许茨:《社会实在问题》,霍桂桓译,华夏出版社2001年版,第68页。

域,也具有一种特殊的认知风格,科学家尽管也拥有自由,但是这种自由并非具有任意的权限,它必须在科学世界的领域之内活动,科学家在进行科学研究的自选动作时必须严格遵守逻辑的有效性,必须符合本门科学的操作程序和基本的方法论规则,保证所有命题的相容性和一致性,必须直接或间接地得到观察和试验的检验。科学研究的对象是一些更高级的理想客体,打算献身于科学的每一个研究工作者,都必须准备好从一种日常的实用的自然态度向一种孤独的静思的超然的理论态度的跃迁。

而日常生活实在,特别是日常生活的工作世界,可以称作一种最高实在,是因为在这里我可以通过语言与我的同伴直接进行沟通,我可以把我的日常的经验分享给其他人,我也可以把科学研究的重要成果介绍给其他人,我甚至可以把梦的内容告诉其他人,我们通过一种沟通活动而与他人连结在一起。所以日常生活世界是一个基础性的领域,因为在这里,我是精明成熟的,我充分地注意生活,精神病理学的研究成果表明,精神病人出现语言障碍和行为变态,并不是因为他们丧失了理性能力,而是他的意识生活无法从一个有限意义域向另一个有限意义域自由过渡,由于从一种实在向另一种实在的跳跃的内在转换器出了问题,使他不能在各个领域内自如地来往穿梭,而许茨与古尔维奇已经从不同的侧面共同展开了关于精神病人的语言能力和意识结构的深入研究。①

因而,日常生活世界,常识的世界,特别是工作的世界是一种最高实在,在各种有限的意义域中也具有最高地位。日常生活的世界从一开始就是一个社会文化世界,关于符号与主体间性的许多问题,都是在日常生活世界之中产生的,并由它决定的。在社会世界中,我们遇到各种各样的人物、事件以及客体,要想理解它们,我们就必须解释它们,所有文化对象,包括工具、建筑、器皿、服

① 参见[奥]阿尔弗雷德·许茨:《社会实在问题》,霍桂桓译,华夏出版社2001年版,第348—378页;*The Collected Works of Aron Gurwitsch Volume* 2:*Studies in Phenomenology and Psychology*,Edited by Fred Kersten,Springer,2009,pp.77-98、403-431。

饰、仪式、习惯、图腾、禁忌、价值规范、道德与法律、语言与符号、艺术作品、社会制度等都通过它们的起源和意义而指涉以往人类主体的活动，而通过这种回溯，就可以理解这些文化对象在发明者和使用者那里意味着什么。因而，对社会文化世界的研究是对人的意义世界的研究，这种研究必须指涉人的主观解释，这也是胡塞尔和韦伯等思想家一生著述孜孜以求的不变主题。

三、社会世界的意义结构

关于他人的实存的问题引出主体间性的维度。而主体间性恰恰是社会实在最为复杂的问题之一，我发现，我的同伴以各种不同的角度向我呈现出来，从自然角度来说，我看到了他的正面、侧面或者后面，从社会角度来说，他对我可能是一个熟悉的人，也可能是一个陌生的人，是一个同时代人，也可能是一个前人或者后人，可能是一个男人，也可能是一个女人。我是通过各种不同的认识风格来理解和领悟其他人的思想、态度、观念、意图、动机和行动的。

在日常生活中，我和我的同伴共享某些经验，当我试图理解某个他人的常见的实际动机的时候，实际上我已经使用了一些现成的思维构想，这些思维构想让我理所当然地认为我可以理解和把握我的那些同伴的动机，也能够出于一种实践的意图而适当地解释他们的行动。比如，一个起早贪黑努力辛勤工作的一线工人，他这么做是为了养家糊口，为了做一个好父亲和好丈夫等。然而，在日常生活中，我们很少注意到理解他人的行动举止的基础方面，我们认为我能够理解他人是理所当然的，而很少或者说根本不会把注意力转向那些有助于理解他人的人格、动机和意图方面的基础存在领域，即关于意义的基本领域，但这对于理解一个社会世界的结构却是必须的："为了详细说明社会世界的结构，我们还是有必要把注意力转向某些使另一个人的意识变得可以接近的经验，因为这些经验就是我们在对他的动机和行动进行解释的时候所依据的各种行为举止的基础。无论就日常生活而言、还是对于社会科学来说，我们出于各不相同的理由而持续不断地认为理所当然的,恰恰就是这些经验。"①

我在这个世界中遇到的他人,都不是通过一种完全视角呈现给我的,他们总是通过一些侧面而呈现给我的,因而我只能了解到他某些方面某些片断的特征。比如,一个老人向我展现出一个脾气温顺、和谐可亲的长辈的形象,但是他年轻时很可能是一个脾气暴躁、做过很多坏事的"恶人";同样,一个凶狠残忍的杀人犯对于他的子女而言,很可能表现出一个称职的好父亲的形象,展现出人性中善的一面。社会世界中的他人具有各不相同的亲密程度和匿名程度,在社会世界中包括了这样的一个领域,我对他人的经验和他人对我的经验同时直接性地表现出来,我与他人共享一个时间共同体和空间共同体,我的意识过程对于他来说就像他的意识过程对于我来说那样,都是当前必不可少的一个成分,这就是面对面的我们关系,这个领域对于社会世界其他领域的构成来说发挥着基础性的重要作用,而其他领域都可以看成我对他人的直接经验的某种修正过程。然而,"我的社会世界所包含的,并不仅仅是各种关于同伴的、通过某种共同的和生动的现在直接给定的经验。它还包含着一个社会实在的领域——这个领域并不是由处于此地和现在的我所直接经验到的,而是与我的生活处于同一个时代的领域,因而我能够使它处于我的直接经验力所能及的范围之内"②。

在这个不处于我的能力所及的社会世界之中,我设想通过将我以前直接经验过的领域进一步扩展,就可以到达这些陌生的领域,这样我的世界就扩大到范围更大的我的同时代人所拥有的世界之中了。我的同时代人虽然并没有与我形成一种面对面的关系,但是他们很可能成为我的未来同伴,甚至是成为

---

① [奥]阿尔弗雷德·许茨:《社会理论研究》,霍桂桓译,浙江大学出版社 2011 年版,第25页。

② [奥]阿尔弗雷德·许茨:《社会理论研究》,霍桂桓译,浙江大学出版社 2011 年版,第25页。

未来的好朋友,我对他们的了解并不是通过一种意识经验的直接明证性而得到的,我关于他们的了解都是一些间接的知识,我是通过一些人格类型、动机类型和行为模式来理解和解释他们的,我还能够通过某些类型的社会关系而对待他们。在社会实在的另一些领域中,还有一些无论是就现实性还是就潜在的现实性而言都是我的直接经验所无法企及的。比如历史的领域,它们不仅超越了我现在的情境,而且也超越了我的同时代人的生活,它是由我的祖先和我的前辈组成的世界,就那些我们从来没有见过面的先辈而言,我不可能对他们产生任何的影响,他们以及他们的行动都已经成为过去时,但是他们很可能对我产生重要的影响,伟大历史人物所拥有的人格魅力正在持续不断地激励后来人勇往直前,我们中国就是一个非常重视历史的民族,而总结历史的教训,以史为鉴确实能够让我们少犯错误。此外,社会世界还包括一个由我们的后代所组成的未来世界,关于这个世界我们几乎是一无所知,我们对于未来的人拥有的仅仅是一些含糊不清和不确定认识的一种非常模糊的轮廓。但是,我可以通过我目前的行动对他们施加某些影响,例如我种下一片森林,可以恩泽我的后代,或者我完成一部经典著作,可以将我的思想无限地传给后人等。

因而,在社会世界之中,我与那些在时间上与空间上共同存在的他人的关系具有典型性的重要意义,因为那是一些通过我的直接经验可以触及的领域,而社会实在的所有其他领域都是参照和模仿这种我与我的同伴的直接经验而得到建构的。在这种面对面的纯粹我们关系的情境之中,我们两个人的内在意识流获得了一种真正的同时性,同时这也意味着他的身体是作为某种统一的表达领域而向我展现出来的,是作为一个具体的征兆而显现给我的,我可以看到他自身不能注意或未曾注意的细微环节。时间的同时性和空间的直接性成为面对面的情境的根本特征,这是一种前论断前反思性的直接经验,但这并不意味着我拥有另一个自我的经验,我始终拥有的是我自己的思想和经验,他对我来说始终是一个客我,一个深不可测的深渊,或者说是另一个主体,反之亦然,我们只能在某个特定时间、特定情境的具体领域内交汇。

　　我与你的这种关系既可以是双方面的,也可以是单方面的,如果我作为一个观察者或者是社会科学家,我对你的行动加以分析,而你忽视了我,根本没有注意到我,这种关系就是单方面的。我与你相互注意的双方面关系就是纯粹的我们关系,在这种关系中,我的经验与你的经验同时在场,我时刻都感受到了你的身体存在、你的面部表情、你的声音话语和你的姿态手势,我把你的这些表现作为你的内心生活的揭示,而你也同样看到我的各种身体表现和外形等,并把它们作为我的内心活动的某种指示。正如舍勒指出,我们经验构成了个体关于这个世界经验的基础。在我与你进行直接交流的过程中,例如,你和我说话,我理解这些话的意义,我既可以理解这些语词的客观意义,又可以理解你当时说出这些话的反应和主观表现。当然,我主要理解的是你说话要表达的客观意义,即要说什么,要表达什么内容,而主观表达则位于一种边缘状态,但是如果这些主观反应非常明显或者表现过于强烈,那么我就很可能不在乎你说了什么,而把注意力转向你的那些原来处于边缘状态的主观形态了,比如说,你说话的时候脸红了,那么我就会认为你可能在撒谎。胡塞尔曾经指出,数学公式,例如 $a^2 + b^2 = c^2$,人们关注的是它的逻辑客观意义,任何人在任何时间任何地点进行计算都会得出同样的结果,而不管它是写在黑板上,还是写在笔记本上,也不管老师是充满激情地教给我们,还是有气无力地教给我们,而这些现象是围绕着以客观意义为中心的一些边缘现象,只有当它醒目地出现以致妨碍了人们对客观内容的理解时,人们才把注意力转向它们。

　　在我们关系中,两个不断向前的内在时间意识之流交汇在此,我的意识流是内在的,是一种纯粹的绵延,它并不对除我之外的任何人开放;同样,他人的意识流也并不透明,我的意识流不可能与他人的意识流完全重叠,因而我们关系意识的这种交汇是有条件的。这种时间的同时性和空间的共同在场,使我不仅可以经验你所要表达的客观意义,而且可以经验到你表达客观意义时的各种主观情形、各种处境,此外,我与你共同参与了这个经验之流,这就意味着我不必进行反思而与你一起随着意识流而不断向前,即我们共同成熟,我们共同地丰富了我们的经验,增长了我们的见识。而反思态度则意味着对过去经验的一种回顾性把握,严格来说,反思只属于孤独的思考者,这种反思经验是一种静观的沉思的理论态度,我反思经验的介入得越深,我直接体会的经验就越少,我距离那活生生的与你之间共同在场的我们关系也就越远。在我深入到反思的活动中时,那个曾经与我共同经验的你,就变成了我的思想的一个对象,一个客我。当我们共同在场时,当我们都忘我地投身于我们关系时,我与你的领悟都来源于一个直接的生动的现在,而非反思性的解释,但是之所以说我们的关系的这种交汇是有条件的是因为我们不可能永远处于时间与空间的同时在场,两个人的相聚是短暂的,而分离之后,二人仍然沿着各自固有的轨迹前进。

在我们关系中,我们共同参与到了那不断发展的意识之流,共享了那些生动鲜活的各种经验,"只有当这种具体的我们—关系结束以后,我们才可以通过反思而看到纯粹的我们—关系所具有的各种基本特征,只有通过这种我们—关系的各种各样的具体化过程,这些特征才能得到人们的经验。"①因而纯粹的我们关系实际上是一种反思性的建构,存在于社会现实的各种各样的社会关系,都是以这种纯粹的我们关系为基础而建立起来的。在现实中,纯粹的我们关系在变成具体的我们关系的过程中,也得到了不同程度的分化和细化,在具体的我们关系中,我并不是以同样的强度进入我们关系之中的,我与我们关系的对方也不一定保持一种亲密无间的关系。性交和一次偶然相遇都属于面对面的我们关系,但是这两种关系的亲密性是如此的悬殊,以致二者根本不可同日而语。这种直接性、强度和亲密性的巨大差异涉及交往过程中我能够把握到的我的同伴的意识生活所具有的截然不同的深度,例如在火车上和在排队等候时遇到的陌生人,因而在各种各样的我们关系中,我的经验丰富程度也大相径庭。

---

① [奥]阿尔弗雷德·许茨:《社会理论研究》,霍桂桓译,浙江大学出版社2011年版,第32页。

在面对面的相处过程中,我实际上已经运用了过去形成的知识储备来参与到对当前具体的情境的理解和解释中了。我会把我的现有的知识储备全部都调动起来,这些知识储备既包含了专属于我个人的生平情境的独特关联系统,也包括了那些普遍的人格动机类型和行为类型所构成的网络,还包含了由各种表达图式和解释图式的知识,各种客观的指号系统的知识,如语言。我不仅会求助于我以前经历过的直接经验,而且会求助于那些在书本中、课堂上和在媒介中得到的间接知识和信息,我会通过那不断发展的我们关系的经验而持续地验证和检查我以前所具有的知识的牢靠性,并且不断地积累新的知识。同时,在我们关系之中,我们的经验不仅得到了协调,而且我们的知识从互易性的角度也得了证实和映照:"我那有关我自己的意识生活的、不断前进的各个阶段的经验,和我那有关你的意识生活之诸经过协调的阶段的经验一样,都具有统一性:存在于我们—关系之中的经验,都是真正得到共享的经验。"①我可以通过直接观察你的各种计划的实施过程而理解你,如果你处于我们关系之外的某种社会关系中,我也可以通过在我心中积淀下来的知识储备,而设想一下你的另一个的动机、意图、目标是什么以及其实现的可能性,而这可以看作我们关系在社会关系之中的扩展。

从直接经验的面对面的我们关系向间接经验的各种关系的扩展,就进入了关于亲疏性、远近性和抽象性等方面具有各种不同意义结构的多维社会关系之中。通过模仿我们关系而建立起各种各样的准我们关系,比如我阅读一本书,这实际上是我与作者之间进行的一次单方面的谈话,我还可以琢磨一个历史人物的心理,这实际上是参照了我们关系共同行为的情境下我对你的行为的主观解释。通过参照我们关系,我可以将我们关系延伸到这个地球的任何一个角落,那些遥远的国度都可以从我潜在的能力所及的领域而进入我实际的能力所及的领域。而在对那些陌生的外国人进行解释的时候,我不敢

---

① ［奥］阿尔弗雷德·许茨:《社会理论研究》,霍桂桓译,浙江大学出版社2011年版,第34页。

保证我所用到的所有解释图式和表达图式与我们关系中我所熟悉的你的那些解释图式和表达图式完全一致,但是,我可以不断地校正和修改那些解释图式和表达图式,以便于更好地理解对方。因而,这个世界的主体间性特征从我们关系的共同经验中产生,并且也通过这样的经验持续不断地得到了确证:"环境共同体和在我们—关系之中对各种经验的共享过程,使这个处于我们的经验都力所能及的范围之中的世界,获得了其主体间性特征和社会特征。"①

面对面的我们关系可以有各种各样的变体或延伸,直接观察是指我面对一个同伴,但这个同伴并没有把我的在场考虑在内,这种单方面的社会情境对于社会科学来说,却具有非常重要的作用,社会科学收集和整理各种社会实在的知识,就是进行这种单向的观察活动并持续不断地对观察的结果加以分析。观察者虽然具有一种你取向,但是对方没有这种你取向,因而观察者不会对对方产生任何的影响,尽管观察者与对方在共同的时间中共同在场,但是观察者的动机并没有与观察对象的动机联结起来,这样被观察对象的各种外显行为并不能确证其主观的设计与意图,而只是提供了一些必要的线索。因而观察者必须从以下的三种方式出发,才能理解对方。一是他从自己过去的经验出发,回忆他自己的与被观察者处于相似的行动过程时的心理动机是什么;二是如果对方的行为我实际上并没有做过,比如说观察分析一个罪犯的行为,但是我可以在我以前所习得的各种知识储备之中找到与该被观察对象的相似的类型化行为,比如我在电影中曾看到过一个小偷或杀人犯如何作案,从这种类型化的行为出发,我就可以推断出被观察个体的典型的人格动机和行为动机类型了;三是如果对方的行为我既没有做过,也没有关于这种行为的任何知识,或者说我的知识储备不充分,不足以解释其行为,那么我必定会求助于从结果到原因的倒推式方法,即特定的行为及其结果代表了行动者的某种目的动机,从这种目的动机而推出其原因动机是什么,比如我来到一个陌生的原始土著

———————
① 〔奥〕阿尔弗雷德·许茨:《社会理论研究》,霍桂桓译,浙江大学出版社 2011 年版,第 35 页。

人生活的部落,我虽然不知道他们的某个特定的行为的意义,但是我参照这种行为的结果,即其意义非常重大而庄严,我就可以推断出这很可能是一种与祭祀有关的宗教活动。观察者针对对方所运用的各种人格动机类型和行为类型,并不能保证准确无误地理解和把握被观察者的行为,也不能保证他对对方行为的解释与对方自己对其行为的解释丝毫不差,观察者的理解和解释活动距离鲜活的我们关系越远,这种解释也就越变得模糊不清,观察土著人的祭祀活动,以及一个鲐背之年的老者回忆儿时的经历都可以看作一个距离现在生动的我们关系非常遥远的恰当例子。

从直接的社会实在经验向间接的社会实在经验的转化,则意味着面对面情境下的亲密性和熟悉性程度在降低。在我们关系中,即使是我们互相之间的关系非常冷淡,例如在乘坐交通工具时,但是这种面对面的经验在本质上仍然是直接的。试想一下,我与那些未曾谋面但是处于同一个时代的人的关系,我的直接经验就变成了间接经验,我能够领会他人的指示在减少,我用来理解他人的视角也变得越来越单一和狭隘了,我仅仅了解我的同时代人的一些类型化特征,而那些活生生的方面,那些个性的方面和突出的特征正在消失,直到最后,就那些陌生的异域的同时代人而言,我对他们拥有的只是一种间接的经验。在日常生活中,人们很少注意到我们的直接经验和间接经验的根本差异,比如我与我的老同学多年未见,这样我对他的了解就仍然停留在多年前,实际上他已经变成了我的同时代人了,而通过另一位朋友谈起他,称赞他或贬低他,那么我实际上对他的了解已经是一种间接的经验了,而我现在关于他所拥有的直接经验只是一些久远过去的模糊的片断,实际上现在很可能我已经完全不了解他了,我了解的只是过去多年以前的他。因而,从直接经验向间接经验的过渡实际上已经经历了某种具有重要意义的结构性修正,除非我们认真反思直接经验和间接经验的关系,或抱有一些哲学的理论来看待该问题,否则这些问题根本不会进入日常生活中普通人们的视野中。

因而,面对面的我们关系对于各种各样的社会关系具有建构性的特征。

以两种面对面的关系为例,婚姻关系和友谊关系,这两个关系都是非常明显也非常重要的面对面关系,在其中包含着直接性程度非常高的各种经验。但是人们实际上是在不同的情境下来谈到婚姻关系和友谊关系的,有时我们是在谈论一种具体的面对面具有直接经验的我们关系的友谊,而当我写一篇关于友谊的哲学论文,像亚里士多德一样来思考友谊对人的一生的益处与作用,那么我就是在谈某种抽象的我们关系,这是一种纯粹的同时代人之间的社会关系,而这种友谊就是一种抽象的和间接的经验基础上的友谊。因而这里所谈的友谊包含着从面对面情境的各种直接经验向纯粹的同时代人的情境的各种间接经验的过渡,通过对这一问题的深入探讨,我们将会发现,在纯粹的同时代的人的社会关系下,对他人经验的直接性程度呈现递减状态,而匿名性程度则呈现递增状态。

由此可见,我们都是在一种宽泛意义上来谈社会世界的,它存在着各种不同的层次。它首先包括我与我的亲人朋友、我的同事组成的熟悉的世界,还包括我曾经认识的,尽管现在来往很少,但是只要我愿意我仍然可以通过我的直接经验来接近的人们,比如说老同学、老邻居,还包括那些与我有过短暂接触的陌生人组成的比较熟悉的世界,比如说与商场售货员、汽车司机、医院护士、门口保安等有过短暂地碰面的那些人,这些人处于陌生与熟悉、亲密与冷漠之间,说认识吧,还不知道他叫什么名字,说不认识吧,还与他打过交道,接受过他们的服务和帮助。此外,还包括某个作家、哲学家、科学家、诗人等,我曾经读过他的著作,深深地受他的影响,还有那些知名的歌手、演员等,这些人我虽然没有见过真人,但是我经常会在电视媒介中看到他们,还包括我意识到他的实际存在,但只将其看作执行某种社会功能的类型化的同时代人,如邮递员、公务员等,还有更加抽象的社会组织和社会制度的执行者和代言人,如国会、议员、政府、警察、法院等。最后,更加隐匿的社会关系是那些处于非常宽泛意义上的人工制品,我对它们的意义脉络不能说是一无所知,也只能说是知之甚少。因此,社会实在领域的各种层次,通过从面对面的直接经验到匿名程度不断增加直到变成彻底的间接经验而表现出来。

因而,存在着各种不同的社会经验,在理论上讲,纯粹的同时代人并不是一个鲜活的个人,而是一种类型化的建构。当然,同时代人也可能是一个我以前的同伴,我以前认识的人,或者我以前的朋友,我可能在某种场合会再遇到他,而这里存在着经验结构上的根本差异,一个纯粹的同时代人的个性化经验并没有直接给予我,我并没有关于这个人实存的直接经验,我只能通过一种设想、一种推测来考虑他,这是一种间接经验,我会调动我以前的知识储备来理解他,我可以回想关于同时代人的直接经验,然后再转嫁给他。而我以前的朋友是从我以前的直接经验来认识他的,随着年龄的增长,我们都获得了新的经验,我对我的朋友所获得的新的经验根本一无所知,我只是调动我过去久远的经验,并通过推理,或者从他人那里得到的间接知识来理解他,因而这种经验并不具有直接性,实际上都是一种类型化的知识,而只有在我与我的朋友重新相逢那一刻,我们彼此才能重新拥有直接性的鲜活经验。而对那些未曾见面、将来也不可能见面的同时代的人的经验都是一些类型化的间接经验,我根本无法诉诸我的直接经验来领会他们,我对他们所了解的都不过是一种关于同时代的人的知识而已。

我对同时代的人的知识既包括了从我过去的直接经验而得来的知识,也包括从他人的直接经验而得来的知识。显而易见,所有这些知识都具有不同程度的匿名性和亲疏性,有些知识不仅是间接的知识,而且是从他人那里得到的间接知识的间接知识,或者说它们已经不是二手知识了,而是三手知识、四手知识了,因而这些知识的可靠性是值得质疑的,是需要得到验证的。因而,与我在面对面的情境中的直接经验同伴的方式形成对比的是,那些同时代人的经验都是一些具有不同程度的匿名性的经验,而从你取向变成他们取向,这实际上不仅包含了一种视角的转换,而且包括一种经验结构和性质的彻底改变,他们的取向实际上都是我关于一般社会实在的知识,这种知识一直延展到社会互动的广阔领域:"他们—取向的对象并不是一个具体的人的存在,并不是一个通过我们—关系而得到直接经验的同伴所具有的、不断发展的意识生活,并不是只要有关一个同伴的各种经验在我面前构成、我就可以加以领会的意义的主观形态。"①而实际上,这些意义已经处于一种客观的意义脉络之中了,我根本无法知晓这样的知识究竟是在谁的意识中产生的,这些知识脱离了个体主观的形态,而成为胡塞尔所说的诸如此类和我可以再试一次的理想化的知识,它们展现为一些无论是谁在任何时间在任何地方使用都有效的匿名的抽象的可重复使用的类型化的知识。

因而,我的那些关于同时代人的知识是在我对我的那些同伴的直接经验的各种解释基础之上通过综合而建立起来的,这些知识已经是一些关于特定人格、人性特征和行为模式的理想化了的知识,它们替代了具体的鲜活的主观意义脉络,而成为普遍适用的一些抽象的匿名化的知识。从你取向到他们取向的转变经历了一种经验的根本修正,而在日常生活中这些修正和变化比比皆是,但是人们并没有注意到这些修正和变化,而只有一种反思性的哲学活动,才会发现这些在现实生活中的微妙改变,马克斯·韦伯曾经指出,如果我不想让穿制服的警察过来找我麻烦,我就必须遵守法律,我的行为举止必须抑制法律所不允许的某些活动倾向,这是一种典型的他们取向的例子。当我计划我的各种行动的时候,我会慎重地考虑他们的反应,我与他们形成了某种社会关系,尽管在这些社会关系中,他人并没有以一种独特的个体身份显现出来,而是作为一类人、一类行为而显现出来。正如韦伯所说,当他们都是作为理想类型而存在的具有一定社会功能的体现者的时候,他人对于我才具有重要意义,我在理解这些作为理想类型的人时实际上已经运用了我现有的知识储备,我以前的知识告诉我警察与邮差之间工作的差异,而除非我对执行此项公务的某一个人或某一个性特征感兴趣,否则我根本不会关注这些同时代人作为一个独特个体的主观意义脉络,我不会关心他们对工作的感受,是爱岗敬

① [奥]阿尔弗雷德·许茨:《社会理论研究》,霍桂桓译,浙江大学出版社 2011 年版,第 49 页。

业还是玩忽职守,是愿意工作还是疲于应付,我只需要一些常用的理想化知识就足够了。"在我看来,他们的举动从根本上说都存在于某种客观的意义脉络之中。在他们—关系之中,我的伙伴们都不是具体和独特的个体,而是一些类型。"①

这些以类型化形式而存在的知识,不仅对于理解同时代人适用,而且对于领会由前辈构成的世界来说同样适用,但是对于那些年代久远的古代人来说,这些类型化的知识并不能保证完全成功地理解他们,时代距离越长久,就越有可能在理解上出现偏差,这对于未来人同样适用,这些类型对于他们只不过是一些大致的粗糙的轮廓而已。我还可以将这些关于同时代人的类型化的客观的知识建构重新移植到人的主观意义形态之中,对我们直接经验的社会实在来说,各种类型化的知识实际上都已经发挥作用了,只不过这些类型化的知识通过生动的共享的我们关系的经验而持续不断地得到了检验和校正。而当我把这些匿名的知识运用于一个具体的鲜活的个体时,实际上这些知识和它们的主人都经历了一种配对过程,随着我们关系的生动的经验的持续不断的深入,我对对方的理解也会不断地加深,我会不断地修正我手中的经验储备,以便更好地为理解对方服务。在我们关系中我的这些同伴都是一个独特性的个体,我虽然能够直接面对他们,但是我并不能直接把握他们的意识生活,而当我将一些匿名化的人格类型和动机类型转嫁给他们时,我实际上在推断他们的所思所想所为。因而我们实际上在进行一场"赌博",我们常常在经历着一种"观念的冒险"活动,而同时,我自己的经验储备也越来越丰富了,我用来理解同时代人的那些类型化的知识更加丰满了,更加充实了。

社会世界存在着各种各样的社会经验和社会关系。同时代人的世界是具有不同的匿名程度的,匿名性程度越高,则意味着用一种客观的意义基质来替代那些具体鲜活的个体的主观的意义基质。同时代的人并不是我们直接经验

---

① [奥]阿尔弗雷德·许茨:《社会理论研究》,霍桂桓译,浙江大学出版社 2011 年版,第 51 页。

的,这就意味着他们处于独特性的个体和由各种类型化知识而组成的理想类型交叉点上。如果一些类型化知识具有一种完全的匿名性,在原则上无论何时何地适用于任何人,那么就完全脱离了个体的主观的意义脉络,而成为普遍适用的客观的知识。而如果一些类型化知识还带有某个鲜活个体的特性,它们是从以前我与某个特定同伴的直接经验中推导出来的,那么这些类型化知识就是更加具体化的、个性化和完满性的知识,尽管它们并不是从我直接经验而来的知识,但是它们也不同于那些一般性的抽象的知识,也不同于从别人或者书本得到的匿名的知识。

因此,每一种类型化又都涉及了其他的类型化,在一种知识的基础性上匿名程度越高,人们使用它们发挥作用的成功率就越大,这适用于关于国家、政治、经济与艺术这样的社会实在。尽管这些社会集体性的类型化仍然保持着某些个体性特征,但是它们的匿名程度非常高,因为这些集体本来就属于超越性的由纯粹形式上的同时代的人及其前人而构成的社会实在。尽管人们可以借助于国家的工作人员或国家的领导者来理解国家的行动,但是并不存在国家人格、集体人格这些的东西,当人们理解国家、政治、经济这些社会实在时,只是把它们当作由各种各样独立的个性化的理想类型而组成的具有非常复杂结构的统一体而考虑罢了。这里经常存在的是将某些个人的行动模式转用到国家的行动表现上来,但是,这些社会集体形式不可能像一个真正的个体那样具有主观的意义形态和意义脉络。一个工作人员的类型化行为可以被看作社会集体的活动,作为一种活动,社会集体的活动与一个工作人员的活动之间的相同点和不同点是什么,在什么情况下,在何种程度上才能把一个工作人员的活动当作社会集体的活动,或者说社会集体的活动包括了一个个具体的人的主观价值判断在其中,这些都是需要认真研究的问题。

关于社会集体的探讨,还可以进一步深入到语言符号系统和其他文化对象的研究上来。例如,说英语的国家,不仅包括英国,还包括美国、加拿大、澳大利亚等,当我们指一个说英语的人,那么就指向了一个匿名程度非常高的个体性的理想类型,它甚至可以是指会说英语的任何一个国家的公民,比如一个能讲出一口流利英语的中国人。这种针对英语这样的语言系统所作出的说明,只是一种客观的意义脉络,但是,人们也可能转向一个说英语的人的主观的意义脉络。这种态度同样适用于一切文化对象,它不仅针对精神上的文化对象,而且还包括了物质性的文化对象,当我们面对一件工具、一个建筑、一件艺术品时,我们总是进行着一种历史的回溯,即转向有关那些生产者和使用者的主观的意义脉络之中。因而,社会世界具有不同层次的经验的结构,从直接的鲜活的面对面情境之中我的同伴的经验向我曾经熟悉的我的同伴的间接经验的转变,再向具有相对具体的人格和动机的理想类型的人物的转变,再到匿名程度不断提高的功能性的理想类型的人物的转变,直到最后到达完全匿名性的关于文化对象、社会集体、政治机构、符号体系等非常抽象的社会实在的经验。

　　在处于我们关系之中关于我的同伴的经验,都会由于这种生动的现在的共享经验的不断发展而持续不断得到丰富和校正,而在我与他人构成的社会关系之中,情况并非如此。尽管随着我的阅历的增长和我关于同时代人的知识的不断扩充,我用来取向于他们关系之中的其他人的各种理想类型也在不断地扩展和充实,但是我对在他们关系之中发挥作用的类型化图式的改变远远不如在我们关系之中的各种丰富和校正活动。在我们关系之中,我与你的关系时刻都面临着一种双向的相互协调过程,这也是合作和团结的情形,而与之相反的敌对情形也时有发生,当你我双方的旨趣、秉性、性情、爱好过于迥异,就有可能发生直接的冲突和暗里的对立,这也是争执与分离的情形。但是在他人取向的社会关系之中,关于他人对世界的解释与我对世界的解释之间的差异,不可能得到非常明确的表现。特别是在某一些社会关系中,我运用一些抽象的符号来表达意义,我的同时代人都成为匿名的人,我使用这些客观的指号和符号来指代任意人,我不可能假定,那些同时代人能够领会到我使用的某一个语词的客观意义与处于边缘状态我的主观意义的细微的差别。然而,用一种比较低的匿名程度来表现其特征的他们关系随时都可以转化为生动的现在的我们关系,而各种亲密的我们关系也可以随时转化为比较具体的他们关系,因而,我们关系的基本结构与他们关系的基本结构之间是可以相互转化的,并不是稳定不变的。例如,我在上课时与我的学生们处于一种面对面的我们关系之中,而对于某一个学生而言,我只是众多教师中的普通一员而已。

如果我对我曾经具有的社会关系进行回忆,无论直接经验的我们关系,还是间接经验的他们关系,这些经验的构造性特征并没有改变,我可以以回忆的方式一步一步地重复这些经验的构成过程,虽然它们属于已经过去了的经验,但是我可以把我的同伴的过去生活与我的过去生活联结起来,他们的经验与我的经验具有一种同时性,因而,它们并不属于严格意义上的我的前辈世界的经验领域。由我的前辈经验构成的世界是一个已经完全地成为过去了的世界,我的经验不可能与这些前辈的经验具有任何的同时性,这些经验也不再具有不断发展的未来,既不会对未来保持一种开放的预期,也不会因为有可能预期落空而感到惊奇,这种行动被完成了,根本不具有任何尚未确定之处,没有什么东西是需要预期的。但是我们仍然可以对这些经验和这些行动进行回忆和分析,我们仍然可以去挖掘这些历史人物的心理状态,他们的动机和意图,我们仍然可以对他们进行重新解释,我可以取向我的前辈,但是我的前辈不可能取向我,我的意识生活不可能与我的前人的意识生活仍然保持一种同时发生的可能性,我和我的前人也不可能进行一种双向的意识活动,而只是一种我单向的意识活动,我不可能影响他们,而他们却可能影响我。因为我可以总结和反思那些历史教训,可以感叹那些这样发生而没有那样发生的事件的结果,还可以设想历史上如果没有发生某个事件,或者说如果发生了相反的结果,那么改写的历史会怎样。马克斯·韦伯说,如果马拉松战役的结果是强大的波斯帝国战胜了古希腊城邦,那么当时在古希腊蓬勃发展的文化就会被一种新的波斯文明所取代,波斯人的征服将会窒息古希腊理性精神的发展,因而欧洲文明史将会重新改写,古希腊将不再会成为现代欧洲人精神上的祖先,也不再会为人类理性的共同事业作出巨大的历史贡献。

因此,前人的世界属于一个历史世界,一个过去完成时的领域,我们不可能与我们的前人形成一种真正的社会关系,但是从同时代人的世界可以向前人的世界转变。例如我听我的父亲讲述一个他儿时的经历,我与我的父亲是一种面对面的我们关系,而我不可能使我的意识生活与我的父亲小时候的同伴的意识生活联结起来,对我而言,我的父亲的同伴的经验,都属于社会世界的一个已经过去了的领域,我虽然不可能对它们具有任何直接经验,但是从我父亲那里得来也可以算作一种间接经验,因而前人的世界与同时代人的世界之间的界限存在着过渡带。而对于那些历史久远的古人的世界,我都是通过各种历史文献资料和历史遗迹来获得关于古人的知识的,我关于过去的历史世界中古人的经验既或多或少带有匿名特征,又或多或少带有具体特征,我既可以通过一种客观的意义脉络来思考它们,也可以通过一种主观的脉络而转向那些当事人的意识生活之中,我可以使我的意识生活与那些古人的意识生活达成某种虚构的同时性之中,但是实际上我只是借助于一些理想类型才能理解前人,我把前人定位于某种环境之中,但是这种环境可能具有与我的当代世界完全不同的文化意义。尽管我也是这样来理解我的同时代人的,但是因为我与我的同时代人都属于同一个的文明形态,我们具有相同或相似的知识储备,而我和我的前人并不属于同样一种文明形态,我们的知识储备也不尽相同,因而我对前人的解释既与对同时代人的解释不同,也很可能与前人对自己的解释有差异:"我们在解释前辈的世界的过程中所使用的这些图式,都必然会与这些前辈自己用来解释他们的经验的图式有所不同。"①因而我很可能是以一种含糊不清、完全不能确定的方式看待我的前人的行为和看法的,而历史科学的重大使命就在于确定应该将哪些事件、人物及其行动凸显出来,而所有的历史事件都能够还原为某些前人的意识生活的经验,这些前人的经验也指

---

① [奥]阿尔弗雷德·许茨:《社会理论研究》,霍桂桓译,浙江大学出版社 2011 年版,第 67 页。

涉他们的同伴、他们的同时代人和他们的前辈，它们也具有我们关系的直接经验和他们关系的间接经验，因而我们关系一直是持续存在着的，历史就是这样从一代人向下一代人的绵绵不绝中不断向前发展的。因此，历史上那些作为客观事实的事件一直存在着，而那些具有鲜活的人格形象和富有独特意义的行为举止的生命个体也一直存在着。

而关于未来的社会实在的领域，即使我们不是一无所知，那也是知之甚少。这个领域是完全不确定的，因而我们的行为不可能根据这些不确定的世界而进行取向，我们关于未来世界的知识也存在着模糊和概略的特征，运用类型化的方法我们也不能领会这个领域，因而我们把关于我们的同伴和我们的同时代人的经验转用到未来的人时是不合法的。尽管我们可能能够领会即将到来的世界，即同时代人的世界与未来世界的过渡领域的某些内容，但是未来世界距离我们越远，我们关于他们就越具有不确定的知识，真正的未来世界绝对超出我们的掌握之外，因而根据过去和现在关于社会实在的经验来预见未来是毫无根据的推测和猜测，这些预见预测遥远的未来，会得到非常不确定的结果。

第二节　许茨的社会科学方法论

韦伯曾经对许茨产生过重大影响，众所周知，韦伯是社会科学方法论的杰出贡献者。可以说，许茨的基本理论问题从韦伯开始，柏格森的意识时间的绵延理论也给予其重要启发，而胡塞尔的现象学则为其提供了决定性的影响，进而形成了关于社会科学方法论的重要洞见。因而从某种意义上来讲，许茨的理论可以看作对韦伯社会科学方法论的重大发展。

一、行动的设计与选择

许茨首先界定了人的行动与行为的基本涵义。行动一方面可以指人的行为不断进行的过程,这是一种正在进行的活动过程;另一方面也可以指这个行动造成的客观结果,这是一个已经完成的行动。无论是人们的行动还是人们的工作,都是行动者经过了预先计划和设计的,这种行动既可以指一种公开的连接在外部世界上的行动,例如砍树、打电话等,也可以指一种在心理上进行的计算和谋划,例如在心中计算一个数学方程式,这也可以看成一个隐蔽的行动。我们可以非常清楚地看到公开的行动和隐蔽的行动之间的重要差异,公开的行动造成了不可改变的重要结果,这种行动是无法挽回的、无法补救的,例如杀人,造成了非常恶劣的社会影响和后果,因而各个国家的刑法都会严厉地惩处这种行动;而隐蔽的行动只是在心里预谋和想象的过程,这种行动无疑不会造成什么客观的结果,没有什么社会后果,隐蔽的行动可以推倒重来,例如我设计一个方案,或计算一道数学题,我如果觉得不满意,我可以换一个想法重做一遍,这并不怎么费事,但是公开的行动已经在客观上造成了结果,例如盖房子,如果不满意想重新再来,就必须将房子推倒再盖,这当然就不怎么省事了。

从隐蔽的行动到公开的行动,则涉及了人的行动的意图问题,我可以幻想我杀人,只要我不付诸实施,就不能算作犯罪。也就是说,把预想转化为目标,把设计转化为具体的行动意图,这是一种公开的行动所必须具有的,这就是威廉·詹姆斯所说的自愿选择的问题,我必须有愿意将我的设计转化为一种具体行动的意图,否则它就只是一种纯粹的幻想过程。而一种公开的行动是连接在外部世界的一种可以看见的客观行动,这种行动既经过人们的预先的设计,又具有一种行动的意图和动机。还有一种行动值得我们注意,那就是不做或制止做某事,例如一个官员玩忽职守或不作为,这种不做、不干涉、纵容也可以算作一种特别的行动,我设计了一种行动方案,但是我在执行它还是不执行它时犹豫不决,最后选择决定不执行它,那么就是一种不做,我制止了我的行动的意图。一个外科医生在给病人做手术之前肯定是经过深思熟虑的,他早已经想好了手术这个行动的多种后果,而一个金融资本家在投资项目的时候就已经想到了最好的结果和最坏的结果。

深思熟虑是在行动所造成的各种各样的结果之间的一种预先的戏剧性地彩排和预演,是在思想上所作的一种试验过程,我的全部设计过程都是以一种幻想的方式对未来的行动进行的一种设想和预期,我把各种结果想象成我的行动已经造成的后果,然后我再权衡我是否应该作决定进行这项行动或制止这项行动。而正是我的将来行动的后果,将成为我的全部设计过程的出发点,我必须把我的未来行动将会造成的事态作为一种目标,我设想这个行动完成时的情景,我可以构想我将要造成的这种未来行动的每一个步骤。因而,这种设计具有一种指向未来的时间视角,我通过我过去进行的活动而指向未来,也即我模拟我过去曾经进行过的行动而设想在未来将要发生的情境,而在我进行设计的过程中,我过去所受教育的背景、我的生平情境以及我的现有的知识储备无疑都起着举足轻重的作用。而在实际执行行动的过程中,我所设想的和所计划安排的内容与具体的行动实施过程肯定有所不同,这也是我的知识和阅历增长的过程,我会将在行动进行过程中所遭遇到的经验和发生的事件不断地充实到我的知识背景之中,正是这样我在不断地变得成熟和老练。正如胡塞尔所说,我的设计过程只是一些包含着各种视界的空洞的预期,这些空洞的预期需要不断地由具体事件的执行来填补,因而可以说各种设计只是一些空洞的形式,它们并不具有具体的生动的内容,因而具有不确定性,需要在生活世界的经验之中加以充实、证明和检验,在这些证明和检验的活动中,我也更加深刻地认识了世界,因而我的经验永远向未来开放。

许茨阐明了人的行动背后的意义结构。关于怎样理解人的行动,我们绝不能像理解一个自然对象或物理对象那样来理解人的行动,因为在人的行动的背后涉及了人的精神、人的人格、人的欲望、人的各种念头和人的各种思想观念的内涵,涉及了人的意图和动机的问题,涉及了人的利害关系,这也正是社会世界与自然世界的根本不同之处,正如韦伯所说,只有通过人的行为背后指涉的动机,我们才能真正理解一个人。而动机不仅可以指目的动机,也可以指原因动机。目的动机指向的是未来,而原因动机则指涉过去,因而,由目的动机所激发出来的是一种未来选择,即这样一种决定,要把内心的一种计划转化成与外部世界相连接的执行和实施过程。而原因动机则指的是这个人为什么会产生这种行为,这与当事人的家庭背景、过去经历、生平情境、心理状态、受教育程度、旨趣爱好、经济收入状况、个性禀赋特征等许多因素密切相关,原因动机指涉的是当事人的过去的经验,这些经验决定了他按照他过去的行为方式和思维方式进行活动。而在日常语言中,人们常常是忽略了目的动机和原因动机之间的区别,原因动机指涉的是过去的经验,而目的动机指涉的是关于未来的行动,当我们说杀人犯杀人是因为他想得到不义之财,这实际上是用一种原因动机替换了一种目的动机。人们经常会用原因动机来表达的实际上是一种目的动机,却无法用目的动机来说明原因动机,目的动机指涉的是一种指向未来的经验,而杀人犯杀人的原因可以从罪犯过去的经历来进行分析,此人为什么会做如此之事,他杀人是因为他过去个人境遇中的生活历史决定的,①他由积淀在他的行为和想法的惯习,按照他过去的惯常处理方式去活动因而采取了用杀人的方式去获得钱财,而不是用劳动的方式去获得钱财。而对从目的动机向原因动机的转化的探索则构成了一种哲学上的研究。

因而,动机蕴含了丰富的意义。"只要行动者生活在他那不断前进的行动之中,他就不会看到它的原因动机。只有当行动被完成的时候……他才能作为他自己的观察者回过头来看他过去的行动……"②从主观的角度来看,动机是指行动者在行动过程中不断向前的意识之流中的时间经验,这种动机是一种目的动机,它是对未来将要做的事情的一种安排和计划,它是一种要达到预先设想的目标的意向,只要行动者在持续进行着他的行动,他就只会关注未来,关注将会发生什么,而只有他的行动停下来,他才会从反思的角度来关心

---

①　参见[奥]阿尔弗雷德·许茨:《社会实在问题》,霍桂桓译,华夏出版社 2001 年版,第112 页。

②　[奥]阿尔弗雷德·许茨:《社会实在问题》,霍桂桓译,华夏出版社 2001 年版,第 113 页。

过去,看他的过去的行动,思考他为什么会这样做,他才会想到他做事情的原因动机。因而,原因动机既可以指那些过去的经验,同时也可以指那些将来要完成的经验,因而在日常语言中,我们会经常看到用原因动机来表达目的动机,但是另一方面,目的动机却不能表达原因动机,因为在行动的进行过程中,我根本不会注意到那些过去发生的事件,我的注意力的焦点在前面即将发生的事件当中,我面对的是不断进行的行动过程,正如我在赶公共汽车的时候,我此时此刻的行动就是要在汽车开动之前能够上汽车,我要达到我即将要完成的目标,而丝毫没有时间来思考过去的事情的意义。

许茨区分了动机的主观意义和客观意义。动机既可以具有主观意义,也可以具有客观意义。目的动机可以看作一个主观范畴,它涉及行动者的想法、意图、打算和谋划,在原则上只属于行动者本身,而原因动机则可以看作一个客观范畴,通过进行分析和判断,能够被观察者所接近,这种观察者既可以是一个社会科学家或社会工作者,又可以是行动者本人,他们都是停下来以一种反思的态度来思考和重新构想行动者进行行动时所持有的态度。因而,动机问题实际上是一个非常古老而复杂的哲学问题,它不仅涉及决定论和非决定论的意义,而且涉及自由意志和自由选择的问题,莱布尼茨、胡塞尔、韦伯、柏格森都曾经严肃地对待该问题。我们认为,要理解一个人的行动,就必须涉及人的动机问题,而人的行动计划、行动设计与行动动机都与行动者现有的知识储备密切相关,这种知识储备是他的生平情境的一部分,也是他独特的主观成分,因而属于他而且仅仅属于他。

设计过程离不开现有的知识储备,它还受到了既有条件和环境的限制,因而设计不能等同于纯粹的幻想和异想天开。我可以随心所欲地幻想任何一个情境,并用幻想的手段来达到幻想的目的,这种幻想过程不会受到实在强加给我的任何限制,然而幻想不是设计。设计指涉的是唯一现实的生活世界,具有实践性和可操作性,全部设计过程应当在我的实际的能力所及和潜在的能力所及的范围之内。我通过可以运用的手段达到现实可行的目的,我不能把自己设计或计划成一个国王,尽管在幻想中我可以这样,我必须考虑到我身边的这个真实的日常生活世界的现有条件,以及关于我的未来行动可以运用到的知识。我还必须权衡各种机会和冒险,即胡塞尔所说的"我可以再做一次的理想化"依然在起着重要作用,但是我必须知道,这些未来知识只是一些空洞的预期,它们有可能适用,也有可能不适用,我必须做好准备迎接挑战,在将过去的知识运用到未来的过程中不可能丝毫不差,这是一次证实或纠错的活动,是行动与观念的双重冒险。

生活世界的经验作为过去曾经证明是可靠的经验成为我手头上最直接和现成的知识,日常生活中我们都认为,它们以前经受过检验,所以未来仍然可以经受住检验,它们是一些关于自然界与社会世界的理所当然和毋庸置疑的经验。而当一种新奇的陌生的个别事物出现的时候,我们无法将其归类,我们发现它与原来的关于事物的类型的观念不一致或者不相容,吃惊和质疑就会因此而产生。因而生活世界的经验从一开始就是一些关于事物的类型化的经验,我们把事物分门别类地看作各种各样的类型,而这些类型又具有无限开放的各种视界,这些类型又可以分为各种各样的亚类型、次类型,例如狗可以分为牧羊犬、藏獒、狼狗等,通常的情况是,我们对那些普遍的类型的特征并不感兴趣,而感兴趣的是那些引人注目的、个性突出的、独特的亚类型和次级特征,因为它们表现出一些新奇的特征,因为它们吸引了我们的注意力,成为我们可以质疑和进一步研究的对象,因为它们可以开拓我们的视野,丰富我们的经验,增长我们的知识。

许茨借用了胡塞尔的观点,胡塞尔在前论断性的领域中对论断性判断的起源进行了研究,胡塞尔认为,我们所经验到的任何对象最初都是预先给定的,我们被动地接受它们,被它们所影响,正是因为它们强加给我们,刺激我们,我们才会转向它们,注意到它们,这也是以后的主动思考的开端。在以后的活动中,在持续不断的综合过程中,我们不断地证实和证伪我们的预期和观点,在这其中,各种各样的信念、态度与假定在互相冲突和竞争,我们会在各种倾向之间来回徘徊和犹豫不决,因而下决定的过程就显得非常的艰难。我们一会儿喜欢这一方面,一会儿又偏袒那一方面,一会儿把意义赋予这一种可能性,一会儿又把意义赋予那一种可能性,我们会在各种可能性之间权衡、猜度与比较,因而在各种替代方案之中的选择就显得格外重要:"正是处于其被从生平角度决定的情境中的个体在被认为理所当然的事物中进行的这种选择,把这些经过选择的开放的可能性转化成从现在起准备接受选择的有问题的可能性;其中每一种可能性都具有其影响,都要求对其进行充分试验,都表现了杜威所论述的不断冲突的倾向。"①因而,一个在社会世界中活动的行动者必须界定情境,并且在各种备选方案中不断地作出选择。

我在各种设计方案之间的选择不同于我在两个或多个具体行动之间的选择,在设计过程中完全是由我自由支配的,它完全在我的力量控制范围之内,我通过在思想中或想象中来预演我的未来,而且我可以随心所欲地修改和更正它。然而,我的具体行动一旦做出,就无法挽回,例如,我将一盆水倒在地上,此时我想收回这盆水是不可能的,我的行动与外部世界相连接,并可能造成各种各样的后果,这种行动在外在的客观时间和客观空间中存在。而设计是在我的心灵中完成的,心灵通过一种想象力和设想在我的内在时间中持续不断地创造、变化和改进,我可以不断地丰富和完善我的设计,我可以推倒重来,重新设计一个更加完美的方案,通过在心中的演练过程,实际上我已经扩展我的经验,我比那个刚开始设计的自我更加老练了,这种设计方案的选择会在我的内在意识时间之中持续不断地生产出来。柏格森曾经更多的注意到了两种时间维度的差别,他的第一部著作《时间与自由意志》就是研究自由和选择问题,他把人的内在时间称作绵延,绵延与空间化的时间不同,自我在内在时间的绵延之中不断地穿越各种心灵状态,它不断地扩展自身,它通过想象在

---

① [奥]阿尔弗雷德·许茨:《社会实在问题》,霍桂桓译,华夏出版社2001年版,第127页。

各种态度和倾向之间自由穿行,在反复斟酌和深思熟虑过程中,自我变得更加成熟。然而,我们不能把深思熟虑看作一种空间中的自我摇摆,那些决定论者和非决定论者正是将绵延与空间化的时间混淆了,才造成了各种各样的谬误,哲学更加关注的是人的自由,因为它对偶然性、对人的选择更加情有独钟,自我实际上永远处于一种自由的、不断变化的、不断生成和不断更新的过程之中。

在柏格森看来,选择只不过是在人的内在绵延时间之中的一系列事件,而绝不是在两组空间化的时间之中进行舍此取彼的犹豫不决的过程。"我们只能把深思熟虑及其不断竞争的所有各种倾向设想成一个能动的过程,在这个过程中,自我,它的各种思想情感,它的各种动机和目标,都处于一种不断生成的状态之中,直到这种发展导致了自由的活动为止。"①而在胡塞尔看来,自我在相互冲突和竞争的各种怀疑情境之中创造了一个由各种可能性构成的统一领域,自我在各种可能性之间不断地自由穿梭,直到最后下定决心进行行动,直到行动完结,这个过程将一直进行下去。因而,柏格森和胡塞尔他们这两位哲学家的观点不约而同地都集中在一点之上,那就是行动者那不断向前伸展的内在时间意识之流。

许茨认为,各种行动、动机、目的和手段以及各种设计、意图都不过是某一个系统整体中的某个成分,一个目的对于完成该目的的手段来说是目的,但是对于另一个更高的目的来说则只不过是一个手段,任何设计都是在更高一级的设计中被完成的,因而自我在两种设计之间进行的任何选择,都必然涉及以前经过选择的各种设计系统。我们的各种计划都从属于最普遍的计划,即生存计划,活下来的计划。任何的选择都涉及以前所做过的决定,现有的这些可选方案都建立在那些决定的基础之上,就像怀疑都建立在一种模糊的似是而非、可以质疑的具有开放视域的经验性的确定性基础之上那样,怀疑正是对

----

① [奥]阿尔弗雷德·许茨:《社会实在问题》,霍桂桓译,华夏出版社 2001 年版,第 138 页。

某些确定性的知识中的疏漏、矛盾和冲突的怀疑。选择现象在我们的意识的各种层次上反复出现，期待选择过程所有的成分都清晰明确是不现实的，期待一劳永逸地完成选择活动也同样是不可能的，人在世界中的生存就是在不停地选择、决定、再选择、再决定，在如此持续不断地循环往复之中度过的。

生活世界正是我们每一个人都进行设计和选择活动的一般领域，我们的生平情境把我们的生活世界的某些成分当作与我们的意图有关的东西选择出来，如果这种选择没有受到阻力，我们的设计就会轻松地转化为一种意图，我们的行动就会轻而易举地得以实现。而由于我们现有的知识中存在着模糊不清的成分，我们就会产生质疑和怀疑，这就需要我们下决心和做决定把这种受到怀疑的可能性转化为一种确定性。因而选择和设计不仅涉及关于自由、利益、兴趣、个性、关联等复杂的哲学问题的研究，而且还涉及社会科学家在描述发生在社会世界之中的行动者时所发生的态度的根本转换，下面我们就来谈一谈这种态度的转换。

二、日常生活的态度与社会科学家的态度

在谈这种转换之前，我们先来看一看本地人、外地人和制图员这三种不同的态度，本地人把这个城市看作他的家乡，而外地人将其看作谋生的处所，而制图员则把这个城市作为科学研究的对象，因而对于这同一个城市，他们三人是从三种不同的态度、不同的观点来加以思考的。这里存在着日常生活的态度和科学世界的态度之间的根本差异，科学研究要求放弃各种主观的价值的态度，而采取一种中立的客观的态度，这是一种对世界静观的沉思的超然的态度，而不像日常生活的自然态度，世界只是我们行动的舞台和实践操作的地方，我们对世界持有一种实用的和实践的立场。"从一个层次向另一个层次的转变意味着，某些与我们的研究有关的、以前曾经被认为没有任何问题的预设前提，现在很可能会受到质疑；而且，以前曾经作为与我们的问题有关的材

料而存在的东西,现在也很可能本身是有问题的。"①因而从一个层次向另一个层次的转变,意味着我们所使用的概念和术语必须进行一番彻底的修正。正如威廉·詹姆斯所说,概念的意义具有一个内核,而在每一个概念的四周,都具有一些边缘的附属的模糊不清的意义,我们对概念的这些边缘的感受时而清晰,时而模糊,时而引起我们的兴趣,时而又偏离我们的兴趣。一个句子中的每一个概念、每一个语词都是被人们当作某种有意义的东西感受的,因而一个语词在句子中所具有的意义与在没有任何语境下单个的意义很可能是大相径庭的。

在社会科学之中,社会科学家和社会研究者是从一种旁观者认识的角度来对待社会世界的人和事物的,他们就像从事各种实验的物理学家们那样,具有一种中立的客观的超然物外的态度。然而,社会科学家也不可能不食人间烟火,在进行完社会科学研究工作之后,社会科学家仍然要回到现实的日常生活之中,我们所有人仍然都是日常生活世界之中的居民,并通过各种方式与我们的同伴联系在一起,即使是科学活动本身,也是建立在生活世界的原始经验和科学家共同体的合作的基础之上的,胡塞尔在《危机》中曾经对这一问题给予了清晰的说明。科学活动植根于社会生活和日常生活之中,或者说科学是我们的人性当中具有的一种完美和极致性品格,科学是人的专注力和创造力的尽情发挥。科学工作也是人类的一种特殊活动或者一种特殊的工作,即科学构成了合理性解释和合理性行动的原型,而在日常生活中逐渐发展出来的类型化的过程也可以当作一种理性化过程来解释。马克斯·韦伯曾经将西方近代的"世界的去魅"过程看作一种理性化过程,通过这个过程,人们把一个不可控制和不可理解的世界,变成了一个可以控制、可以理解、可以组织和加以利用的世界。生活在日常世界之中的人们关注的是现实的对象,却很少有人能够注意到在近代社会发生的这个"理性化过程",而只有哲学家或社会学

---

①　[奥]阿尔弗雷德·许茨:《社会理论研究》,霍桂桓译,浙江大学出版社 2011 年版,第75 页。

家才会对这一社会现象给予分析和解释。尽管进行科学研究工作的理论兴趣与我们日常生活的实践兴趣是截然不同的,但是,每一种兴趣都根据基本情境的变化而不断得以修正,每一种活动都具有其特殊的关联性结构,都在建构一种特殊视角,我们对这个世界的所有立场、态度与观点都具有一种基本的视域特征,"这种组织过程也是在有关熟悉和陌生、人格和类型、亲密性和匿名性的范畴之中进行的"①。

在日常生活之中的每一个人都通过所受教育、学习经历、亲身体验和自己的反思活动而获得各种知识,因而他的现有的知识储备已经建立起来了。但是,他的这种知识储备实际上是把多种多样的不同类型的知识包含在其中,这些知识具有各种不同程度的清晰性和明确性,这些知识还具有各种假定、预设和先入之见,而且,各种动机、目的和手段,以及原因和结果,都在没有对它们之间的真实联系进行清晰理解的情况下聚集在一起。传统、习惯与文化不断地对我们发生作用,而我们几乎是没有意识到这些作用,也无法控制这些作用,它们是从过去的历史中,从以往的经验中获得的一些程序、规则、做法、技巧与诀窍,它们是从我们的父母和师长那里未加反思和批判地继承下来的,我们几乎是在没有对它们的连贯性和清晰程度进行任何探究的情况下,就开始使用它们。而且,我们使用它们实际上是依靠一种过去的经验,而不能保证在将来任何时候都绝对有效,我们可能会认为,如果我在同样的情况下和同样的原因下继续使用这些规则和做法,它们就一定能成功,因为曾经得到过验证是正确的,现在和今后也将得到验证是正确的。这是一些关于日常生活的假定、预设、前见、归纳、推理和预测,这些预设和推测都具有一种近似的、大致的和模糊的特征,它们既不具有确定性,也不具有数学意义上的必然性,只是一些空洞的预期,它们充其量只不过是人们关于未来的一种合理合情的期望和预想,因而这些知识并不是具有清晰的连贯性、明确性

---

① [奥]阿尔弗雷德·许茨:《社会理论研究》,霍桂桓译,浙江大学出版社 2011 年版,第80 页。

和确定性的知识。

在日常生活中，这些知识大都是一些关于事物和特征的类型化知识，这些类型化的知识具有合理性吗？日常生活中的类型化行为可以根据理性或非理性的行为标准而对其进行分类吗？如果人们把合理性当作一种合乎理性的意义来使用，那么我们经验储备当中的各种规则、方法和诀窍无疑都是合理的，在日常生活中，我们是以一种合乎理性的方式进行生活的。然而，以合理性的方式进行活动还意味着应当避免机械地照搬和照抄各种先例、放弃各种陈旧的做法，面对新情况和新问题而寻求某些更加合适的解决方案。同时，合理性还包含了一种审慎的意思，一种审时度势地对待人和事物的处理方式，一种深思熟虑的安排。此外，人们经常把合理性行动作为一种有计划的、经过预先准备的、事先进行安排的行动，即使是日常生活中一些非理性的行动也不是没有经过计划和经过预先准备的行动，它们实际上都是存在于我们的各种计划、预想和设计方案中的行动，可以说，一个行动从计划、设计到执行与完成，都处于人的意识活动之中，任何一个有计划有目的的行动的进行过程中都必然包含了人的合理性和理性的因素在其中。因而，合理性在某种程度上又包含了可预见性、可操作性、可实践性、可行性的意义在其中。

按照哲学家的理解，合理性指的是合逻辑性，在一个合理性的命题中，逻辑学无疑应该得到充分的运用。然而，在日常生活之中，我们并不严格追求和要求语言的清晰性和准确性，我们只要能听得懂想要表达的意思就可以了，日常语言的逻辑相当地松散，有时我们的表述常常是残缺不全的。此外，日常生活中的命题大多都是此时此刻的境遇性命题，它们随着人物、时间与地点的不同而改变，日常生活中人们对真与假这样的对立并不特别感兴趣，而对从不可能到可能这样的转变更加感兴趣，日常生活中人们具有的是一种突出的实用的兴趣，我们的知识是为了促进我们各种现实的目标，并且获得对我们来说有益的和让我们感到幸福与快乐的事："实用主义的原则无疑是有充分理由的。

它是一种对于日常思想风格的描述,而不是一种认知理论。"①下面就谈一谈合理性问题。

三、合理性问题

在日常生活中,我们大多都是在受下一个活动目标的吸引,而很少涉及反思的问题。只有在我们做事情的进程被打断的时候,我们才会停下来进行思考,我们可能对各种可能性进行权衡,是从头开始再重复一遍,是反其道而行之,还是继续坚持到底,我们面临着必须作出选择,在这些可供选择的方案中,我们必须将自身置于未来的某一个点上,把我预先设计的计划和安排当作已经完成的情况来对待,进行选择、判断和最后下决定。这种关于选择的程序是在我们的心灵中,从一种可行性方案过渡到另一种备选方案中,当对另一种备选方案犹豫和不满时,还会回到原先的第一种方案之中,而在我们心灵当中不断地前进、后退和来回反复,是意识特有的一种现象。正如威廉·詹姆斯所说,人类意识所具有的主要功能就是选择,许茨则把选择、兴趣与关联看成意识生活的主题,"兴趣虽然只不过是选择而已,但它却未必包含着自觉的,以反思、意愿和偏爱为预设前提的,对不同的选代方案进行的选择"②。

然而,我们可以将哪种或哪些深思熟虑的选择当作一种理性活动的选择呢? 我们必须把作为这种理性选择的前提条件的知识的合理性与作为这个选择本身的合理性区别开来,只有当我们作为该领域的专家掌握我们用到的知识所有成分的清晰性和明确性时,才可以说,这种知识是合乎理性的,而对于一个实践的目标来说,我们只要在各种能力所及的手段之中选择一个最合适的手段就足够了。因而,我们所谈论的合理性的概念并不是日常生活最常见

---

① [奥]阿尔弗雷德·许茨:《社会理论研究》,霍桂桓译,浙江大学出版社 2011 年版,第 85 页。

② [奥]阿尔弗雷德·许茨:《社会理论研究》,霍桂桓译,浙江大学出版社 2011 年版,第 86 页。

和最普遍的一个特征。只有当一个行动者掌握了实现目的的手段和关于目的和手段的所有全部知识,合理性才会出现,但是在一般情况下这是不可能的。因而合理性概念实际上并不是在日常生活世界的意义上来理解的,它并不处于日常态度的实用的或实践的层面上,而毋宁说,它处于一个对社会世界进行科学观察的理论层面上。理论研究者和科学观察者虽然也都是来自日常生活中的人们,但是他们与日常生活的人们的态度不同,他们并不按照自己的兴趣以他们自己为中心而将这个世界组织起来,他们必须置之度外而用一种超然脱俗的中立的客观的理论态度对待社会世界中的人物以及事件。他们在进行科学研究的过程中,必须将自己各种私人的兴趣与物质金钱方面的考虑抛在脑后,他们必须把他们要观察和研究的事件以及个人作为研究的中心,他们的整个关联系统、取向系统和旨趣都发生转变了。社会科学家在进行理论建构的时候,必须暂时抛弃与之无关因素的困扰,实际上他们是在建构一种纯粹的理想类型,"科学家用由他自己创造和操纵的'傀儡'取代了被他当作在社会舞台上活动的演员来观察的人们"①。

因而,社会科学家笔下的个人实际上已经不是日常生活中的有自己的倾向、兴趣、目的和爱好的真实的个体了,而是一些理想型,它们并没有自由,而受到社会科学家的控制。社会科学家给了它们一些类型化的动机、人格、行为以及目的手段关系,除了这些类型化的情境之外,它们并不会行动。即理想类型只是模仿一些有意识的心灵而建立起来的一些模型和类型,这些傀儡并不具有自己自发性和自觉性的行为的意识,它们受人的指挥和遥控,它们没有希望,没有恐惧,没有灵魂,没有自由意志。无论何时社会科学家准备放弃这些角色,它们就会像无用的废物一样立即被抛弃到垃圾场。而作为人类的我们的最大特权就是拥有选择和自由的权利,我们可以放弃我们所承担的一些角色,我们可以除掉在我们身上的一些伪装,我们可以重新确定我们的研究计

① [奥]阿尔弗雷德·许茨:《社会理论研究》,霍桂桓译,浙江大学出版社 2011 年版,第 90 页。

划、研究对象和研究程序,最后,我们可以随时回到以个人的利益和价值取向为中心的日常生活世界中来。

从严格意义上说,无论是社会科学家还是他建构的理想类型,都不具有中心地位,而正是现有的正在研究的科学问题才真正处于核心地位。正在研究的科学问题决定了存在的各种问题的内外视域及其关联的限度,决定了科学研究的主题领域以及各种概念的边界、内涵及其相容性,决定了哪些与此有关,哪些与此无关,决定了问题的范围、区域、下标和广度,决定了思想和观念的边缘部分伸展得多远、向哪些方面伸展具有合理性,而向哪些方面伸展则不具有合理性,决定了从一个层次向另一个层次过渡的合理化程度,以及随之而来的对各种概念、类型与态度所作出的必要的修正。然而社会科学家所建构的这些抽象的行动和人格的类型必须随时准备回到日常生活的现实的行动类型和人格类型之中。即社会科学家是在抽象的层次上来研究问题,但是这些理想类型、基本模型与一般性概括都在日常生活世界中具有原型,社会科学家只不过是运用了一种理性的速记法而已。这些抽象的建构出来的理想类型尽管并不真正存在,但是它们并不是凭空建立的,它们必须合乎日常生活中人们的行动的基本合理性要求。因而,社会科学家必须探求一个事件或一个行为在一个个体的心中会怎么想,他会怎么应对,为了把一些合理性的人格类型和行为类型建构出来,社会科学家必须思考应当把哪些思想的类型赋予这些傀儡的心灵才是合理的和合适的。

因而,社会科学家所建构的各种理想的人格类型和行为类型的各种活动,不仅对于行动者本人来说是可以理解的,而且对于他的那些同伴,对于所有的理智健全的人来说都是可以理解的,而这对于社会科学方法论来说,无疑具有极其重要的理论意义。"一门社会科学之所以有可能指涉生活世界之中的各种事件,完全是由于下列事实,即社会科学家对任何一种人类活动的解释,都可能与行动者作出的解释抑或与行动者的同伴所作出的解释完全相同。"①社会科学家基本的理论建构必须与形式逻辑的各种原则相容，而且必须与日常生活中人们的止常观点相容，还必须与得到科学证实和检验的科学结论相容。这三个方面构成了关于合理性的假定。即对于社会科学所建构出的社会行动的理想类型，日常生活的行动者如果在各种条件都适合和满足的情况下，一定会运用这些理想类型进行类型化的活动。而这是在纯粹理论的层面来谈论的，即只有处于各种合理性范畴框架之中的行动，才能得以进行科学研究，除了理性的方法外，科学并没有其他的方法。而每一门社会科学目前所发展的阶段，决定了它的基本研究领域，决定了它的研究目标、研究内容、研究方式与研究程序，也就是说，社会科学家并不是随心所欲地进行科学研究的，科学研究具有一定的历史边界，以往的科学家前辈们所进行的研究是一些基本的前提和命题储备，每一位科学家都必须把从前辈那里继承下来的思想遗产作为研究的起点。社会科学家建构的理想类型，不仅要与我们的日常生活的总体性要求相一致，而且也要与我们的科学经验的总体性规范相一致，而同时，社会科学家的对象是一些处于社会具体时空之中的人，正如马克思所说，这是一些"现实的个人"，这些个人都有他独特的经历、有他自身的计划和意图，有他的情欲、理想和利害关系，因而对社会世界中的人格类型和行动类型的设计必须要给自己留下一块空地，要让社会科学家对这些对象的解释和这些对象对自身的自我解释可以相容，社会科学家建构的理想类型必须既符合当事人对世界的各种自我解释，又符合社会科学家对这些对象的解释，还必须保证与日常生活和科学的逻辑相容，这就是合理性的真正涵义。因而，对这个问题的持续思考让许茨深入到了社会科学的基础的层面，这也是他在社会科学方法论上为世人作出的杰出贡献。

---

① ［奥］阿尔弗雷德·许茨:《社会理论研究》，霍桂桓译，浙江大学出版社 2011 年版，第95 页。

四、在社会科学方法论上的贡献

许茨赞同韦伯的主张,社会科学要成为一门客观的科学,就必须具有"普遍有效性"的真理特征,对于所有经验科学来说,科学程序的一整套规则都是同样有效的,无论这门科学是研究自然对象还是人类事件,科学家共同体关于理论推理和证实的原则,关于因果关系,关于概括性、统一性、简单性、精确性、普遍性的基本原则的理论观念都是完全适用的。这就有力地反驳了那种认为社会科学是具有个别性方法论特征的科学的那种观点,这种观点认为由于社会世界的结构与自然世界的结构存在着根本的区别,因而社会科学的方法与自然科学的方法也迥异不同,社会科学应当用个别性的概念和断言来描述它们的特征,社会科学的方法不在于说明,而在于理解,如果这种观点成立,那么社会科学必然会沦为一种直观的顿悟的想象力的代名词,而丧失了一门严格科学所应具有的客观性与普遍有效性的神圣尊严。然而,说社会科学运用自然科学的一整套方法论原则进行研究,并不意味着社会科学与自然科学并没有本质上的不同,更不意味着社会科学的方法是自然科学的方法在人文社会科学领域的拓展,那种期待人文社会科学的"牛顿"迟早会出现,借着方法论的东风,人文社会科学也能像自然科学那样飞速发展的希望很可能注定会落空了。正如韦伯所说,社会科学研究的是文化事件与文化意义,文化事件永远具有常新的主题,文化意义也会随着历史长河的不断演进而展现出新的意义,人文社会科学并不需要牛顿,并不需要一劳永逸地解决一切问题,在人文社会科学领域里,那种越普遍、越抽象、越泛泛的公理就越空洞,也就越没有价值。我们恰恰关心的是此时此地的文化价值、文化理想与文化意义是什么,而这就强有力批评了那种认为自然科学的方法是唯一正确而科学的方法的观点,这种盛极一时的"主流"社会科学家的主张必须直面人文社会科学拥有特殊性的权利,研究社会文化问题与人类事件必须对社会行动者的行为的动机及其意义加以解释。

许茨正是在韦伯开辟的道路上继续思考,他思考的问题是社会科学的概念与理论构造和自然科学的概念与理论构造有什么不同? 社会科学家不仅仅像自然科学家那样,是各种现象的观察者,而且也是日常生活世界的参与者和解释者,自然科学家并不需要解释,因为自然科学的对象是自然的宇宙,无论是万有引力,还是分子、原子和电子,它们本身并不思考,也没有意义,"自然科学家不得不处理的事实、记录和事件,在他的观察领域内仅仅是事实、记录和事件……"①但是,社会科学家就不同了,社会科学家所面对的事实和事件,已经得到人们预先选择和预先解释了,社会世界的行动者有他自己的意图、动机、目的、计划、打算与意义,社会科学家可以说是对社会行动者的这些意图、动机、目的、计划、打算与意义的再解释,"社会科学家所使用的构想都是第二级构想,即它们都是由社会环境的行动者作出的构想的构想……"②因而,社会科学家要想掌握社会科学思维对象的本质特征,就必须能够持续地回到生活世界之中,必须把握人们在日常生活中运用常识知识的基本构造,方法论专家并不是治疗所有疾病的万用良药,他必须低头向生活世界学习,日常生活世界才是一切方法论的导师和生生不息的根基。

在生活世界之中,主体间性是一个重要因素,因为在日常生活世界之中我们每一个人都与其他人相互联系,共同工作而相互影响,理解他人并被他人所理解,正是在与他人互动的过程中,人们才构造出各种有助于理解的关于他人行为的潜在的动机类型和人格类型。韦伯所说的"理性行动"就是一种能够被人们在确定性比较高的程度上来把握的行动类型,它总是表现出胡塞尔所说的再做一次的理想化特征。社会科学的概念和理论构造就建立在日常生活常识思维基础之上,社会科学必须研究人类行为举止以及人们在日常生活过

---

① Alfred Schutz, Collected Papers I, *The Problem of Social Reality*, Martinus Nijhoff/The Hague, 1973, p.5.

② Alfred Schutz, Collected Papers I, *The Problem of Social Reality*, Martinus Nijhoff/The Hague, 1973, p.6.

程中对这些行为举止的解释,因而社会科学分析必然会指向人的主观观点。但是,社会科学作为一种严肃的客观的科学活动,其本身早已经有一套规定好了的相对固定的研究目标、研究方向、研究范式、研究规范及其方法论程序,社会科学家必须想同行科学家所想,做同行科学家所做,那么,社会科学家怎样才能根据一个客观的知识系统来领会和理解人们的主观意义呢? 这本身不是一个悖论问题吗?

社会科学家实际上运用了一种特殊的方法论手段来完成这一看似不可能完成的任务,社会科学家构造了关于社会世界的一些模型,来取代现实生活中独特事件与独特个体的常识思维的构造,社会科学家选取的是与他们的研究相关的材料,而那些在真实社会世界中发生的其他材料,则作为无关紧要的偶然的东西而被排除在社会科学所要研究的问题之外了。尽管社会科学家在他自己的日常生活中也是一个有血有肉、有情感有欲望、有成见有个性的活生生的个体,但是他在进行科学研究过程中,必须以一个冷静客观、公正中立的观察者的姿态出现,他必须暂时脱离他自己的社会世界所具有的生平情境的中心地位,而进入一个由以前的科学家所创立和组织的知识领域之中。他必须接受已经被同行科学家确立为知识的东西,他所研究的科学的总体的基本框架确立了科学问题本身,决定了什么与此有关,什么与此无关,决定了必须研究什么,必须舍弃什么。社会科学家实际上在搭建舞台、分派角色、设计情节、安排场次,社会科学家决定了社会行动者什么时候出场,什么时候退场,社会科学家笔下的行动者并不自由,也不具有开放的行动视界,它们成为社会科学家在背后操纵的傀儡和木偶。社会科学家所设计的都是一些人们可认识可理解具有固定预期和固定打算的理性行动的模型,它们并不是实际生活在社会世界中的人们自己界定情境中的行动者,而是由社会科学家构造的处于一种人造的经过化约后的环境下的行动类型,通过满足以下的假设:逻辑连贯性的假设、主观解释的假设和因果适当性的假设,这些科学模型的构造保证了社会科学家的目标能够得以顺利实现:"通过遵循指导他的这些原则,社会科学家确实发现在如此创造的宇宙之中,在由他自己确立的完美和谐方面取得了成功。"①

因而,这也可以称作社会科学与自然科学的本质上的一个根本差异。社会科学家的研究工作必须使他确信,社会科学家与其对象都是生活世界中的个人,他们永远都不会丧失与日常生活的纽带的联系,因而,"方法论并不是科学家的导师或者监护人"②。任何一个存在于某个科学研究领域的专家,都会教会方法论学家们怎样进行研究,与生生不息的生活世界保持着一种朴素而自然的联系并且能够自由运用各种社会科学的方法论程序才是真正的社会科学大师。

这样,许茨就清楚地阐明"社会科学方法论"问题以及常识知识的构造与科学知识的构造之间的差别,这可以看作对韦伯"社会行动的意义"和"理想类型"概念的进一步发展。许茨的"现有的知识储备""类型化""关联""思维构造"等这些概念在日常生活常识世界的层面上展开,对人们常识思维的解释在许多方面同样适用于社会科学家的科学解释,而从常识思维的构造向科学思维的构造的转变过程已经蕴含着一种独特的方法论手段在其中了,这为建构社会科学方法论指明了道路,而且实际上社会科学家们已经开始在这个方向上建构起那些独特的方法论体系了。因而,许茨以他特有的机敏才智和理论智慧为社会科学方法论作出了独到而重要的贡献。许茨之后,那坦森、伯格(Hugo Munsterberg)、勒克曼、奥尼尔、詹纳、格拉霍夫、加芬克尔(Harold Garfinkel)、哈贝马斯、吉登斯(Anthony Giddens)、鲍曼(Zygmunt Bauman)、伯恩斯坦(Richard J.Bernstein)、布尔迪厄(Pierre Bourdieu)等一大批思想家都从他那里获得了建设性的理论资源与思维灵感。

---

① Alfred Schutz, Collected Papers I, *The Problem of Social Reality*, Martinus Nijhoff/The Hague, 1973, p.47.

② [奥]阿尔弗雷德·许茨:《社会理论研究》,霍桂桓译,浙江大学出版社 2011 年版,第98 页。

第三节　许茨对社会文化世界的类型化研究

一、陌生人

陌生人是一个社会生活中非常典型的类型。它是指一位来自外面或那里,但希望得到内部或这里的人认同和承认的一位成年个体,陌生人的问题不仅涉及的是多样性的问题,而且还涉及社会心理、文化差异、包容他者、文化认同、全球多元主义等众多问题。关于当代社会中移民的例子就是一个典型,当一个外来者迁移到一个陌生的环境之中,通常是从不发达的地区迁入发达地区,从经济与文化落后地区迁入经济与文化先进地区,从偏远的农村进入繁华的城市,他或多或少总会有一些不适应的感觉,他总是要试图融入当地人的社会文化圈子中。在这种新的文化风气与社会氛围下,他在解释他所接触的人与事物的时候,总是将他原有的文化模式与这些新的群体的文化模式相比较,并且努力在新的社会环境中找到自己的位置。可以说,这种事情在我们这个时代和当代文明中比比皆是,移民的例子只是其中的一个,还有许多其他的例子,比如,刚刚进入城市准备四年的大学生活的农村环境下生长的高中生,一个学习多年刚刚毕业走入社会的研究生或博士生,一个满心希望得到丈夫家庭认可的新娘,一个刚刚走入军营开始军旅生涯的大城市的青年,所有这些都可以称得上是一个陌生人的例子。

一个处于日常生活中进行思考和活动的人总是具有方方面面的知识。但是,这些知识又并不是完全同质的,它们只有一小部分是清晰的,而绝大多数的知识都是含糊地被认可和接受的,都是不连贯的知识。此外,这些知识根本没有完全摆脱各种冲突和张力。威廉·詹姆斯把知识分为熟识的知识和关于的知识,在日常生活中,很多知识都属于熟识的知识,我不需要知道手机的构造,我只知道怎样拨打电话,能够与我想联系的人接通电话就可以了,我也不需要了解城市自来水的装置和运行,我只要打开水龙头,自来水源源不断地流出来就可以了。在我们的日常生活之中,只有在极其特殊的条件下,即在一种例外和不寻常的情况下,人们才会对他的知识的清晰性和基本的构造系统感兴趣,例如,当我打开电灯,发现电灯不亮了,我才会探寻电灯不亮的原因,当我的汽车发动不起来,我才会寻找汽车发动不起来的原因。当我去超市或在网上购买商品,我并不需要知道这件商品是怎样生产出来的,怎样摆到货架上的,也不需要知道网店的运行模式以及支付手段和钱的概念,我只需要知道付钱——不管是在超市付现金还是在网上用支付宝——和拿到商品就足够了。

而有些知识是一些不连贯的知识是因为它们得到了持续不断的变更,由于情境的变化,由于当事人的变化或者由于时间和地点的变化等而导致的个人心理变化和秉性、兴趣甚至是个人的生活作风、生活习惯及其性格特征的变化。比如,有些人年轻时脾气非常暴躁,而到了老年,在体会了生活艰辛、世态炎凉和人生的百味之后,这个人可能会变得非常温顺,他的脾气竟然会根本全无;再比如,有些人因为家庭条件好,年轻的时候生活非常奢侈和铺张浪费,但是随着年龄的增长,他逐渐体会到生活的艰辛和挣钱的不易,而开始变得非常节俭。他的知识具有不连贯的特征,也就是说,他的知识只具有暂时的特征,而没有整合到一个完整连续的体系之中,它们只是按照某个目标、某个计划和某个意图而临时拼凑在一起,而随时可能解体和改变。而说他的知识当中存在着冲突和包含了矛盾,是因为在涉及做人、道德、政治和经济等不同领域的问题时,这种知识在一个系统中是有效的、正确的、正当的,而在另一个不同领域中就可能是错误的、不恰当的和不合适的,因而在不同的系统或领域中它们确实是相互矛盾的、不一致的。例如表面看来是一位爱岗敬业的好公民,背地里很有可能是一个杀人犯,而一个贪得无厌的官员可能在家中是一个称职的好丈夫和好父亲,一个高喊大公无私的人,实际上很可能是一个自私自利、唯利是图的小市民等。一个人在涉及不同的环境、任务和社会角色时,常常会表现出言行不一甚至是截然不同的态度,而这种不一致并不是由某种逻辑方面的谬误造成的,而是由于人的思想过程涉及不同的关联层次时,特别是当从一个层次过渡到另一个层次过程中,他并没有意识到他的言行实际上已经是判若两人了。

文化模式是指某个群体成员所具有的各种评价制度、价值体系、社会规范以及各种取向系统和引导系统,这包括民风、习俗、法律、习惯、常规、礼仪、时尚等,这些构成了某个社会群体的基本特征,表现了这个社会群体的生活方式、思维方式和行为方式。对于一个群体之内的成员来说,他们享有共同的知识体系,也就是说,同一群体共享的知识体系实际上包含着矛盾,而仅仅在某种程度上是清晰的知识体系,它大致体现出具有一种连贯和清晰的特征,如果人们不从哲学上深究和彻底思考,就不会发现其中所包含着的矛盾,"……便呈现出了足够连贯、足够清晰和足够一致的外观,因而能够把某种合理的、理解别人和被别人理解的机会提供给任何一个人。"[1]作为一个在某个群体内出生、长大和熏陶的人,都会把本群体和民族的既定的文化模式作为理所当然的标准化的东西接受下来,它们不仅得到了他的师长和前辈的认可,而且成为一种该社会群体中占主导地位的行为方式和活动方式,它们从来没有受到质疑,而且在类型化的情境中它们总是很实用而有效,它们已经成为一些处事和生存的妙方,人们利用这些诀窍来对付各种麻烦,并对各种社会现象进行解释。它们一方面作为行动方案和意图的指示系统在起作用,另一方面也作为解释系统在起作用。人们认知世界的方式在不同地区和不同的民族社会里是有差异的,我们中国人认为是千真万确的真理,而欧洲人可能会对之不以为然。文化的解释不仅为我们提供了一种行为的指南,而且为我们提供了一种对生活的基本态度。这就是胡塞尔所谈到的自然态度和舍勒所说的相对自然的世界观。

文化模式中包含了某个社会群体中的确然和应当,人们经常会用各种称

---

① [奥]阿尔弗雷德·许茨:《社会理论研究》,霍桂桓译,浙江大学出版社 2011 年版,第105 页。

呼来谈论它,例如,可以称之为惯习、惯例、常态、常识、文化、传统等,或者称地方特色、民族本性、民族精神、文化精神等。人们会沿用一些以前所习惯掌握的老办法来应付问题和处理事务,特别是当面对前所未有过的新的情境时,人们会将以前的各种经验和各种知识加以匹配,从而尝试找到最适合的解决办法。由我们的师长和父母传给我们的知识,即使我们不知道这些知识的起源和最初意义,但是就它们能够让我们应付所遇到的各种事件就已经足够了。而当我们的惯常思维失效的时候,即我们所有的预设和假定都得不到检验和证实,我们的所有期望都已经落空,我们感到无所适从的时候,以往的知识体系不足以应付当前的问题,这也就是 W.I.托马斯(W.I.Thomas)所定义的危机:"它会以突如其来的方式推翻实际存在的关联系统。"①

而陌生人就正好处于这种情况之下,他处于危机与各种冲击的十字路口。他并不具有他正在接近的陌生群体的历史传统和文化知识,他也并不与这些知识的同伴共享同一种世界观,他们认识事物和处理事物的方式与他曾经所处的群体的认识方式与处理方式不同,在他看来具有权威性的知识和得到检验的处事诀窍可能不再灵验了。当他对这些陌生的群体的行为及其文化形式进行理解和解释时,他会发现,以前那些理所当然和天经地义的信念现在开始动摇了,他祖祖辈辈延续下来的与他的生平情境不可分割的宝贵遗产现在变得不那么被人看重了,甚至是被人们当作一文不值过时的东西而加以抛弃了。

当代社会进入经济全球化和现代性晚期的 21 世纪以后,传统的生活方式和文化价值观受到了越来越多的挑战,正如马克思所说:"一切固定的僵化的关系以及与之相适应的素被尊崇的观念和见解都被消除了,一切新形成的关系等不到固定下来就陈旧了。一切等级的和固定的东西都烟消云散了,一切神圣的东西都被亵渎了。人们终于不得不用冷静的眼光来看他们的生活地

---

① [奥]阿尔弗雷德·许茨:《社会理论研究》,霍桂桓译,浙江大学出版社 2011 年版,第 107 页。

位、他们的相互关系。"①齐格蒙特·鲍曼在《流动的现代性》中也生动描绘出了当代人生活在全球化时代的场景:"一切都有可能发生,但一切又都不能充满自信与确定性地去应对。这样就导致了不确定性,同时还导致了无知感(不可能知道将要发生什么)、无力感(不可能阻止它发生)以及一种难以捉摸和四处弥散的、难以确认和定位的担忧……"②

当一个陌生人进入一个陌生的城市,他不得不开始学会新的生活方式、处事态度和生活习惯,他试着与新的同伴进行交往和沟通,然而,由于对他的这些新的同伴来说,他是一个没有历史、没有共同的生活经历,也没有共同的集体记忆的陌生人,因而他很可能遇到排斥、排挤或冷落。他原来群体所具有的文化开始中断,他正在尝试学会融入一个新的文化圈子当中,并与这个新的群体共享一种现在和未来关系,但是他的个人生平情境的某些成分仍然会时不时地突然冒出来,他的所思、所想和所为仍然会处于一种骑墙和夹缝之中,旧的没有过去,新的尚未到来,他会处于一种矛盾的选择之中,处于一种进退维谷、左右为难的境地:"这样的文化模式一直都是、将来也仍然是未曾受到任何质疑的参照图式。所以,在开始的时候,陌生人是按照他的平常思维对其新的社会环境进行解释的,而这显然是理所当然的。然而,在这种来自他自己的群体的参照图式之中,他也找到了某种现成的、有关被他认为在他所接近的这种群体之中仍然会有效的文化模式的观念——而这却是一种很快就必定会被事实证明并不恰当的观念。"③

当新的文化模式从一种遥远性变成了一种邻近性,以前那些空虚的框架现在正在一点点被各种各样的新的经验充实和丰满,那些匿名的抽象的内容

---

① 《马克思恩格斯文集》第 2 卷,人民出版社 2009 年版,第 34—35 页。

② [英]齐格蒙特·鲍曼:《流动的现代性》,欧阳景根译,中国人民大学出版社 2018 年版,第 12 页。

③ [奥]阿尔弗雷德·许茨:《社会理论研究》,霍桂桓译,浙江大学出版社 2011 年版,第 108 页。

现在正变成明确的社会情境时,这个陌生人不仅会感到新鲜、惊奇,而且会感到迷茫。因为他以前的文化积淀并不足以让他应付和处理这些新的社会情境,而如果继续延用那些老的方式和办法,不仅可能不合适,而且让他很尴尬。他缺乏自信,会觉得很累,因为他要将他那些现成的原有文化模式与他将要面对的同伴的新的文化模式进行比对、挑选和猜想,他可能会出错,他也可能会怨天尤人,他的某些话语和做法可能激不起新的同伴的任何反应,即可能与新的群体成员建立不起来一种共识关系。对于这个陌生人来说,当地人的解释图式和行为方式都是一种外在的东西,既陌生又熟悉,既觉得很遥远,但是却近在眼前,他的以前的思维方式和行为方式不仅可能得不到当地人的认可、接受和尊重,而且很可能会产生误解和偏见,甚至是产生矛盾、冲突和对立。他对这些新的同伴的期望可能会落空,他在原有的生活环境之中的预期和规划都受到了一种新的挑战。他迄今为止一直没有受过质疑的解释图式和参照图式在整体性上都受到了质疑,而他又没有对新的群体的行为方式和解释图式全面地了解和把握,而即使是开始逐渐了解和把握的过程也不是一帆风顺的,他很可能不认可和不接受某些方面。他既不能原封不动地使用原来的行为方式和解释图式,也无法在这两者之间建立一种可以转化的通用公式,只能挑挑拣拣、犹犹豫豫、取取舍舍,他再也无法在他原有的社会文化情境中那么充满自信地从容应对各种事件了。

因为在任何的文化群体之中,每一个人都有自己的基本定位,有自己的社会角色和责任,有自己的社会地位和权利义务关系,并且有自己的基本价值取向和意识形态立场,他在这个社会世界有一个基本的立足点,他处于某个群体之内的等级体系和社会制度安排之中的一个明确的地位,他会把本群体内的价值观自觉地作为一种值得信赖和依靠的基本参照体系而运用。而陌生人却根本不具有这样的社会地位,也不会把当地人的观念和做法一成不变地领会和全盘性地接受下来,他会觉得他处于一种社会文化生活的边缘,处于一种没有位置和无所依靠的状态。对于一个文化群体之内的成员来说,这些参照图式、解释模式和表达方式相互之间都是完全一致的，即它们都是现成的完整的统一体，而对于一个外来的陌生人来说却不是如此，在他看来，这些参照图式、解释模式、行为方式、思维方式和表达方式都是东拼西凑、七零八落、时断时续的，他并不能随意地使用这些东西，他必须反复识别，他经常会犹豫不决，他不能肯定他对事物的解释与新的同伴的解释完全一致，他必须仔细地鉴别各种社会情境，他必须"翻译"那些理解方式可能存在不一致的话语，他必须认真对待观点和态度上各种不同程度上的微妙差异。

陌生人对于新的文化生活的消化吸收分为两个基本阶段：第一个阶段是被动地学习和理解过程；第二个阶段才是主动地掌握这些新态度，并自觉地运用于各种行动举止之中的过程。这就像学习语言一样，每种语言的每一个语词，都有一个中心意义，但是总是由各种边缘的意义围绕着，这些边缘意义都是确定的知识四周的一些暗含的不明显的意义。它们处于理性与情感、明确与模糊的交叉地带，它们都是艺术创作的宝贵素材，天才能够将其创出美妙的诗歌，中国古代的伟大诗人用它们创造出了非常多的佳作，也可以用音乐、绘画等艺术形式将这些情感性、价值性和非理性活动的意义表现出来。此外，方言正体现了某个特定文化群体的思维方式和活动方式，这些语词来源于特定的群体和个人使用它的特定的社会环境。因此，尽管一个陌生人与原有的群体内成员都使用同一个词语，但是他们使用这个词语的含义可能是不一致的，每一个词语有多种内涵，除了一种通用的标准化和制度化的内涵之外，还存在着本地的地方特色，它饱含着人们的感情和过去的生活经历。比如在东北，有闯关东文化、知青文化、冰雪文化等，那都是在特定的历史背景下特定的时空环境下特定的社会生活现实的写照，只有亲身经历过的人才能真正体会到其中的意义，而那些局外人或陌生人虽然理解这些语词和方言，但是个中滋味和独特的情结则是没有的。

因而，只有一个文化群体内的成员才能理解一个词语、一个事物或一个行为活动所真正包含的意义。例如吃饺子在中国人那里，特别是在中国的北方人那里就包含着一种过年、家庭团聚、幸福和温暖的涵义,而这种涵义对于一个外国人来说则是无法体会出来的。对于一个群体之内的成员来说,他们对各种社会文化情境都有一整套早已经准备好了的行之有效的办法:"内群体的成员们只要稍微一瞥就可以对其正在面对的各种平常的社会情境一目了然,而且他们马上就能够找到现成的、适用于解决相应问题的诀窍。"①它们都是一些处事的妙方,可以被不断地重复使用,屡试不爽,它们提供了一些类型化的成功解决方案,而只有本群体的成员才能够心领神会。对于在特定的地区和民族成长起来的人来说,这些诀窍及其发挥的有效作用是从来没有受到过质疑的,是理所当然的,它们为本群体的成员们提供了一种安全感、自信心和在家的状态。而对于一个陌生人来说,就不具有把握这种成功机会的能力,这个陌生人必须不断地检验和证实它们,因为他还没有理解某个社会群体的整个文化体系,他需要界定情境,分析事实,探究原因,树立信心。"这位陌生人本身甚至不可能采取某些具有类型性和匿名性的态度,因为只有处于某种类型情境之中的内群体成员,才有资格期望其伙伴具有这样的态度。"②

　　试想一下,如果一个土著人,或者是来自一个与世隔绝上百年的长在偏僻乡村的人,走过 20 世纪的现代小镇,依次路过银行、邮局和电影院,他可能觉得这些建筑之间没有丝毫的差异,而更不可能知道钞票、邮票和电影票之间的根本差异。这个陌生人并没有理解现代文明的社会生活的各种特征、技能、手段和方式,他虽然身处其中,但是却仿佛来到了另一个世界。而遥远性、邻近性并不仅仅是一种空间的距离,而更多的是一种社会距离和文化间隔。这个陌生人会对眼前的各种事情茫然无措,他会怀疑眼前经过的每一个现代人,他的态度是缺乏自信、左右摇摆、犹豫不决,对于这个群体之内成员的了然于胸

①　[奥]阿尔弗雷德·许茨:《社会理论研究》,霍桂桓译,浙江大学出版社 2011 年版,第113 页。

②　[奥]阿尔弗雷德·许茨:《社会理论研究》,霍桂桓译,浙江大学出版社 2011 年版,第115 页。

的生活方式,他却认为是有问题的、难以琢磨的,他需要时不时进行一次次行动和观念的冒险,这是一场赌注,即,这个新群体的文化模式对于他来说并不是一个能够提供遮风挡雨的避难所,也不是一个可以从容处理各种突发状况的有效工具,而是一个需要加以探索和确认的未知的领域。

最后,要说一说这种陌生人的最终归宿,当一个陌生人加入一个新的群体之后,他的忠诚是让人质疑的,当事实证明他不乐意或者无法用新的文化模式来取代他过去自己曾经的文化模式时,那么他就面临着两个选择,要么他回到他原来的熟悉的文化群体的怀抱,或者则沦为现代都市的边缘人。这是一些处于两种不同的群体之间的文化混血儿,他们根本不知道他们从属于哪种文化,他们摆脱了旧有的生活方式和原有群体的文化温床,但是也不愿意全盘接受新加入的社会群体的全部文化生活,他们的思维方式上还保持着原有群体的惯性,而他们的现有生活和起居已经脱离了原来的群体很久了。他们认为一切都不可靠,一切都值得怀疑,甚至对一切都灰心丧气,"这位正处于转变状态的陌生人根本不认为这样的文化模式是某种可以给他提供保护的避难所,而是把它看成了一座使他在其中丧失了其所有各种方位感的迷宫"①。他们必须经历被称为社会调整过程的一段艰难岁月,对于他们来说,这既是一个漫长的试用期,又是一个不得不忍受的阵痛期,他们必须学会适应新的环境。如果他们完全适应了新环境,新的文化模式中的各种成分就会变成理所当然的东西,就会变成一种毋庸置疑的生活方式和思维方式,就会变成为他们提供保护和照顾的家园,而这种适应过程越是在生命的早期,就越容易完成。对于那些年龄较大的迁移者来说,这提出了一种新的挑战,他们将不得不应对行为方式和思维方式的转变,必须打破旧有的习惯的束缚,必须适应新的环境,必须融入新的社会群体之中,必须接受新的文化,如果不想回到过去,这是一个义无反顾的抉择。

---

① [奥]阿尔弗雷德·许茨:《社会理论研究》,霍桂桓译,浙江大学出版社 2011 年版,第116 页。

二、归家者

　　除了陌生人之外,归家者也是社会文化世界的一个典型的类型化情境。荷马史诗已经为我们讲述了一个关于归家者的久远的故事:费阿克斯人的水手们把熟睡的奥德赛放置在伊萨卡岛岸边,这是他历经 20 年的艰苦奋斗而一直梦想回到的地方,当他在睡梦中醒来,他不知道自己在什么地方,因为在他看来,伊萨卡岛已经不再具有他曾经熟悉的面貌,他甚至是已经认不出伊萨卡岛了,他感到茫茫然,他仔细寻找过去的影子,探寻深藏的记忆当中的模样,那让他魂牵梦绕的家在哪里呢? 但他满怀忧伤在说道:"啊! 我现在究竟身居何处呢?"他认不出自己的家乡,并不仅仅是因为他离开得太久了,而是因为女神雅典娜在他的周围喷上了一层迷雾……

　　这则著名的古希腊神话故事运用了夸张和拟人等多种修辞手法来描述一个离家很久的人再回到故乡的情景。归家者的态度与陌生人的态度非常不同,陌生人是来到了一个从未去过的新的地方,而归家者则是回到过去曾经生活过的一个地方,陌生人是希望加入一个过去不属于但是他希望将来能够属于的一个新的团体,而归家者则是希望回到现在不属于但是由于过去曾经属于他,所以将来也一定会属于他的一个环境之中。对于一个陌生人来说,他不得不以或多或少带有空洞的方式将各种各样的预期填满,但是由于处于一个非常不熟悉的新环境之中,因而这些预期很有可能会落空,新的世界注定是荆棘遍布、危机重重的;而对于一个归家者来说,他是要重温过去的美好时光,要重新激活过去的记忆。关于这种归家者的例子也非常多,例如,一个儿时就离开故乡几十年未曾回去的老年人,一个离家多年回到家乡的转业军人,一个定居海外的功成名就而回到故乡的华侨,一个从境外归来的天涯游子,一个在外地上了四年大学而回到家中的大学生,等等。

　　家是每一个人出生、成长和被父母养育的地方。家的含义对每一个人都不同,家是人的出生之地,是父母的第一个怀抱,是梦开始的地方,是终生希望回到的地方。我们中国人把家看成是小的国,而国看成是大的家,中国人的国与家同构,家就是国,国就是家。但是国与家也有某些不同的地方,国家包括政治、经济、法律、外交等各种领域,其中的政治、外交等活动都是属于公共领域的活动,而家是一个私人领域的地方,是一个私密的处所,一般家庭住址并不公开,也不会让陌生人进入家中,陌生人进入一个国家在任何意义上都是正常的、得到允许的,而只有非常要好的挚友或者非常尊贵的客人才会被邀请到家中做客。家是情感的归宿,家意味着母亲的叮咛,意味着父亲的保护,意味着童年的歌谣,意味着姥姥的水饺,意味着爱人的照顾,意味着情人的密密私语,意味着各种独特的、细微的而值得珍藏的美好回忆,意味着难得而让人体味、亲切而充满情感的一种生活方式。家中的东西看似平凡,但对于一个归家者来说,是他的一份思念,一段记忆,一个情结,一件宝贵的礼物,一件值得珍藏、永远相伴的物品。尽管对于一个旁观者来说,那不是什么有价值的东西,只是一个不值得欣赏的平常之物,但是对于归家者来说,那却是举足轻重、弥足珍贵的东西。家既代表着安全、温暖、亲密、熟悉、舒适,也代表着一种私人性、自我性和个性化活动的处所。

我在家中与家庭成员的关系,不仅是一种面对面的关系,而且还是一种在世界上最亲密、最熟悉和最亲近的关系,我在我的家中可以自由自在、毫不伪装,我在我的家庭成员面前很可能原形毕露,一个君子好逑的美女在家可能是一个懒人。家庭生活和与我的家里人共度的时光已经成为我的生平情境的一个重要部分,成为我的历史的组成部分,这将伴随我的一生,永远不会改变,这对我的家庭成员来说同样如此,即使我与我的家庭成员关系中断了,将来重建这种关系的机会也非常之大。

而对于一个远离家乡的人来说,家变成了一个可望而不可即的地方,对于在外漂泊的游子或打工者来说,家是一种奢望,只有过年才能回家。他在外面的日子不能作为一种生动的现在关系与家人过一种家庭生活,"他的离家过程已经用记忆取代了这些生动的经验,而这些记忆所保存的,则只不过是一些能够表示他离家之前的家庭生活的东西而已"①。对于一个离家者来说,他的一生最亲近的人,他的各种姿态、各种手势、各种神态表情和说话方式,以及说话的内容都不再可以成为一种直接经验,而剩下的只不过是一些回忆,一些照片,一些字迹而已。他与家人的关系聚少离多,尽管生活还会表现出与过去一样的面貌继续存在下去,家中的一些摆设仍然保持在原有的地方不变,与家人还保持着一种亲密性的关系。然而,当他离家在外,经历了一些新的经验时,他的家人都是无法经验的,这非常明显地与家人的距离拉开了。比如,一个常年在外打工的人,一年甚至是几年都回不了一次家,家庭生活和家中的亲人不仅是遥不可及,而且家庭关系也容易变得越来越淡薄。再比如,一个离家求学的大学生,大学四年的大部分日夜都是在学校度过的,而一回到家中,反而变得不适应了;在国外攻读博士的人,离开家多年,家对于他来说,不仅是一个遥远的记忆,而且越来越陌生,他的家人根本不了解他在外多年的生活,他与他的家人的沟通和共同的话语也变少了,他与他的家人的距离不仅相隔万水千山,而且非常陌生,反而他觉得现在在国外的环境和周围的人让他非常的熟悉。再比如,一个在前线作战的士兵,他渴望回家,他在战场的生活实际上让他经历了许多生离死别、艰辛孤独的时刻,他实际上已经发生了很大的改变,而当他回到家里,甚至是与家人通信,他会惊讶地发现他的家人对他几乎是一无所知。尽管家里人可能也意识到了在离家者的身上发生的各种各样的变化,但是家里人却并没有经历这些变化,而几乎仍然在原有的地方、原有的情境和原有的环境继续生活了很多年,他们一般都对归家者抱有期望,期望他能够回到从前,回到他过去的样子。然而,这却是一厢情愿,"曾经沧海难为水,除去巫山不是云",这些归家者在外经历了那么多,他早已经不可能再回到从前,他的解释系统、取向系统、评价系统和关联系统都在改变,无法再回到过去了。

---

① [奥]阿尔弗雷德·许茨:《社会理论研究》,霍桂桓译,浙江大学出版社 2011 年版,第125 页。

　　家中的人也可能对离家者的生活进行设想,如女儿在国外的求学生活是怎样度过的,儿子在深圳打工对工作是不是很满意等,但是,由于家人对一个打工仔、一个求学者、一个士兵的现实生活并没有任何直接的经验,他只能从别人的口中,从报纸、广播和电视里,从各种间接的渠道了解到一些离家者生活的片段,这些片段并不能构成离家者的生活的全部。当远在家乡的母亲想念驻守在边疆的儿子,母亲想到的很可能是为了祖国的安宁、为了五星红旗的高高飘扬,穿上军装威风凛凛的儿子的神圣、庄严和伟大的英雄形象,而实际上儿子在外正在过一种非常艰苦、非常单调的生活,一天可能步行巡逻 8 小时,可能晚上在室外零度以下宿营,可能吃饱或者能吃到热饭就已经很满足了。他的生活并不直接与光荣、美好和辉煌相关,他的活动可能也不直接与祖国和国家相关,而直接与他的指导员,与他的战友相关,那些在报纸上、电视上和电影里看到的关于前线生活士兵的典型的类型化形象,在他看来,与他的实际生活非常遥远。当他获得了军队的表彰和奖励,在他的家人看来,他成为光荣、勇敢和胜利的代名词,而对于他而言,只不过是听从命令、遵规照章完成了一次例行公事而已,因而,家人对离家者生活的想象很可能是建立在虚假的关联系统基础之上的伪类型化的一种假想。

　　什么都是可以改变的,而唯一不可改变的是时间之矢向前流淌的不可逆性,我们在不断成长和事业发展的同时也在日益变老,每一个人都无法阻挡岁月的痕迹,皱纹终将写在脸上。当各种各样的新经验在我们的思想之流涌现,一些鲜活的新的经验不断补充着原来解释系统的空白,这将或多或少改变我们的心灵状态,我们的精神生活因而会增添新的特质,我们的精神视域中的兴趣点和注意中心也会随之改变,以前的可能性现在变成了现实,或者事实证明,以前的可能性将永远是一些不可能性了。归家者与当时离去的人已经不是同一个人了,而另一方面,归家者回到阔别多年的家庭,那个家庭也已经不再是他离开时的家庭了,经历了岁月的多年磨洗,物是人非,同样,过去多年以后,那些等他归来的家人也不再是多年以前的那些人了。时间可以改变一个人,内在时间的视域的变化导致的是未来的各种预期的改变,当分别多年的家人重新相聚,聊的最多的就是过去的事情了,重温过去的记忆是因为在那里有他们共同的经历和共同的语言。即使是我们经过一个短暂的旅行回到家里,也会重新审视自己的家,这个习以为常、非常熟悉的环境又增加了些许陌生感,这是因为在离开家的这段时间,我已经产生了新的经验的缘故。当然,我们可以重新又回到原来的生活轨道上来,我们很快又适应了我们的周围环境,我们又开始了一天又一天的常规性的工作与生活。荷马曾经为我们讲述了奥德赛的战友们在忘忧岛上的快乐时光,从某种意义上来说,任何一个归家者都可以看作品尝了陌生经验的忘忧果的人,无论这个果实是甜美的还是辛酸的。即使是一个归家者具有根本无法抗拒的对家的思念,但是他仍然心存一丝希望,那就是将他在外面进行的活动带到家里来,他在外多年所学到的技术、能力、本领、成功经验及其方法,他都想移植到家乡去,把在外面学到的东西用于故乡的建设是大多数归家者自觉而不自觉的梦想。

那些曾经经历过非常庄严和重大的历史事件的战士,回到家乡也意味着在他的人生中的一个重要转折点,他不得不调整自己的心理状态,他不可能再风光无限,而必须学会过一种平凡人的平凡生活。而由于他的家人和他的周围人过于夸大了他的那些曾经象征了成功和荣誉的经历,对他寄予过高的期望,这个曾经辉煌过的军人可能与人们的预期并不一致,那是由于他们对这个勇敢的战士虚假的类型所致。因而,无论是这个军人,还是军人的家属都有许多工作要做,人们需要为这位军人相当漫长的心理调整和适应过程给予更多的容忍和更大的空间,而这个军人应该以一种平常心过一种正常人的生活,他的家人也应该清醒地认识到,他们焦急等待的可能是另一个人,而根本不是他们想当然认为的那样,他们都应该从媒体报道和大众电影宣传中的虚假伪类型中走出来。而时间应该能够说明一切,归家者回到家乡感到陌生的不仅仅是环境,还有家人,这需要时间来抚慰家人和归家者双方受伤的心灵,相信重建一种和谐而温馨的新的家庭关系并不遥远,这也是我们每一个具有善良愿望的人的美好期盼。

三、专家与外行

在生活世界之中,我们每一个人所掌握的知识储备都是有限的,我们的知识储备并不完整。从理论上来讲,它们是由或多或少地具有某种连贯性的知识体系建立起来的,但是这种连贯性并不总是存在,它是时断时续的,有时还存在着矛盾与悖论。而从实践上来说就更是这样了,对于通过什么手段才能达到和实现我们的目的,我们总是心知肚明,然而,我们实际上并不理解那些手段和方法为什么会如此发挥作用和如何发挥作用。举例子来说,我可能不知道为什么一按下开关,电灯泡就亮了,我对国家电力系统的运行的系统知识根本不知道,但是这并不妨碍我从容不迫地使用电器;同样,一个腰缠万贯的银行家或一个功成名就的企业家也可能并不具备关于经济理论的系统知识,而他们只要能够成功应付实际环境之中的具体实践问题就足够了。在社会世界之中,存在着各种各样的文化情境,我们对这些情境既了然于胸,又心照不宣,我们可以非常轻易地就能够处理这些情境和应对这些情境中的人,"如果我们以某种特殊的方式、针对我们的同伴进行活动;他们就会像我们所预期的那样作出反应,各种诸如政府、学校、法院、公用事业这样的制度都会发挥作用,而且,由各种法律和习俗、宗教信念和政治信念构成的秩序,也会像控制我们的行为那样控制我们的同伴的行为。"①这就是舍勒所说的相对自然的世界观,即一个群体自身内部所具有的某种相对稳定的统一的文化价值观。

然而,在某个群体之内,所有成员并不具有相同的知识储备和知识结构,在某个领域内,他可能是专家,而在另一个领域之内,他就很可能是一个门外汉,他们当中的每一个人都会选择这个世界的不同方面作为自己研究和工作

---

① [奥]阿尔弗雷德·许茨:《社会理论研究》,霍桂桓译,浙江大学出版社 2011 年版,第135 页。

的对象。因而,知识的起源与知识的分配关系到每一个在社会世界中的人的工作和生活,它们也可以成为知识社会学研究的一个重要主题。而关于社会角色、社会互动以及社会行动的知识储备的一些预设,则是哲学研究的对象和内容,哲学家们所研究和探讨的是知识的主体间性特征,因为它涉及的是人们所共有的世界,每一个人的知识都涉及他人,这是历史留给我们的文化遗产。专家、外行和消息灵通的人士可以看作我们现代文明市民生活中存在的三种理想类型的人。

专家是精通某个专业领域之内知识的人,这些知识虽然局限于有限的领域,但是它们具有明确而清晰的界限,都是精确的、可靠的知识,都建立在理性的和可证实的基础之上,能够被其他人学习并重复使用。而外行则虽然掌握各种各样的操作性知识,但是他关于这些知识的内涵以及相互之间的关系都是不清楚的,他们只是大致地知道在一种类型的情况下应该运用哪种类型的知识,遵循哪些固定的方法论的程序,一般就可以得到哪些可以想要的结果,而关于这些程序、这些步骤背后的原理,则可能全然不知,也就是说,门外汉并不具有关于某个专业领域之内的理论知识,他们关注的只是一些实践的操作的意图和结果,只要能达到他们的目的就可以了。而消息灵通人士则处于专家的理想类型和门外汉的理想类型之间,他们既不拥有专家所掌握的专业技能和专业知识,也不像门外汉那样对所有的知识都不求甚解,而是对所有的知识都感兴趣,都可以谈论上几句,都可以发表自己的见解,这种见解在专家看来,可能是非常肤浅甚至很可笑,但是对于门外汉来说,则好像是非常专业、非常内行的观点,他们看起来似乎就是专家,无论哪个方面他们都说得头头是道,无论对哪个方面他们似乎都能够产生兴趣,而实际上他们所有的知识几乎都是一知半解。

处于日常生活中的绝大多数人都不必成为专家,他们只要遵循一些生活常识和一些固定的程序就可以了,他们只要知道什么时候去医院、什么时候去找律师、什么时候去火车站就可以了,至于说医学的专业知识、法律的基本条文、全国铁路系统的运行方案,他们不需要知道,也没有必要知道。而只有某个专家群体才能精确地理解本行业和本领域之内的基本问题以及所有专业术语的涵义,专家注定属于少数人,他们对于常人们的高谈阔论和似是而非的见解往往报以一种一笑了之的态度而不去深究。而实际上普通人对这些专业问题及其概念的说法和解释,一般都禁不起严格的推敲,他们既对这些问题的结构缺乏清晰明确的洞见,又对这些概念和术语的内涵缺乏深入的理解,它们作为理所当然给定的东西被这些人拿来使用。而只有通过旨趣的转变,以前理所当然的东西现在变成有问题的东西,以前模糊得到承认的事态现在变成需要进一步研究的领域,才可能获得对某种专业领域之内的知识、基本问题以及专业术语的更为清晰和更加深刻的理解,正是在我们的这种关注点和旨趣发生转变的过程中,触及了问题的核心。因为我们现有的意图和旨趣决定了我们的思考过程、计划过程和所有行动过程,决定了通过我们的计划和设计方案所要达到的目标,也正是我们的现在的旨趣决定了我们的思考与哪些领域有关,与哪些领域无关。

我们现有的意图和旨趣决定了我们的各种关联系统。然而,这些意图和旨趣并不是独立存在的,它们存在于一系列的思维构造体系之中,在每天的日常生活中,有长远规划、短期打算,有工作的安排,有学习的计划,甚至是每一天、每一小时都有下一步要完成的事。旨趣的关联系统也不是一成不变的,不是同质的,例如我作为一个父亲,作为一个丈夫,作为一个教师,作为一个研究工作者,作为一个守法的好市民,作为一个司机,作为一个消费者,每一个系统向另一个系统的转变,不仅意味着我的身份、社会角色、社会情境的改变,而且也意味着我的评价系统、取向系统和个人偏好的改变,所有这些关联系统,不仅是不相同的,并且很有可能是相互矛盾的,而我必须决定在当前的社会情境之下,我应该选择哪一种旨趣而放弃哪些旨趣。

在我的各种各样的关联系统之间并没有可以自由通行的货币,也就是说,各种知识之间并不是可通约的,每一种知识都具有自身封闭的领域,并通过轮廓分明的界限而与其他知识分别开来。然而,这些各式各样的关联系统又存在着交叉点和交集,有些关联系统混杂在一起,彼此之间相互渗透、相互影响,把它们的边缘延伸到相近的关联系统之中,造成了边界模糊、相互混淆的现象。在这些关联系统之中,有两种显著不同的系统,一种是内在的关联系统,另一种是强加的关联系统。我们的内在关联系统是这样一些系统:我们都来自我们的意识自发的或自由的选择,即我们对我们的计划和目标非常明确,我们知道自己要做什么,要解决什么问题,是要解决生活问题,还是要解决一个理论问题,而我们选择的意图和旨趣一旦确定下来,那么关联系统也就相应地确定下来,我们就不得不接受其基本的结构所决定的内容,不得不接受与之相关的各种层次和为我们提供的各种规范。例如,当我要钻研一个哲学问题时,那么与生活有关的问题就被暂时悬置起来,当代哲学发展的现状和主题的变化,哲学研究的问题和方式就成为我所要选择的关联系统之中基本结构中的内容了,而这些问题之间的联系是内在固有的。

这都是在我们控制之内的,尽管我们的自主选择把这些旨趣中心及其相关的关联系统确立了下来,但是我们可以转变旨趣,并对其进行必要的修正。然而,有一些情境作为发生在我们身上的事件,是我们无法选择的,它们处于我们的控制之外,我们只是不得不应对的被动的接受者,它们既与我们的关注点、意图和旨趣无关,而且也不是从我们的自发或主动选择过程出发而产生出来的。这就是一种外在的强加的关联系统,我们根本不能根据我们的个人的偏好随意地选择和修正这些系统,我们并不具有这种力量,我们只是处于一种被动的接受者的地位。比如天资、家庭出身和经济条件等,我可以选择我的配偶,但我无法选择我的父母和出生地,它们还包括一些突发事件,一些偶然的意外事故,例如突然的刺耳响声、交通事故、地震、疾病等,这是一些我们不愿意碰到的事,也是一些涉及天命、天意、天数或者说上帝的安排等无法用理性来说明的事。

在社会世界之中,尽管我与我的同伴具有不同的关联系统和生平情境,但是,可以假定,处于我的能力所及的范围之内的东西,如果他人处于我的位置,也可以与我一样行动,反之亦然,处于他人的能力所及的范围之内的东西,如果我处于他人的位置,我也可以实现它。同时,以前曾经处于我的能力所及的范围之内的东西,我可以努力重新将其拉回到处于我现在能力所及的范围之内,它和未来处于我的能力所及的范围之内的东西一样,都属于处于我潜在的能力所及的范围之内的东西,这一点对于他人也完全适用。这样,我们就具有了一种共同的社会环境,在这种共同的社会环境之中,我与他人建立了各种各样的社会关系,我们可以具有共同的社会取向、共同的关注点和共同的旨趣。我们不仅可以看到共同的事物,通过视角的相互转换,我们还可以看到同一个事物的不同的侧面,我们还具有关于社会世界共同的知识,通过相互协调自身的行为而与他人取得共识,当然,我们仍然可以保持自身的独立性,仍然可以自由地处理和应对在我控制之内的各种事物。

这就是人们常说的社会互动或社会交往的问题,这一问题通过现代著名的社会哲学家哈贝马斯的卓有成就的阐述而成为社会学理论的一个核心。在任何一个社会互动过程之中,每一位参与者既与他人分享了某种东西,又具有自身特殊的计划安排。然而,这种社会互动与社会交往是多维的复杂的,而不是同质的,例如,甲是乙的行动对象,而甲并没有分享乙的各种目标和意图,那么对于甲来说,乙的各种内在的关联系统就是一种强加的关联系统,反之亦然。对于甲来说,他只对自己的内在关联系统有一个明确而完全的认识,而对于乙的内在关联系统则是完全未知的,即使甲知道乙强加给了他什么,那么这种强加的关联也都是一些空洞的未加证实的预期。在社会世界之中,只有一小部分我们直接面对的熟识的人,而大多情况下我们遇到的都是一些匿名的他人,他人的匿名程度越高,我们在社会世界之中所处的位置就越难以分辨,我们与其他人共的内在关联领域就越少,而各种强加的关联领域也就越多。而随着社会的发展,符号文化生活所占的比重将会越来越多,而我们直接接触自然界与他人直接面对面的交往将会越来越少,"我们的现代文明的特征就是使参与者相互之间的匿名性不断得到扩展"①。在这种社会情境之中,我们可能直接面对的是书本和文字,是计算机和互联网,是一些匿名性的、抽象化的和类型化的他人。而现代的交通和通信设施让我们将整个地球联系起来,在这个世界的任何一个地方,都通过无线电波和有线网络而与其他地方联系在一起,我们身居的位置也可能受到遥远距离的控制,而一些我们并不了解的匿名的他人,可能决定了我们的旨趣系统和关联系统,例如教育部的一项决定会影响到全国教育系统之中的每一个人,包括教师和学生都"不得不把从政治角度、经济角度和社会角度强加给我们的、超出了我们的控制范围之外的关联,都完全如实地考虑在内"②。

专家仅仅意味着精通某一种类的知识,这些知识都是由在某个研究领域之内预先确定下来的问题和结论所决定的,也就是说,专家所掌握的知识都具有某种强加的关联系统。而某个人一旦决定要成为一个专家,就必须在他的工作时间之内把这些强加的关联系统当作其思考和活动的主要依据。而之所以称其为专家,是因为这个领域是受到严格限制的,并不是每一个人都会成为专家,要想成为专家,或者必须经过长时间的理论学习和思维训练,或者说在某个领域具有多年的实践经验。在由专家所决定的问题情境之中,每一个事物都具有相关联的意义,也就是说,专家的全部知识都指向某个已经预先确立起来的参照框架,而无论是谁,都不得不承认和接受这些早已决定好了的问题视域及其关联系统。例如,一名医生就必须了解某种疾病产生的原因、发病的现象及人体的生理机能方面的因素,医生并不回答一个法律顾问要回答的问题,也不应该关心一个病人的出身和收入等一些经济背景的问题。而消息灵通者是指这样的一些人,他们具有或者说从属于各种各样的不同的参照框架,

---

① [奥]阿尔弗雷德·许茨:《社会理论研究》,霍桂桓译,浙江大学出版社2011年版,第144页。

② [奥]阿尔弗雷德·许茨:《社会理论研究》,霍桂桓译,浙江大学出版社2011年版,第145页。

而这些参照框架的关联系统对他们来说并非强加的。即对于他们来说,他们既可以选择这样的参照框架,又可以选择那样的参照框架,而并不存在统一的受到严格规定的基本框架,他们可以就任何问题发表言论,他们可以在任何一个参照框架之内寻求他们的观点的佐证和庇护。这样他们的态度既与专家的态度不同,又与门外汉的态度不同,因为专家的知识系统是具有统一的界限的早已规定好了的并且受到严格限制的专业领域,专家在某一个或几个领域之内精通专业知识,而其他领域的知识,对于他们来说,则属于门外汉,专家必须提供与他们的专业领域相关的建议,而与此无关的问题,他们不必多谈。而消息灵通者的态度则不同,他们一方面必须形成合理的见解,另一方面又必须寻找证据。

这就涉及了知识的来源问题,我们的知识只有极少的一部分来自我们的直接经验,而我们获得的大部分知识都来自传统与教育,它们是历史的积淀和文化的结晶,是由我的前辈、我的同伴和我的同时代人的经验构成的。这些知识或者来自书本的学习,或者来自他人的指导和教授,这些知识都是来源于社会的知识,它们都建立在某种潜在的理想化过程基础之上。大致说来,是通过四种不同的方式产生出来的:一是可能来自其他个人的直接经验,而后者把这些经验传递给了我;二是可能来源于另一个个体的间接经验,也就是说,这个个体并非一个目击者,他只不过是这些事件的转述者和中介者;三是来源于另一个个体从社会的知识那里收集而来的知识,这些个体的关联系统与我们的关联系统非常相似,这样我对这些知识确信不疑,他们的见解对我的影响也很大;四是可能来源于另外一些个体,这些个体的关联系统与我们的关联系统极为不同,但是如果他们的见解建立在事实和准确有力的证据基础之上,我也会相信这些见解。任何一种知识,无论是来自我们的亲身经验,还是来源于社会,只要是得到了我们自己的承认,也得到了我们的群体其他成员的承认,那么就会被人接受,并且产生一种影响力。"得到社会承认的知识的力量得到了极其广泛的扩展,以至于只要是得到整个内群体承认的东西——诸如各种习俗、社会民风和习惯这样的思维方式和活动方式,就会被人们不加思考地认为是理所当然的;这样的知识变成了相对自然的世界概念的一种成分,尽管它的源头依然被它的权威性完全掩盖着。"①得到社会承认的知识既是权威的源泉,同时也是社会舆论的来源,在我们这个时代,专家拥有着越来越重要的权威,有些专家经常活跃于大众的视野之下,甚至是经常参加电视、广播或媒体上的活动,他们不仅获得了声誉,而且拥有了特权,因而他们的观点额外具有影响力。

在当代社会,专家已经成了一种权威、真理和成功的代名词,他们不仅替换了我们的内在关联系统,而且把一些特别的关联系统强加给我们,这就让我们丧失了自我判断和自由选择的权利。我们不应该在所有问题上都人云亦云,对于我们不懂的专业知识我们可以咨询专家,参考专家的建议,但是这并不意味着我们完全听从专家的指挥、控制和支配,在我们人生的许多关键时刻,我们还是应该进行自我决断,我们应该听从我们自身内在判断力的召唤。

许茨将胡塞尔现象学的某些基本观点应用于社会现实的具体问题研究上,对社会世界的意义构造、社会结构的层次、知识的来源和分配,以及人们常识思维的基本构造等许多问题都取得了非常显著的成就,他在胡塞尔现象学以后关于社会文化问题分析方面的理论发展功不可没。而在这其中,关于生活世界的理论最为重要,许茨把生活世界看作包含了主体间性在内的日常生活的最高现实。在许茨那里,现象学变成了关于对常识思维意义构造的分析,它可以让我们理解存在于社会文化世界之中的各种现象、事件和对象。这样,许茨就突破了胡塞尔先验哲学的思维框架,拓展了现象学研究的边界,丰富了对生活世界与主体间性问题的特定理解,显示了现象学对日常经验进行细致分析和如实描述的巨大潜力,开辟了现象学社会学这一新兴的研究领域,并使

---

①　[奥]阿尔弗雷德·许茨:《社会理论研究》,霍桂桓译,浙江大学出版社2011年版,第149页。

这个领域充满活力而日益走向成熟。同时,许茨对社会科学方法论的深入探讨不仅可以澄清关于人文社会科学基础的争论,而且是对韦伯以后理解和解释社会学的杰出贡献,他对陌生人、归家者、专家和外行的论述也正可以看作对丰富多彩的文化世界各种理想类型的建构案例。

第五章　法国现象学对生活世界领域的继续开拓

——以萨特和梅洛-庞蒂为例

现象学运动起始于德国,但是却在法国开花结果。法国现象学学派后来居上,异常活跃,出现了马塞尔、利科、德里达、亨利、马里翁、列维纳斯等一大批世界级著名现象学家,这促成了现象学在法国的生根发芽,并结下了累累的文化硕果。然而向前追溯,现象学在法国的传播两个人的功绩最大,他们是萨特和梅洛-庞蒂。

第一节　萨　　特

萨特和梅洛-庞蒂的理论都可以看作对胡塞尔生活世界现象学的丰富和扩展,而且,二人都着眼于对现实的文化世界进行研究,萨特的主要贡献体现在主体间性理论上,本节专门对萨特的理论进行阐述。而梅洛-庞蒂则紧紧围绕着胡塞尔的生活世界展开,其研究已经进入历史的深处,把生活世界现象学的文化研究推进到了一个更高的层面,因而我们在下一节专门来对其进行论述,这里不再赘述。

一、概述

从现象学的德国时期到现象学的法国时期的转折,远非一种地区性的改变,法国现象学的代表们试图保持与他们德国前辈先验立场的连续性,但也受到地方特色的历史经验和智识运动的影响,这使得法国现象学又明显地不同于其德国前辈。法国现象学对于干预社会和政治问题的意愿更加强烈,同时,它力求将胡塞尔现象学和存在主义联系起来,并将胡塞尔现象学与法国本土的笛卡尔主义的遗产相结合。法国哲学家对德国思想的注意力,更多的是从当时声名显赫的海德格尔那里接受胡塞尔的作品的,这就使得法国现象学一直存在着胡塞尔与海德格尔两种哲学倾向之间对立不安的张力,而同时,马克思主义运动的影响在法国也一直占有重要的地位。此外,他们还受到了当时强大的黑格尔哲学复活运动的影响,特别是黑格尔主义似乎提供了一剂消除主观唯心主义或主体性哲学的唯我论危险的灵妙药方。因而,法国现象学一时间成为与笛卡尔主义、马克思主义、黑格尔主义等多种理论的杂交与融合的产物。可以说,萨特的思想正是在这些思想资源相互融合、相互碰撞过程中发展起来的,他的一些基本观点也是由各种哲学传统触发其灵感的证明。

萨特关注的基本哲学问题是存在与人的自由。存在是自浑浊的、粗鄙的、呆滞的,既不主动也不被动,是无意义的,它拒绝意识,存在既超越否定也超越肯定,存在并不要求自为。世界本身是无意义的、荒谬的,而与整体性的、未区分的自在存在相对的是人的意识,人的意识是一种自为存在,意识闯入存在,或者说意识是存在的一种裂隙。萨特一方面说存在与意识没有关系,是不交流的,而同时又否认自己是一个二元论者,他认为自为不是一种存在,而是存在的裂隙或破裂,使得存在能够显示自身。存在是偶然的、无时间性的,而人的意识具有时间性,因为人的意识可以进行否定的活动,因而是自由的。而同时,他也把主体间性问题作为关注的核心:"我们看到,在这里关键正在于我与他人的基本关系。"①在这一点上,萨特与梅洛-庞蒂是共同的,尽管他们二人的现象学观点存在着许多差异,但是他们都集中地探讨了他性和共性,以及内在性和外在性之间的关系问题,对另一个我的任何处理方式都面临着一个基本问题取向,那就是他人与我之间的关系,怎样把自我与他人区别开来,又怎样作为同类人把外在于我的他人与我相比拟,他人又是如何与自我内在地联系着的,这些复杂艰深的问题使得法国现象学家们不断地追问该问题所隐含着的核心与边缘。总之,他们的作品极富于启发性,这最后促成了德国现象学对文化世界展开深入的研究,这种研究在法国结下了累累硕果。

在探讨萨特主要的观点之前,笔者认为非常有必要谈一下萨特本人。萨特幼年是一个半孤儿,他怀疑自己是个私生子。这一童年的不幸经历的意义在于,私生子有一种自卑、忧郁和负面的心理氛围,尽管萨特自称是一个文学天才,但是他有一种先天的个性倾向,即以一种灰暗和悲观看待周围的一切。因而他比普通的人更能感受到他在世界上是非法的、偶然的、多余的,并且需要得到人们的接受和认可。"这种偶然性,我们绝不能真实地把握它,因为我们的身体是为我们的,因为我们是选择,而存在对我们来说,就是自我选择。"②在萨特的幼小心灵中一直挥之不去的是关于他自己以及其他一切事物的偶然性,这让他感觉到人活在世界上是孤独的。我们的存在完全是偶然的:"我们称为自为的人为性的,正是这紧围着必然性的双重偶然性……被虚无化的并被淹没在绝对事件中的自在始终作为其原始偶然性保留在自为的内部,而这绝对事件乃是基础的显现或自为的显现。于是,自为是由它自己使之复活并与之同化而又永远不能消除的永恒偶然性,它在任何地方也不可能把握或认识这偶然性,即使是通过反思的我思,因为自为总是超越偶然性走向它

---

① ［法］让-保罗·萨特:《存在与虚无》,陈宣良等译,生活·读书·新知三联书店 2007 年版,第 433 页。
② ［法］让-保罗·萨特:《存在与虚无》,陈宣良等译,生活·读书·新知三联书店 2007 年版,第 406 页。

自己的可能性,并且它只在自身中时遇见它应该是的虚无。然而,偶然性不断地纠缠自为,正是偶然性使我同时认为自己是完全对我的存在负责的又是完全无可辩解的。"①人的未来是未知的、无法预测的,人时常生活在一个陌生而又充满了敌意的境况之中。这是萨特著作当中最明显也最具有个性化的情感和心理背景,我们不仅仅是像海德格尔所说,是处于"被抛状态",而且很可能有一种被人抛弃的感受。

萨特出生后不到两岁父亲去世,他是在贫寒家境中长大的,从小就能够体会到生活的艰辛、无奈和不易,后来他的母亲搬到外祖父母家,他10岁多一点的时候母亲改嫁,他和他的外祖父住在一起。他几乎从来就没有得到过父爱,但是他把父亲的早逝解释为一种幸运,因为这也意味着不用听从父亲的管教,这给他带来了自由。他也是一个无神论者,他在11岁就永远放弃了对上帝的信仰,对于年轻时代的萨特,人们了解得不多,很可能是萨特有意回避那些记忆。但是在一封信中,萨特说道,人和自然的根基乃是悲伤和厌烦,我们是自由的,但是却没有力量,万物都过于软弱,一切都会死亡,这表现出一种极度悲伤、消极和厌世的情绪,"人是一种无用的激情",这种具有某种悲剧性的困惑、忧郁和幻灭的基调一直萦绕在他心头而挥之不去。尽管脱离存在的人类精神是自由的,但是却没有力量去完成一种综合,真理和无知充其量不过是一种神话,这些充满了阴暗和绝望的情绪在他的许多文学作品中都表现了出来,努力追求最后以完全失败而告终,自由与存在陷入一种互不相关和无法调和的境地。他从来没有完成博士论文的写作,也从来没有担任过大学教职,他当过教师,后来放弃了教学工作,以便腾出全部时间专门用于写作,他也不喜欢学院式人物和学者的生活,倒是与马克思非常相像,积极介入现实,愿意投入到活生生的社会生活和政治生活中。然而,萨特首先是一位作家,而且是一位多产的富于创造力的作家,他还是一个伟大的心理学家,他在对与他人交往过

---

① [法]让-保罗·萨特:《存在与虚无》,陈宣良等译,生活·读书·新知三联书店2007年版,第383—384页。

程中的动态关系的描写中表达了对人性的一种深刻的理解。尽管他的描述冗
长得令人厌烦,但是这些心理学的描述也极大地扩展了现象学的领域,对萨特
来说,现象学只成了一种创造性直觉,或者说是一种对待世界的艺术化洞见。
萨特介入了种种事业,但是他自始至终都是一个独立的放荡不羁的知识分子,
他说他永远是以自我为中心的。他个子矮小、面貌丑陋,喜好拳击,精力充沛,
他经常消费大量的烟、酒和药物,他一点儿也不吝啬,从他将财物慷慨地与他
人分享这件事来看,他并不看重物质财富,他更关心的是精神的自由和内心生
活的富足,他的一生大部分时间都住在他母亲的小房间里或旅馆里。极高的
知名度和数量令人惊异的文学作品令他非常富有,他也很会吸引别人的眼球,
他希望博得大众的注意,不得不说,他是一个具有个性和魅力的人,他的散文
的风格掳获了大量的读者,而他对他的大批拥戴者和家族成员,甚至是波伏娃
的家庭成员都慷慨解囊,非常大方。

　　萨特所接触到的法国哲学根本无法改变他的悲观主义,而直到遇见胡塞
尔现象学,他和雷蒙·阿隆(Raymond Aron)在小酒馆的一次偶遇却注定了萨
特与现象学结下不解之缘,雷蒙·阿隆向他推荐了胡塞尔,他开始拼命地钻研
现象学的著作,并认为胡塞尔的《观念》第一卷是他所见到的最重要的一部著
作。但是不得不说,他对现象学的理解与胡塞尔非常不同,例如,胡塞尔的意
向性概念到了萨特那里,就成了让意识从世界的干扰和侵犯中解脱出来的能
力,而胡塞尔先验性的绝对自我,在萨特那里就成为意识的构成行为的超越性
结果,而并非我们所有意识的同一个内在极点,萨特甚至把自我看作意识的死
亡,因为他认为与清晰的意识相比,自我是非常不透明的,自我从超验领域中消
除,在萨特看来这意味着最后从事物性中解脱出来而代之以纯粹的自由,"所以
萨特对于自由的关注实际上甚至达到消解其所有者的程度,把他转变为一串超
越的行为结果。事实上自发性是某种自我对之不再能够控制的东西"①。萨特

——————————

　　①　[美]赫伯特·施皮格伯格:《现象学运动》,王炳文等译,商务印书馆2011年版,第
650页。

认为,胡塞尔终究没有从唯我论的孤岛中走出来,而他的超越性的自我有助于消除唯我论的幽灵,人的自我并不享有高于他人的自我的重要性权利。而萨特运用胡塞尔现象学的方法所得出的结果也与胡塞尔非常不同,他得到的结论是,我是由自由意识的行为构成的,而情绪并不构成对我们自由的致命威胁,实际上这种威胁却是我们对之应该充分负责的行为,现象学的方法还为我们提供了一个避难所,即建构一个超乎知觉的现实世界之外的由想象力创造的美感世界。

此外,萨特的作品中还充满了一种战斗精神,这种战斗精神仿效了马克思式的普罗米修斯的拯救全人类的救世情怀,同时也包含了笛卡尔式的理性的反叛精神,因为克服无意识存在的不透明性正需要这种理性之光。在萨特的博杂的思想之中,还容纳了康德的理性自律精神和黑格尔辩证法的某些元素,这种精神有一个最后的伟大目标,那就是实现一个自由王国,在那里,每一个人的自由都需要他人的自由,这也是每一个真正的哲学家都渴望达成的理想和目标。

二、《存在与虚无》

当萨特发表长篇论著《存在与虚无》之后,声名鹊起,这成为一件哲学上的突破性事件,而萨特也一举成为一个著名哲学家。那么,他在多大程度上是一个现象学家? 萨特的著作的确显示了现象学方法所潜在的活力和生命力,而他也从未称自己为现象学家,他在讲到胡塞尔和海德格尔时似乎也并不想与他们合流。尽管胡塞尔和海德格尔是萨特最常提到的两位德国哲学家的名字,但是萨特对胡塞尔很少有明确地称赞的时候,"'把握'这种方式不是一种认识现象,而是存在的结构。此时我们是处在胡塞尔现象学的地基上,尽管胡塞尔本人并不总是忠于他最初的直觉的"①。在一段文字中,他还两次指责胡

---

① [法]让-保罗·萨特:《存在与虚无》,陈宣良等译,生活·读书·新知三联书店 2007 年版,第 15 页。

塞尔,指责他陷入纯粹的内在论,指责他胆小地停留在纯粹描述的层次上,这使他局限于只对现象本身作出论述,而不能进一步探讨存在的辩证法,还指责他与康德一样未能避免唯我论,尽管胡塞尔逐步深入的论述和出色的描述让我们看到了意识或意向性的本质结构,但是,世界的存在问题并没有解决,我们从来都没有从现象学还原回到世界上来。胡塞尔"从来没有提出本体论问题"①,萨特认为胡塞尔的本质现象学不足以为自己的本体论所规定的任务奠定基础。而对海德格尔哲学,萨特似乎更有兴趣,尽管承认海德格尔的解答比胡塞尔和黑格尔都更加优越,但是萨特也并没有对海德格尔的著作给予过多的赞扬。"我的'在世的存在',只是由于它实现了一个世界而使它本身被它实现的世界指示为一个'没于世界的存在',并且不可能是别样的。因为除了成为世界的存在之外,不可能有其他用以进入与世界联系的方式。"②在谈到海德格尔关于社会存在的问题时,萨特说海德格尔快刀斩乱麻的解决方式并没有真正解开死结,萨特反对海德格尔用存在来消解笛卡尔和胡塞尔的意识,反对他将无的概念建立在畏惧的体验之上,反对他把死亡当作唯一真实的考虑,人不仅仅是一种对于存在有某种理解的本体存在者,人还是一种有想法并且让世界产生改变的本体存在者,等等。

　　尽管有这些看法上的分歧,但确定无疑的是,萨特与海德格尔更加接近。"这就是身体,这样一个身体是为我的。因此它全然不是附加到我的心灵上的偶然的东西,而是相反,是我的存在的永久结构和作为对世界的意识及作为向我的将来超越的谋划的我的意识的可能性的永久条件。"③萨特的理论轴心已经转移到了人的身体的具体的经验领域之中:"这种转移把萨特的现象学

---

　　①　[美]赫伯特·施皮格伯格:《现象学运动》,王炳文等译,商务印书馆 2011 年版,第635 页。

　　②　[法]让-保罗·萨特:《存在与虚无》,陈宣良等译,生活·读书·新知三联书店 2007 年版,第 394 页。

　　③　[法]让-保罗·萨特:《存在与虚无》,陈宣良等译,生活·读书·新知三联书店 2007 年版,第 405—406 页。

更加牢固地与存在哲学联系起来。这也说明了萨特怎样能够完成其关于具体个人及其世界的现象学……现象学现在从先验本质的高度下降到基尔凯郭尔所说的个体的具体经验的深层。"①总之,萨特也许没有自称为现象学家,但是现象学无疑成为他的哲学盛宴中起关键作用的食材和元素,胡塞尔和海德格尔为他提供了一个哲学思考的出发点,长期的正规教育让他有保留地接受了笛卡尔主义的家乡哲学,这使他与胡塞尔保持着一种亲密的关系,而他实际主张的现象学完全建立在人的现实存在这个基础之上,现象学必须在这个世界之中研究意识,因而萨特的最大功绩就在于促进了法国现象学与存在主义之间的融合。

萨特的《存在与虚无》作为其前期的代表著作前前后后写了十多年(从1930年开始,到1943年写成,共历时13年),这也是他表述其哲学立场的最富于胆识也最全面的尝试。按照西蒙·德·波伏娃的说法,直到1939年萨特都不曾认真研读海德格尔的书,但是在他写作《存在与虚无》这部伟大著作时,心中一直念念不忘的却是海德格尔的著作。"海德格尔也认为'人的实在'是'本体状—本体论的',就是说'人的实在'总能超越现象走向它的存在。但是从单个对象到本质的过渡是从同质物到同质物的过渡。这和从存在物到存在的现象的过渡是一回事吗?超越存在物走向存在的现象,是否就是走向它的存在……海德格尔所说的那种向本体论的东西的超越又是什么意思呢?"②尽管萨特与胡塞尔一样,都认为我们必须从我思开始,这是与法国哲学的笛卡尔传统一脉相承的,但是这并不意味着萨特关于意识的观点与胡塞尔和笛卡尔相同,也并不意味着拒绝了海德格尔对胡塞尔的批评。毋宁说,萨特提出了一种人的存在的现象学,萨特反对胡塞尔的先验自我的概念,"不过对

① [美]赫伯特·施皮格伯格:《现象学运动》,王炳文等译,商务印书馆2011年版,第679页。
② [法]让-保罗·萨特:《存在与虚无》,陈宣良等译,生活·读书·新知三联书店2007年版,第5—6页。

萨特来说,自我是'超越的',而不再是超验的;用普通语言来说就是:自我不是意识的原来结构的一部分,而是某种从意识的构成行为所形成的不断更新之流中生长出来的东西。"①萨特认为在未经反思的经验中,比如在读一本书时,所有给予的东西都是书中的内容及其符号,但却并不包含进行阅读的我,尽管我们也含蓄地意识到了我的阅读行为,因而胡塞尔具有超验地位的我是不必要的也是无用处的,在一个意识之流中的同一的自我对于意识的统一性意味着一种威胁,最终会导致意识的死亡。

在《存在与虚无》中,萨特将胡塞尔、海德格尔和黑格尔等人的各种观点混合在一起:"胡塞尔曾指出,一切意识都是对某物的意识。"②"这种描述与黑格尔关于主奴关系的著名论述还是一致的。"③萨特通过这种合并,凸显出其理论的创新性综合的能力。为避免折中主义,萨特接受了胡塞尔构造性意识的先验现象学,但是在主体间性问题上,他与胡塞尔存在着以下重大分歧:"他用一种存在遭遇(或者说是一种存在层次上的遭遇)来替换胡塞尔的认知性或意向性的一被意向的方法"④。然而,他与胡塞尔的分歧又似乎没有想象的那么大,因为他与胡塞尔一样仍然固执于主体性哲学的范式之上。萨特还经常参考海德格尔的《存在与时间》的词汇和概念进行阐述,但是他把存在的范畴解释为意识的先验结构,此在解释为一种主体性的个体谋划,"因为我们通过我们的存在本身谋划将来"⑤。而同时,他在吸收黑格尔哲学来矫正自我学的自我封闭时,却忽略了黑格尔辩证法的那种作为绝对知识的理论综合能

---

①　[美]赫伯特·施皮格伯格:《现象学运动》,王炳文等译,商务印书馆 2011 年版,第668 页。

②　[法]让-保罗·萨特:《存在与虚无》,陈宣良等译,生活·读书·新知三联书店 2007 年版,第8 页。

③　[法]让-保罗·萨特:《存在与虚无》,陈宣良等译,生活·读书·新知三联书店 2007 年版,第454 页。

④　[美]弗莱德·R.多迈尔:《主体性的黄昏》,万俊人译,广西师范大学出版社 2013 年版,第78 页。

⑤　[法]让-保罗·萨特:《存在与虚无》,陈宣良等译,生活·读书·新知三联书店 2007 年版,第564 页。

力,使主体间性在自为与自在之间不停地摇摆和冲突,因而萨特的理论又表现出一种带有本体论和辩证法色彩的胡塞尔主义。

正如上文所说,萨特对前辈们的哲学遗产并非全盘接受的,而是批判性有保留地接受的,他批评胡塞尔将主体间性问题看作经验之外的先验主体的联系。由于胡塞尔依赖于纯粹的意向性—被意向性结构,因而这实际上就阻塞了进入另一个自我的通道,意识构造活动只局限于意识的领域之内,这也就排除了理解他人的世俗存在究竟意味着什么这一问题的可能性本身。仅以认知的方式并不可能完全地理解另一个自我,因为这种理解要求把我自己和他人内在地同一化,先验哲学对意识的探究只是把他人作为空洞的意向的对象,其结果是这种对象拒斥和逃避我们的探究。因此,萨特得出结论,胡塞尔和康德一样都无法逃避唯我论。而相比之下,黑格尔的辩证法则具有一种设定人类内在的相互独立性的优越性,"在我们看来,黑格尔在《精神现象学》第一卷中对问题的解决相对胡塞尔所提出的解决来说就是一种进步。事实上,他人的显现对构成世界和我的经验'自我'不是必不可少的:对我的作为自我意识的意识的存在才是必不可少的。"①根据黑格尔的观点,为了获得自我意识,人类的意识就必须不得不外在地显现自己并将自己客观化,这一过程必然包括主体间性的中介,特别是我与他人相互之间的否定,他人与我是一道出现的,因为自我意识通过对所有他人的排斥而与自身同一,因而在我的存在中,宾格的我(me)依赖于他人,而他人也渗透到宾格的我的心灵深处。然而萨特批评黑格尔,尽管黑格尔哲学具有这样的优点,但是黑格尔把存在与知识同一化的做法忽略了这样一个事实,即意识的存在本身独立于知识之外,而且意识在被人认识之前已经在此了。因而在认识论上,黑格尔没有看到自为的意识之间的冲突,在作为客体的他人和作为主体的我之间,自我意识与对他人的意识之间不存在任何共同的尺度,如果我把他人作为我的客体,我就无法在他人身上认

---

① [法]让-保罗·萨特:《存在与虚无》,陈宣良等译,生活·读书·新知三联书店2007年版,第298—299页。

识我自己,我也无法在他的真实存在中,即无法在他的主体性中理解他人。

萨特认为人的遭遇在本质上是对抗性的,这种遭遇包含着角逐、斗争、逃避和冲突,"我们要研究的冲突的意义就在于阐明了这两种身为自由的对立自由的斗争"①。我的自由的恢复并不是最后的和解,而只是一种暂时的间歇状态,他仍然拥有一种超越我的自由,"我们的涌现是别人的自由的自由限制,没有任何东西,甚至自杀,都不能改变这种原始处境……在这个世界里别人业已存在,并且我对别人而言是多余的"②。他人对我来说,像爆炸物一样有一种危险倾向,这种危险使我突然体验到这个世界从我身上飞逝而去,体验到我的存在的异化,体验到毁灭、堕落和崩溃。冲突乃是为他存在的原始意义,与这种本质性的冲突相联系的是团结和公共共同体的相对无意义。而当我与他对视之时,如果出现了第三者,并用他的注视包围我们两个人,我们就会发现,我们都被超越,都被客体化了,我们的客体化的显现包含着一种特别令人悲痛的羞辱和无能的体验,一个把他自己作为与别的人一起构成我们来体验的人,就会感到他自己已经陷入了无限的陌生存在之中,他已经彻底异化了。萨特进而将注视与被压迫阶级的体验联系起来,"如果一个社会,由于它的经济和政治结构,分成被压迫的阶级和压迫的阶级,压迫阶级的处境向被压迫阶级提供了一个以其自由考察并超越它们的永恒第三者的形象"③。

萨特的现象学以一种改头换面的笛卡尔主义的形式出现,但是其理论实质更接近海德格尔而不是胡塞尔,而萨特与海德格尔关于存在的看法也存在着重要分歧。萨特认为存在先于本质,这就是说,人的本质是人的自由活动的结果,人的选择和决定最后把人的本质引申出来。而海德格尔认为存在只是

---

① 〔法〕让-保罗·萨特:《存在与虚无》,陈宣良等译,生活·读书·新知三联书店 2007 年版,第 465 页。

② 〔法〕让-保罗·萨特:《存在与虚无》,陈宣良等译,生活·读书·新知三联书店 2007 年版,第 501 页。

③ 〔法〕让-保罗·萨特:《存在与虚无》,陈宣良等译,生活·读书·新知三联书店 2007 年版,第 513 页。

指真实的或不真实的存在的可能性,因而存在至少是形成人的本质的一个组成部分,但是不能说,存在就是人的本质的先在的根源。对于萨特来说,存在并不仅仅与处于世界之内的人的意识等同,他扩大了意识的概念,存在着一种先于思考的意识,它伴随着我们所有关于对象的直接意识以及我们的思考行为,这也让我们看到了我们的意识独特的存在方式。先于思考的意识在很大程度上扩大了笛卡尔的我思,以致它可以包容我的全部存在,这种先于思考的意识包括一些背景性知识、一些心理状态以及一些情绪要素在内,它们可以称作不纯粹的思考的部分。

萨特关于意识的看法中最有新意和特色的地方就在于意识具有一种否定性,这是萨特的主要观点。萨特非常重视否定性,"那否定就应该像一种自由的发明,它应该帮助我们突破束缚我们的肯定性这一障碍:否定是一个连续性的突然中断,它在任何情况下都不可能是先前肯定的结果,它是一个原初的不可还原的事件"①。人具有想象力,人的想象力把它的对象当作虚无的对象,也就是现实不存在的对象,或存在于另一个世界或另一块地方的对象。萨特认为,虚无是我们的经验所具有的恒常的可能性,我们的意识充满了虚无,虚无不仅仅表现为存在的陪衬物,而是处于存在的内在核心,就像人的肚子里的寄生虫一样。因而人愿意幻想,人经常会做白日梦,或者说,人是一个尚未存在,不仅经常会陷入关于性与爱的不切实际的妄想,而且有希望和期待,如果人对未来没有了目标或盼头,那么生命就没有了意义,生命也就快走到尽头了,或者说生不如死,形如一个空壳。萨特的虚无主要表现在诸如整个存在领域中的不在场、空隙、缺陷、匮乏等,他创造了"否定性"这一概念来表达这些现象,那些不在场和空缺的事物,只能由一个有意识的存在者期待成为现实的东西,因而虚无是由意识构成的,而依靠意识所提出的问题和期待而存在的东西也具有一种合理性。萨特试图证明自然界并不存在任何否定性,那些貌似

---

① [法]让-保罗·萨特:《存在与虚无》,陈宣良等译,生活·读书·新知三联书店 2007 年版,第 37—38 页。

破坏性的事件,如飓风或地震,一切都是上天的安排和自然变化,存在的总量不变,而否定性是一种人类特有的现象,只有在人身上才显示出来,因为人有想法、计划和期望,否定是人作出的否定或否定判断,"于是,可以把斯宾诺莎的公式倒过来说,任何否定都是规定。这意味着存在先于虚无并且为虚无奠定了基础。因此应该懂得不仅从逻辑上说存在是先于虚无的,而且正是由于存在,虚无才具体发挥了作用。这就是我们说'虚无纠缠着存在'的意思"①。虚无一直包围着存在。"尽管萨特把人作为虚无的实现者,他还是认为虚无的潜在根源在于存在。换句话说,虚无这一现象在这个阶段是一种典型的混合现象,是人与事物相遇产生的结果,然而却又不仅仅是人的判断活动的产物。虚无乃是胡塞尔所说的被动性意识构成的一个实例。"②

　　萨特推论,虚无借之来到世界上的那种存在其本身必定也是虚无,即意识是一种虚无,这是一个大胆的断言,这种夸张的说法并不意味着意识不存在,而是说,意识最明显的成就和最重要的功能是否定性。意识的否定方面是与自由紧密联系在一起的,把自由与意识结构结合起来并非萨特的创举,这几乎是所有哲学家心中的理想,胡塞尔与海德格尔也都曾认真地思考过自由的问题,但是在现象学家中没有谁像萨特那样把自由和意识的本身结构完全等同起来,萨特对想象力的研究就试图证明想象的意识预设了拥有一种处于因果联系的世界之外的能力,这也让意识从因果规律和决定论的束缚中解放出来,这种能力也是对因果关系的世界的否定。萨特论证说,自由是绝对的和无限的,但是他在描述自由时又总是把自由置于一种特定的情境之中,他从来就没有给予自由以完全脱离情境的能力。

　　萨特的《存在与虚无》可以被理解为一种传统的形而上学哲学。他认为,

---

　　①　[法]让-保罗·萨特:《存在与虚无》,陈宣良等译,生活·读书·新知三联书店2007年版,第43页。

　　②　[美]赫伯特·施皮格伯格:《现象学运动》,王炳文等译,商务印书馆2011年版,第694页。

存在是一种现象,此现象被显示于某种心理学的状态之中,但他并不想断言一切存在都可以简单地还原为现象。他批评胡塞尔返回了贝克莱的"存在就是被感知",他说存在不可能还原为我们所具有的知识,他还认为一切意识都把握着自在存在的实在性,并不存在一种不设定超越性对象的意识,但是他从来就没有认真面对胡塞尔关于意向性行为和意向性对象的论述。进而他提出了一种关于意识与存在者的二元论,一方面,存在分为两个彼此不沟通的区域,自在存在既不是主动的也不是被动的,也不是被创造的,存在本身是偶然的,强调偶然性也是萨特的一个惯用的观点;另一方面,自为存在从来也不与自身完全同一,它是一种对存在的松弛,这是一种很新鲜的提法,自为存在永远是分裂性的,自为的意识从来不是纯粹透明的,是半透明的。意识是一非物,是一虚无,自在存在的一切并不包括意识,意识是纯粹的自为,意识永远朝向它不是的东西,意识永远是一无,虚无使我们有可能进行否定,意识是一系列可能性,然而萨特似乎只是一种断言,并没有明确清晰的论证。萨特在很多时候都是用一些非常具体的例子来对人的情感和欲望进行描述,"《存在与虚无》的真正优点并非表现于相当简单化的、欠缺根据的本体论方面,而是表现于它在其中对种种人的处境进行细致描述的诸种方式,这种描述含有丰富的现象学的和哲学的洞见。"①

　　萨特认为人的意识是一种纯粹的可能性,它是真正自由的,变化多端的,它可以成为任何东西,但我们同时又处于某种事实性的历史情境之中,真诚性就是我们如何在承认和保持我们的自由的方式中回应此情境,人的自由比他知道的要多得多。真诚的生存就是把握自己的自由并对其承认,而非真实的生存就是逃避自身的自由,企图通过扮演各种角色而对此遮遮掩掩,撒谎是与他人共在的一个基本特征,因而我们与他人的交遇成为一种对抗和挑战,我想要支配他人,他人也想要支配我,萨特借用了黑格尔《精神现象学》中关于斗

---

① ［爱尔兰］德尔默·莫兰:《现象学:一部历史的和批评的导论》,李幼蒸译,中国人民大学出版社 2017 年版,第 422 页。

争的描述,说明我们根据他人如何看我们来意识到自己,我们并不只是为自己制订计划,我们也像他人看我们那样,通过为他人的生存而拥有自己。《存在与虚无》这本书不仅过于冗长,而且也缺乏体系,它的本体论是粗糙的,萨特从不接受学术界的教条和约束,他的本体论似乎是在直觉中一蹴而就的,他描述了人的生存中各种各样的具体情境,在他的奔放而大胆的思想中漂浮着极佳的心理观察,他扩展了现象学的经验,丰富了现象学的实践,让现象学在法国越来越深入人心。

三、主体间性问题

萨特不仅对于胡塞尔和海德格尔的哲学,而且对于德国唯心主义哲学,对于笛卡尔以来的西方哲学都非常熟悉。在他看来,海德格尔提出了一条解决先验主体间性困境的新的思路,即用在世之在和共在来克服困境。作为人类实存的我们从一开始就是在世之在,被抛成为一种原始情绪,与他人一起存在,在世之在和共在成为此在生存的一个基本的结构,在这种共在的环境下,我是以一种常人的匿名的态度而呈现的,我与他人都作为任何一个人而参与到日常生活之中,而只有通过一种良知的召唤才能达到深层的本真的自我。萨特认为,海德格尔的《存在与时间》按照一种存在关系来认识人的相互作用迈出了坚实的一步。主体间性是人的此在的一种基本结构,此在的在世就蕴含了主体之间的相互关联,此在与另一个我之间的关系,包含着一种相互性和独立性,它并不是从黑格尔的外在的总体主义的观点建立起来的。但是,海德格尔的缺陷在于,对共在的强调并以此来替代面对面的遭遇,团结在存在的非本真层次上表现得非常突出,团结表现在无差别的主体的合并之中,表现在主体对他们社会联合的全神贯注之中,即使在本真性的样式中,我们也可能察觉到团结,即海德格尔在论述到趋于死亡的存在之时,用团结来抵御共同的孤独。萨特虽然同意海德格尔关于在世存在与共在的基本观点,但是他对海德格尔更多的是一种批判的态度,他批评海德格尔过于强调共处的优点:"最能象征海德格尔的直观的经验形象,不是斗争的形象,而是队的形象。"①因而海德格尔忽略了人类之间对抗、对立与斗争的方面,他的生存论本体论的哲学仍然固守一种普泛性的认识论倾向,萨特指责海德格尔仅仅提供了一种绝对的规定来代替对共在的解释,把共在作为此在的一种绝对结构来处理,这就抹杀了另一个自我的他性和具体经验到的他人的独特唯一性,这种共在实际上也是一种先验的存在,从而使之与一种具体的人的实在的实体性联系成为不可能了,这必定使我孤立起来。因而,萨特认为海德格尔的思路并不能够真正克服该困境,因为海德格尔共在概念需要进一步加以阐述,海德格尔只是笼统地指出了一个新入口,而没有提供该问题的答案,我与他人之间存在着具体的亲疏关系之间的差异。海德格尔仍然把我与他人的共在看作一种先天的结构性特征,因而这种只属于我的生存结构的共在根本不可能真正解决实际上存在的主体间性的难题。

萨特认为,他人的实存并不需要证明,"事实上,在实在的东西之中,还有什么比他人更实在的吗?"②我与他人的关系是日常生活中的一种基本关系:"在这种关系中他人应该作为主体直接给予我,尽管这主体是在与我的联系中;这关系就是基本关系,就是我的为他之在的真正类型。"③它植根于一种前本体论的理解和接受过程,而笛卡尔的我思是唯一可能存在的出发点,但是我们没有必要把他人当作我们的客体,而应该把他人看作一个不断影响我们的日常生活的具体存在。萨特继承了黑格尔的辩证法思想,把他人看作一种否定,但不是外在空间上的否定,而是一种内在的否定,即我与他人之间的一种主动的综合性联系,双方都通过否定对方而构造自身。萨特断言,他人的出现

① [法]让-保罗·萨特:《存在与虚无》,陈宣良等译,生活·读书·新知三联书店 2007 年版,第 312 页。

② [法]让-保罗·萨特:《存在与虚无》,陈宣良等译,生活·读书·新知三联书店 2007 年版,第 284 页。

③ [法]让-保罗·萨特:《存在与虚无》,陈宣良等译,生活·读书·新知三联书店 2007 年版,第 320 页。

是日常生活中的一件大事,在他人出现之前,这个世界以我为中心而建构起来,但是随着一个他者的出现,我的宇宙统一体被击得七零八落,因为我的世界的客体不再以我为中心、为原点了。尽管他人也仍然是我的世界中所有客体之中的一员,但是他与其他的客体不同在于:他也把我当作一个客体,而当我的目光与他人的目光四目相对时,这正是决定性的转折时刻,他人正是观察我的他,这是一个无法再化约的事实。"因为知觉就是注视,而且把握一个注视,并不是在一个世界上领会一个注视对象(除非这个注视没有被射向我们),而是意识到被注视。"①这意味着我意识到我对于另一个人是一个客体,当对方仰望我时,我无疑会感到骄傲,而当对方藐视我时,我自然会感到愤怒,而当对方目不转睛地凝视我时,我一定会觉得羞愧或不自在,他人观察我限制了我的自由。我的世界本来是对我的各种可能性开放的,但是他人的出现彻底改变了这个事实,他人从他自己的观点出发把我与客体的关系转化为他的可能性的因素,这个世界不再是为我的世界,而变成了一个为他的世界,我的可能性变成了处于我的控制范围之外的或然性,我不再是该情境的主人,他人或者在利用我,或者在逃避我,我很可能成为他人的工具。人的原始焦虑并非像海德格尔所说,仅仅因为我要死,我终究会死,他人的存在对于我来说也是让我产生焦虑不安和苦恼烦闷的情感的原因之一,而这种情感一直伴随人的生命始终。

这里,萨特非常明显地将他人与一些负面的阴暗的情感联系起来。"让我们想象我出于嫉妒、好奇心、怪癖而无意中把耳朵贴在门上,通过锁孔向里窥视。"②在现实生活中每一个人都是在特定的情境下进行活动的,萨特称之为一种"处境",在每一种处境下,我都具有某种特殊的情感,具有某种心理活

---

① ［法］让-保罗·萨特:《存在与虚无》,陈宣良等译,生活·读书·新知三联书店 2007 年版,第 325—326 页。

② ［法］让-保罗·萨特:《存在与虚无》,陈宣良等译,生活·读书·新知三联书店 2007 年版,第 326 页。

动,我是意识,"我是纯粹的对事物的意识",这种意识被萨特称作"虚无","因为我是我自己的虚无",这也反映了我的自为性和我的自由,我害怕被奴役,我努力摆脱异化,而他人从一开始就处于我的自由面前,并且处于我的可能性面前:"这就是一开始我在那边为他地感觉到的东西,而且我的存在的这个虚幻的轮廓使我达到我自己的内心,因为通过羞耻、愤怒和恐惧,我不断地这样承担着自己。"①在他人面前,我或者感到骄傲,或者感到恐惧,或者感到羞耻:"我们只是说明了对恐惧(在他人的自由面前感到危险的感受)、骄傲或羞耻(我最终是我所是,但此外,是为他地在那里的感觉),对我的被奴役的认识(对我的一切可能性的异化的感觉),即他人的注视的那些主观反作用的意义。"②

胡塞尔把他人问题当作一种处于先验主体性之间的关系来说明,他经常谈论单子间的宇宙,他假定了先验自我的多元性,但是先验自我一方面是世界意义的构造之源,而另一方面又成为多元的共同存在的先验主体,在这两种观点之间保持协调却成为现象学最困难的问题之一。在萨特看来,这都是一个无法解决的问题,而根据作为胡塞尔公开发表的著作《笛卡尔式的沉思》之第五沉思的观点,萨特非常明确地指出,胡塞尔仅仅表明了他人是作为一个世间性的心理—生理统一体而被构造的,而并没有表明他人是作为一个先验主体性而被构造的。胡塞尔在进行现象学还原的操作之后,第二步就试图从经过还原的领域内消除所有陌生的成分,即涉及他人的全部意义,我这样做就获得了我自己的特殊领域,这是一个由我所经验到的生命机能的领域:"在这其中,我的严密私人的世界,我发现我自己的身体作为我的感知领域的载体,作为我的运动功能的执行器官,作为以'我能够'和'我行动'的方式命令的我的

① [法]让-保罗·萨特:《存在与虚无》,陈宣良等译,生活·读书·新知三联书店 2007 年版,第 333 页。
② [法]让-保罗·萨特:《存在与虚无》,陈宣良等译,生活·读书·新知三联书店 2007 年版,第 337 页。

器官的总和而与所有其他的客体区分开来。"①萨特揭示了胡塞尔惯用的现象学方法所无法解决的困境,这个自我实际上是一个心理—生理统一体,而不是什么先验自我:"我身体之中的行动和凭借我的身体在世界之中进行行动,而且通过我的身体受世界的影响。"②

尽管萨特的主体间性理论批评了胡塞尔的先验自我已经包含了世间的成分在内了,但是在萨特的观点中也存在某些问题,实际上萨特正在做的是一个偷梁换柱的游戏:以前作为现象学中枢的东西——意识的世界现在转换成了人的存在的世界,而自我是人的世界许多现象中的一个现象。萨特为把现象学重新放回到人的现实的做法而深感自豪,他实际主张的现象学完完全全限制在人的存在的层次上,他是在现实的人的层次上关于意识、构成的自我、人的想象以及人和人的世界的关系来展开具体的现象学分析的,"正是这种不言而喻的放弃超验领域和对于意识的人化或'世俗化'才构成了萨特对于胡塞尔的现象学所作的最重大的改造。这正是现象学转变为一种研究人的存在的现象学的转折点,后者所关注的是出现于具体的人的存在环境中的现象,包括个别作家或个别工人的具体世界在内。"③

萨特借用了笛卡尔的"我思"来解决主体间性的共在问题,每一个人都必定能够从他自己的"我思"的内在性出发重新发现作为一个超越的他人的存在,而这种超越规定着内在性存在本身。我们不能把共在归结为各个实体或封闭性的内在性的外在并列,也不能用理智型的认识程序来淹没另一个自我,更不能从一种先验的自我结构中推导出另一个自我来,"我们必须采取一种存在遭遇的形式才能找到通道,而这种存在的遭遇使他人的存在具有一种

---

① Alfred Schutz, Collected Papers I, *The Problem of Social Reality*, Martinus Nijhoff/The Hague, 1973, p.195.

② Alfred Schutz, Collected Papers I, *The Problem of Social Reality*, Martinus Nijhoff/The Hague, 1973, p.195.

③ [美]赫伯特·施皮格伯格:《现象学运动》,王炳文等译,商务印书馆 2011 年版,第669 页。

'偶然的和不可还原的事实'之特点"①。另一个自我尽管具有超验的他性,但必须是一个对我的存在感兴趣的自我,而不能无视我的存在,要使另一个自我对我的生活产生意义,他必须在我的具体经验环境中影响到我。在萨特关于注视的出色分析之中,形象地阐明了人的遭遇的假定特征。当我在某一情景中遇到一个他人时,一开始他只是作为我的世界中的一个对象而出现,但是,当我与他人的目光交汇,我在注视他的时候,他也在注视我时,我与他人的对视是一个非同寻常的时刻,我必须给予他一个特殊的身份,他并非我想象中的一个虚构物,而是一个像我一样的同类,我对他的理解和他自身的理解很可能不同,我必须为他对世界的理解和解释留下充分的空间。萨特用一个非常有趣的概念"洞穴"来形容他人的内心的深藏不漏性,注视意味着一种他人的彻底转换,它显露了一种全新的人的遭遇尺度,与他人的注视建立的是一种真正的存在联系,这种联系产生了具体的世界性效果。我在注视他,但他也在注视我时,这绝不是一种边缘性的体验,而是一种在世存在的重大事件。当我出于好奇窥视他人而被发现时,我会觉得羞愧、自责或恼羞成怒,我重新发现了自己,我是因为他人而重新发现了自己,羞愧、自豪、忌妒、懊恼、失落、惊讶都是对我的自身的本性的一种理解,正是在他人注视之下,我才感到害羞、窘迫、尴尬、不自在。我从此不再成为这种境况的主人,我的主人身份已经移交给了他人,而我却屈从于他的判断,我不仅要接受和认可他人的评价,而且要服从他人的评价,我甚至把自己当作奴隶。相反,当我受到异化时,他人却以一种我所不能把握的超世俗的自由而显现,我体验着他人不可理解的主体性,这时的我并不自由。对他人注视的暴露不是我能力的增长,而是一件遭受损失的事件,他人是作为一个具体而明确的现在给予我的,我绝对无法断然地怀疑和否定他,由他人导致我的世界的分解,这包含了我的认识的消解,因为这是一

① 转引自[美]弗莱德·R.多迈尔:《主体性的黄昏》,万俊人译,广西师范大学出版社2013年版,第82页。

件我无法在认知意义上理解而只能忍受的事件,我处于他人凝视的奴役之中。然而这也不是绝对的或无药可治的,我仍保留着通过将我的注视指向他而重新把握我的自由的能力,我可以获得一种明确的自我意识,获得一种责任,因此,奴役的终结包含了一种冲出畏惧的飞翔。

萨特对他人的分析大多是采用一种敌视的对立的态度,实际上这种态度过于偏激和狭隘了,因为如果我是一个男人,那么也许对另一个男人是多余的,但是如果对另一个女性,那可能就不是多余的,然而,即使是男性,二者也不一定仅仅是对立和冲突,二者也可能相互帮助,二者也可能成为朋友。他对注视的分析非常新颖而富有洞察力,但是有一点不免让人产生疑惑,那就是他为什么总是选择具有挑衅性的注视作为分析的典型,为什么总是选择那些不良的、阴郁的、消极的方面作为描述的重点,而没有把那些善意的注视、友好的微笑等作为描述的重点呢? 在对情绪的分析时也同样,他总是选择一些负面的情绪,例如憎恨、厌恶、悲观、挫败的情绪,而不选择那些充满阳光和积极向上的情绪,似乎是他对问题的切入点总是只注重那些阴暗面而忽视了那些健康而良好的内容,例如苍蝇、呕吐、黏性、肮脏等,就好像在注视时,他人如果称不上是威胁的话,至少也是一种挑战。"一切对我有价值的都对他人有价值。然而我努力把我从他人的支配中解放出来,反过来力图控制他人,而他人也同时力图控制我。这里关键完全不在于与自在对象的那些单方面的关系,而是互相的和运动的关系。相应的描述因此应该以'冲突'为背景被考察。冲突是为他的存在的原始意义。"①

萨特反驳了海德格尔的非本真共在的观点,无论是作为我们的主体的经验,还是作为我们的客体的经验,都无法改变在对注视的分析中所获得的那些结论,即意识之间的关系在本质上不是共在,而是一种冲突,实际的冲突和潜在的冲突。我们看到,在萨特对我思的论述之中,笛卡尔认识论遗产的影响是

---

① ［法］让-保罗·萨特:《存在与虚无》,陈宣良等译,生活·读书·新知三联书店 2007 年版,第 446 页。

非常明显的,同样,他对我们客体和我们主体之间的划分,自为存在与为他存在之间的划分,都受到了一种认识论的视角的影响,萨特的论述也无法逃避早年曾困扰过胡塞尔先验主体间性的那种困境,即我怎样才能把他人作为一种在原则上逃避着我的现象来体验和阐明。萨特对认识论二分法的执着,也表现在他将共在看成一种相互否定和相互排斥的关系,而这种否定和排斥又不同于传统的哲学,萨特采取的是一种内在的否定形式,通过这种形式,通过他人来决定我,并通过我来决定他人。"由于为他的存在包含双重的内在否定,所以作用于那种他人用以超越我的超越性并使我为他而存在的内在否定是必然的,就是说,作用于他人的自由是必然的。"①然而,这种否定性是不稳定的,每一个人都通过否定自己是他人来构成自己,这种做法是对自我的毁灭性的打击,因为双方永远也不能在他们的行动中相互认识,他人作为主体的显现,就意味着我的异化,而我的主体性的恢复又使他人遭受同样的悲惨命运。因而萨特的内在否定和个体之间绝对分离的观点受到人们的质疑,他的理论的含义使遭遇具有一种异常复杂的内在—外在的特点,萨特说,这些否定产生于内在性之中,所以他人和我自己就不能从外部进入对方。另一方面,只有当他人的存在包含一种不可理解的外在的非存在时才能存在,这种非存在是任何精神都无法发现的,遭遇的这种混合特点也表现在经验的外在样式和内在样式的并列之中:在他人的注视下,我被假定为获得了一种本性,它与我的内部的超越性正相反,而同时,由注视产生的客体我,表现为一种我的外部,这种外部又必须被假定和认作我的外部而与意识的内在性相区别。

萨特后来修改了他的共在理论,但并没有放弃他对笛卡尔意识哲学和个体主体性的依赖,也没有放弃主动与被动、内在与外在的二分法。在《辩证理性批判》中,萨特发展了他的观点,但也体现出他的观点的连续性,他的研究中心转向实践,而不再从存在的意义上来解释我思,他把实践定义为人的目的

---

① [法]让-保罗·萨特:《存在与虚无》,陈宣良等译,生活·读书·新知三联书店 2007 年版,第 448 页。

与物质环境之间的相互改变,以及固定在人的需要方面的交换,人被物中介化,而在同样程度上,物也被人中介化。与早期作品相比,这时的萨特更加关注社会聚合和实践的作用,通过从个体实践阶段追溯到社会实践阶段,或从自然辩证法到文化辩证法的人的相互作用,来建立社会生活的可理解性。当个体行为在匮乏和实践—惰性的反辩证法中发现其限制时,就会从第一个阶段进入第二个阶段,在社会层面上,萨特阐述了滕尼斯(Ferdinand Tonnies)的共同体与社会的区分理论,并且描述了集体和群体这两种不同的集合在主动性和首创性程度上的差别。在这里,注视被看成个体的实践,而由于双重关系和三重关系之间那种原始的相互独立性,使个体谋划的辩证法更加复杂化,人的共在包含着一种持续不断的双重形成和三重形成之间的异化,这种异化想达到综合和总体性,但永远也达不到这种目标,社会生活摇摆于一种凸显的统一和消失着的统一之间。"无论是相互性,还是三重性关系,都不能实现总体性,它们都是人际间的复合性依附,这种依附使社会保持在一种胶粘状态。"①

在一种基本的社会层次上,每一个人都意识到他的存在与其他人联系起来,同时受到他人的约束,社会聚合最初显现为实践—惰性领域的各种存在,有些聚合能够成功地剥去惰性而将各种目标联合起来,从而建立一种共同的实践,惰性是作为每一个体实践的基本决定因素而渗透于这些个体的实践之中的。萨特主要讨论了在"实践—惰性物质"的统一影响下的个体并列的"系列",每个人只是在外在的、不同于他自己的方面与他人发生联系,每一个人都以一种无差别的同一性与其他人合并,因为一切可以存在某些内在差别的生活特征都是无法决定的,每一个人在他失去了自我时,便与他人一样了。每个个体实践都把它自身置于为一种共同辩证法服务的地位,共同辩证法又依次按照个体工作的综合行为模式来加以创造,共同实践是通过物质必然性的反辩证法来慢慢进行的,同时,它又创造了解除反辩证法的良方。这样,通过

---

① 转引自[美]弗莱德·R.多迈尔:《主体性的黄昏》,万俊人译,广西师范大学出版社 2013 年版,第 95 页。

共同实践,从物质有机体与中介物之间的一种原始内在关系的自然辩证法就过渡到文化辩证法,文化辩证法是与实践惰性的力量相抗衡而建立起来的一种架构。"个体辩证法在产生了作为(个体)人超乎自然力量的反自然,并以同样的行动产生作为无机物超乎人之力量的反人性以后,便通过统一化而创造它们自己的反自然,以建构人的力量(即是说,建立人间的自由关系)。"①

　　萨特认为,被观察过程中我的任何一种具体经验,都以我思的形式向我展现为我是为我的同伴而存在的,他人可以是一个具体的熟悉的人,也可以是一个集体、一个类型、一个匿名的主体或一个公众的结构。但是,就我与他人的关系而言,我不再是一个为我的存在,而成了一个为他的存在。然而,把他人当作一个主体,不仅会影响我,而且也会修改我的意识结构,我会再一次将其客体化,我把他当作一个存在于其他客体之中的具有某些特殊的特征的客体来对待,他人仍然可以成为我的一个工具,因而我就重新获得了我的主体性和自我,我与他人双向的主客体互换的立场取决于我的情境和他人的情境,取决于他是否能够看到我和我是否能够看到他,取决于我的身体与他人的身体具体的存在关系,萨特关于身体的理论的研究也是其理论的最生动而富有感染力的部分之一。

四、身体理论

　　萨特区分了三种身体:一是作为事实存在的我的身体,它是自在存在的身体,我作为我的身体而存在;二是为他人存在的我的身体,它是被他人利用和认识的我的身体;三是凭借我的身体而为他人所知晓的我自己的经验。"我使我的身体存在:这是身体的存在的第一维。我的身体被他人使用和认识,这是它的第二维。但是因为我是为他的,他人对我表现为我对其而言是对象的主体。……我作为被身为身体的他人认识的东西而为我地存在。这是我的身

　　① 转引自〔美〕弗莱德·R.多迈尔:《主体性的黄昏》,万俊人译,广西师范大学出版社 2013 年版,第 98—99 页。

体的本体论第三维。"①我自己的身体是作为我的感官知觉而被我经验到的，我没有看到这个中心，而我就是这个中心，我的身体还是我各种行动的工具，我的脚步是我的交通工具，我的手是我的打字工具，我的身体是我的五官和各种知觉参照中心，也是我的各种决定和未来可能性的出发点。我的身体也显示了我的种族、我的性别、我的年龄以及我的外形特征，我的身体就包含了我的意识，包含我的情感经验。

　　萨特根据意识而说到自为，自为永远存在于身体内并通过身体加以表达，这个思想对梅洛-庞蒂产生了深刻影响，能够看出，梅洛-庞蒂在写他的身体现象学时心中所想的正是萨特。萨特根据马塞尔的观点，指出了我是我的身体，然而，我的身体并不是为我的，我不能像把握世界内的对象那样把握我的身体，我对我的身体具有第一人称的体验，我的自为的存在和作为为他的存在的身体处于两个层次，我的自为的存在更多的是意识，它不可能与身体统一，而为他的存在完全是身体，"那里没有统一于身体的'心理现象'，身体后面什么也没有"②。然而，萨特又认为，应该从在世的存在出发来理解自为，自为本身就是与世界的关系，自为是在世的，意识就如同相互关系的未定多样性："人和世界是一些相对的存在，它们存在的原则是关系。因此，原始的关系从人的实在进入世界：对我们来说，'涌现'就是拉开我与事物的距离，甚至由此造成事物的存在。"③我通过关系而将世界揭示出来，我们介入世界是需要有一些路径的，人在世界上总是此在，这意味着人总是具有某个原点，某个方位，某个定向。萨特非常强调的是人的偶然性："自为是由它自己使之复活并与之同化而又永远不能消除的永恒偶然性，它在任何地方也不可能把握或认识

---

　　①　[法]让-保罗·萨特：《存在与虚无》，陈宣良等译，生活·读书·新知三联书店2007年版，第433页。
　　②　[法]让-保罗·萨特：《存在与虚无》，陈宣良等译，生活·读书·新知三联书店2007年版，第380页。
　　③　[法]让-保罗·萨特：《存在与虚无》，陈宣良等译，生活·读书·新知三联书店2007年版，第382—383页。

这偶然性……然而偶然性不断地纠缠自为,正是偶然性使我同时认为自己是完全对我的存在负责的又是完全无可辩解的。"①人的身体可以定义为"我的偶然性的必然性所获得的偶然形式",萨特用一种非常晦涩的语言,讲述了人的存在的偶然性特征。"我的偶然性,最终是我的人为性。"②人在世界上意味着介入诸偶然存在间的偶然存在,而人的身体正好表露了我的偶然性。

关于身体,萨特说,人的身体是五种感官的所在地,它也是我们的行动的工具和目的。萨特观点非常奇怪,因为他把我的身体和他人的身体都看成一个工具:"但是应该懂得,工具性是第一位的……"③他人的身体是用来为我服务的,我通过使用它而让我达到我独自不可能达到的一些目的,而同时,我也需要好好利用我的身体,"为了以最符合我的利益的方式使用他人的身体,我需要我自己的身体这一工具,正如为了感知他人的感觉器官,我需要的是作为我的感觉器官的别的感觉器官。因此如果我按对他人的身体的形象设想我的身体,我应该精心使用的正是这个在世的工具并且正是这工具是操纵别的工具的关键"④。我就是我的此在,我的人为性,我的身体。我在行动的谋划中并且通过行动的谋划表现自身,因为我们是面向将来的存在,世界表现为总是空洞的将来,因而世界作为我所是的诸可能性的相互关系,从我涌现时起,就显现为我的所有可能行动的巨大蓝图。在这里,我们好像看到了某些海德格尔的痕迹,但是萨特对海德格尔的观点与对胡塞尔的观点一样,是批判性接受的,他赞扬了巴什拉(Gaston Bachelard)对现象学的指责,巴什拉认为事物揭示了它们的抵抗和它们的敌对性:"这种指责对海德格尔的超越性和胡

---

① [法]让-保罗·萨特:《存在与虚无》,陈宣良等译,生活·读书·新知三联书店2007年版,第383—384页。
② [法]让-保罗·萨特:《存在与虚无》,陈宣良等译,生活·读书·新知三联书店2007年版,第405页。
③ [法]让-保罗·萨特:《存在与虚无》,陈宣良等译,生活·读书·新知三联书店2007年版,第402页。
④ [法]让-保罗·萨特:《存在与虚无》,陈宣良等译,生活·读书·新知三联书店2007年版,第398页。

塞尔派的意向性一样都是正当的和有价值的。"①萨特在这里强调了身体的工具性价值,他不仅举了一些自然界的例子,而且还举了一些日常生活的例子来说明这个观点,身体总是通过它使用的工具扩展,以及我对这些工具的适应。

身体作为工具性复合的工具性中心,是向着复合物的一个新的组合而超越的东西,因而身体作为被超越物,是一个过去,同时,它作为对诸可感知事物自为的直接在场,总要走向未来。身体不仅揭示了我与世界的原始关系,而且表露了我们的个体性和与工具性事物的原始关系的偶然性:"只有在一个世界中才可能有一个身体,并且一种原始的关系对这世界的存在来说是必不可少的。"②身体是我的存在的永久结构和作为对世界的意识及作为向我的将来超越的谋划的我的意识的可能性的永久条件,我的出生,我的过去,我的在世的偶然性,我对未来的谋划,我对所有可能行动的条件,这就是身体。我的国别民族,我的家庭出身,我的阶级地位,我的经济状况,我的个性禀赋,我的爱好旨趣,都带有偶然的特征,而"正是我的身体,它是一个世界的存在的必要条件的偶然实现"③。我的身体是为我的,但是由于偶然性,我不能真实地把握它,在这个意义上,我的有限性是我的自由的条件。因而萨特说,身体是为我的,但是它不对世界的对象显现,因而我不能把握我的身体,人的意识是向着它自己的可能性的自由谋划,因而意识是自己的虚无的基础,意识没有空间性,意识是对身体的意识,它甚至是除了身体之外不是任何别的什么,剩下的是虚无和寂静。人的身体总是有一定的姿势、姿态,姿势是人的身体的本质结构之一,而对身体的意识是与原始的情感混在一起的,我们是带着个人的喜好

① [法]让-保罗·萨特:《存在与虚无》,陈宣良等译,生活·读书·新知三联书店2007年版,第402页。
② [法]让-保罗·萨特:《存在与虚无》,陈宣良等译,生活·读书·新知三联书店2007年版,第403页。
③ [法]让-保罗·萨特:《存在与虚无》,陈宣良等译,生活·读书·新知三联书店2007年版,第406页。

来看待周围事物的,我或者喜欢或者厌恶,或者快乐或者愤怒地体验着这个世界。

萨特说,当我读书的时候,我的意识思考的是书中的内容,我的身体并没有被把握,我一行一行地看书,一个个单词在我眼前滑过,我又翻过了一页,这些字词的意义召唤着我,我深入到了书中的历史意义之中,深入到了书中人物的观点和想法之中,深入到了书中特定的情境之中。我的意识在不断地运动,我的眼睛也在不断地运动,萨特说,这可能造成"我的眼睛疼痛",而透过这些流动的字词,它们的意义可能非常精彩地表达出来,但也可能拙劣地表现出来,特别是当我读一本难懂的哲学书时,我读了两三遍可能都无法理解,但我还是被书中的内容所吸引,而忘记了我的眼睛的疼痛。"我的阅读是一种活动,在这个活动的本性本身中包含着作为必然基础的世界的存在。"①因而,身体不仅包含着一种情感因素,一种姿势,而且蕴藏着一种动能,世界和身体总是面对我的意识在场的,拥有意识,实际上总是拥有对世界的意识,在我阅读那一刻,我永远是一个身体,我或者感到充实、快乐,或者感觉厌烦、痛苦。而当我中止阅读,开始把握我的眼睛的疼痛时,这就意味着一种反思意识,反思力图使这种疼成为一种心理的东西。这种疼属于我的自我意识的时间性的范畴,它是绵延性的内在时间意识的投影,它是纷繁复杂的相互渗透,这种疼或者是强烈的,或者是温和的。疼痛还有一种节奏,时而强烈时而缓解,因而疼痛表现为一种有生命的存在,一种它固有的绵延,疼痛是被动的,当疼痛过去了,它就真正地消失了,我们的身体器官不疼了,我们把握疼痛就像把握一曲音乐的旋律一样,每一个音符都是整个旋律的一个拍节,同样,通过把握每一个疼痛,我们把握了疼痛,然而疼痛完全超越了我们,因为疼痛是一个整体。萨特对疼痛的分析非常细致,这确实是拓展了现象学分析的范畴,但也冗长得令人厌烦。

---

① [法]让-保罗·萨特:《存在与虚无》,陈宣良等译,生活·读书·新知三联书店 2007 年版,第 413 页。

那么,身体是什么? 身体是我们所有心理事件的偶然的和未分化的质料,身体决定了心理空间,这种心理空间无上下、左右之分,它也没有部分,人的心理是非位置非空间性的,而且是未分化无法分割的,身体在它的富有节奏的组织中是人的心灵的实体和各种可能性的永恒条件。萨特通过对身体的疼痛的分析是想表明,我的存在是偶然的,疼痛只是人的成百上千种的偶然性方式的一种,自为不断地自身谋划超出纯粹的偶然性之外并且可以说是未被定性的偶然性之外。"意识不断地'拥有'一个身体。于是一般机体觉得情感是对一个没有颜色的偶然性的纯粹非位置性的把握,是把自我当作事实的存在的。我的自为有一种无地自容的无味的体味,这种体味甚至在我努力从中解脱时也一直伴随着我,并且就是我的体味,对我的这种自为的不断把握,就是我在别的地方在'恶心'名下所描绘的东西。一种隐蔽的、不可克服的恶心永远对我的意识揭示我的身体:我们可能有时会遇到愉快的事或肉体的痛苦以使我们从中解脱出来,但是,一旦痛苦和愉快通过意识被存在,它们就反过来表露了意识的人为性和偶然性,并且它们正是在恶心的基础上被揭示出来的。"①因而我们看到,萨特常常把对身体的理解与恶心、羞愧等一些负面情感联系起来。

如果我看我的身体,我就并非把它看作我的身体,而只看作世界的一部分,我看见它像是我看见的外部对象,或像是它被另一个人看到时那样,我从我的外部看到的身体,实际了解的是我的为他人的存在,我的身体是我从自己所见者以及他人从我所见者,萨特与梅洛-庞蒂都承认身体占有着空间和拥有某一个位置,但与梅洛-庞蒂不同的是,萨特并不重视胡塞尔所说的左手摸右手双重感觉的重要性,他实际关心的是身体的功能和身体的运动特性。他主要分析的是他人的身体对我来说具有的意义,他首先是将他人看作一个主体,而我则成为他的一个客体,之后我将他人客体化,而重新获得我的主体性,

① ［法］让-保罗·萨特:《存在与虚无》,陈宣良等译,生活·读书·新知三联书店 2007 年版,第 418 页。

因而他人的身体对我来说,是和其他客体一样的工具,而我的身体在所有工具中具有特权,他人的身体是作为另一个自我而存在的。因而我对他只具有空洞的认识,我既不知道他实际上知道什么,也不知道他怎样认识事物,这明显地表现在与一个遥远的陌生国度的外国人的相遇上,关于他的日常知识我可能都不具备,而我所熟识的惯常的知识他可能也丝毫不知,因而我与他人在这种情境中的相遇具有偶然特征。他人的身体是一种意义的表达:"处于不断地行动过程的他人的身体是通过每一种指向属于未来的目标的特定意义而超越其现存直接性地给予我的。"①萨特关于我的身体的第三个维度是当我发现我正在被他人观察时所产生的震动,我那些无法把握的器官,是作为他人直接凝视的对象,例如我如果不照镜子,我就看不到我自己的眼睛,而他人却可以看到我的眼睛,我的身体不再仅仅是我的工具,也成为他人可以利用的工具,他人看到了我的实存,"与此同时,我的身体在逃避我,开始与我疏远;我的为我的身体成了为他人的身体"②。我不得不接受用他人的眼睛来看我自己:"我停止经验'成为'我的身体,而开始认识到它。"③

五、总体评价

对萨特观点加以全面的评述并不是件容易的事,这是因为萨特不仅是一个存在主义者、马克思主义者,一个哲学家、现象学家,而且是一个文学家、小说家,一个具有左派倾向的独立知识分子、文化批判者,一个剧作家、编辑,还是一个政治活动家,萨特的著作显现了他多方面的才能,因而对他全方位的阐述几乎是一件不可能的事。萨特的哲学著作过于晦涩和艰深,理解他的哲学

① Alfred Schutz,Collected Papers I,*The Problem of Social Reality*,Martinus Nijhoff/The Hague,1973,p.193.

② Alfred Schutz,Collected Papers I,*The Problem of Social Reality*,Martinus Nijhoff/The Hague,1973,p.193.

③ Alfred Schutz,Collected Papers I,*The Problem of Social Reality*,Martinus Nijhoff/The Hague,1973,p.193.

风格还有另外一些困难,比如他的论述的段落极为冗长,这也是法国当代哲学家的通病,萨特常常是在探讨某一课题时并不讲明他的眼前的和最后的目标,这就使得人们要理解萨特著作的全貌非常困难,在面对厚厚的篇幅时不免让人望而生畏,有些地方还重复,他那大部头的著作让人读起来非常困倦,也非常累,而不像梅洛-庞蒂的著作运用了当代各门科学的最新研究成果,这样得出的结论也就令人信服,让人读后也感到非常有启发性。此外,萨特在文学方面的成功早于哲学方面,像《呕吐》《苍蝇》《想象》《密室》等著作取得了惊人的成功,文学的观众自然更比哲学多得多,在他成为一个哲学家之后,他的哲学又在很大程度上掺杂着文学的因素,而他的哲学与文学的联系和差异自然成为一个有趣的问题。然而,他的中心课题并不是严格意义上的哲学和现象学,而是抱有实践参与态度的文学以及越来越重要的介入政治,特别是晚年。而关于萨特的哲学理论对后世的影响也很难评判,《存在与虚无》拖沓而繁杂的文风让人生厌:"欠缺任何实际的结构,而且充斥着修辞学的华而不实,充满着悖谬和显而易见的矛盾。"①这部分原因在于萨特自称为天才,当他介入辩论和对话时,这些辩论和对话永远成为他自我表现的舞台,他也永远没有耐心修改他写过的任何东西,他过于自由,对学术界生活欠缺兴趣,他不愿意接受学术性常规规范的约束,这也表现出法国人追求浪漫、无拘无束的民族特性,他的一切著作都可以看作毫无间歇的词句像泉水一样喷涌。

因而,萨特的本体论是非常粗糙的,似乎是在他的直觉和灵感中一蹴而就。哲学家丹奈特(Daniel Dennett)曾经怀疑是否有人真正认真地对待它,然而,在他的热情奔放的思想流中漂浮着极佳的心理观察,萨特详细阐述的是,存在着大量情境,其中人所享有的自由比其知道的要多得多,人们本以为是与生俱来的心理的特质,而实际上它们都是对所处情境的一种反应和表达。然

---

① ［爱尔兰］德尔默·莫兰:《现象学:一部历史的和批评的导论》,李幼蒸译,中国人民大学出版社 2017 年版,第 425 页。

而,我们不得不说,萨特的哲学在当代法国哲学家中是最为人所忽略者,德里达几乎从来不提他,但是确定无疑的是他的思想在整个现象学运动中占有一席之地,他以心理分析和描述见长,特别是对他人和对情欲的分析颇具特色,爱尔兰现象学哲学家莫兰(Dermot Moran)对他的评价是:"萨特对现象学的最大贡献是,他明确维护一种非自我学的意识观,他对不同种类想象意识的讨论,以及他对主体间生活的动态关系的极其生动的论述。"①施皮格伯格对萨特的评价是:"然而正是萨特本人才使现象学在法国生根。他还在一些基本问题上使现象学得以解放和改造。但是他并不曾非常有条理地和系统地构建现象学。"②

在何种意义上说萨特的现象学理论在文化世界中卓有贡献? 这表现在多个方面。首先,萨特把人放在社会中来进行考察,人的行为的每一个单独部分直到姿势和趣味都具有意义,这种意义是历史形成的,这些意义不仅仅凸显了一个地区和民族的文化特性,而且也表达了一种人性的本质方面,它也与人的基本选择有关,而每一个人都是自由的。"从人们将这种否定世界和意识本身的权力赋予意识时起,从虚无化全面参与一个目的的位置的设立时起,就必须承认一切行动的必要和基本的条件就是行动着的存在的自由。"③萨特主要做的工作似乎是要对前反思的意识作出反思性质的阐明,以便对可以直接把握的基本现象进行直观和描述,这也符合胡塞尔现象学直观的基本原则,萨特运用胡塞尔现象学的基本方法,对一些现象进行了具有独创性的分析阐明,这些现象涉及人的文化生活的许多方面,尤其是指向各种具有独特意义和丰富感受的现象,比如萨特提到对审美现象的考察,"他的自由谋划只是纯粹地从

---

① [爱尔兰]德尔默·莫兰:《现象学:一部历史的和批评的导论》,李幼蒸译,中国人民大学出版社 2017 年版,第 425 页。

② [美]赫伯特·施皮格伯格:《现象学运动》,王炳文等译,商务印书馆 2011 年版,第703 页。

③ [法]让-保罗·萨特:《存在与虚无》,陈宣良等译,生活·读书·新知三联书店 2007 年版,第 530—531 页。

美学观点出发欣赏风景……"①"因为我是在审美直观中领会想象的对象"。②
美属于人的文化现象,自然界并不缺乏美,但美需要发现,美是人的文化世界
的特征:"美表现世界的一种理想状态……这正因为美不仅是进行着的超越
综合,而且只能在我们本身的整体化中并通过这整体化而实现,正是为此我们
需要美的东西……就人在世界上实现了美而言,他是以想象的方式来实现它
的。这意味着,在美学直观中,我由于是在想象中实现我本身,而把一个想象
的对象理解为自在和自为的整体。"③美具有一种价值属性,甚至是对某些人
来说具有一种终极的价值。

其次,萨特运用现象学方法来研究人的情感世界,已经涉及各种各样的
文化情境。尽管萨特并不是第一个用此方法研究情感的人,例如,舍勒比萨
特更早地首创了情感生产的意义法则,萨特似乎是对舍勒的观点很熟悉,但是
萨特与舍勒不同,他的研究通过构建一个适应我们欲望的魔幻环境的方法,从
而改变我们的身体在世界中的关系。萨特常常谈到自由概念,他的自由概念
与意识、甚至是情感紧密联系在一起:"焦虑、孤立无依和责任悄悄地或突然
地组成了我们的意识的质,因为我们的意识是单纯的自由。"④自由也包含了
非常丰富的历史文化内涵:"'自由'的经验和通俗的概念是历史情况、政治情
况和道德情况的产物"⑤,萨特也很重视感受、想象、谋划、选择、情绪、欲望等
对人的存在的作用,并且结合人在世界中的存在"为他的存在"具体的存在方

---

① ［法］让-保罗·萨特:《存在与虚无》,陈宣良等译,生活·读书·新知三联书店 2007 年
版,第 593 页。
② ［法］让-保罗·萨特:《存在与虚无》,陈宣良等译,生活·读书·新知三联书店 2007 年
版,第 247 页。
③ ［法］让-保罗·萨特:《存在与虚无》,陈宣良等译,生活·读书·新知三联书店 2007 年
版,第 252 页。
④ ［法］让-保罗·萨特:《存在与虚无》,陈宣良等译,生活·读书·新知三联书店 2007 年
版,第 563 页。
⑤ ［法］让-保罗·萨特:《存在与虚无》,陈宣良等译,生活·读书·新知三联书店 2007 年
版,第 587 页。

式。"自卑情结就是我自己的自由而完整的谋划,作为在他人面前的自卑,它是我选择承担我的为他的存在的方式,是我给予别人的存在的自由的答案……"①在萨特的著作中,还常常提到大量的各种各样的"处境",可以说,萨特开启的是特定时空下的关于处境的研究:"我们在其中期望把握处境的关键,这是自发地出自处境本身的,我们突然遇见一个不合时宜的在场者的无可证明的偶然性:我们面对一个存在者的实存。"②"别人不再是肉身化:他重新变成我从他的处境出发把握的没于世界的工具。"③"这种对象性是通过对处境的彻底改变而到我和别人身上的,而这个处境就是我在其中、别人也在其中出现的处境。在第三者的注视之前,有一个被别人的可能性限制着并且我以工具的身份存在其中的处境,以及被我自己的可能性限制并包括着别人的相反的处境。这样一些处境中的任何一个都意味着别人的死亡,并且我们只能在把别人对象化时把握其中的一个处境。"④"其中的每一个可能都在未分化的状态下存在于最后的可能性之中,直到一种特殊的处境来突出某一种可能而并不为此取消它在整体中的隶属关系。"⑤"处境"一词体现了在一种特定的时空条件下,特定的人在特定的情绪主导下在世界之中的活动和与他人进行的互动,"从他人的在世的处境出发来把握他人的身体"⑥。因此,处境强调的是特定的此在的文化意义,处境是对文化世界人的各种活动的丰富内涵

---

① [法]让-保罗·萨特:《存在与虚无》,陈宣良等译,生活·读书·新知三联书店 2007 年版,第 558 页。
② [法]让-保罗·萨特:《存在与虚无》,陈宣良等译,生活·读书·新知三联书店 2007 年版,第 491 页。
③ [法]让-保罗·萨特:《存在与虚无》,陈宣良等译,生活·读书·新知三联书店 2007 年版,第 487 页。
④ [法]让-保罗·萨特:《存在与虚无》,陈宣良等译,生活·读书·新知三联书店 2007 年版,第 510 页。
⑤ [法]让-保罗·萨特:《存在与虚无》,陈宣良等译,生活·读书·新知三联书店 2007 年版,第 559 页。
⑥ [法]让-保罗·萨特:《存在与虚无》,陈宣良等译,生活·读书·新知三联书店 2007 年版,第 473 页。

的展开和引申。

再次,萨特对人的研究非常的细致,刻画得栩栩如生,这实际上已经包含了文化因素在其中,人作为一个自为的存在,总是在进行一种谋划活动,"在世的存在,就是谋划占有世界"①,在人的存在方式中,存在着各种各样的文化内涵在其中,人们总是受各种各样的理想、价值和意识形态所支配、影响和塑造:"把整个世界当作自为要变成自在自为所缺少的东西;这就是介入到一个整体之中,这整体恰恰是理想,或者是价值……"②西方人的文化价值观不同于东方的文化价值观,但是两种价值都受到了历史凝结的人们的传统、习惯和惯例的长期影响,它们都是文化的结晶。"尽管人看起来是'自己造就的',然而他似乎仍是通过气候和土地、种族和阶级、语言、他所属的集团的历史、遗传、孩提时代的个人境况、后天养成的习惯、生活中的大小事件而'被造成的'。"③人看起来是自由的,实际上受传统与文化的深度熏陶和浸染,从某种意义上来说,萨特的哲学也正体现了一种具有久远历史的法国人卓尔不群的文化成就。

总之,不管怎样,萨特在法国哲学界的地位仍然不可动摇,即使是他受到了激烈的攻击以及他在哲学上保持相对沉默的时期也是这样,萨特以他自己的方式对德国现象学进行了改造,同时创造性地加入了自己的一些新见解,但这丝毫不影响他作为现象学家的杰出成就和他对法国现象学作出的重大贡献。他的理论紧紧围绕着我与他人、自由、主体间性等问题展开,但是他并没有完全走出笛卡尔意识哲学的束缚,这体现在他的主体与客体、自在存在与自为存在、存在与虚无等对世界二元划分的思维方式,他关于人的内心各种情

①　[法]让-保罗·萨特:《存在与虚无》,陈宣良等译,生活·读书·新知三联书店 2007 年版,第 723 页

②　[法]让-保罗·萨特:《存在与虚无》,陈宣良等译,生活·读书·新知三联书店 2007 年版,第 723 页。

③　[法]让-保罗·萨特:《存在与虚无》,陈宣良等译,生活·读书·新知三联书店 2007 年版,第 585 页。

绪、情结和欲望的描述给读者留下了深刻印象,他的哲学让人感觉到特别像是文学作品,哲学与文学相互交织,这也是法国哲学的特点。然而,他并没有对文化、生活世界和文化世界等问题进行专门而详细的论述,他也不曾尝试有条理地系统构建现象学,而在梅洛-庞蒂那里,我们将会看到经过深思熟虑之后的一种真正奠基于生活世界的关于文化现象学的系统建构。

第二节　梅洛-庞蒂

尽管萨特在主体间性理论上贡献巨大,在关于我与他人的分析上具有鲜明的特色,影响也非常之广泛,萨特关于对他人的情欲的描述在法国非常出名,几乎没有出其右者,但是在他的法国现象学同行中有一人对主体间性这一问题的处理和解释似乎更加高明和更有见地,这个人就是梅洛-庞蒂。这是一位天赋超常、绝顶聪明的哲学家和现象学家,一个大学教授的私生子,在他的哲学思想形成时期与萨特一样,也带有胡塞尔现象学和黑格尔唯心主义哲学的痕迹。但是,我们看到,他不懈、勤奋而努力的哲学思考最终得出的结论是告别主体性哲学,远离笛卡尔主义以我思为中心的哲学建构,他认为必须克服传统认识论哲学的主客二分和内在外在的悖论问题,他的哲学是符合20世纪哲学的时代精神和时代倾向的,他对主体间性、人的身体、语言、历史、艺术、辩证法、人的文化世界等问题都有精彩的观点。他的理论略带学究气,而且他将他的哲学冠以现象学的名号,尽管他不像萨特那么招风,那么引来公众的注意,他的知名度远远比不上萨特,这是由他的谦逊个性、他的低调风格、他的学院式教授的身份以及哲学学科本身的特点所决定的。但是,他也许可称得上是当代法国最杰出的思想家和哲学家之一,他的哲学给后人以巨大的灵感和启发,他对20世纪哲学作出了重要的贡献,对未来哲学的发展和走势产生了深远影响。

一、概述

梅洛-庞蒂认为现象学主要是胡塞尔开创的,而且一直是围绕着胡塞尔展开的。但是梅洛-庞蒂看重的胡塞尔,不是萨特眼中发表《观念》第一卷的胡塞尔,而是写作《危机》时的胡塞尔,他认为胡塞尔的晚期特别是他死后发表的著作中所表述的思想无疑具有更大的思想价值。可以说,梅洛-庞蒂的哲学是围绕着胡塞尔"生活世界"的观念而展开的,他认为他的论点是从胡塞尔的晚期思想合理地推断出来的,他说出了胡塞尔想说而未曾说出的话。他与海德格尔一样,极力反对笛卡尔的我思,这也暗藏着对胡塞尔《笛卡尔式的沉思》的批评,他也反对奥古斯丁对主体性的过分推崇,《笛卡尔式的沉思》以奥古斯丁的话"不必外求,请返回你自身,真理就寓于人的内心"①画下了"完美"的句号,但在梅洛-庞蒂看来,胡塞尔仍然没有走出唯心主义哲学,仍然陷入在主体性哲学的主客二分困境的泥淖之中。在他的著作中,提到海德格尔的地方明显比胡塞尔少得多得多,但这并不意味着他不熟悉海德格尔的著作,他认为海德格尔的此在与他要求绝对地进入存在本身和认识存在本身有很大的距离。此外,梅洛-庞蒂给予了科学更多的尊重,而对于哲学拥有追求绝对真理这样的特权,始终保持了一种更加慎重的态度。

梅洛-庞蒂不仅仅接受了胡塞尔、海德格尔和黑格尔的哲学遗产,同时,他也接受了现代哲学的思维方式,他反对法国那种相当枯燥的学院派哲学,而对柏格森和基督教存在主义哲学家马塞尔的思想感兴趣,他们都强调生活世界活生生的具体的体验,马塞尔"在世存在"的概念深深地影响了梅洛-庞蒂,而柏格森强调意识具体直观的活生生的能动性,以及我们不断流淌的体验流等观点都启发了梅洛-庞蒂。而胡塞尔现象学提出了一种作为严格科学的哲学的严肃的观点,同时这种哲学仍然保持着与原始生活世界的活生生的体验

---

① ［德］埃德蒙德·胡塞尔:《笛卡尔式的沉思》,张廷国译,中国城市出版社 2002 年版,第215 页。

的联系,芬克编辑的胡塞尔遗稿《几何学起源》对梅洛-庞蒂产生了非常重要的作用,这促使梅洛-庞蒂直接到卢汶胡塞尔档案馆,获得了胡塞尔后期许多有价值的未出版的文稿和草稿,并始终与该档案馆主任布雷达保持着书信的联系。由此,梅洛-庞蒂对胡塞尔的研究不断地得以深化,他一生都在继续研究胡塞尔。

梅洛-庞蒂追随胡塞尔,强调还原的重要性,把现象学的还原看作一切真正探索的开端,胡塞尔永远都在痴迷于还原,永远都在返回此概念,还原对于胡塞尔来说具有谜一般的可能性,然而,梅洛-庞蒂强调了胡塞尔现象学还原的暧昧性。胡塞尔一方面指出现象学还原具有非自然性,我们要克服自然态度的顽固性,习惯的惰性的力量简直是太强大了,因而真正做到还原是非常艰难的,还原也仅仅是我们的意识的暂时性操作,我们还会经常回到日常生活的自然态度之中;而同时,胡塞尔在晚年的生活世界的观念中,现象学还原回到的是原始的生活世界,开启的是一种通往生活世界的道路,正是这种自然态度的生活世界赋予我们具体的、直接的、丰富的各种知识形式的重要作用。梅洛-庞蒂忽略了胡塞尔第一方面的观点,而突出了胡塞尔后一个方面的观点,通过现象学的悬搁、中止判断和还原,我们并非要回到绝对的纯而又纯的先验意识之中,相反,我们必须承认思想产生于陷入自然态度之中的方式,事物是束缚于我们的身体环境之内的,我思必定在某一个特定的情境中显示。因而,梅洛-庞蒂对现象学的反思的态度是有保留的,我们的反思行为永远需要返回到我们从其开始就具有的自然而然的非反思的态度,重返现象实际上是要回到那些原始经验之中:"它还需要从头开始,抛弃反思和直觉给予它们自己的工具,把自己置于反思和直觉尚未分之处,把自己置于尚未经过'加工'的经验中,这些经验同时地、杂乱地向我们提供'主体'和'客体'、存在与本质,并向哲学提供重新定义这些东西的手段。"①我们的知觉正是一切行为的发生

---

① [法]莫里斯·梅洛-庞蒂:《可见的与不可见的》,罗国祥译,商务印书馆 2008 年版,第161 页。

和展开的背景,我们应该将还原理解为一种通向我们经验根源的运作,而不应该理解为对思想中这些根源的超越性动作,因而胡塞尔在这么做时已经陷入唯心主义的泥潭之中了。

梅洛-庞蒂强调身体的重要作用,他吸收了胡塞尔一个观点,胡塞尔在文章中多次谈到的一只手碰到另一只手的现象,我们不可能同时触摸和被触摸,我们的主动性和被动性是不同的因素,我们的身体具有两面性:"这就是身体,仅仅是身体,因为它是一个两维的存在,它能够将我们引向事物本身,但这种事物本身不是平面的存在,而是对深度的存在……"①世界是什么,梅洛-庞蒂说是肉,因为我们是肉身,世界与我们的肉身具有某种同质性,"肉身存在与深度存在一样,是多层多面的存在,是潜在的存在,是某种缺席的显现,是存在的一个原型……"②我们的身体兼具两个属性于一身,主体范畴和客体范畴的双重意义双重归属于我们的身体,可见物和身体既是紧密联系在一起的又是被一裂隙分离着的,它们是相互缠绕和相互交织的。梅洛-庞蒂希望通过这样的方式来克服主客二元论,按此方式可见物和身体的相遇可以类似于肉体作用于肉体,人类经验的特殊性就在于,我们的眼睛可以看到我们的身体的一部分,但是我们看不到我们身体的后背,我们看不到我们自己的眼睛,梅洛-庞蒂说,当我照镜子的时候,实际上我的眼神是呆滞的,是暗淡无光的,而在与他人交往的过程中,我的眼神神采飞扬。而在看的行为和可见物之间的这种纠缠的有裂缝的关系,则成为梅洛-庞蒂晚年哲学探索的主题:"在我们的身体和'两面'之间,也就是在作为可感的身体和作为能知觉的身体——我们过去称之为客体的身体和现象的身体之间,更多的是存在一种将自在和自

---

① 〔法〕莫里斯·梅洛-庞蒂:《可见的与不可见的》,罗国祥译,商务印书馆 2008 年版,第168页。
② 〔法〕莫里斯·梅洛-庞蒂:《可见的与不可见的》,罗国祥译,商务印书馆 2008 年版,第168页。

为分开的深渊,而不是存在一条隔缝。"①

　　梅洛-庞蒂还受到黑格尔的影响,一些法国学者,例如瓦尔(Jean Wahl)、柯耶夫(Alexandre Kojeve)等人,把黑格尔解释为一位有历史意识的社会思想家,他们通过种种历史形式强调人类社会认识的增长,而我们在胡塞尔的《危机》中也可以看到相似的观点,梅洛-庞蒂将黑格尔、柏格森和胡塞尔后期的某种观点进行了综合,他认为黑格尔的辩证法、柏格森的直观和胡塞尔现象学是可以相交在一起的:"这种辩证法和直觉不仅仅是相容的:它们有汇合在一起的时候。通过柏格森主义和胡塞尔的道路,人们能理解逐渐使直觉发生变化,把'直接材料'的人为符号变成时间的辩证法,把本质的意象变成一种'发生现象学',把最终与存在同外延的一种时间的诸对立维度维系于一种有生命的统一性中的工作。"②梅洛-庞蒂认为黑格尔,而非克尔凯郭尔,才是第一位存在主义者,黑格尔把人看作一种生命,此生命是其自身责任性之所在,而且它企图理解自身,而不是看作一种从一开始就充分具有其清晰思想的意识,因而黑格尔的思想是存在主义的。黑格尔在《精神现象学》中企图重新把握历史的全部意义,把身体的内在活动描述为社会性的,人能够达到绝对知识,"对于梅洛-庞蒂,此阶段与其说是一种哲学,不如说是一种生命方式。年轻的梅洛-庞蒂从黑格尔处汲取了一种活生生的具体的辩证法概念,它作用于历史、社会生活以及人类与其环境的关系之内"③。在梅洛-庞蒂的许多观点中,都可以看到黑格尔的影响,例如,由道路、房屋和政府组成的制度化的社会世界,以及人的客观化的文化形式,食物、金钱和谈话,都属于黑格尔客观精神的区域。

---

　　① [法]莫里斯·梅洛-庞蒂:《可见的与不可见的》,罗国祥译,商务印书馆2008年版,第169页。
　　② [法]莫里斯·梅洛-庞蒂:《符号》,姜志辉译,商务印书馆2003年版,第193—194页。
　　③ [爱尔兰]德尔默·莫兰:《现象学:一部历史的和批评的导论》,李幼蒸译,中国人民大学出版社2017年版,第448页。

　　此外,梅洛-庞蒂还将哲学的兴趣与科学、特别是实验的心理学的兴趣结合起来,他的哲学也受到了科学心理学的影响。20世纪30年代,格式塔心理学正处于鼎盛时期,他是在他的老师阿伦·古尔维奇的影响下接受了格式塔心理学的观点的,古尔维奇上文提到过,他是胡塞尔的杰出弟子,与许茨共同开创了现象学的社会理论。他是立陶宛的犹太人,为躲避纳粹德国的迫害来到法国巴黎,梅洛-庞蒂在索邦大学听过他的课,二人后来成了好朋友。梅洛-庞蒂把他的黑格尔与胡塞尔的关于社会经验的具体现象学与德国的格式塔心理学家盖尔布(Gelb)和精神病理学家戈尔德施泰因(Goldstein)的整体论心理学方法结合在一起,这其中包括了古尔维奇和卡西尔的许多观点。因而,梅洛-庞蒂的观点就显得特别具有独创性,这也与他善于对各种理论进行综合的能力是分不开的,他将它们在他自己的思想中有机地编织成一个整体。

　　梅洛-庞蒂早期的著作《行为的结构》批评了一种还原论的观点,在穆勒的经验主义哲学、巴甫洛夫的反射生理学和华生的行为主义等理论中都有关于人和动物的行为的论述,他认为这些观点都是还原论的,人的经验不可能还原为诸原子部分的总和,人的经验是意识、身体和环境的一个庞大的复杂的织体,因而需要通过整体论的哲学加以研究。梅洛-庞蒂运用了格式塔心理学的形式的概念,试图克服经验主义与唯心主义的对立,人的行为具有一种结构,此结构是系统的倾向于实现的,在这一系统的内部运作中,每一个局部的效果都在整体的运作中取决于其相对于某个整体结构的价值和重要性。在《行为的结构》一书中,梅洛-庞蒂表明,他的全部目的就在于理解由固定法则支配的自然界的领域和由自由法则支配的人类的文化世界的关系。我们不应该把动物看成一种相对于刺激条件的反应系列,而是应该把动物理解为一种动态的灵活的处于环境之中的相互作用的诸力之系统,一个有机体对环境的关系不是机械的而是辩证的,应该将行为看作一种被赋予意义的运动的旋律,人的行为应该被理解为一种向其环境散发的由身体体现的辩证法。而将人的身体分为主体领域与客体领域的那种区分是非常之拙劣的,梅洛-庞蒂批评了这些类型的自然主义,而同时,他也批评了康德的先验唯心主义哲学,意识不是纯粹的透明体和自呈现,意识是在比以往的哲学所理解得更复杂和更密切的方式上在身体中被体验的。这时的梅洛-庞蒂已经开始关注知觉的性质了,我们应该以一种有机的方式来理解知觉,不存在孤立的感觉,一切感觉已经聚集成一个对于我们来说具有特殊重要性的世界了。新生的婴儿直接地朝向母亲的面孔,他看到的第一个对象是父母的微笑,因而我们似乎不可能把面孔或身体当作一个物体,它们是神圣的实体,面孔是人的表现中心、他人态度和欲望的透明的外包面、显示的处所、大量意图的纯粹物质性基质。

梅洛-庞蒂引述文学和艺术作品来证明他的观点,他似乎对艺术史非常了解,他经常援引马尔罗(André Malraux)的观点,此外,他似乎对绘画的视知觉具有特别的浓厚兴趣,达·芬奇、塞尚、雷诺阿、马奈、维米尔、伦勃朗等画家是他经常提到的名字。"如果达·芬奇的这幅画没有另外一层意义的话,没有人会谈论这只秃鹫。"①"维米尔由于是一个伟大的作家……绘画史有责任透过那些所谓的维米尔画的经验特征来界定维米尔绘画的本质、结构、风格、意义,由于疲劳、境况或习俗而在他的笔下产生的那些与此形成对照的不协调细节,即使存在着,也不可能占据优势地位。"②"即使加西斯的旅馆老板并不懂得雷诺阿将地中海的蓝色转变到了《洗衣妇》的水中,但他愿意看雷诺阿作画,这也使他感兴趣。"③他批评了机械决定论的观点,人的生存在于必然和自由之间,我们的特殊生命经验是由物质的偶然性形成的,我们进入此偶然性领域并使其成为我们自己之物,但是科学主义、实证主义和物理主义都无法完全说明人的行为,他援引格式塔心理学的新的发现,但他反对他们企图将这些发现塞入物质学法则,而强调一种不可还原的人的因素的重要性。因而,梅洛-庞蒂并不相信能够说明人和动物一切行为的全面性的心理学科学,"梅

① [法]莫里斯·梅洛-庞蒂:《世界的散文》,杨大春译,商务印书馆2003年版,第83页。
② [法]莫里斯·梅洛-庞蒂:《世界的散文》,杨大春译,商务印书馆2003年版,第79页。
③ [法]莫里斯·梅洛-庞蒂:《世界的散文》,杨大春译,商务印书馆2003年版,第82页。

洛-庞蒂永远想强调与不同种类有机体世界的关系之特殊性、他们特殊的身体化方式以及他们不同的环境,从此环境中抽取出一切关于刺激和反应的论述"①。

梅洛-庞蒂通过在此感受性结构内的身体体现强调着偶然性、有限性和情境相关性,他的观点在很大程度上受到了萨特的影响,然而又发展了萨特的观点,同时,他的思想中还包含了基督教哲学的观点,基督教哲学认为道成肉身的神秘性能够把握人类处境,这是一种关键的神秘性,而真正的神秘性正是人类体现本身,在此笛卡尔、休谟和康德的哲学都完全低估了身体的作用。20世纪的哲学家们共同奏响了一曲反对笛卡尔主客二分的大合唱,在这其中有舍勒、海德格尔、柏格森、马塞尔、弗洛伊德、杜威、怀特海、梅洛-庞蒂和萨特等,世界是通过我们的身体向我们揭示的,我们根据我们的身体在空间内存留和运动的方式来理解空间和对象,我们也在特殊方式上体现出一种特殊个性和某种性倾向,这些倾向规定了我们与世界一切事物的关联,我们的身体是一种我们引生思想的可能性。梅洛-庞蒂后期非常重视他者如何被我们经验,在我们对他者的身体视觉中以及在我们与他者的言谈的语言中,他者已经在我们之内了,我与他者的关系是我中有你、你中有我的关系。

然而,胡塞尔一直是梅洛-庞蒂哲学的中心人物,梅洛-庞蒂研究记号和象征,记号和象征使我们超出直接知觉世界的方式,深入社会文化世界的广阔领域,他追问象征的思想是如何可能的,在《世界的散文》一书中,他概括出了一种新的世界交流的性质,在其中主体间性的世界是通过表达和姿态的语言产生的,他已经追溯到了知觉性世界和文化意义世界之间的联系:"知觉的这一沉默的或运作的语言开启了一种它不能充分实现的认识过程。尽管我对世界的知觉捕捉是非常牢固的,这一知觉捕捉还是完全依赖于把我投射到世界中的离心运动,而且除非我自己自发地设定世界的含义的新维度,否则我就永

---

① ［爱尔兰］德尔默·莫兰:《现象学:一部历史的和批评的导论》,李幼蒸译,中国人民大学出版社2017年版,第454页。

远不能重新捕捉到它。这乃是言语,认识方式,逻辑学家意义上的真理的开始。含义从其开始的环节就被知觉的明证所呼唤,它延续知觉的明证,但并不被还原为知觉的明证。"①在《哲学家和他的影子》一文中,他专门谈论胡塞尔,现象学是我们前理论活动的意义根基。"哲学家有他的随身影子,这个影子不是单纯的未来之光的实际不在场。胡塞尔说,不仅仅'把握',而且还'从里面理解''自然世界'和'精神世界'的关系,是'异乎寻常地'困难。"②

总之,梅洛-庞蒂将胡塞尔晚期的生活世界理论不断拓展和深化,并由此进入对社会历史与文化的探索和研究上去,文学、艺术、语言和科学都成为他研究的主题,他公开宣称自己是存在主义者,他认为哲学不仅仅是要研究意识,也同样要介入生活,哲学必须进入世界,哲学不可能也不应该把自己从它的这种在世界中必不可少的体现中分离出来,作为一种不断追问的哲学在历史上是无处不在的。在理性与生命的张力中,在自由与必然的决断中,他不主张回到笛卡尔的那种理性概念,他希望将笛卡尔主义永久地从现象学中清除出去,他提倡一种新的理性概念,这种理性概念包含着生命运动与人的生存,它没有忘记无理性的经验,为了扩大这种新的理性概念,他求助于黑格尔,但他不赞成黑格尔期望获得绝对真理的盲目乐观和历史终结的过分自信。"人们走进哲学家的先贤祠不是为了理解永恒的思想,只有当作者询问他的生活,真理的声音才能长久地回荡。过去的哲学不仅仅在其精神中作为一个最后体系的这种因素继续存在下去。哲学进入永恒不是进入博物馆。要么哲学带着其真理和离奇想法作为完整的事业继续存在下去,要么哲学不能继续存在。黑格尔,这颗想容纳存在的脑袋,今天还活着,不仅仅他的深奥,而且还以他的狂热和癖好使我们进行思考。包含所有哲学的一种哲学是不存在的;在某些时代,哲学是在每一种哲学中。"③在梅洛-庞蒂看来,纯粹哲学是不存在的,哲

---

① [法]莫里斯·梅洛-庞蒂:《世界的散文》,杨大春译,商务印书馆2005年版,第142页。
② [法]莫里斯·梅洛-庞蒂:《符号》,姜志辉译,商务印书馆2003年版,第222页。
③ [法]莫里斯·梅洛-庞蒂:《符号》,姜志辉译,商务印书馆2003年版,第157页。

学始终处于事实之中,哲学没有不受生活影响的领域,真正的哲学就是生活世界的哲学,哲学的选择绝不是简单的,哲学与历史通过它们具有的含糊性而相互接近,而这种模糊性、这种混杂是哲学内在固有的,哲学通过离开中心和重返中心,找到了在混杂中形成其统一性的方法,我们怎样来理解这种统一性?我们怎样才能比我们的前人更好地理解过去的哲学?我们怎样把过去的哲学放入我们的哲学之中,并且保持着一种合法性的权利?哲学在何种意义上是意义的把握,在过去与未来之间,在哲学与宗教之间,在哲学与艺术之间,在西方与东方之间,我们应该每次都重新学会跨越沟壑,重新找回间接的统一性。哲学还会存在下去,后人们还会看康德和黑格尔的著作,还会阅读柏拉图和笛卡尔,还会看斯宾诺莎和莱布尼茨。然而,当哲学失去了它对先验、体系和构造的权利,当哲学不再悬于体验之上时,那么,哲学还会剩下什么呢?梅洛-庞蒂说,还剩下几乎所有一切,体系不过是一种表达笛卡尔主义、斯宾诺莎主义或莱布尼茨主义与存在的一种方式的珍贵的语言,摆脱体系,面对活生生的人,哲学就足以继续存在下去,"已经形成的人性有了问题,最直接的生活成了'哲学的'生活。我们不能想象怀着对哲学合理性的基本信念在今天从事哲学研究的另一个莱布尼茨,另一个斯宾诺莎。明天的哲学家不可能提出'折射线','单子','自然倾向','实体','属性','无限式',但是,他们将继续在莱布尼茨和斯宾诺莎的著作中学到幸运的时代是如何设法驯服斯芬克斯的,将继续以其不太形象化的,更艰涩的方式回答向他们提出的许多问题。"①

关于现象学,梅洛-庞蒂认为,现象学什么都是,又什么都不是。现象学不仅是哲学的预备学科,而且它充斥着哲学,渗透着哲学,包围着哲学,现象学要求我们提供一种存在概念,甚至是提供一种完整的哲学,但是,只要回顾一下现象学的历史,现象学是什么,我们不可能得出一种完整的回答。可以说,

---

① [法]莫里斯·梅洛-庞蒂:《符号》,姜志辉译,商务印书馆2003年版,第196页。

现象学视域中的生活世界与文化

现象学是一种思想方式,或一种思维风格,在达到充分的哲学意识之前,它是作为一种运动存在的,现象学是一种方法,但还是一种将自我、他人和世界转入明显存在的哲学,重返事物本身,就是要重返在我的认识活动之前始终在我的周围显现和为我存在的这个世界,胡塞尔晚年说,传统意味着起源的遗忘,"如果我们把许多东西归功于他,那么我们就不能真正地看到属于他的东西"①。梅洛-庞蒂用《哲学家和他的影子》这篇论文怀念哲学家胡塞尔,他说,要回忆胡塞尔的著作中没有被思考的东西,只有重新思考,才能切中和重新发现哲学家所没有说出来的东西,他批评胡塞尔,误解了还原的真正涵义,奥古斯丁的"回到我们之中",并不是重返我们的意识生活之中,而是重返我们的存在,重返我们的身体,重返生活世界,还原回到意识之中,这并不是真理的全部,还有更重要的东西,那就是重返任何反省之前的自然态度,"自然态度包含一种应重新发展的高级真理……因为自然态度'在一切论点之前',因为自然态度是在所有论点之前的一种世界论点——正如胡塞尔所说的,一种最初信仰,一种最初信念的秘密,最初信念不能直接地用明确的和清楚的知识来表达,比一切'态度'和一切'观点'更原始,他给予我们的不是世界的表象,而是世界本身。"②梅洛-庞蒂的现象学是现象学的现象学,他认为一切科学的基础仍然是有意义的,描述一切科学所由之出发的生动经验的知觉的世界,尽可能地如实地审视和描述生活世界的现象,并且试图说明我们与这些现象的联系,这种研究仍然具有一种不可抹煞的宝贵价值:"不管愿意不愿意,不顾他的计划,还是按照他的大胆,胡塞尔唤醒了一个野蛮的世界和一个野蛮的精神……从此以后,无关联物不是自在的自然,也不是绝对意识的理解体系,更不是人,而是胡塞尔谈论的,被写在和设想在引号里的'目的论'——通过人实现的存在的连接和框架。"③

---

① [法]莫里斯·梅洛-庞蒂:《符号》,姜志辉译,商务印书馆 2003 年版,第 197 页。
② [法]莫里斯·梅洛-庞蒂:《符号》,姜志辉译,商务印书馆 2003 年版,第 203 页。
③ [法]莫里斯·梅洛-庞蒂:《符号》,姜志辉译,商务印书馆 2003 年版,第 225 页。

二、《知觉现象学》

《知觉现象学》是梅洛-庞蒂现象学的主要著作,以"现象学"为标题,表明
这部著作完全是在现象学领域中展开的,而以"知觉"作为最显眼和关键的概
念,表达了梅洛-庞蒂现象学的独创性和新意,"知觉"也的确是梅洛-庞蒂现
象学最为重要的词汇。知觉是人的一切行为的基础,知觉的世界也是一个潜
在的统一的世界,在这里,主观的东西和客观的东西重新统一于我们生动的经
验被给予的不断显现的世界体验之中,他拒绝我思的主观主义解释,他厌恶这
样的主体性。"没有内在的人,人在世界上存在,人只有在世界中才能认识自
己……我找到的不是内在真理的源头,而是投身于世界的一个主体。"①由于
传统哲学囿于这种理解方式,不仅造成了主体与客体之间的二元对立的重重
困境,并且自我与他人之间的矛盾也是无法克服的,因而必须解放整个知觉世
界,在那里可以找到对存在和共在的合理解释。他也坚决反对对事物和存在
进行外在因果关系的客观主义的说明,因为这种说明已经从根上割断了与生
活世界的血脉相连,"重返事物本身,就是重返认识始终在谈论的在认识之前
的这个世界,关于世界的一切科学规定都是抽象的、符号的、相互依存的,就像
地理学关于我们已经先知道什么是树林、草原或小河的景象的规定"②。我们
不应该问我们是否真正感知了世界这样的问题,而应该说世界就是我们所感
知的东西,知觉是具有明证性的体验,是通往真理的确凿入口。"世界不是我
所思的东西,我向世界开放,我不容置疑地与世界建立联系,但我不拥有世界,
世界是取之不尽的。"③梅洛-庞蒂认为现象学的第一反思就在于企图观察和
描述被感知的世界,而不要在科学上进行解释和增减,抹去哲学上的先入之
见,阐明我们与这个世界的本质性关联。"应该描述实在事物,而不是构造或

---

① 　[法]莫里斯·梅洛-庞蒂:《知觉现象学》,姜志辉译,商务印书馆 2001 年版,第 6 页。
② 　[法]莫里斯·梅洛-庞蒂:《知觉现象学》,姜志辉译,商务印书馆 2001 年版,第 3 页。
③ 　[法]莫里斯·梅洛-庞蒂:《知觉现象学》,姜志辉译,商务印书馆 2001 年版,第 13 页。

构成实在事物。"①"知觉的'首要地位'是梅洛-庞蒂最珍爱的论题,而知觉现象学则是他的哲学的中心部分。"②

知觉既不是关于世界的科学,也不是意识采取的立场,而是一切行为得以展开的前提和基础,这其中包括一切知识,知觉构成了知识的基本层次,因而对知觉的研究必须先于科学领域和文化领域的研究。梅洛-庞蒂并不研究知觉本身,也不只是为知觉而写的,他的知觉现象学主要试图考察我们对先于任何科学说明而被给予的世界体验中的基本层次,而知觉就是我们作为人类特有的进入这些层次的通路。"我们有我们自己的体验,有我们之所是的这种意识的体验,正是基于这种体验,语言的所有意识才得以比较,正是这种体验才使语言能恰如其分地为我们表示某种东西。'问题在于把无声的(……)体验带到它自己的意义的表达中'。"③知觉本身既是暧昧的又是统一的,"这不仅意味着如果没有整体知觉,我们就不会想到要注意整体的各个部分的相似性和邻近性,严格地说,也意味着相似性和邻近性可能不属于同一个世界,它们也许根本就不存在。"④知觉现象学的主要任务就在于尽可能地具体观察并描述这个世界是如何呈现给我们的知觉的,而不忽略它的意义和意义的缺乏,不忽略它的明晰性和暧昧性。

这样,梅洛-庞蒂就将哲学研究中心从主体转移到世界当中,转向了对意义的研究,转向了对历史的研究和对文化的研究,必须要克服经验主义和唯理主义关于世界的偏见,而观察在各种关联中进入知觉的诸要素:"即这些要素本来就是'有意义的',而不是'沉默的',以及它们的边缘是开放的、未决的、暧昧的,而不是封闭的、决定了的和清楚的……"⑤如果我们抛开经验主义和

---

① [法]莫里斯·梅洛-庞蒂:《知觉现象学》,姜志辉译,商务印书馆2001年版,第5页。
② [美]赫伯特·施皮格伯格:《现象学运动》,王炳文等译,商务印书馆2011年版,第741页。
③ [法]莫里斯·梅洛-庞蒂:《知觉现象学》,姜志辉译,商务印书馆2001年版,第11页。
④ [法]莫里斯·梅洛-庞蒂:《知觉现象学》,姜志辉译,商务印书馆2001年版,第39页。
⑤ [美]赫伯特·施皮格伯格:《现象学运动》,王炳文等译,商务印书馆2011年版,第743页。

唯理主义的优先假设,那么我们就能自由地认识到呈现在我们面前的物体的特殊存在方式,它们都是文化对象的体验。"经验主义的解释首先向我们隐瞒了我们的整个生活几乎都在其中进行的'文化世界'或'人类世界'。"①梅洛-庞蒂试图表明,知觉呈现为一种旨在追求实际上已经先于我们的解释而存在于世界之中的根本意义的活动,他对现象学哲学的创新就体现在,他强调意义是被发现的,而不是被赋予或被构造的。"这确实是新的东西,虽然并不是一种绝对新的东西。"②我们的知觉并不仅仅是一种被动地卷入世界之中,而且是将自己投入世界之中,这个世界一部分是被给定的,而另一部分是我们自己形成的,因而知觉既不是单纯的感受活动,也不是单纯的创造活动,知觉表达了我们对世界的既熟知又暧昧的关系。

在《知觉现象学》中,梅洛-庞蒂写下了长长的富有激情和感染力的导言。现象学不仅仅是一项关于本质的研究,更是一种思维风格,一种做哲学的新方式。现象学作为一场运动而存在,梅洛-庞蒂以自己特有的方式参与了这场声势浩大的思想运动,以自己的独特观点丰富了现象学的自我理解。他批判了胡塞尔只关心对意识加以研究的先验哲学倾向,在他看来,现象学重返事物本身的意义更在于,应该重新关注存在,关注在反省之前已经存在的原始性的身体性的生活世界。而哲学并非能够为人类提供终极答案的理想场所,哲学本质上是不停地追问。这种追问从来也没有获得,也不可能获得绝对的一劳永逸的真理知识形式,哲学永远处于未完成状态,哲学是一种质疑,一种彻底的反思,哲学思考世界,而不被世界所吞没。因而哲学家的问题是在介入世界与转身离开之间保持一种适当的平衡,哲学家知道什么时候应该投入,什么时候应该放手,哲学家在揭示世界秘密的同时,又开启了思想的广阔空间,这也是现象学的永恒魅力。"真正的哲学在于重新学会看世界,在这个意义上,一

① [法]莫里斯·梅洛-庞蒂:《知觉现象学》,姜志辉译,商务印书馆2001年版,第47页。
② [美]赫伯特·施皮格伯格:《现象学运动》,王炳文等译,商务印书馆2011年版,第745页。

种描绘出来的历史能像一篇哲学论文那样有'深度'地表示世界……哲学应该不断地增强自身,正如胡塞尔所说的,哲学应是一种对话,或是一种无止境的沉思,在哲学仍然忠实于它自己的意向的情况下,哲学不可能知道它将走向何方。现象学的未完成状态和它的步履蹒跚并不是失败的标志,这种情况是不可避免的,因为现象学的任务是揭示世界的秘密和理性的秘密。"①

梅洛-庞蒂说,每一个知觉综合都具有一种大致的统一性,它向未来和他者开放,它促使我们继续向前,激发其他的知觉综合。在这里,梅洛-庞蒂受到了海德格尔的观点的影响,知觉综合与时间性、历史性相关,主体在知觉层面上只是时间性,主体性是时间化的,必须把时间理解为主体,把主体理解为时间,通过时间性,才能存在自我、意义和理性,时间性是从第一个表达行为开始就出现的人的生活意义。历史是有意义和方向的,因为时间性是在我们身上维系了过去与将来、积淀性与创造性、决定论和自由的张力,时间性意味变化和创造,因而我们走向了无限开放的、可能的、面向未来的当下领域,时间决不会终结,也不会完全构成,历史的意义是一件永远也不会完成的作品。时间和意义通过我们向世界的投射而融合,我们正是通过改变和表达自身的行为,揭示出一个又一个新的意义。"这一意义不仅仅是有关奇迹或魔术、暴力或侵犯的童话故事意义上的变形,不是绝对孤独中的绝对创造,它也是对于世界、过去、先前作品向他提出的问题的一种回答,是成就和友谊。胡塞尔用创建这一精致的用词,以便首先指明时间的每一瞬间的这种不明确的丰富性:正因为它独一无二却在流逝着,每一瞬间永远都不能够停止曾经是或者普遍地是;进一步地,从这种丰富性中派生出来的是各种文化活动的丰富性,它们在其历史的展现之后继续有其价值,它们开启了一种传统并且在它们自身之外既要求与它们不同的活动又要求相同的活动。"②因而意义和时间只出现在生活世界中,只呈现在不断更新的与周围世界的对话中,我们用身体介入世界,

---

① [法]莫里斯·梅洛-庞蒂:《知觉现象学》,姜志辉译,商务印书馆2001年版,第18页。
② [法]莫里斯·梅洛-庞蒂:《世界的散文》,杨大春译,商务印书馆2003年版,第75页。

既不是一个简单的再生产，也不是一次纯粹的创造，而只是一次创造性的再把握，意义就是不断地超越自我，激发出新的创造性再把握的召唤，因而，对历史与未来的解释不可能有终结："更美好的是世界，更迷人的是事物，我不能确定我对我的过去的理解胜于我当时经历它时对它的理解，我也不能使过去的抗议保持沉默。我现在对我的过去作出的解释联系于精神分析中的我的自信；明天，我将用更多的体验和洞察力以另一种方式来理解我对过去的解释，因此，我能以另一种方式构造我的过去。我无论如何应依次解释我现在的解释，我将发现我现在的解释中的潜在内容，为了最终评价其中的真实性，人应该考虑这些发现。我对过去和对将来的把握是不稳定的，我对我的时间的拥有始终是滞后的，直到我能完全理解自己的时候，但是，这个时候不可能来到，因为这个时候仍然处在将来界域的边缘，为了能被理解，它也需要发展。"①这样，梅洛-庞蒂通过对知觉现象的研究就进入了对意义文化的世界的研究。"因为我通过知觉体验进入世界的深处。"②

《知觉现象学》在萨特的《存在与虚无》出版不久之后问世，而将这两部著作加以比较无疑是现象学运动中富有意义的一项事业。二者有相互映衬的地方，但同时在许多地方也形成了鲜明的对照。梅洛-庞蒂与萨特一样，都认为存在首先是在世界中的存在，他们都把人的相互作用表达为一种外在的遭遇，因此他们都超越了一种纯粹认识论的理性认知的观点，而当萨特关于存在的见解仍然停留于认识论的范畴时，梅洛-庞蒂则率先走向了存在本体论。"在世之在"的一个重要推论就是人的肉身化，如果说在萨特那里，肉体还依赖于我思，那么，梅洛-庞蒂则把肉身化作为人嵌入存在并且向存在敞开的证明，这样，梅洛-庞蒂就超越了笛卡尔的主客二分的传统哲学，人与存在的关系既不是内在的，也不是外在的，"在我能对世界作任何分析之前，世界已经存在……知觉不是关于世界的科学，甚至不是一种行为，不是有意识采取的立

---

① [法]莫里斯·梅洛-庞蒂：《知觉现象学》，姜志辉译，商务印书馆2001年版，第436页。
② [法]莫里斯·梅洛-庞蒂：《知觉现象学》，姜志辉译，商务印书馆2001年版，第263页。

场,知觉是一切行为得以展开的基础,是行为的前提。世界不是我掌握其构成规律的客体,世界是自然环境,我的一切想象和我的一切鲜明知觉的场。"①

知觉不仅成为人的活动和行为的开端,而且它使我们能够突破我们的直接材料而达到现象领域,它表明了我们自己的世界如何静悄悄地已经过渡到更广阔的主体间性的共同存在的世界之中了。我们的世界从多个维度向知觉开放,不仅在每一个人的行动之中,在对他人的交流、合作与对抗之中,而且在各种文化现象和文化事物之中,都包含着各种各样的我们对世界的身体体验。现象学的世界不属于纯粹的存在,而是通过我们的体验,通过我的体验和他人的体验的相互作用,通过体验对体验的相互作用不断显现出意义。因此,梅洛-庞蒂反复说道,主体性与主体间性是不可分离的,对主体间性的探讨将我们引入了我们的生活世界的社会文化的维度和历史的深处,这也是20世纪哲学最令人怦然心动的基本主题。

三、主体间性问题

众所周知,胡塞尔现象学留下了先验主体间性二元困境的难题:"如果我构成世界,如果我不能思考另一个意识,那么我就不是有构成能力的。即使我认为另一个意识能构成世界,也还是我构成这样的一个意识,因此,惟有我是有构成能力的。"②梅洛-庞蒂试图用自己的方式来解决胡塞尔的先验主体间性难题,我早已经与科学描述不能同化的身体和世界的体验建立了一种原初的联系,我的身体和世界不再是按照物理学确立的功能关系而相互协调的物体,因为我就是我的身体,我的身体是朝向世界的运动,因为世界是我的身体的支撑点,通过在这个世界上有运动能力的我的身体,我有一个未完成的个体的世界,意识哲学恰恰忘记了身体的重要作用,而误解了身体与意识的关系,

---

① [法]莫里斯·梅洛-庞蒂:《知觉现象学》,姜志辉译,商务印书馆2001年版,第4—6页。
② [法]莫里斯·梅洛-庞蒂:《知觉现象学》,姜志辉译,商务印书馆2001年版,第440页。

因而,"如果我体验到我的意识内在于它的身体和它的世界的这种特性,那么对他人的知觉和意识的多样性便不再有困难……"①我们与他人的关系是一种交互性的共同存在,他性处于存在的核心层次:"我不能在任何方面有别于'另一个'意识,因为我们都是在世界上的直接存在……反省分析无视他人的问题和世界的问题,因为这种分析要用意识的初露显示在我身上的直接到达普遍真理的能力,因为他人也没有亲在(eccei te)、没有地位、没有身体,他人(Alter)和自我(Ego)是真实世界中的一个唯一者,精神的联系。理解为什么我(Je)能思考他人(Autrui)是没有困难的,因为我,因而也是他人……如果在他人的为我存在之外,他人真正地自为存在,如果我们都是为他人存在,而不是为上帝存在,那么我们应该面对面地呈现,他人应该有一个外表,我应该有一个外表,除了自为(Pour Soi)的看法——我对我的看法和他人对他自己的看法,还有他为的看法(Pour Autrui)——我对他人(Autrui)的看法和他(Autrui)人对我的看法。"②

因而,必须用一种肉身化的在世存在或位置性的在世存在来取代这种抽象的我思。只有当存在被还原成"赤裸裸的存在意识",而不是被解释为包括着"我的在某种自然之中的化身"的存在时,另一个我才作为一种严肃的哲学难题显现出来,当然,在他人眼中的我可能并不是真实的我,而在我眼中的他人也可能并非真实的他人,"自我和他人的这个悖论和辩证法之所以成为可能,只是因为自我和他人的自我是由其处境决定的……我思应该在处境中发现我,只有在这种条件下,先验的主体性才可能是主体间性"③。反思离不开世界,当反思聚焦于我们与世界联系在一起的意向性之时,是为了使意向性显现出来,唯有反思是世界的意识,因为它揭示了世界是离奇的和自相矛盾的,

①　[法]莫里斯·梅洛-庞蒂:《知觉现象学》,姜志辉译,商务印书馆 2001 年版,第 441—442 页。
②　[法]莫里斯·梅洛-庞蒂:《知觉现象学》,姜志辉译,商务印书馆 2001 年版,第 7 页。
③　[法]莫里斯·梅洛-庞蒂:《知觉现象学》,姜志辉译,商务印书馆 2001 年版,第 8 页。

而彻底的反思是依赖于非反思生活的自然生活态度的意识,这种非反思的自然生活态度才是其初始、一贯的和最终的处境。

因而主体性和主体间性是不可分离的,它们通过我过去的体验在我现在的体验中再现,他人的体验在我的体验中再现形成它们的统一性。哲学家试图思考世界、他人和自己,并试图构想它们之间的联系,哲学家作为一个无偏见的公正的旁观者,必须学会怎样看世界,并一次再一次地重新学会看世界。胡塞尔说道,哲学不仅仅是一种反省和反思,而且也应该是一种对话,哲学应该忠实于它看到的东西,忠实于意向性的观察与探索,我们永远是一个初学者。现象学永远地面向未来敞开,它在成为一种学说之前已经是一种运动,梅洛-庞蒂说,它与列夫·托尔斯泰的作品,与莎士比亚的作品,与巴尔扎克的作品,与普鲁斯特的作品,与瓦莱里、塞尚和梵高的作品一样,都是处于人类精神领域不断运动和永远向前的产品。"随着我沉迷于一本书中,我不再看到页面上的文字,不再知道翻动页面之时,透过所有这些符号,透过所有这些页码,我总是朝向并达到同一个事件,同一次历险,以至于不再知道它们是从哪个角度,以什么视点被提供给我的。"①一部巨著,一出大戏,一首诗词,作为一个整体存留在我的记忆之中,而通过重新体验活动,我完全可以唤醒那些沉睡的记忆,在某个特定时刻在某个特定环境中,迎来一些语词,一些行为和一些他人。"我们每时每刻目击体验的连接这个奇迹,没有人比我们更了解这个奇迹是如何发生的,因为我们就是关系的纽结……我们把自己的命运掌握在自己的手中,我们通过反省,也通过我们介入我们的生活的决定对我们的历史负责……"②哲学作为一种现代思想,与艺术、与历史、与文化不断地保持着一种经常的接近,它们都是人类在精神的领域不知疲倦地辛勤耕耘的结果。"靠着同样的关注和同样的惊讶,靠着同样的意识要求,靠着同样的想理解世

---

① [法]莫里斯·梅洛-庞蒂:《世界的散文》,杨大春译,商务印书馆2003年版,第8页。
② [法]莫里斯·梅洛-庞蒂:《知觉现象学》,姜志辉译,商务印书馆2001年版,第18页。

界或初始状态的历史意义的愿望。哲学在这种关系下与现代思想的努力连成一体。"①

　　在《知觉现象学》后面的"他人和人的世界"这一部分,梅洛-庞蒂对主体间性进行了更加充分的探讨。在前反思的层次上,他人首先是作为历史性,作为过去,作为一种文化的积淀而间接遭遇到的,在我们的认识行为进行之前,我已经具有了在文化世界中的各种沉积,我不仅生活在山水、江河和树木之中,而且我生活在街道、教堂、城市、村庄、器具、酒杯和烟斗之中:"每一个物体都散发出一种人性的气息,如果仅仅是沙滩上的脚印,那么这种气息还不是十分确定,如果我跑遍人刚离去的一幢房屋,那么这种气息是非常确定的……我参与其中的文明显然在文明提供的工具中为我存在。如果这是一种在废墟中、在我重新发现的破残工具中、或在我看到的景象中的未知或外来文明,那么可能有着多种存在或生活方式。因此,文化世界是含糊的,但它曾经出现过。在那里,有一个需要认识的社会。客观精神寓于遗迹和景象之中。这何以可能? 在文化物体中,我感到他人在一种来源不明状态下的直接呈现。人们用烟斗吸烟,用羹匙吃饭,用电铃叫人,对文化世界的知觉只有通过对人的行为和对另一个人的知觉才能得到证实。"②我的习惯性反应是依赖于一种类比性的推理,我可以用我自己的行为类比他人,并通过我的内心的体验来感同身受,进而理解和解释他人的行为,最终他人的行为是可以理解的。但是这里仍然存在的一个疑难问题是我怎样才能成为复数的我,如何形成我们的一般观念,要解决这一问题,就不可能从传统的认识论的我思中获得答案,因为这种主体性哲学遗产已经将他人的存在带入了死胡同。

　　海德格尔深刻指明,笛卡尔的主客二分是哲学的耻辱,在这种哲学范式下,我的意识永远无法与另一种意识遭遇,我的意识直接照亮的是我自己的现

① [法]莫里斯·梅洛-庞蒂:《知觉现象学》,姜志辉译,商务印书馆2001年版,第19页。
② [法]莫里斯·梅洛-庞蒂:《知觉现象学》,姜志辉译,商务印书馆2001年版,第438页。

象世界,但对世界的背景和他人的意识却是处于未知状态。梅洛-庞蒂说道,传统的认识论只了解两种存在样式,这也是它唯一知道的两种存在样式,即自为的存在和自在的存在,然而,另一个人可能既作为自在的存在站在我的面前,又作为自为的存在进行思考,我既把他当作一个客体、一个对象来考察,又把他当作一个主体、一个意识来思考,这种做法必然会陷入悖论。而当我们从认识论的范畴的视野过渡到前反思的经验隐匿的文化世界的遭遇上来时,这个问题就不再是问题,就可以迎刃而解了。我们必须把个人的经验解释为一种我们涉入世界的一种表现,必须把意识解释为一种知觉的意识,必须把他人解释为一种具有肉身性的位置性的存在,而不能将意识看成一种构成性的纯粹的自为存在。"关于意识,我们不应该把它设想为一个有构成能力的意识和一个纯粹的自为的存在,而应该把它设想为一个知觉的意识,行为的主体,在世界上存在或生存,因为只有这样,他人才能出现在其现象身体的顶点,接受一种'地点性'。"①

因而,与萨特不同,梅洛-庞蒂将人的遭遇首先并不是看成自我与他人之间的对抗,而是通过存在在这个世界中的共同内在属性连结起来的一种存在的横向联合:"如果我体验到我的意识内在于它的身体和它的世界的这种特性,那么对他人的知觉和意识的多样性便不再有困难。"②通过知觉显示的是一种相互性的在世存在,自我与另一个自我都涉入了存在之中,它们对存在的同时涉入又必然在自我与另一个自我之间产生一种横向的内在属性,当我的目光一旦指向一个正在活动的像我一样的生命时,我即刻发现,周围的物体不再仅仅是我能操作的东西,它们也是他人能操作的东西,这时我的世界便不再仅仅属于我一个人,它不再仅仅向我呈现,它也呈现给其他人,他人是一个与我的身体结构相同的有生命的存在,我把我的身体感知为拥有某些行为和某个世界的能力。"然而,是我的身体在感知他人的身体,在他人的身体中看到

---

① 〔法〕莫里斯·梅洛-庞蒂:《知觉现象学》,姜志辉译,商务印书馆2001年版,第442页。
② 〔法〕莫里斯·梅洛-庞蒂:《知觉现象学》,姜志辉译,商务印书馆2001年版,第441页。

自己的意向的奇妙延伸,看到一种看待世界的熟悉方式;从此以后,由于我的身体的各个部分共同组成了一个系统,所有他人的身体和我的身体是一个单一整体,一个单一现象的反面和正面,我的身体每时每刻是其痕迹的来源不明的生存,从此以后同时寓于这两个身体中。"①

　　这个世界不仅仅有我,还有他人,我用一种熟悉的方式来对待世界与他人,我把自然物体占为己有,我为自己制造工具和生活用具,从儿时起我就投身于(或被抛于)一种文化环境之中,特别是语言。"在对话体验中,语言是他人和我之间的一个公共领域,我的思想和他人的思想只有一个唯一的场所,我的话语和对话者的话语是由讨论情境引起的,它们被纳入一种不是单方面能完成的共同活动中。在那里,有一种合二为一的存在,在我看来,他人不再是我的先验场合的一个行为,在他人看来,我也不再是他人的先验场中的一个行为,在一种完全的相互关系中,我们互为合作者,我们互通我们的看法,我们通过同一个世界共存。"②因而,对他人的知觉和主体间性的世界只是在成人看来才成为问题,只是在哲学家看来才成为需要说明的问题,而在一个儿童看来,那不是问题,他人和世界一样,理所当然就在那里。梅洛-庞蒂同意舍勒的观点:"当我的目光和另一个目光相遇时,我在一种反省中重新实现外来的生存。在这里,没有'类比推理'的东西。"③他人作为一个外在的生命,同与之建立联系的我的生命一样,是一个开放的生命,我们有共同的生命器官和感觉功能,在某些方面它们是取之不尽、用之不竭的,我与他人建立的是一个主体间性的交互作用的世界,我们都是在同一个世界相互联结在一起的合作者,因而共同存在的基本样式在某种程度上就不再是同伴之间的冲突,我的世界的视域本身并没有明确的界限,因为它会自发地悄悄进入他人的视域之中,而且这两种视域一定会融合:"这个世界能为我的知觉和他人的知觉共有,感知

---

①　[法]莫里斯·梅洛-庞蒂:《知觉现象学》,姜志辉译,商务印书馆 2001 年版,第 445 页。
②　[法]莫里斯·梅洛-庞蒂:《知觉现象学》,姜志辉译,商务印书馆 2001 年版,第 446 页。
③　[法]莫里斯·梅洛-庞蒂:《知觉现象学》,姜志辉译,商务印书馆 2001 年版,第 443 页。

的我没有能使一个被感知的我成为不可能的特权,感知的我和被感知的我并不是包含在其内在性中的我思活动,而是被他们的世界超越、因而也能相互超越的存在……我们也应该学会重新发现诸意识在同一个世界中的联系。事实上,他人并不包含在我对世界的看法中,因为这种看法本身没有确定的界限,因为它自发地逐渐转变为他人的看法,因为我的看法和他人的看法都汇合于我们都作为来源不明的知觉主体参与其中的一个唯一世界。"①

　　梅洛-庞蒂与萨特一样,强调个体性与境况之间的联系,特别是与那些既定方面的联系,我发现我已经位于一个自然世界和一个社会文化世界之中,"在每一种文明中,问题都在于重新发现黑格尔意义上的理念,即不是能被客观思维理解的一种物理—数学形式的规律,而是对他人、大自然、时间和死亡的一种唯一行为的方式,使世界成形和历史学家能够重述和接受的它的某种方式。这就是历史的维度。"②我首先是处于一个既定的环境中的人,这意味着我永远无法逃避这种境况,它是我必须接受的一个事实,尽管我具有反思的超越性,我具有能动性和创造性,尽管我在实践着我的自由,我可以否认任何东西,但是我通常做的是维护存在某种一般的东西,对存在的维护高于对存在的否定。梅洛-庞蒂意在克服两个主体相互客体化的过程,反对一种以相互唯我论为前提的哲学设计,我试图把他人作为一个对象,而他人也试图将我作为一个对象,但是事实上,我们两个人都试着容纳对方,都感觉到对方的行动也被接受和理解,而只有当我落入一个陌生者的凝视时,我与他人的关系才有可能发生异化、对抗和冲突。存在就是在世界中的存在,我的主体性包含着他性的痕迹,而他人也包含了主体性的痕迹,作为客体的他人和作为主体的我这两个范畴不能被完全隔断而分离开来,作为客体的他人无外乎是一种无差别的他人样式,而作为主体的我无外乎是一种抽象的自我概念。在我的绝对个

---

① [法]莫里斯·梅洛-庞蒂:《知觉现象学》,姜志辉译,商务印书馆 2001 年版,第 444—445 页。
② [法]莫里斯·梅洛-庞蒂:《知觉现象学》,姜志辉译,商务印书馆 2001 年版,第 15 页。

体性周围存在着一个社会性氛围，我们与社会的关系是不同于任何理论的断言的，正如主体性与他性相互依赖一样，对于社会我们既不能作为一种外在的环境来理解，也不能作为主体的内在设计的发散来理解，这两种情形的错误都在于过分地执着于主客体的划分。

与把社会作为一种命定的事实来设置和接受的做法相反，梅洛-庞蒂认为我们必须重返社会，我们与社会休戚相关。主体在进行任何客体化之前，我们已经与社会无法分离地联系在一起了，在我们作出深思熟虑的决定之前，社会已经模糊地存在了，而且是作为一种召唤而存在的，各种各样的聚合形式不过是这一召唤的具体实施而已。社会并不是作为第三者的客体而存在的，社会的聚合体既不是外在的决定，也不是自发的人类文明，而毋宁说是一种生存社会性的表现，历史学家、社会学家、政治学家和哲学家都在研究阶级和国家的定义。"国家是否建立在共同语或建立在生活观念上？阶级是否建立在收入的多少或建立在生产流通中的地位上？我们知道，这些标准中的任何一个标准实际上都不能确定一个人是否属于某个国家或某个阶级。在任何革命中，都有一些享有特权者加入革命阶级，都有一些被压迫者投向享有特权者。每个国家都有卖国贼。这是因为国家和阶级既不是从外面使个体服从的命运，也不是个体从内部确定的价值。国家和阶级是激励个体的共存方式。"①

梅洛-庞蒂拒绝将社会聚合体看作一种深思熟虑的人类计划，社会性和社会意识隐含地指向他性，因而也指向一个生来就与人类控制和管理相抵触的领域。"任何他人都作为不容置疑的共存方式或环境为我存在，我的生命有一种社会氛围，就像我的生命有一种死的气味。"②梅洛-庞蒂不仅批评了唯心论和实在论，而且也批评了作为现象学家的胡塞尔，胡塞尔将生活世界进行还原，回到一种普遍结构的先验性之中，而实际上，我的生命先于我的思考，先于我的一切认知，我活着，我处于我的生活之中，因而我有一种原有的无所不

①　[法]莫里斯·梅洛-庞蒂：《知觉现象学》，姜志辉译，商务印书馆2001年版，第457页。
②　[法]莫里斯·梅洛-庞蒂：《知觉现象学》，姜志辉译，商务印书馆2001年版，第459页。

在和永恒的活力，我感到自己处于一种我所不能想象其开始和结束的无尽头的生命流动之中。"靠着自然世界和社会世界，我们发现了真正的先验，它不是一个透明的、无阴影的和不模糊的世界得以展现在一个无偏向的旁观者前面的构成活动的总和，而是超验性的 Ursprung（起源）在其中形成，通过一种基本矛盾使我和超验性建立联系，并在这个基础上使认识成为可能的模棱两可的生命。"①因而我们应该更彻底地反省和理解我思，我们应该将胡塞尔现象学推进到存在论的层面上来，现象学的任务不仅是直接描述现象和反思，还应该理解现象学背后的东西，"还应该有一种现象学的现象学"，如果我们能重新发现主体性背后的时间，以及我们的身体，我们的生活世界和主体间性的联系，那么我们就会明白，人的生命既是创造性的又是被创造的，既是有限的又是无限的。因而，我们的肉体构成了我们一切经验之基础的命题，从我们的肉体的存在中能够构造出可传递的意义来，创造一种共同的情形，而且最后产生出像我们自己那样的他人的知觉，存在只能通过沉浸于世界之中侧面地接近它，在世存在仍然与肉体的存在保持了紧密的关联。

梅洛-庞蒂说道，按照萨特的观点，如果他人要成为一个真正的他人，就必定永远不会成为我眼前的这个他人，我不可能具有对他的直接知觉，因而他人是我的否定和坟墓，每一种具体的联系都会消灭他人的异在性，这标志着一种伪装的唯我论的胜利。这种注视的模式只有把它限制在自我经验的范围之下才是明显的，但是，在它归结于我自身的先验性质时同样也可以归于他人，在它的视野中也就包容了他人，因而，我的世界与他人的世界之间便有了一个交叉。梅洛-庞蒂始终认为，我与他人就像两个各自为中心的同心圆，二者会经常在某一个领域、某一个话题或某一项旨趣中产出相互之间的交集，因而尽管萨特正确地强调了我与他人关系的不可避免的非对称性，但是他的模式却充满了一种呆板的教条主义，即通过宣告所有关系的不可浸透性，通过把每一

---

① ［法］莫里斯·梅洛-庞蒂：《知觉现象学》，姜志辉译，商务印书馆 2001 年版，第 459 页。

种关系表述为对他人的绝对否定来把这种关系本身教条地安置在所有境况之中。萨特的这种教条主义隐含着对相反观点的绝对肯定,因而萨特的这种内在否定概念是不连贯的,在存在的遭遇中,不仅仅是否定、排斥和对抗,而且还包含着联系、合作和团结。自我与他人之间的关系既不是一种纯粹内在性的关系,也不能按照完全的否定性和外在性来理解,这两种规定实际上都是对他性的一种僭越,因而从我到他人和从他人再到我必然存在着一种过渡,为了区别的方便,我们也不能一成不变地将自我与另一个我绝对地内在化和同一化。

与那种把他人和我视为两个相互平行的敌对的各自都受到同样的致命打击的自为的做法相反,他人的现在把我们都压回到我们各自的自在世界之中。我们必须明白,只有我们所有的人都相互联结而组成一个系统,或者我们相互都可以感受到一个自为的星座,我们才能真正地和睦相处,他人不仅会给自己带来伤害,而且更一般地说,他人也是一个证人、一个中介、一个桥梁和一个纽带。他与我一样,都不只是一种纯粹的对存在的凝视,对同类人的尊重既不是基于某种相互同一化,也不是出于完全的不可接近性,而是基于对世界的共同参与,他人不仅仅会给我带来威胁、竞争和灾难,而且也可以进行相互平等的协商和友好的对话。"必然而充分的看法是,他人具有使我不再成为中心的力量,具有把他的中心与我的中心对立起来以反对我的力量,他之所以能够这样做,只是因为我们两个人都不是已被安置在两个自在宇宙之中的虚无,我们是不可相互比拟的,但我们俩都是存在的入门口,一方都能为另一方进入,而这之所以对于他人来说也是一种实践权利,是因为他们两个都属于同一存在。"①

因而,我与他人的区别,是一种隐含在在世存在之中的不断增长着的紧张和反省的可见性、不可见性同与现在和不在的间接联系之间的区别。他人的

---

① 转引自[美]弗莱德·R.多迈尔:《主体性的黄昏》,万俊人译,广西师范大学出版社2013年版,第117页。

肉体和他的具体表现,以他们自身的样式出现在我面前,但却是我永远都不能表现出来的,他人的外貌对我们来说是可见的,但他人的内心对我们来说则是永远不可见的,是我永远不能直接作证的东西。它以某种尺度表现出来某种区别,而这些尺度对我们来说最初是共同的,它们预先决定了他人是我的一面镜子,正如我也是他人的一面镜子一样,因而自我与他人是相互联系的。而只有通过一种具体的可逆性才能将二者区分开来,我对我自己的意识和我关于他人的意识的神话性地虚构并非两个矛盾的东西,而正相反,一方恰好是另一方的逆转。这样,梅洛-庞蒂通过对区别的强调,就超出了那种固执地痴迷于绝对否定的反思式的唯心主义的辩证法。这种辩证法用一种武断的思想,用一种陈述的集合,用正反合的方法重新设置了存在,但是它没有意识到它的每一个正题都是一种理想化,存在并非用一种理想化的东西所创造的,正如它所坚信的那些陈旧的逻辑那样。相反,存在是由各个密切关联的整体造成的,在这些整体中,意义化是无一例外的共同趋向,因而辩证法的那些内在与外在、能动性与惰性所谓的二分法的矛盾,其实质上都是虚假的,并不存在什么同一性,也不存在什么非同一性,而只存在相互转换着的内在与外在。

进而,梅洛-庞蒂得出了沉浸在存在之中是维护人的遭遇的共同发源地的主张,一旦我们撇开那种我思主体和反思的辩证法,共在便作为一种相互涉入和相互缠绕而显现出来。当我们抛弃了那种纯粹思维和纯粹构造的见解时,慢慢出现在我们面前的便是两个圆圈、两个漩涡、两个星体。当我朴实无华地生活时,它们相向而行,而当我在孤独地反思,它们才会慢慢地背离另一方,因而我们切莫按照我们—客体模式或我们—主体模式来理解和看待作为一个整体的社会生活,而应该把它理解为一个复杂的缠绕体:"它不能为任何人看到,也没有一种群体灵魂,它既不是客体,也不是主体,而是它们的集体性组织。"①在社

---

① 转引自[美]弗莱德·R.多迈尔:《主体性的黄昏》,万俊人译,广西师范大学出版社2013年版,第118—119页。

会现实之中，既不存在积极地进行主体性操作的我，也不存在积极地进行主体性操作的他，而只存在两个深不可测的洞穴、两种开放性和将要发生什么的一个舞台，这两者都属于同一个世界，共同拥有同一存在。

　　这样，梅洛-庞蒂对主体性哲学提出了强烈的挑战，吹起了告别主体性哲学的号角。他指出胡塞尔现象学的主要贡献就在于为解决主客二分提供了一种可能性，但是他批评胡塞尔并没有真正解决问题，特别在晚年，胡塞尔越来越固执地回到笛卡尔的"我思"之中。而梅洛-庞蒂思想的焦点不是我思，也不是世界和他人，而是事物，是摆在我们面前的现象和背后隐藏的现象，他赞同胡塞尔将科学的客观主义式理解返回到生生不息的生活世界的生动经验之中，但是他拒绝胡塞尔试图从先验主体性中回溯生活世界的根源。他主张回到实事本身，但是实事绝不等同于唯心主义地回到意识，在我们对世界进行任何分析和反思之前世界就已经在那里了，现象学的任务在于揭示出生活世界的本来面貌，真实的情况是我存在于世界之中，我们的身体为我们提供了进入这个世界的入口，上与下、明与暗、热与冷、深与浅都与我们的实存，与我们的身体，与我们的器官密切相关。他人和文化世界都被合并到对我们的知觉图画中，他人共同参与了对这个世界的体验，共存体现的是作为我们个人的实存的这个自然世界本质上的延长。因而，认为我思是一个不容置疑的绝对起点纯粹是一个幻觉，新的我思存在于世界之中，它揭示出了我的存在与世界的存在、他人的存在同时的联系，而人只不过是诸关系的一个纽节，对于人来说，理解这些关系才是最重要的。因而，梅洛-庞蒂就超越了笛卡尔和胡塞尔的"我思"，但是他并没有否定主观的东西的本身，主观的东西只不过是整体结构中的一个不可分离的组成部分，行为既不是物质实在，也不是精神实在，而是结构，它既不属于外部世界，也不属于内部生活。

　　因此，梅洛-庞蒂在"生活世界"概念基础上从笛卡尔主义中解放出来，主体和客体都是我们现前的一种整体结构的两个抽象要素，承认主体与客体的

現象学視域中的生活世界与文化

相互依赖才是我们能够彻底走出陈旧而无希望的唯我论的好办法。与萨特建立在注视上的体验不同，我与他人的交往，不仅仅体现在对视、点头与打招呼等一些肢体现象之中，而且还体现在语言与文化的现象之中，因而萨特把注视作为主体间性现象学研究的重点就过于狭隘了。通过我们自己身体的知觉，我们就会发现我们的视野与其他人的视野密切相关，每一个人的视角都有与他人的视角相吻合的部分，也有独立于其他人的视角的部分，就像两个相互交错的同心圆一样，有交集，也有各自的部分，而我们的身体正是介入世界的一个中介。而文化现象至少与身体发挥着同样重要的桥梁作用，当我与你对话中，我的思想与你的思想在此交汇。这是一种一而二、二而一的关系，在一场正常的交流活动中，任何人都不能主观地左右它，我们双方都是参与者和合作者，我们真的不能中止思想不断地向前流淌，就像无法让时间停止在此刻一样。我们进入共同的场景之中，随着话题的深入，引向了同一个方向，我从自身解放出来，而他人的思想也并不是唯他所有了。然而，没有人能够支配和控制这场交流的结果，只有上帝才知道我们的对话将会把我们引向何方，我很可能受到了他的启发，他也很可能不同意我的论断，谈话的结果是有可能让我非常愤怒，当然也有可能让我哈哈大笑，但这一切都没有关系，关键问题是我们都投入到对话之中。这种对话，这种交流也可以被看成一场游戏，而这场游戏的主体不是你，也不是我，而是游戏本身，我们只有跟随游戏才能真正学会玩游戏。

与他人的共存并不妨碍孤独的我存在这一事实，孤独与交往共同属于人的存在，是一个现象的两个不同方面，如果我不交往，就体验不到孤独。当我与他人谈话时，我体验到他在我之中，他也体验到我在他之中，因而，梅洛-庞蒂反复提到胡塞尔所说的"先验的主体就是主体间性"，实际上胡塞尔可能没有说过这句话，但这已经不重要，重要的是这里凸显了主体间性所具有的耐人寻味的深刻含义，"因为它表明梅洛-庞蒂是如何在相互关联的主体性之共存中看出了纯粹主观主义和客观主义之间的联系，以及贯穿着主体间性的非主

296

观主义现象学的可能基础"①。即使是普遍的沉思能使哲学家超脱他的国家、他的友谊、他的成见、他的经验的存在,那么哲学家在独处过程中的沉思也是一种行为,一种话语,一种对话,存在就是在世界上存在,哲学家不能不把其他人拖进来,因为他的一切知识都建立在舆论材料的基础之上。"先验的主体性是一种向自己和向他人显示的主体性,因此,它是一种主体间性。"②只要存在归入和介入一种行为,它就进入知觉,这种含有存在的知觉所肯定的东西多于它所理解的东西,我们不仅能知觉现在、过去与未来,而且还能知觉人的品质、价值与美感。因此,我们应该重新发现不是作为物体或者物体的总和,而是作为连续的场和存在维度的社会世界:"我们与社会的关系如同我们与世界的关系,比任何明确的知觉或任何判断更深刻。把我们放到社会之中,就像把我一个物体放到其他物体之中,以及把社会作为思维对象放到我们之中,都是不符合实际的,两种做法的错误都在于把社会当作一个物体。我们应该回过头来探讨社会。"③主体间性在本质上是一种社会关系。社会并不是一个物体或一个容器,如果我们不通过社会的文化产品与文明保持一种潜在的联系,那么对过去和文明的客观和科学意识就是不可能的,当我们意识到和评价社会的时候,社会已经存在了。

梅洛-庞蒂批评唯心论和实在论,因为二者囿于一种主客二分的思维模式,都无法理解包含着知觉、体验和再现等诸多丰富内涵的生命现象,"研究内在于我的外部世界的唯心论和使我服从因果作用的实在论,都曲解了存在于外部世界的内部世界之间的动机关系,使这种关系难以理解。"④过去和未来一样,都是一个向我们开放的场,同样,我的生和死在我看来还不能成为思维的对象,我处在我的生活之中,我的生命是活生生的,是不断向前的,"所以

① 〔美〕赫伯特·施皮格伯格:《现象学运动》,王炳文等译,商务印书馆2011年版,第755页。

② 〔法〕莫里斯·梅洛-庞蒂:《知觉现象学》,姜志辉译,商务印书馆2001年版,第455页。

③ 〔法〕莫里斯·梅洛-庞蒂:《知觉现象学》,姜志辉译,商务印书馆2001年版,第455页。

④ 〔法〕莫里斯·梅洛-庞蒂:《知觉现象学》,姜志辉译,商务印书馆2001年版,第458页。

我有一种原有的无所不在和永恒,我感到自己在一种我不能想象其开始和结束的无尽头的生命流动中随波逐流,因为仍然是有生命的我在思考这一切,因为我的生命就这样先于本身和永远活着。"①梅洛-庞蒂经常说的一句话就是我们就是身体,我们必须承认身体对空间的拥有,我们的身体与世界连成一体,"必须承认我们的身体在其正体验着并且做出姿势的范围内,只能依靠它自己,不能从一种与之分离的精神中获取这种能力……我们在我们的身体中已经拥有了对历史之触摸不到的身体的最原始经验"②。我有各种感觉功能,我有一个视觉、听觉、触觉和味觉的基本的场,所以,我已经与另一个心理生理主体建立了联系,"我的目光一旦落到正在活动的一个有生命的身体上,在该身体周围的物体就立即获得了一层新的意义:它们不再仅仅是我能使之成为的东西,而且也是这种行为将使之成为的东西"③。我的身体和他人的身体一样,都是一个开放的生命,它们在某些生物和感觉功能方面是用之不竭的,我们将自然物体占为己有,为自己制造工具和各种用具,我们投身于一个包含了文化产品的环境中:"用具被确定为一定的被操作物,他人被确定为人的活动的中心。特别是还有在对他人的知觉中起重要作用的文化物体:语言。在对话体验中,语言是他人和我之间的一个公共领域,我的思想和他人的思想只有一个唯一的场所,我的话语和对话者的话语是由讨论情境引起的,它们被纳入一种不是单方面能完成的共同活动中。在那里,有一种合二为一的存在,在我看来,他人不再是我的先验场中的一个行为,在他人看来,我也不再是他人的先验场中的一个行为,在一种完全的相互关系中,我们互为合作者,我们互通我们的看法,我们通过同一个世界共存。"④我的身体既不是主观身体,也不是客观身体,我就

① 〔法〕莫里斯·梅洛-庞蒂:《知觉现象学》,姜志辉译,商务印书馆2001年版,第458—459页。
② 〔法〕莫里斯·梅洛-庞蒂:《世界的散文》,杨大春译,商务印书馆2005年版,第92—93页。
③ 〔法〕莫里斯·梅洛-庞蒂:《知觉现象学》,姜志辉译,商务印书馆2001年版,第445页。
④ 〔法〕莫里斯·梅洛-庞蒂:《知觉现象学》,姜志辉译,商务印书馆2001年版,第446页。

是我的身体,我用我的身体来感知世界,感知他人,我的身体与他人的身体相互影响、相互感染、相互交错、相互交织,梅洛-庞蒂的身体现象学是一个崭新而充满了神秘色彩的研究领域,这也是梅洛-庞蒂现象学最精彩的部分之一。

四、身体现象学

首先,身体是一个可见的领域,我们的身体向世界开放,我们的身体各部分都与世界相连,人的身体是人的内心世界和外部世界之间一个总是敞开了的隘口。外部世界也是可见的领域,我们的目光包围和触摸可见物,并且与可见物相贴合,就好像它与这些可见物处于一种预定的和谐之中,就好像它在知道它们之前就了解了它们一样。我们的看是一种身体功能,是一种活动,一种行为,我们看到的不是混沌的一团糟,我们看到的是秩序,看到的是事物。我也可以用我的手来触摸事物,我们会感到对象的硬度和质地,在对织物进行触摸时,我会感到织物的粗糙和柔软,在我的动作和我所触摸的东西之间应该存在着某种联系和某种亲源关系,我们的所有动作都并非像动物昆虫那样只是具有一种含糊的空间和转瞬即逝的变化,而是向我们的触觉,向我们的知觉开放。我的手既可以从外面感知,又可以从内部感觉,既可以触摸事物,也可以被触摸,通过这种触摸与被触摸之间的再交叉,触摸的手的动作本身融入它们所探究的世界之中。视觉也具有同样的属性,我可以看世界,也可以被看,可见的事物总是在眼睛运动的背景下给予我,可见景观完全与触感性质一样。"我们应该习惯于认为一切可见的都在可触的中被切分,一切可触的存在都以某种方式在可见性中被允诺,而且不仅在被触者与触者之间,而且在可触的与嵌入自身之中的可见的之间都有互相侵入和侵越,正如反之,可触的本身不是可见的之虚无,不是没有视觉的存在。因为同一个身体既看也触,可见的和可触的属于同一世界。"①当我看时,我的视觉是对象视像的一个复制品,我的

---

① 　[法]莫里斯·梅洛-庞蒂:《可见的与不可见的》,罗国祥译,商务印书馆2003年版,第166页。

视觉处于可见物和我之间，我们可以暂时不去审视看者和可见的事物的统一性走向何处，人们是否具有这种统一性的完整经验。我们首先会发现，我们在事物之所在地看到它们本身，但是我们又由于目光和身体的厚度而远离它们，我们与事物的这种接近是与接近的深层相合的，"身体的厚度远远不能与世界的厚度相对抗的，相反，身体的厚度是我通过把自己构成为世界、将事物构成为肉身而走入事物的中心的唯一方式"①。

我们的身体具有双面性：一是作为可感的身体，二是作为能知觉的身体。因而，我们的身体是一个两层的存在：一层是众多事物的一个事物，另一层则是看见事物和触摸事物的一个主动执行者。这两个层面兼具于一身，身体兼具客体的范畴和主观的范畴双重归属、双重意义，每一层意义都在呼唤另一层意义，在可见的表面上的事物的意义背后是深层的不可见的意义，可感的那一层是与外部世界紧密相连的，能知觉的世界则是与人的灵魂、人的精神世界所连结，身体是时而游散时而聚合的可见性，它时而在世界之中，时而身不由己，魂不守舍，用一种隐喻来形容身体，那么被感觉的身体和正在感觉的身体正好可以看作事物的正面和反面。关于肉身和观念的联系也是最困难的问题之一，因为这种联系所展现的和藏匿的是表面可见的与内在不可见的联系，而对于那些不可见的观念，艺术家和文学家走得更远："比如音乐这样的'无法替代的观念'，这是'光线的、声音的、立体物的、肉体快感的观念，我们的内在领域因富有这些观念而变得多彩而绚丽'。文学、音乐、欲念，还有可见世界的经验，都和拉瓦锡和安培的科学一样，是对不可见的探索，也是对观念世界的揭示。"②我们看不见也听不见观念，即使我们用心之眼或第三只眼也看不见，可是观念确实就在那儿，在声音后面或在声音之间，在光的后面或在它们

① ［法］莫里斯·梅洛-庞蒂：《可见的与不可见的》，罗国祥译，商务印书馆2003年版，第167页。
② ［法］莫里斯·梅洛-庞蒂：《可见的与不可见的》，罗国祥译，商务印书馆2003年版，第184页。

之间,观念总是以特别的、唯一的方式才得以让人认识,它们藏在光和声音后面,可是又完完全全与光和声音存在着质的区别,它们具有一种精神和意义的维度。

梅洛-庞蒂说:"在我们的肉身中,现实的、经验的、实在的、可见的通过某种退隐、内缩或者补充,展现了一种可见性,一种可能性,这种可见性、可能性不是现实的影子,而是现实的原则,不是'思想'带来的东西,而是思想的条件,是一种讽喻的省略的样式……可见的和不可见的、广延和思想的直接和二元论区别被放弃,不是因为广延是思想或思想是广延,而是因为它们是互为相反的,从来不是一个在另一个之后——肯定的是这样一个问题:'理智的观念'如何在这之上建立起来,人们如何从视域的观念性走向'纯粹'观念性,尤其是被造的,文化的和知识的普遍性通过一种什么神奇的方式来占领和改正我的身体的以及世界的自然的普遍性。"①意义不是像黄油涂在面包上那样在知识之上,它是已被言说的全部东西,是词语链中所有差别的整体,它和词语一起被给予了那个拥有耳朵的听者,胡塞尔曾经谈到,整个哲学都在恢复意指的力量,生活世界的哲学就在于恢复意义和意义原初的诞生,就在于恢复经验的表达,这种表达尤其阐明了语言的特殊领域。"就像瓦雷里说的那样,语言就是一切,因为它不是任何个人的声音。因为它是事物的声音本身,是水波的声音,是树林的声音。"②因而,对自然本性、生命、人的身体、语言的具体分析,将使我们能够慢慢进入生活世界的原始存在。

身体和世界都是肉身,我的作为可见的身体是包含在整个景象中的,我的身体和他人的身体就像两个圆圈、两个漩涡、两个轨迹,通过肢体相触、通过我的视觉,而更多的则是通过我们的语言,我们与他人之间互相交织、交叉、交

① [法]莫里斯·梅洛-庞蒂:《可见的与不可见的》,罗国祥译,商务印书馆2003年版,第188页。
② [法]莫里斯·梅洛-庞蒂:《可见的与不可见的》,罗国祥译,商务印书馆2003年版,第192页。

301

错,从此我与他人有了交集。可见的和不可见的具有可逆性,可感知的和正在感知的同样具有可逆性,身体的存在向我们开放的仍然是非身体性存在,至少也是一种身体间的存在,一种肉身的存在,一种可见和可触摸的前定领域,它比我们现实之所见的事物伸展得更加遥远。而同时,如果没有镜子,我可能永远看不到我的身体的一些部位,而通过他人的眼睛,我成了对自身完全可见的,一个女人可能自我感觉非常良好地认为自己长得漂亮,旁边的人也可能伪心地赞美她是一个大美女,但是人的眼神不会说谎,当真正的大美女出现的时候,我们每一个人,不管男人和女人都会用一种欣赏的目光来打量她,而不是敷衍她,奉承她。

我们看到的和触摸到的并不是肉身的全部,我们看到的和触摸到的身体也不是身体的全部,"定义肉身的这种可逆性存在于其他场域中,它在其他场域中甚至无比地更加灵活,更加有能力在身体与身体之间建立紧密的联系……"①一旦我看到了其他的看者,我就会发现更多的东西,我能够在他人的眼光中、他人的举止中和他人的动作中获得更多的启发,获得人生的阅历和智慧。可见的表层下面是不可见的深渊,正是这不可穷尽的深渊使得可见的可以向我的视觉以外的其他人的视觉开放,其他人的视觉揭示了我的视觉是有局限性的,同时,其他人看问题的角度、看问题的深度也会让我受益匪浅,正是他人的视觉揭示了唯我论者的幻觉,正是因为他人的存在,我进入了自己的深层,因为我第一次通过另一个身体看到,在身体与世界肉身的结对中,身体带来的比它接受的更多,他人眼里的世界包含着更多的我眼中的世界的宝藏。身体第一次不与世界结对,而是与另一个身体相互交织,两个人的见面实际上是两个身体的见面,当两个人脸对着脸,当四目相对时,眼睛当中包含着更多的内容,目光是有灵性的,有生命力的,有深度的,两个人面对面的交流和对话是活生生的。"最精彩对话的准确录音后来给人一种贫乏的印象。这里是真

① [法]莫里斯·梅洛-庞蒂:《可见的与不可见的》,罗国祥译,商务印书馆2003年版,第178页。

302

理在撒谎。精确地再现的对话不再是我们当时体现的那一对话,尤其是有关
突发事件、连续的想象和即兴发言的证据所给出的意义过剩。对话不再存在,
它不再从各个方面推进分化,它被压缩在声音这一单一维度之中。对话不再
全面地呼唤我们,它只是通过耳朵轻轻地触动我们。"①我的身体是一个神秘
而神奇的领域,它不是事物也不是观念,因为它是事物的度量者,而同时,我的
身体与我的观念、我的视觉、我的语言能力相互纠缠在一起,我的身体是肉身,
我的目光是可感的材料之一,是原初的和原始世界的材料之一,这种材料挑战
意识的存在和事物的存在的分析,这种挑战要求重建哲学,梅洛-庞蒂的哲学
可以看作奠基于这种材料基础之上构建哲学的一种新的尝试。

　　梅洛-庞蒂把身体看作一个有生命的躯体,我们的身体不是被我们经验
作为空间中的众多对象之一,人实际上是以一种非常特殊的身体的有机的方
式被安插在世界之中,此方式由我们的感官的和运动的能力的性质所决定,人
正是用这种特殊的方式知觉世界。梅洛-庞蒂对身体的看法不仅有胡塞尔观
点的影子,而且有柏格森和马塞尔的印迹,我就是我的身体,他的身体的观点
还似乎是建立在萨特关于身体那一章的批判性反思的基础之上,萨特用一种
及物动词的新的使用方式来表达我的存在、我的生存与我的身体密不可分,萨
特的身体的工具性的观点无疑深刻地影响了梅洛-庞蒂:"我们的身体不仅仅
是人们长期称为的'五种感官的所在地';它也是我们行动的工具和目的。甚
至不能够按照古典心理学的术语本身来区别'感觉'和'行动':当我们提请人
们注意实在既不对我们表现为物也不对我们表现为工具,而是对我们表现为
工具—事物的时候,我们指的正是这一点。"②世界并非一个对象,也不是一个
容器等待我们去填满。"我应该投身于世界中以便使世界存在并且使我能超
越它。于是,说我进入了世界,'来到世界'或者说有一个世界或我有一个身

　　①　[法]莫里斯·梅洛-庞蒂:《世界的散文》,杨大春译,商务印书馆2003年版,第72页。
　　②　[法]让-保罗·萨特:《存在与虚无》,陈宣良等译,生活·读书·新知三联书店2007年
版,第396—397页。

体,那都是一回事。"①煤气灯、人行道、大卡车、咖啡馆,我的身体就在这些事实之中,我的身体是与世界同一外延的,它散布在事物之中,同时聚拢在一点,在这个意义上,我的身体在世界上是无处不在的。

梅洛-庞蒂非常熟悉萨特的观点,他说,意识和身体之间绝非直截了当的关系,人的知觉是体验世界的一种方式,我们是作为身体性的存在者被投入世界的,我们在世界中发现了作为世界一部分的自己,世界也是被制作成要被我们的感觉器官发现的和予以回应的,自我和世界之间的这种相互性一直成为梅洛-庞蒂感兴趣的主题。他发展了胡塞尔和萨特的观点,他把自然世界和文化世界统一于我们活生生的感觉体验、我们的知觉和肉体的暧昧世界之中,身体以一种特殊的方式将我们进入一空间世界之中。我成为一个元点,我建立起一个坐标轴,左右、大小、前后、上下都是以我的某个方向来定位。而同时,我的身体也将我带入一个关于肉和性的世界,他说,人的知觉具有一种色情的结构,我们的具体存在永远是一个性存在,有些人极力掩饰,但仍然无法摆脱一种人的身体所天然具有的性倾向,娇柔妩媚的女子是一种美,刚健坚强的男人同样是一种美。"病患性反应的失效,不是出现在一种自动生理反应的层次上,也不是出现在意识表象的层次上,而是出现在一种'生命区'内,在其中'爱洛斯''将生命吹入一原初性世界'。"②弗洛伊德的真实意义并不在于他断言人的行为必须以性基础的心理结构来说明,而在于这样一个清醒的认识:他发现了性本身具有的以前被认为是存在于意识内的关系和态度。梅洛-庞蒂总是说,我们的世界是原始的、含混的、暧昧的、野性的,胡塞尔的生活世界的观念实际上唤醒的是一种野性的世界和野性的精神,性体现了把我们带回到最原初的野性世界之中的倾向,我们的在此存在方式中早就包含了

---

① [法]让-保罗·萨特:《存在与虚无》,陈宣良等译,生活·读书·新知三联书店 2007 年版,第 394 页。

② [爱尔兰]德尔默·莫兰:《现象学:一部历史的和批评的导论》,李幼蒸译,中国人民大学出版社 2017 年版,第 461 页。

一种性倾向,我们的性生命具有自己的意向性的和意义给予的力量,世界上哪里有不识人间烟火的抽象的人? 人是带着包藏着与生俱来的原始的欲望与冲动的身体立于世界之上。"一个走过的女人在我看来首先不是一个有形体的轮廓,一个生动的模特儿,一个景象,而是'一种个人的、感情的和性的表达',是某种完全显现在步态之中,甚至在脚跟撞击地面之中的身体方式,就像弓的张力存在于木料的每一根纤维中,——我拥有的走路、注视、触摸、说话标准的一种十分引人注目的变化,因为我是身体。"①

因而,身体以一定的方式对我们揭示着世界,它是我们对客体进行经验、对他人进行交往的前提条件,是我们与世界进行沟通的方法的可能性的先验性条件。言语也是一种表达,思想需要语言中的表达结构,如果没有语言,那么就不可能有思想,思想表现在言语中,其方式类似于精神体现在身体中,言语不是对已完成思想的联结和表达,而毋宁说是思想本身的延续和完成。演说者在说话之前没有思想,在说话之后也没有思想,他的言语就是他的思想,言语是人的一个新的感觉器官,它使仅以此方式产生的意义凸显出来。人在交谈时,时不时地涌现出一种生命的气息,人的身体也参与了意义的产出与表达,人的身体正是存在的人和存在的东西的会合之处。"人们说,栩栩如生的一次交谈一旦被记录下来,就淡而无味。在记录下来的东西中,少了说话者的在场,少了进行中的事件,连续的即席发言中人物的动作、面部表情和情绪。"②

在《知觉现象学》之中,梅洛-庞蒂在引论结束后,首先就转向的是对身体的研究,第一部分关于身体的研究写得很长,在整本书中占据了很大的比重,笔者认为,这部分是梅洛-庞蒂写得最好,也是最精彩的部分之一。梅洛-庞蒂用了现代心理学、生理学,包括医学和精神分析的某些研究成果,来证实他的结论,尤其谈到了当一些受到肢体损伤和精神损伤的病人所面临的一些问

① [法]莫里斯·梅洛-庞蒂:《符号》,姜志辉译,商务印书馆2003年版,第64页。
② [法]莫里斯·梅洛-庞蒂:《符号》,姜志辉译,商务印书馆2003年版,第68页。

题:"损伤在神经物质中的发展不是逐个地破坏已有的感觉内容,而是使表现为神经系统基本功能的兴奋的主动分化变得越来越不确定……中枢神经损伤的主要后果是使病人的时值提高二、三十倍。兴奋的产生更加缓慢,延续的时间更长……"[①]我转向我当前体验到的身体,只有当我实现我的身体的功能的时候,只有当我是走向世界的身体的时候,我才能理解有生命的身体的功能。因此,意识首先波及的是身体,灵魂在身体的各个部分表现出来,人的行为超越了身体的中枢神经区域,身体体验本身是一种表现,一种心理事实,因而关于意识与身体的二元划分这样一种假设就被清除了,人的意识和灵魂直接连接的是人的肢体和人的行为。梅洛-庞蒂经常举的假肢和幻肢的例子也很有意思,一个被截肢者会经常感觉到或幻想自己的腿的存在,因为灵魂连接大脑,而且只与大脑相连接,而当大脑损伤后,即使没有被截肢,也会产生幻肢,因而幻肢现象取决于心理因素,取决于人的情绪,它能够唤起受伤时的情景,而幻肢不能由纯粹的生理学来解释,也不能用纯粹的心理学来解释。而人的知觉一开始没有确定一个认识对象,知觉是我们整个存在的意向,反射、刺激和知觉都是一种前客观态度的各种样式,即我们称之为在世界上存在的东西,瘫痪的病人对其瘫痪的肢体有一种前意识的知识,他实际上把幻肢当成了自己的实肢,因为他对身体没有清晰明确的知觉,他只是想同正常人一样,走路、运动和工作,他把幻肢当成了可受其支配的身体的一种不可分的能力。

梅洛-庞蒂认为,身体是我们在世界上存在的媒介,我们拥有一个身体,就是介入一个确定的环境或情境,置身于其中参与某项计划或某项安排,这种情境始终是一种人们完全没有把握其全部确定意义的开放的情境。"我们之所以否认肢体的残缺和机能不全,是因为处在某个物质的和实际的世界中的我尽管有肢体的残缺和机能不全,仍继续走向其世界,并相应地在法律上不承认肢体的残缺和机能不全。"[②]因为我们总是置于我们的工作之中,置于我们

---

① [法]莫里斯·梅洛-庞蒂:《知觉现象学》,姜志辉译,商务印书馆2001年版,第107页。

② [法]莫里斯·梅洛-庞蒂:《知觉现象学》,姜志辉译,商务印书馆2001年版,第116页。

的烦恼之中,置于我们的各种处境之中,实际上截肢者幻想肢体存在,就是想面对只有肢体才能完成的所有活动,就是想保留在截肢之前所拥有的实践场。因而,"我的身体确定也是世界的枢纽:我知道物体有几个面,因为我能围绕物体转一圈,在这个意义上,我通过我的身体意识到世界"①。我有一个身体,我有各种感觉器官,我有各种心理机能,因而我的体验是一个有机整体,我成了各种因果关系交织在一起的场所,我的身体具有我能的属性,它可以进行各种各样的运动。当然,也很有可能发生我的人文处境取代我的生物处境,在人生的很多时候,特别是在社会活动和交往过程中,我常常是压抑着我的身体的欲望和冲动,但是人作为生命的机体一直存在着,梅洛-庞蒂说,不能把机体归结为个人存在本身,也不能把个人存在归结为机体。"个人存在是间断的,当个人存在的浪潮退却时,决定只能把一种强制的意义给予我的生活。灵魂和身体在行为中的结合,从生物存在到个人存在、从自然世界到文化世界的升华,由于我们的体验的时间结构,既是可能的,也是不稳定的。"②而"之所以作为我们的身体的特殊过去能被一种个人生活重新把握和接受,只是因为个人生活不能超越过去,因为个人生活在暗中支撑它,将其一部分力量用在它上面,因为特殊过去仍然是现在,就像我们在疾病中所看到的,身体的事件成了每天的事件……总而言之,在世界上存在的模棱两可能用身体的模棱两可来表示,身体的模棱两可能用时间的模棱两可来解释"③。

因而,人们在世界上的存在之内,感知—运动通路是相对自主的存在流,人们与之打交道的存在越完整,感知—运动通路就越清楚地显现出来。人不仅有一个环境,而且还有一个世界,不应该将人禁锢在动物恍惚状态生存的一个混沌环境中,而应该让人意识到作为一切情境的共同原因和一切行为的场所的一个世界。只有通过稳定的器官和预成的通路置身于世界,人才能获得

---

① [法]莫里斯·梅洛-庞蒂:《知觉现象学》,姜志辉译,商务印书馆 2001 年版,第 116 页。
② [法]莫里斯·梅洛-庞蒂:《知觉现象学》,姜志辉译,商务印书馆 2001 年版,第 119 页。
③ [法]莫里斯·梅洛-庞蒂:《知觉现象学》,姜志辉译,商务印书馆 2001 年版,第 120 页。

能使他脱离其环境,能使他看到其环境的心理和实际空间。当人们重返存在的时候,生理现象和心理现象紧密地结合在一起,它们都朝向一个意向极,即朝向同一个世界,因而心理事件不能用笛卡尔主义的方式来加以解释,灵魂与身体的结合不是由两种外在的东西之间的一种上帝的旨意所决定的,灵魂和身体的结合每时每刻在存在的运动中实现,所谓的客体与主体是一个事物的两个方面,因而应该从一种对心理和生理事实的认识转向对作为内在于我们的存在的生命过程的生命事件的认识。人不是附在有机体上的一种心理现象,而是有时表现为有形体的,有时则投向个人行为的存在的往复运动,心理动机和身体原因可能交织在一起。历史不仅仅具有意义,而且本身也是产生意义的一系列事件,历史的主体扮演的角色,作出的决定,直至语言风格,只有在一定时期内,在一定情境下才表现出命中注定的特征。"因此,历史既不是一种不断的创新,也不是一种不断的重复,而是产生和砸碎稳定形式的唯一运动。"①

我的身体始终离不开我,它始终贴近我,始终为我存在,我的身体是可感知到的,处于我的手指和目光所及的范围之内,但我的身体并非全部都能被看到的,我看不到我的后背,我看不到我的眼睛,因而它并不是真正地在我面前,我不能在我的注视下展现它,它留在我的所有知觉的边缘,但它一直和我在一起。我的身体还为我规定了向着世界的观察位置,它给了我一个定位,这种定位也并非仅仅是一种物理的、空间上的,而且也可以是形而上学的、文化上的。我用我的身体观察外部物体,我可以观察这些物体,打量这些物体,可以摆弄这些物体,但是我的身体不是物体。"由于我的身体看到和触摸世界,所以它本身不能被看到,不能被触摸。阻止我的身体成为一个物体、被'完全地构成'的原因,就是得以有物体的原因。如果身体是能看的和能触摸的东西,那么它就是不可被触知的和不可见的。"②我的身体的不变性不仅不是在外部物

① [法]莫里斯·梅洛-庞蒂:《知觉现象学》,姜志辉译,商务印书馆2001年版,第123页。
② [法]莫里斯·梅洛-庞蒂:《知觉现象学》,姜志辉译,商务印书馆2001年版,第128页。

体的世界中的不变性的特例,而且外部物的世界的不变性只有通过我的身体的不变性才能被理解。我的身体是始终为我的,我在这团骨肉中立即就能推测和预想到外部世界物体的本质、特征、角色和属性,我的身体给予我们一种运动的感觉,我凭借着我的身体在世界中不断改变位置,同时我依靠我的身体移动外部物体,我的身体把外部物体放在一个地方,又放在另一个地方。我的身体与我同在,当我开始运动的时候,是我的身体参与运动,当我的运动结束的时候,我的身体也停了下来,"我的决定和我的身体在运动中的关系是不可思议的关系"①。心理学家与物理学家的不同在于物理学家本人并不是他自己谈论的对象,而心理学家谈论的对象就是他自己,他在思考对象的时候也在体验它,而要认识心理现象单靠体验是不够的,这种知识只有通过我们与他人的关系才能获得,而不能单靠我们的内心反省。因此,从自己到他人,心理学家能够和应该重新发现一种前客观关系,灵魂和身体的结合不是最终的和在一个遥远的世界中完成的,这种结合每时每刻都在心理学家的思维中重现。心理现象及其特性不再是客观时间中和外部世界中的一个事件,而是我们从内部谈论的一个持续的实现和涌现,是不断地把它的过去、它的身体和它的世界集中于自己的一个事件,因而意识本身的一种可能性就包含了灵魂与身体的结合:"问题在于了解有感觉能力的主体是什么,如果有感觉能力的主体能感知和自己的身体一样的一个身体的话。在此,没有被动接受的事实,只有自觉接受的事实。成为一个意识,更确切地说,成为一个体验,就是内在地与世界、身体和他人建立联系,和它们在一起,而不是在它们的旁边。"②

　　进而,梅洛-庞蒂提出了"身体图式"的概念,我的身体不是在空间并列的各个器官的总和,我拥有整个一个身体,我通过身体图式知道我的每一条肢体的位置,我的全部肢体都包含在身体图式中,身体图式一定是在童年时期随着触觉、视觉、运动觉等各种感觉相互之间联合而逐渐形成的。而梅洛-庞蒂之

---

① ［法］莫里斯·梅洛-庞蒂:《知觉现象学》,姜志辉译,商务印书馆2001年版,第131页。
② ［法］莫里斯·梅洛-庞蒂:《知觉现象学》,姜志辉译,商务印书馆2001年版,第134页。

所以引入这个新词,是为了表明时间和空间的统一性,即感觉间的统一性或身体的感知和运动的统一性,是为了表明这种统一性以某种方式先于内容和使内容的联合成为可能。他运用身体图式这个概念,也是在格式塔心理学意义上的一种完型,身体图式不再是体验过程中建立的联合的单纯结果,而是在感觉间的世界中对我的身体姿态的整体觉悟,因而完型是一种新的存在,我的身体整体先于部分,整体大于部分,身体图式根据它们对机体的主动谋划带着一种价值的偏好而把身体的各部分联合在一起,我的身体被它的任务所吸引,我的身体朝向它的任务存在,我的身体张弛有度,伸缩自如,只为了达到它的目的。"总之,'身体图式'是一种表示我的身体在世界上存在的方式。"①在某种意义上,身体图式和身体内涵都是含糊的、偶然的和不可理解的,身体图式具有一种我能的意义。"我们移动的不是我们的客观身体,而是我们的现象身体,这不是秘密,因为是我们的身体,已经作为世界某区域的能力,在走向需要触摸的物体和感知物体。"②

正常人生活在现实世界,他能随意地支配自己的身体,他可以扮演各种角色,在各种角色之中虚构自己,伪装自己,喜剧演员把自己的实在身体装扮成了各种可笑的样子,然而喜剧演员作为一个正常人并不把想象的情境当作真实的情境,他们懂得把他们的实在身体和生活情境相分离,能使身体在假设和想象的各种情境中或哭或笑,而这是病人所不能做到的事情。有些病人丧失了抽象思维和抽象运动的能力,有些病人则丧失了主动运动的能力,在被动运动的情况下,病人感觉到有运动,但不能说出哪里在做一种运动,也不能识别具体的运动方向,肢体不全的病人仍在幻想他的胳膊和腿完整时所能够具有的各种活动,他仍想保留在截肢之前所拥有的实践场,因而肢体不全也意味着他丧失了这方面的机能,但是病人仍然坚信他的完整性,疾病就像是人的童年和原始人的状态,疾病用来代替已损坏的正常功能的过程也是病理现象。梅

---

① [法]莫里斯·梅洛-庞蒂:《知觉现象学》,姜志辉译,商务印书馆2001年版,第138页。
② [法]莫里斯·梅洛-庞蒂:《知觉现象学》,姜志辉译,商务印书馆2001年版,第145页。

洛-庞蒂借用了戈尔德施泰因、盖尔布以及卡西尔等人的研究成果,他常常举病人施奈德作为例子,施奈德的运动障碍是与视觉功能的大量障碍一致的,而这些障碍又与作为病因的枕叶损伤联系密切,单靠视觉,施奈德已经认不出物体,"他的视觉材料是几乎无固定形状的点。他对不在眼前的物体,不能形成视觉表象。另一方面,我们知道,只要病人注视进行运动的肢体,其抽象运动就成为可能"①。视觉认识决定了人的随意运动机能,病人施奈德保存的具体运动和用以补偿其视觉材料贫乏的摹仿动作,表明了他的身体尚存着一些弱的运动觉和触觉的功能。病人的视觉能力的丧失,意味着病人的视觉材料中缺少一种特殊的结构,在病人的脑海中,没有像正方形、长方形这样稳定的形状,在他的眼里,只有一些点,他根据这些点只能得到非常一般的特征,因而,视觉功能的丧失不仅会影响到他的触觉判断,而且还会影响他的一般的运动的机能。

在此,梅洛-庞蒂批评了经验主义,经验主义的错误就在于它忽视了知觉主体是一个有意向的我能的身体,它在反思和认识之前已经先验地以身体图式向他人,向世界开放了,而且对于由此而构成的现象场有一种先验的领悟。而同时,他也批评了理智主义,因为理智主义的错误在于它无视概念、判断的存在论基础,实际上概念和判断都不是绝对抽象的,它们是作为知觉主体的己身图式化的结果。这是一种生活方式,即己身向世界开放,并占有和分享这个世界,己身并不是简单的客体,而是有所感觉和正在体验的身体,我的身体已经原初地与世界有着一种内在的和默许的交流与和谐。我看事物就是一种已经达到了事物的方式,这种看的活动与我思的活动一样是确定无疑的,看就是进入了一个自身显现的存在世界。因而,梅洛-庞蒂说:"在心理学领域,应该摒弃的不仅是经验主义,一般地说,也应该摒弃归纳法和因果思维。"②而"理

---

① [法]莫里斯·梅洛-庞蒂:《知觉现象学》,姜志辉译,商务印书馆 2001 年版,第 153—154 页。

② [法]莫里斯·梅洛-庞蒂:《知觉现象学》,姜志辉译,商务印书馆 2001 年版,第 167 页。

智主义看不到被感知物体的存在和共存方式,看不到贯穿视觉场、暗暗地将视觉场各个部分联系在一起的生活……我们因此被带出反省,我们在构造知觉,而不是在揭示知觉的固有功能,我们又一次弄错了使感性事物获得一种意义,一切逻辑中介和一切因果关系必须以此为前提的最初活动"①。梅洛-庞蒂的现象学将意识重返人们生存的体验,而对病人的研究正是对人的生存的研究的反例,当病人的身体或机体功能受损时,他的思维和意识能力也在减弱:"因此,对一个病例的研究能使我们发现一种新的分析方法——存在分析,它超越了经验主义和理智主义、解释和反省之间传统的两者择一……人们不能说因为人是灵魂所以人能看,也不能说因为人能看所以人是灵魂:在一个人看的意义上的看和是灵魂不是同义词。"②

因而,我们应该把人具有运动机能理解为人的最初的一种意向性,意识最初并不是我思,而是我能,视觉和运动是我们和世界上的各种物体建立联系的特殊方式,它表现出来唯一的功能,是不取消包含了各种基本内容的生存运动,这种生存运动并不在我思的支配之下,而是靠运动和视觉引向了一个关于世界的感觉间统一性,由此运动和视觉紧紧地联结在一起,运动本身就是身体,而不是运动的思维,身体空间并不占有物质空间,我们不处于一种空洞的并且与运动没有关系的空间里,而是在与运动有一种非常确定的关系的空间里做运动,而运动和背景只不过是人为地与一个唯一整体分离的诸因素。"意识是通过身体以物体方式的存在。当身体理解了运动,也就是当身体把运动并入它的'世界'时,运动才能被习得,运动身体,就是通过身体指向物体,就是让身体对不以表象施加在它上面的物体的作用作出反应。因此,运动

---

① [法]莫里斯·梅洛-庞蒂:《知觉现象学》,姜志辉译,商务印书馆 2001 年版,第 60—62 页。

② [法]莫里斯·梅洛-庞蒂:《知觉现象学》,姜志辉译,商务印书馆 2001 年版,第 181—182 页。

机能不是把身体送到我们最先回忆起的空间点的意识的女仆。"①我们的身体的运动的体验不是认识的一个特例,它向我们提供进入世界和进入物体的方式,一种应该被当作原始的、最初的情境,我的身体最初就占有它的世界,而不需要经过表象,不需要服从象征或具体化功能就可以包含它的世界。身体图式是一个能够运动和不断体验的开放的身体系统,运动机能是所有意义的意义在被表征空间的范围内产生的最初领域,任何的机械论的学说在面对身体这个系统时都会碰壁,我开车不用计算道路的宽度就能大致推测出我能不能通过,同样,我过房门时不用比较我的身体的宽度和房门的宽度就可以轻松地通过,因为习惯和过去的经验告诉了我们如何行动,如何做事。"习惯表达了我们扩大我们在世界上存在,或当我们占有新工具时改变生存的能力……在习惯的获得中,是身体在'理解'……理解,就是体验到我们指向的东西和呈现出的东西,意向和实现之间的一致,——身体则是我们在世界中的定位。"②因而,身体是我们拥有一个世界的一般方式,有时身体局限于保存生命所必需的行为,为我们规定了一个生物世界,有时身体利用这些最初的行为到达了行为的转义,为我们塑造了一个文化世界,通过身体行为来表示新的意义的核心,在这个意义核心中,我们学习认识我们通常将在知觉中重新发现的本质和存在的纽结,"所以,应该制作一件工具,在工具的周围投射一个文化世界"③。

　　人的身体本身就具有一种综合能力,身体的空间性是身体的存在的展开,身体是身体实现的方式。身体的统一性是一种功能的统一性,身体的各部分只有在它们的功能发挥中才能被认识,我并不是逐一地将我的身体的各个部分连结在一起。我的视觉体验和我的触觉体验的连结也不是逐渐通过积累来

---

　　① [法]莫里斯·梅洛-庞蒂:《知觉现象学》,姜志辉译,商务印书馆2001年版,第183—185页。

　　② [法]莫里斯·梅洛-庞蒂:《知觉现象学》,姜志辉译,商务印书馆2001年版,第190—191页。

　　③ [法]莫里斯·梅洛-庞蒂:《知觉现象学》,姜志辉译,商务印书馆2001年版,第194页。

实现的,我不用视觉语言来表达触觉材料,这种连结、这种表达在我身上是一次完成的,它们就是我的身体本身。我不是在我的身体的前面,我在我的身体中,我就是我的身体。不能将身体与自然物体作比较,但可以将身体同艺术作品作比较,在一幅画或一首乐曲中,观念是通过色彩和颜色、声音和节奏来传递的,一部小说,一首诗,一幅画,一支乐曲,都是个体,其意义只能通过一种直接联系才能理解,"我们的身体是活生生的意义的纽结"①,学会看颜色,就是学会获得某种视觉方式,学会获得一种身体本身的新用法,就是丰富和重组身体图式,因而,作为具有运动能力或知觉能力的体系的我们的身体,不是我思的对象,而是趋向平衡的主观意义的整体,新的意义不断地形成,新的视觉材料逐渐映入眼帘,以前的运动融合进了一种新的运动,我们突然一下子与一种更丰富的意义联系在一起。

身体是有性别的,是一个体验的领域,包含了我们的各种感情和欲望,只有通过身体结构,才能够解释快乐和痛苦,感情现象也是意识的最初领域,知觉已经呈现出某种风格。梅洛-庞蒂说,身体是性的,人天生就带有一种性的倾向,这是任何人都无法伪装、无法回避的。"一个路过的女人,对于我来说首先不是处于特定的空间地域中的一个身体轮廓,一个着色的自动木偶,一个场景,相反,这是'某种个性的、情感的、性的表达',这是一个肉体,她以其活力和其柔弱整个地呈现在她的步履中……"②性爱的知觉不是针对一个我思对象的我思活动,实际上是,性爱的知觉通过一个身体针对另一个身体,在世界中而不是在意识中形成,一个场面对我来说有一种性的意义,并不是因为我隐约地想起它与我的性器官或性快感的可能关系,而是因为这个场面为我的身体而存在,为始终能把呈现的刺激和性爱情境联系起来并且在性爱情境中调整性行为的能力而存在。梅洛-庞蒂运用了现代医学和生命科学的一些结论,现代病理学证明了,在自动性和表象之间,有一个生命区域,人的性可能

---

① [法]莫里斯·梅洛-庞蒂:《知觉现象学》,姜志辉译,商务印书馆2001年版,第200页。
② [法]莫里斯·梅洛-庞蒂:《世界的散文》,杨大春译,商务印书馆2003年版,第173页。

性、运动可能性、知觉可能性和智力可能性都在那里形成,存在一种内在于性生活、确保性生活展开的功能,性欲的正常延伸应该建立在有机主体的内部能力的基础之上。有一种不属于知性范畴的性爱理解力,知性是以一种观念的方式进行体验、感受和理解,而欲望则把一个身体和另一个身体联系起来时进行盲目的理解,性欲是一种身体功能,但人的身体功能出现障碍或不全时,人的性欲也随之减弱。"当我们把所有这些过程建立在'意向弧'——病人的意向弧已经弯曲,而正常人的意向弧则把生命力和生殖力给予体验——上时,我们重新发现了作为一种原始意向性的性生活,以及知觉、运动机能和表象的生命根源。"①

因而,精神分析的研究实际上不是用性的底层结构来解释人,而是在性欲中重新发现以前被认为是意识的关系和态度的那些关系和态度。精神分析的意义不在于把人的心理学变成一种生物学,而是在于在被认为是纯粹身体的功能中发现一种辩证的运动,把性欲纳入人的存在。弗洛伊德认为,人的任何行为都具有一种意义,我们应该力图理解各种事件,而不是将事件和机械条件联系在一起,性器官不仅仅是一种生殖器官,性生活并不是生殖器官作为其场所的过程的单纯结果,性本能也不是一种本能,即并非先天地朝向确定目的的活动,而是心理生理主体置身于各种环境、通过各种体验确定自己和获得行为结构的一般能力。一个人的性经历之所以是他的生活的关键,是因为他把在世界,即在时间方面和在其他人方面的存在方式投射在人的性欲中,因而,性现象只是我们投射我们的环境的一般方式的一种表达。生活是一种最初的活动,通过它才可能经历这个或那个世界,我们在感知和进入人与自然、人与人、人与社会的各种关系的生活之前,首先需要满足吃喝住穿等一些基本的生理需求,我们在大街上行走,我们呼吸新鲜的空气,我们通过视觉关注颜色和光线,通过听觉关注声音,通过性欲关注他人的身体。"重返生存,重返身体和

---

① ［法］莫里斯·梅洛-庞蒂:《知觉现象学》,姜志辉译,商务印书馆 2001 年版,第 208 页。

灵魂的联系得以被理解的环境,并不意味着重返意识和灵魂,存在的精神分析不应该作为唯灵论复活的借口。"①身体把观念转变为物体,身体之所以能象征生存,是因为身体实现了生存,是因为身体是生存的现实性,人的身体是我的生存摆脱生存本身,摆脱成为来源不明和被动地陷入一种繁琐哲学的可能性。正是因为我们始终处于清醒和健康的状态,因而我们才是自由的,我们的自由依靠我们在情境中的存在,自由本身也是一种情境,睡眠、清醒、疾病、健康不是意识或意志的样式,它们必须以存在的步伐为前提。"正是因为我的身体能拒绝让世界进入,所以我的身体也能使我向世界开放,使我置身于情境。向着他人、向着未来、向着世界的生存运动能重新开始,就像一条河流能解冻。"②

因为身体的生存带着人的各种感觉器官,所以身体的生存不是基于生存本身,它始终受到一种活跃的虚无的影响,它不断地向我提出生活建议,这种建议可能得不到答复。梅洛-庞蒂说,通过我,但没有我的共谋而涌现的身体生存只不过是一种在世界上真正呈现的开始,身体生存至少建立了在世界上真正呈现的可能性。如果说身体每时每刻都表示生存,我们是在话语表达思想的意义上说这番话的,身体就是以这种方式表达整个生存,这不是因为身体是生存的外部伴随物,而是因为生存是在身体中实现的。因而,身体和生存都不能被当作人的存在的原本,因为身体和生存都必须以另一方为前提,因为身体是固定的或概括的生存,而生存则是一种持续的具体化。同样,不能把生存还原为身体或性欲的理由,也不能把性欲还原为生存的理由,这是因为生存是范畴之间联系模棱两可的环境,是范畴的界限变得模糊的点,或是范畴的共同结构。人们想占有的并非一个僵死的身体,而是一个由意识赋予活力的身体,在思想上,身体作为一个物体不是模棱两可的,只是在我们对身体的体验中,特别是在性体验中,并且通过性欲的事实,身体才是模棱两可的。梅洛-庞蒂

---

① [法]莫里斯·梅洛-庞蒂:《知觉现象学》,姜志辉译,商务印书馆 2001 年版,第 211 页。
② [法]莫里斯·梅洛-庞蒂:《知觉现象学》,姜志辉译,商务印书馆 2001 年版,第 217 页。

说:"把性欲当作一种辩证法看待,就是意味着不把性欲归结为一种认识过程,也不把一个人的经历归结为他的意识的经历。辩证法不是矛盾的和不可分离的思想之间的一种关系:它是一种生存走向另一种生存的紧张,后一种生存否定前一种生存,但如果没有前一种生存,后一种生存便不能维持下去。"①

性欲从它的比较专门的身体部位,向四周散发一种气味,一种声音,因而,这是一个不管你怎样隐藏和怎样伪装都不能掩盖的事实。人们在大部分情况下常常是欺骗自己,自从有人类以来,性欲就伴随着人类,性欲是我们的生活常新不变的永恒主题,这也是艺术和文学作品都争相愿意描述的题材。由于性欲不是明确的意识活动的对象,所以性欲在我的体验中享有优先权,性欲会给我们带来快感、幸福感和满足感,以这种方式被看待的性欲,即被当作模棱两可的气氛的性欲,是与人的生命、人的生存活动同外延的。"模棱两可是人的生存所固有的,我们所体验的或思考的一切东西总是有多种意义。"②人的生存是一种性的情境的重新开始和解释,因而生存包含着多种意义,在性欲和生存之间,有一种相互影响,如果生存在性欲中扩散,那么反过来性欲也在生存中扩散,因而确定一个决定或一个行为是性的还是无性的是不可能的。因而在人的生存中,有一个不确定性原理,这种不确定性不仅仅是为我们的,它不是来自我们的认识的某种缺陷,人的生存从自在的意义上就是不确定的,通过人的生存活动,让没有意义的东西获得一种意义,生存是一种实际处境的重新开始,因而人们不能抽象地看待人的手、人的脚、人的眼睛和人的性器官,它们不是物体,不是独立的部分,也不是一个抽象的概念,它们是人的身体,人的生存不可分割的组成部分,它们执行着一个生命的职能,它们具有让我们的生存更加丰富也更加鲜活的功能,因为在人身上的所有功能,从性欲到运动机能和智力,是完全相互关联的。我们在一种实际处境的基础上成为我们之所是,我们把实际处境变成我们自己的处境,并通过不是作为无条件的自由的一种

---

① ［法］莫里斯·梅洛-庞蒂:《知觉现象学》,姜志辉译,商务印书馆2001年版,第221页。
② ［法］莫里斯·梅洛-庞蒂:《知觉现象学》,姜志辉译,商务印书馆2001年版,第222页。

逃避来改造它,因而性欲已经是我们的整个存在,正是因为我们把性欲置于我们整个的个人生活其中,所以性欲是激动人心的、令人向往的,因为我们的身体是自然的我,是原始的我,是毫不伪装的真实的我,"没有性欲的超越,就像没有自我封闭的性欲"①。

梅洛-庞蒂说,身体还是作为表达和言语的身体。可以说,思想是瞬间形成的,就像闪光一样,但随后有待于我们把它占为己有,思维经过表达后成了我们的思想,物体的命名活动并不是在认识之后,而是认识本身。词语并不是物体和意义的单纯符号,词语寓于物体中和传递意义,说话的人的言语并不表达一种既成的思想,而是实现这种思想。"表达的意愿本身是暧昧不明的,并且包含着一种极力修正它的酵素:例如像房德利耶斯(J.Vendryes)说的,每一语言,在每一时刻都服从于表现性和均衡性这两种成对出现却相互矛盾的要求。"②词语和句子的组合不是从外面带来的东西,词语和句子的组合与说话的人和听话的人自发实现的相互沟通和交往的能力相一致。说话者在说话之前并不进行思维,他的言语就是他的思想。一个演说家的讲演是即席的,词语占据了我们的整个心灵,完全满足了我们的期待,我们体验到了演说的成功和喜欢,但是我们不能预料演说,我们不知道在下一秒演说家将会发出怎样精彩的声音,我们受演说的支配,演说或本文的结束将是一种魅力的结束。演说就像一个本文,意义到处呈现,如果说话人没有想到他所说的东西的意义,那么他就不可能回想起他使用的词语,词语在我们的后面,就像物体在我们的背后,就像城市的边界在我的房子的周围,我考虑它们,信任它们,但不表象它们。关于词语,和我们的身体一样,我不需要回想外部空间和自己的身体,就可以让我的身体在外部世界运动,同样,我不需要回想词语,就能认出它、读出它和使用它。我回想词语,就像我的手伸向被触摸的我的身体部位,词语在我的语言世界的某处,词语是我的配备的一部分,我只有一种回想词语的方式,

① [法]莫里斯·梅洛-庞蒂:《知觉现象学》,姜志辉译,商务印书馆2001年版,第225页。
② [法]莫里斯·梅洛-庞蒂:《世界的散文》,杨大春译,商务印书馆2003年版,第37页。

那就是把它读出来,就像艺术家只有一种回想他的作品的方式,那就是竭尽全力地创造出好的艺术品。当我们进入文化世界,我们感到我们的世界更加广阔了,通过语言和符号而进入了一个未知世界。身体在记忆中的功能就是我们在运动的启动中发现的同一种功能,身体把某种运动转变为声音,把一个词语的发音方式展开在有声现象中,把身体摆出的姿态展开在整个意义世界中,把一种运动的意向投射在实际的动作中,因为身体是一种自然表达的能力。

因而我们应该深刻地思考言语和思想之间的关系,如果把言语当作一种符号,或一种思想的外壳或外衣,把言语理解为预示着另一种现象的现象,就像烟象征着火,那么言语就是思想的另类。而只有当言语和思想在主题方面是相互给予的、相互促进的和相互配合的,才能更好地理解二者的关系,而实际上,言语和思想,一个包含在另一个之中,意义包含在言语中,言语是意义的外部存在。因而言语并不是思想的外衣或外壳,而是思想的象征或躯体,只有当言语通过词语的美妙连续扩展为一篇可理解的本文,只有当言语拥有言语固有的一种意义能力,言语才能真正成为思想的堡垒。在这里,我们发现了言语概念的存在的意义,这种存在意义不仅由言语表达,而且也寓于言语中,与言语不可分离,表达的益处并不是要将可能消失的思想重新存放在一部著作中,作家很可能一生都不再重读他曾经辛勤创作的作品,而当我们第一次阅读名著时,名著就把一个鲜活的世界存放在我们心中。"成功的表达活动不仅为读者和作者提供一种记忆的辅助物,而且还使意义作为一个物体在作品的中心存在,使意义在词语的结构中永存,使意义作为一种新的感官置于作家和读者中,并向我们的体验开辟一个新的场或一个新的领域。"①因而,思想并不是内部的东西,思想并不在世界和词语之外存在,言语也不是外部的东西,言语本身就是思想的形成过程。实际上,人的内部生活是一种内部语言,纯粹的思想可以说是意识的某种空虚,一种瞬间的愿望。"可支配的意义根据一种

---

① 　[法]莫里斯·梅洛-庞蒂:《知觉现象学》,姜志辉译,商务印书馆2001年版,第239页。

未知的规律突然交织在一起,一种新的文化存在从此开始存在。因此,当我们的文化知识被用来为这种未知规律服务时,就像我们的身体突然顺从在获得的习惯中的一个新动作,思想和表达就同时形成。言语是一种真正的动作,它含有自己的意义,就像动作含有自己的意义。这就是使沟通成为可能的原因。"①

我首先并不是与一种表象,或者是一种思想建立联系,而首先是与会说话的主体,与某种存在方式,与会说话的主体指向的世界建立联系。我们生活在一个言语已经建立的文化世界之中,无论是精彩的告白,还是那些平庸的言语,我们在自己的心中都拥有了已经形成的意义。我们不会对语言和主体间的世界感到惊奇,我们不再把语言和主体间的世界与世界本身区分开来。我们就是在一个被谈论的和会说话的世界里进行反省。言语是一种动作,梅洛-庞蒂运用了现代心理学的研究成果,证明了旁观者不在自己心中和自己的内心体验中寻找他目睹的动作的意义,为了理解一个愤怒的动作或一个威胁的动作,我不需要回想起当初我做出同样动作时的心情是怎样的,我也不需要通过联想和类比推理从外部的动作转到内部的一个心理事实当中,实际情况是,我在动作中看出愤怒,动作并没有使我们想到愤怒,动作就是愤怒本身。梅洛-庞蒂说,动作的意义不是呈现出来的,而是被理解的。"动作的沟通或理解是通过我的意向和他人的动作、我的动作和在他人行为中显现的意向的相互关系实现的。所发生的一切像是他人的意向寓于我的身体中,或我的意向寓于他人的身体中。"②动作就像一个问题呈现在我面前,当我的行为在这条道路上发现了自己的道路时,沟通就实现了。因而,通过知觉体验的物体的统一性只不过是在探索运动过程中身体本身的统一性的另一个方面,物体的统一性并不是建立在某个规律的认识的基础之上,而是建立在对身体呈现的体验的基础之上,我是将我的身体置于物体之中,世界中的各种各样的物体与

---

① [法]莫里斯·梅洛-庞蒂:《知觉现象学》,姜志辉译,商务印书馆2001年版,第239页。
② [法]莫里斯·梅洛-庞蒂:《知觉现象学》,姜志辉译,商务印书馆2001年版,第241页。

作为具体化主体的我共存。因而,在物体中的这种生活与对科学对象的认识和研究毫无共同之处,是沟通产生了共同意义,而不是沟通建立在其体验的共同意义的基础之上,人的身体行为和语言动作都是原初的不可还原的,它们以一种先于意义的方式和先于理智加工的方式与各种场面、情境和视域联系在一起。

我正是通过我的身体来理解他人,就像我通过我的身体来感知物体一样,以一种方式理解的动作的意义不是在动作的后面,而是它与动作描述的和我接受的世界结构融合在一起。意义是在人的各种动作中展开的,语言动作和所有其他动作一样,自己勾画出自己的意义,人的动作指明了人和感性世界之间的某种关系,言语本身就与一个主体间性的共同世界紧密相连,就像动作和感性世界有关联一样,以前的表达行为,在会说话的主体中间建立了一个共同世界,言语的意义不可能是别的,而只能是我们用言语来支配这个语言世界的特殊方式,我在一个非常短的时间内就可以一下子领会到言语的意义,言语和言语的意义有共同的东西,这就像动作和动作的意义有共同的东西,情绪和情绪的表达有共同的东西一样,微笑,轻松的动作,舒展的面容,这些都包含了快乐的意义,它们是在世界中存在的方式。语言是一种约定俗成的东西,但是约定必须是以先决的沟通作为前提,因而应该把语言放回到这种沟通过程中,而语言的结构、语法和词语,并不表示同一种思想的各种随意约定,而是表示某个共同体歌颂世界的特殊方式,梅洛-庞蒂说,这是体验世界的各种方式。

因而,每一种语言都是一种生活方式,两种语言不可能存在着一一对应的关系,将一种语言翻译成另一种语言的过程不可避免地要增加或取消一些内容,一种语言的完整意义也不可能用另一种语言来表达,我们很可能会讲好几种语言,但只有一种语言是我们在日常生活中使用的语言。而为了更深刻地把握一种语言,就必须认真体会和感受该语言表达世界的方式,只有接受了这种生活方式和价值观,我们才会对这一种语言心领神会,我们不可能永远游荡在异国他乡,我们也不可能同时拥有两个世界。一种语言作为一种特殊的约定的规则系统,它表达的是该民族和社会群体对自然、世界和自身的看法,它包含了一整套的价值和文化,一种语言的背后是整个历史,因而我们要想深入地理解一种语言,就必须走向它的历史,走向它的过去,在它的历史经验中寻找意义的起源。如果进一步地研究语言,我们就会发现,语言的明晰性建立在黑暗的背景上,语言有时是隐晦不明的,有时是模棱两可的,语言没有说出除自身以外的任何东西,语言的意义和语言是不可分离的。科学的语言是抽象的,它们已经斩断了与原始生活世界的脐带,语言最初是作为一种表达情感和沟通的需要而产生的,因而语言仍然与人的情感、与人的情绪保持着一种亲密的原始关联,人最早就是通过情绪动作而把符合人的世界重现在自然的世界中。然而,世界各地的人对情感的表达非常不同,东方人含蓄,西方人直接,语言和动作表达的意义的差异也非常之大,表达动作的不同包含了情绪本身的不同,对于身体结构来说,不仅动作是偶然的,而且接受情境和体验情境的方式也是偶然的:"两个有意识的主体有同样的器官和同样的神经系统,但不足以保证同样的情绪能在他们身上以同样的方式表现出来。重要的是他们运用其身体的方式,重要的是他们的身体和他们的世界在情绪中同时成形。"[1]

梅洛-庞蒂认为,一个人对自己身体的运用超越了作为单纯生物存在的这个身体。情感、情感行为和词语一样,也是创造出来的,即便是人类团体中的天然的固有情感,如父子关系,实际上也是由制度决定的,把人们称之为自然的最基本的行为和创造出来的文化或精神世界重叠在一起是不可能的。"对人来说,一切都是创造出来的,一切都是自然的,正如人们在这个意义上不是要表明一个词语和一个行为把某东西归于单纯的生物存在——并通过能用来定义人的一种逃避和一种模棱两可的特性,脱离动物生活的单纯性,使生命行为离开其意义。"[2]人的行为具有一种意义结构,它们创造了内在于行为的意义,这些行为能够自我理解和自我传授,这些行为方式通过言语能够沉淀

---

① [法]莫里斯·梅洛-庞蒂:《知觉现象学》,姜志辉译,商务印书馆 2001 年版,第 246 页。
② [法]莫里斯·梅洛-庞蒂:《知觉现象学》,姜志辉译,商务印书馆 2001 年版,第 246 页。

下来,构成一种主体间获得的知识。身体的姿态、动作已经展现出了一种意义,语言活动是人的身体动作的拓展和延伸,人的语言的能力与人的身体运动的能力、看的能力一样都属于我能的范围,都向我们开启了一个新的世界:"语言似乎从来都不说任何东西,它发现一系列的姿势,这些姿势在语词之间表呈了一些如此明晰的差异,以至于语言行为在其重复自己、印证自己和证实自己的范围内以不容置疑的方式为我们提供了一个意义世界的状况和轮廓。"①

　　当具体考察语言时,有限数目的符号、措词和语词能够产生无限多的搭配组合,能够产生无限多的感动和吃惊,这难道不是一个奇迹吗? 语言将我们引向语言之外的意义世界,这难道不也是个奇迹中的奇迹吗? 在言语的使用过程中,存在着以前经验的重复,存在着对语言实现的呼唤,存在着推定的永恒性,语言借助于字里行间和字词本身进行表达,借助于它所说出来的和未说出来的进行表达,语言让人遐想,让人期待。言语在某种意义上修正和克服了感性确定性,但在某种意义上又保留和延续了这种确定性,它永远不会完全穿透私人主体性的永恒沉默,这种沉默在言语下面延续着,它不停地掩盖言语,当语言表达不清楚的时候,或者所说语言与我们的本地语言不同的时候,我们就会在沉默面前感到惊愕。范畴活动在成为一种思维和一种认识之前,首先是与世界建立联系的某种方式,它相当于体验的一种方式,范畴是一些关于世界的分类、命名、定义、属性、关系等一些抽象的内容。而失语症、遗忘症,和其他一些具有思维障碍的精神病人,他们运用范畴的能力在减弱,他们不能进行这些复杂的语言活动,他们与世界的关系只是一种直接的体验关系,这些病人的世界开始变小,他们的生活仅仅局限在更狭窄的范围之内,他们在更小的圆周之内运动,一些更广泛、更深远的意义单元无法在他们被感知的世界中形成,而同时,他们的思维不再有一个共同的方向,不再有一个关注的焦点,他们比

① 　[法]莫里斯·梅洛-庞蒂:《世界的散文》,杨大春译,商务印书馆2003年版,第34页。

正常人的思维更加发散。如果我们进一步探索意义源头，就会发现，这些精神或思维障碍与其说与判断有关，还不如说是与形成判断的体验有关，与其说与自发性有关，还不如说是与这种自发性对感性世界的把握和与我们把任何一种意向放入感性世界中的能力有关。因而范畴活动是在某种态度中形成的，言语也建立在这种态度之上，问题并不在于将语言建立在纯粹的思维之上，而同时，思维也不是语言的一个结果，它们两者的任何一个都不可能是原因或结果。词语和它的活生生的意义的关系不是一种外部联合关系，意义寓于词语中，语言并非伴随着人的智力活动的外部附属物，人们最终不得不承认言语的动作或存在的意义，语言是一个独立的世界，但这个世界并不是自我封闭的和自我意识的思维。实际上，语言和思想是同一个东西，语言表达思想，表达主体在意义世界中采取的立场，语言就是这种立场本身。语言有着一种独特的涵义，我们越是完全信任于它，它越是明显，我们越是较少思考它，它越是较少歧义，语言的涵义抵制任何直接的把握，但听从于语言的符咒。"语言的含义就是'一些微光，它们对于看到它们的人是可感觉的，对于注视它们的人则是隐藏着的'。"①

我们用语言说话，就像我们用身体行走，用眼睛观察世界一样，言语动作在这个世界中展开和展现其意义，如果言语是真正的言语，那么言语将产生一种新的意义，就像如果一个动作是一种首创的动作，那么动作将第一次把一种人的意义给予物体，因此，应该把这种开放和不确定的理解和传递意义的能力当作一个基础，当作最后的事实，人们就是依靠它并通过身体和言语向新的行为、向他人、向他自己的思想超越。因而关于言语，我们既不能说它是一种智力活动，也不能说它是一种运动现象，言语就是一种能力，一种运动机能，语言就是智力本身，人的言语活动和语言能力是身体固有的，说话的意向处于开放的体验之中，说话的意向像液体的沸腾从存在的深处涌现，不断地向外面漂

---

① ［法］莫里斯·梅洛-庞蒂：《世界的散文》，杨大春译，商务印书馆2003年版，第132页。

移。因而语言就不再是一种工具、一种手段,而是作为人的一种内在的存在,是把我们和世界、我们与他人连接在一起的精神联系的一种表现、一种体现,而一些病人就缺少了语言这种构成人的最深刻本质的创造能力。语言、知觉、运动内容所具有的形式以及激活这些内容的象征功能都是一个健康的身体不可分割的组成部分,而病人施奈德正是因为他的身体的整体能力受损,导致了他的运动机能、知觉和思维都受到了影响,他的障碍导致了他在思维方面损害了把握同时发生的事件整体的能力,而在运动机能方面则损害了全面把握运动和把运动投射到外面的能力。因而,视觉障碍不是其他障碍的原因,更不是其他障碍的单纯结果,当把握心理空间和实际空间的能力受损或遭到破坏时,词语的能力也相应表明了一种障碍。"象征功能像建立在地基上那样,建立在视觉上,这不是因为视觉是象征功能的原因,而是因为视觉就是灵魂在绝望时应该利用的、应该予以一种全新的意义,灵魂不仅仅需要它来体现自己而且也要靠它才能存在这种天赋。形式与内容融为一体,以至于内容最终表现为形式本身的一种单纯方式,思维的历史准备表现为在大自然中伪装的理性的诡诈……"①因而,言语是我们的生存超过了自然存在的部分,人的表达活动构成了一个语言世界和文化世界,它能使在远方的东西重新回到存在,正是通过这种可理解、可表达和可以传递的言语活动,作家、艺术家和哲学家的创作成为可能。当我们读一本非常难懂的哲学文章时,这篇文章的每一个词在我们身上唤起了本来就属于我们的思想,这些意义有时在重新组织它们的一种新思想中连结在一起,我们被引入了文本的深处,我们重新回到了源头,我们回到了我们身体的原始经验。

因而,关于言语和表达能力的分析比关于身体的空间和统一性的分析更好地让我们认识到了我们身体的神秘本质。"身体不是自在的微粒的集合,也不是一次确定下来的过程的交织——身体不是它之所处——因为我们看到

① [法]莫里斯·梅洛-庞蒂:《知觉现象学》,姜志辉译,商务印书馆2001年版,第170页。

身体分泌出一种不知来自何处的意义,因为我们看到身体把该意义投射到它周围的物质环境和传递给其他具体化的主体。"①是身体在表现,是身体在说话,这就是梅洛-庞蒂的基本观点,内在于有生命的身体的一种意义的显现贯穿整个感性世界,我们的目光因为时时都受到身体本身的体验的影响,将在所有其他物体中重新发现表达的奇迹。存在一词有两种意义,一种是指作为物体存在,另一种是指作为意识存在,然而相反,人的身体的体验向我们展现了一种模棱两可的存在方式。"如果我试图把身体设想为第三人称的一系列过程——'视觉','运动机能','性欲'——那么我发现这些'功能'不能通过因果关系相互联系在一起,或者和外部世界联系在一起,它们都隐隐约约地重新处在和包含在一个唯一生活事件中。因此,身体不是一个物体。出于同样的原因,我对身体的意识也不是一种思想,也就是说,我不能分解和重组身体,以便对身体形成一个清晰的观念。身体的统一性始终是不明确的和含糊的。身体始终在别于它之所是,始终既是性欲,也是自由,在被文化改变之时扎根于自然,从不自我封闭和被超越。"②因而不管是他人的身体,还是我的身体;除了体验它,感受它,将生活事件与身体融合在一起,我没有别的途径认识人的身体,我就是我的身体。

可以说,人是人世间最伟大的奇迹:"'人'这个词不应该向我们隐瞒它的奇特性。"我们能运动,我们能注视,这些最简单最基本的行动已经包含了表达活动的秘密,我运动着我的身体,我被目标所吸引。"在我看来,一切都发生在知觉和动作的人的世界中,但我的'地理'或'物质'身体服从这个小事件的要求,这个小事件不断地在这个身体中唤起许多自然奇迹。"③不是我的精神代替身体和预见我们将看到的东西,是我的目光本身,是我的目光的协同作

---

① [法]莫里斯·梅洛-庞蒂:《知觉现象学》,姜志辉译,商务印书馆 2001 年版,第 255—256 页。
② [法]莫里斯·梅洛-庞蒂:《知觉现象学》,姜志辉译,商务印书馆 2001 年版,第 257 页。
③ [法]莫里斯·梅洛-庞蒂:《符号》,姜志辉译,商务印书馆 2003 年版,第 80 页。

用,我的目光的扫视,我的目光的探索在调整正在逼近的物体的焦距。因而,应该用手、用眼睛、用身体去体验和检查这个世界,在我的各种动作中,身体不仅超越了距离,超越了带有某个图式的世界,"与其说身体被世界拥有,还不如说身体远距离拥有世界"①。因而,任何一种知觉,任何一种以知觉为前提的行为,总之,任何一种人对身体的运用都已经是一种最初的表达,并不是用已知符号的意义及其使用规则来代替已知符号的这种派生作用,而是首先用符号构成符号,通过符号的排列组合的表达力使被表达的内容寓于符号中。

世界各地的民族都有自己的宗教、艺术、语言和文化,每一个民族都有自己的绘画、乐器和歌舞,梅洛-庞蒂说,各地的艺术风格呈现出不同的样式,而真正的问题在于理解为什么相去甚远的文化走着同一条道路,在提出同样的任务的过程中,它们发现了同样的表达方式。"为什么一种文化的产物有一种为其他文化的意义,尽管这不是它的最初意义,为什么我们需要把偶像变成艺术,为什么有一幅绘画和一个绘画的世界。"②我们可以把文化或意义范畴看成一种发生的最初范畴,如果人类活动的特点是在他的实际单纯存在之外进行表达和提出一种意义,那么任何一个活动与其他活动都是类似的,它们都具有一种句法,都具有一个开始和结束,都预示一种结束和重新开始,活动已经是所有其他表达尝试的同盟者和同谋者。只要外部环境稍微适合文化创造,就留下了神话和宗教题材的艺术作品,历史上留传下来的绘画作品能够在它的继承者那里唤起一种激情,作品对有意识意向的这种超越使作品置于多重关系之中,后人可以不断地对作品进行解释和再解释。生活在城市中的现代人缺乏运动,人的身体可能会变得脆弱和易受伤害,但身体仍然可暂时克服其离散性,把它的印迹留在它所做的事情上的活动之中,在各种文化遗产中都包含了人的身体的踪迹,文化成果把这些整合在一起,人们能够以同样的方式在空间和时间之外谈论人的风格的统一性,而风格能把所有画家的活动汇集

① [法]莫里斯·梅洛-庞蒂:《符号》,姜志辉译,商务印书馆2003年版,第81页。
② [法]莫里斯·梅洛-庞蒂:《符号》,姜志辉译,商务印书馆2003年版,第82页。

在一种唯一的尝试中,把所有的画家的作品汇集在一种唯一的不断累积的历史中,一种唯一的艺术中。

因而,文化的统一性把同一种包容关系延伸到个人生活的界限之外,当意识被禁锢在身体中的时候,当人们不知道会遇到什么但未来必定会遇到某些新的存在时,这种包容关系在其形成和产生时就事先把个人生活的所有因素汇集在一起了。而分析式的思维破坏了从一个时刻到另一个时刻,从一个地点到另一个地点,从一个视觉角度到另一个视角角度的知觉转换,分析式的思维也破坏了文化的统一性,它试图从外面重建文化的统一性。梅洛-庞蒂说,为什么作品有相同之处,为什么个体能相互理解,这是因为我们的身体体验和完成动作,因为我们的身体是最后的事实,作为人类,我们直立行走,用语言进行交往和沟通,并建立了艺术、宗教和科学等更加高级的文化形式。我们的身体本身就是一个知觉场,从一幅作品走向另一幅作品的绘画史是靠我们的共同努力来完成的,而我们的努力是表达的努力,因而意义的范畴不是永远不变的,艺术的准永恒就是具体化存在的准永恒。我们在我们身体和我们感官活动中找到了得以理解我们的文化活动,正是我们的身体把我们置于世界,正如我们的身体对任何可能物体的把握建立了一种唯一的空间,以这种方式被理解的历史正是哲学家反思的中心,它是一种作为疑问和惊奇的处境。"不管是崇敬历史,还是憎恨历史,人们今天仍把历史和历史的辩证法设想为一种外部力量。在历史和我们之间,应该作出选择,选择历史就是意味着全身心地期待我们甚至不是其原型的未来之人的到来,意味着为了这个未来放弃对手段的任何判断,为了功利放弃对价值的任何判断和放弃'自己对自己的赞同'。"①

梅洛-庞蒂说,人的行为的意义是不会衰竭的,行为能成为典范,并且在其他情境中以另一种形式继续存在,行为开辟了一个新的领域,有时甚至构成

① [法]莫里斯·梅洛-庞蒂:《符号》,姜志辉译,商务印书馆2003年版,第85页。

了一个世界,在任何时候,行为都指向未来。梅洛-庞蒂对黑格尔的思想进行解读,他认为黑格尔的历史是一个将来在现在中的这种成熟,而不是现在对一个未知将来作出的牺牲,黑格尔的行为准则不是对任何价值都有效,但首先是有生命力的。正如只有当我们为了运用我们的身体而不再分析它时,我们的身体才能在物体中间指引我们,同样,只有当我们为了追踪语言而不再每时每刻要求其证明时,只有当我们使词语和书里的表达方式有某种特殊排列的意义光环时,整个艺术作品才具有生命力和价值。关于对精神而言的身体,身体不是第一位的,也不是第二位的。没有人能把身体当作一种单纯的工具和手段,没有人能肯定人们会根据道德原则爱一个人,爱一个人首先是爱一个人的身体,身体不是目的,不是手段,身体始终介入超越它的事物之中,我们有时感到身体是我们自己,身体是有生命的,身体承担着一个不完全是它自己的生命,萨特说,人的身体是偶然的和为他的,梅洛-庞蒂说:"身体是幸运的和自发的,我们和身体在一起。"①

　　因而我们说,人的身体具有双重功能,通过感知世界,他在自然方面塑造自己,而通过各种动作、声音和语言,他进入了表达世界。人的身体本身是一个自然,但是它带有各种象征意义,并以特别的方式参与到文化世界的形成和变迁之中。因此,人正是通过他的身体才构造了一个文化世界。梅洛-庞蒂在后期的《世界的散文》中认为,自然世界只是缄默的意义和野性的逻各斯,它在象征符号的世界中被理解和一再把握,哲学必须反思这一逻各斯,它分配给我们的任务是把一个仍然缄默的世界带入到话语表达中,知觉已经是一种表达,但这是一种模糊含蓄的表达,是一种缄默的表达,因而,文化世界才是意义降临的原初层面。真正的问题不是去理解一些作品为什么彼此相似,而是如此不同的文化为什么参与到同样的寻求中并为自己提出了同样的任务(在寻求的途中,它们有机会遭遇到同样的表达模式)。但是,只有当我们开始于

---

　　①　[法]莫里斯·梅洛-庞蒂:《符号》,姜志辉译,商务印书馆2003年版,第102页。

将我们自己置身在地理的或物理的世界中,并且把那些作品作为同样多的独立事件置于其中时,这才构成为问题(相似或者单纯的联姻在这里是不可能的,而且要求一种说明原则)。我们相反地打算把文化秩序或者意义秩序作为降临的一种原初秩序加以认识。因而自然世界和文化世界二者在作为言语的原始表达领域中是相互重叠、相互交错、相互开放的,而从自然世界向文化世界的过渡就是言语的自身在场。语言的结构并不从属于意识构成,相反,它是把缄默的表达带入明确的表达的一种生存活动,它被一个赋义的意向重新把握,但是这一意向是被过去与未来的生存事实承载的,因而,必须认识到过去与未来和现实是相交叠、相交叉的,每一个当下都是活的当下,它承载着过去,激活着过去,并创造性地向未来开放,不断超越自身,走向未来。因而,历史的意义从来都不可能是确定的、不变的、已终结的,而是无止境地激发着其他表达和文化的召唤。

五、总体评价

梅洛-庞蒂因为对人的身体性存在的原始体验的彻底性描述从而对胡塞尔之后的现象学作出了最具独创性和持久性的贡献。他批评了唯理主义、唯智主义和唯心主义,而同时,他也批判了行为主义、经验主义和实证主义,纠正了那些被歪曲的存在经验,提出了一种关于我们在世界中的身体性具有神秘的、悖谬的、暧昧的、含混的和模糊的性质的复杂观点。他试图通过胡塞尔现象学的方法来发现理性的根源,他认为哲学的功能在于唤醒对原初行为的理解,按此行为人类在世界上获得认知,真正的哲学就是重新学会看世界。他把胡塞尔严格精密、晦涩难懂的现象学哲学研究转变成了饱含人的体验和激情的带着艺术色彩和诗意特征的关于人类现实经验的活生生的论述,他强调人的前反思的原始经验,强调人的身体的基础地位,在承认我们的历史情境和有限境遇的制约因素的同时,将我们引入了更深层次的语言、艺术、科学等文化的更高层面的研究。他反对近代科学和心理学的客观主义倾向,因为客观思想忽略了复杂的含糊的环境,正是在这种环境下,人的意义得以表达,因而哲学必须通过唤醒我们与世界的直接接触来抵制客观思想,通过我们的知觉,我们一下子就经验到了世界是实在的,而用不着哲学反思的推理和证明。他强调自我和世界的不可分离性,自我与他人的共在性,实在世界是一紧密织体,我必须理解这个包含了我自己和他人的整个世界织体,我进入世界是通过具有我能性质的运动禀赋和知觉行为的身体完成的,我们的身体和世界的关系是一种体验性的相互交织,世界和我们的身体具有相同的性质,因为我们是肉身,因而世界也是一团肉。

　　梅洛-庞蒂的哲学观是一种自然主义的,但是他的自然主义又是一种辩证自然主义,因为他把人与世界的关系看作由于一种预先确立的和谐而相互之间非常紧密地缠绕在一起,世界的颜色相对于我们的视觉系统而呈现出来,世界的空间性质则通过我们的身体姿态和跨越距离的愿望而显示出来,正是因为世界与身体的这种相互缠绕和复杂织体关系,笛卡尔主义已经寿终正寝了:"我们因笛卡尔主义的传统而习惯于依赖客体:反省的态度把身体定义为无内部的部分之和,把灵魂定义为无间距地向本身呈现的一个存在……但如果我们和身体的结合是实在的,我们如何能在我们自己身上体验到一个纯粹的灵魂,并由此通向一个绝对的精神? 在提出这个问题之前,让我们仔细地考察一下包含在重新发现的身体本身中的一切东西。"[1]20 世纪哲学正式宣判了笛卡尔主义的死刑,梅洛-庞蒂认为,人的身体介入世界的方式并非清晰的,而是含混的、暧昧的、模棱两可的,因而哲学必须通过对此暧昧性和复杂交织性本身进行彻底思考,并对此情境予以回应。

　　梅洛-庞蒂与萨特一样,非常喜好文学艺术,而与萨特的主动投身于文学创作活动不同,他主要是阅读文学名著和欣赏绘画作品。作为他的观点的佐证,梅洛-庞蒂经常援引巴尔扎克、司汤达、普鲁斯特的作品,尤其喜欢塞尚的

---

① 　[法]莫里斯·梅洛-庞蒂:《知觉现象学》,姜志辉译,商务印书馆 2001 年版,第 256—258 页。

绘画,他关于艺术和绘画的研究也被公认为20世纪关于现代艺术的最精彩的哲学评论之一。他认为绘画向我们提供了身体和世界之间一种原初性联系的明证,画家在探讨着我们的视觉捕捉世界对象的方式,而其精微细腻性是任何的哲学理性思维所不能企及的,绘画使我们分享了世界的博大与广袤,颜色是我们的大脑和宇宙的交际之处。因而,哲学应该借用艺术的方式来思考创造性,他批评了黑格尔,哲学并非关于一个预先存在的真理的思考,而是像艺术一样,是将真理带入存在的行为,哲学家不仅要解释世界,而且要创造一个新的文化世界。梅洛-庞蒂后期哲学,通过身体的体现性而强调人的存在的偶然性、有限性和境遇性的特征,世界是通过我们的身体向我们揭示的,我们通过我们的身体在空间的定位、存留和运动的方式来理解物体和空间的性质,我们的身体也表现出一种性别倾向,尤其表现出一种性倾向,这种性倾向规定了我们与世界之内一切事物的关系。主体间性也是他后期哲学的一个主要主题,他者是如何为我们经验的,新的交流世界的性质被梅洛-庞蒂概括为"世界的散文",笔者认为,在这个文笔优美、才华横溢的小册子中,梅洛-庞蒂最精致地表达了他对科学、对艺术、对语言以及对他人的知觉的精致观点:"伟大的散文乃是获取一种到现在为止尚未被客观化的意义、并使它能为说同一语言的所有的人理解的艺术。"①"在无论什么样的一个语言中存在的都只有暗示。充分表达的观念本身,准确地涵盖所指的能指的观念本身,最后还有完整交流的观念本身都是矛盾的。我并不是通过把我的全部思想置于语词中(其他人将会从这些语词中吸引我的思想)来与其他人进行交流,而是用我的喉咙,我的声音,我的语调,当然还有我偏好的那些语词、那些句法结构,我决定给予句子的每一部分的时间,来编织一个谜团——它只包含着一种唯一的解决,而沉默地伴随着这种布满线索、高潮和低落的变化的旋律的他人,将会自己去捕捉这一谜团,和我一起谈论它,而这就是理解。"②主体间的世界是通

---

① [法]莫里斯·梅洛-庞蒂:《世界的散文》,杨大春译,商务印书馆2003年版,第3页。
② [法]莫里斯·梅洛-庞蒂:《世界的散文》,杨大春译,商务印书馆2003年版,第31页。

过作为表达和姿态的语言产生的,他试图追溯身体知觉性的世界与文化意义的世界之间的联系:"身体不仅专心于一个它赋予了其轮廓的世界,而且有距离地拥有世界,而不是被世界所拥有。更何况表达的姿势——它为自己规定的任务是勾勒它所指向的东西并使之在外面呈现出来——实现了世界的真正恢复,它重构世界以便认识世界……任何知觉,任何以知觉为前提的行动,简而言之我们的身体的任何使用就已经是原初表达。"①

梅洛-庞蒂在20世纪50年代中期放弃了《世界的散文》的写作计划,我们今天看到的这部著作只是一个写了一半的残篇,然而这本书本身就是以散文随笔的形式书写的,他分成了相互之间比较零散的几个主题,但都与语言紧密相关,因而这本书的未终结并不妨碍对已写内容的理解。此后,他选择了另一计划,这一计划包括《可见的与不可见的》与《真理的起源》。梅洛-庞蒂希望从本体论角度改写知觉现象学,这种本体论状态的哲学想要描述的是一种天然的野性的存在,在其中知觉和意识只是作为一种断裂而产生的,世界被看作可见的与不可见的交织的领域。"交织不仅仅是我他之间的交换(他收到的信息也传给我;我收到的信息也传给他),交织也是我与世界之间的交换,是现象身体和'客观'身体之间的交换,是知觉者与被知觉者之间的交换:以事物来开始的东西以事物的意识来结束,以'意识状态'来开始的东西以事物来结束。"②人的身体是可见的,意义是不可见的,但是不可见的不是可见的对立面,可见的有一种不可见的支架,不可见的是可见的秘密对等物,它只出现在可见的之中,它是不可呈现的;而同时,可见的是不可见的蕴含,为了完全理解各种可见的之间的关联,就应该深入从可见的到不可见的关联之中。在这里,梅洛-庞蒂强调的是我们只存在于一个可感的知觉世界的信念:"这些确实性——就其关涉到精神和真理而言——是建立在可感世界

---

① 〔法〕莫里斯·梅洛-庞蒂:《世界的散文》,杨大春译,商务印书馆2003年版,第88页。
② 〔法〕莫里斯·梅洛-庞蒂:《可见的与不可见的》,罗国祥译,商务印书馆2003年版,第272页。

这第一基础之上的,我们确信自己存在于真理中和确信自己存在于世界中是同一的确信。"①他把世界看作一种天然的存在,然而,一般认为,梅洛-庞蒂后期构建新的本体论的企图并不成功,他使用了深度、交织、肉身、暧昧、间性、缠绕、出神、沉默等一些概念,来表达对世界的这种原初的信念,然而这些词的涵义本身都是非常含糊的,因而不可能据此而建立起一个清晰而见的本体论,他的哲学永远是一种模棱两可的哲学,一种浸入世界的哲学,一种身体体现的哲学。我们的身体,我们的存在,我们的历史永远是多面的:"肉身存在和深度存在一样,是多层多面的存在,是潜在的存在,是某种缺席的显现,是存在的一个原型……在我们的身体的'两面'之间,也就是在作为可感的身体和作为能知觉的身体——我们过去称之为客观的身体和现象的身体之间,更多的是存在一种将自在和自为分开的深渊,而不是存在一条隔缝。"②

但是,梅洛-庞蒂向知觉世界的回溯并不意味忽视或贬低科学世界的重要作用,科学知识永远具有它们不可替代的价值。然而,现代科学的乘胜进军恰恰是忘记了我们的原始感官告诉我们的东西,科学告诉我们,我们作为人类的尊严在于要依靠理智,因为只有理智能够为我们揭示世界的真理,现代科学为我们提供的是一套完整的、自足的和绝对正确的知识体系,它们是一些对事物的精确图像,我们在迷茫无助时总是求助于科学,科学家的形象相当于古代社会的巫师的形象,他们俨然以一种救世主的口吻在发号施令。梅洛-庞蒂并不是要剥夺科学研究的必要性,而是反对科学的自鸣得意,反对一种自以为能通达绝对知识和知晓一切的科学的独断论,他只是为所有人类经验平反,尤其是为那些原始的感知体验平反,现代哲学和现代艺术恢复的正是知觉和知

----

①　[法]莫里斯·梅洛-庞蒂:《可见的与不可见的》,罗国祥译,商务印书馆2003年版,第23页。

②　[法]莫里斯·梅洛-庞蒂:《可见的与不可见的》,罗国祥译,商务印书馆2003年版,第168—169页。

觉世界的基础地位。"而现代艺术和思想(50年代或70年代以来的艺术和思想)的功绩之一正是使我们重新发现这个我们生活于其中、却总恨不得忘记的世界。"①

梅洛-庞蒂修正了一个最简单而同时也是最常见的概念——空间的概念。空间的概念不再是一个与所有物体都等距离的、无视角的、无身体的、无处境的客观概念,它不再是纯粹的理智的绝对观察者所能够统摄的那些同时性物体的场所,不再是脱离我们的肉体的纯粹主体与遥远对象的关系,而是居住在空间中的人与其熟悉环境的关系,是通过时间显现和流露出来的具体情境,是我们自己也置身于其中的用心感受的空间,它接近我们,与我们有机相连,是通过我们的各种知觉向我们呈现出来的空间。人不再是心灵与身体二元结构的有机结合,而是具有身体的心灵:"这种心灵之所以能通达事物的真理,只是因为它的身体处于事物之间。"②不仅是空间如此,而且在一般意义上,整个外部存在只有通过身体才能为我们所通达,它们具有人的属性,因而是心灵和身体的交错、交织和混合。我们一出生就具体地处于一种社会历史的环境中,处于一种文化的情境中,我们是带着传统、习俗和文化的价值观点等待事物,在我们面前的事物并不是思考的简单的中性对象,每一个事物都会让我们想起什么,都具有象征意义,它提醒我们注意,激起我们的兴趣,扰乱我们的生活。这就是为什么一个人的品性、气质、性格和禀赋在对待外部事物中相互渗透、相互连结,他选择了某种对象在身边,他趋利避害,他持续不断地支配和操控对象,甚至是萦绕在我们梦境的事物也是有意义的。"我们与事物的关系并不疏远,每个事物都对着我们的身体和生命说话,它们被赋予了人类的性格(顺从的,温柔的,敌意的,反叛的),反过来,这些事物作为我们所喜好和嫌恶的行为的象征而活在我们中。人被投

---

① [法]莫里斯·梅洛-庞蒂:《1948年谈话录》,郑天喆译,商务印书馆2020年版,第4页。
② [法]莫里斯·梅洛-庞蒂:《1948年谈话录》,郑天喆译,商务印书馆2020年版,第14页。

到事物中,事物被投到人中。"①因而,人与事物之间不再是笛卡尔所分析的疏远和统治的关系,而是一种暧昧的不那么清晰的一种眩晕的近似性的关系,我们不再把自己当作远离对象的纯粹心灵,事物也不再是没有人类属性的纯粹对象。

因而,梅洛-庞蒂教会了我们重新关注所处的空间,这个空间只能从一个特定的视角一个有限的环境中被看到,空间是我们的居所,我们与它保持着一种身体关系,因而我们在每一个事物中都重新发现了一种使事物成为人类行为镜像的存在风格。我们与世界的关系是拥有身体的有限存在与谜一样的世界之间的模糊关系,我出没于世界,我置身于一种周遭环境之中,我用戴着有色眼镜的目光打量和审视眼前的一切,我隐隐约约、模棱两可地知觉着世界。不过,我总是通过某个既向我揭示这个世界又向我遮蔽这个世界的视角来体验和感知的,所有事物在我的目光下面总是焕发出人性的面貌。"运动不是运动的思维,身体空间不是一个被构成或被表征的空间。'每一个随意运动都发生在一个环境里,发生在由运动本身确定的一个背景中(……),我们不是在一种'空洞的'并且与运动没有关系的空间里,而是在与运动有一种非常确定的关系的空间里做运动:真正地说,运动和背景只不过是人为地与一个唯一整体分离的诸因素'。"②因而,空间因为人的身体而具有了属人的特性。

现代科学、现代艺术和哲学共同见证了知觉世界的觉醒,然而,这个活生生的世界并不是为我们独有的,这个世界也向儿童、向原始人、向病人、向疯子、向各种动物敞开,他们也以自己的方式生活在世界上,也与我们共存。因而,梅洛-庞蒂早在福柯之前,就开启了对"不正常的人"的研究:"我们今天将看到,通过重新找回知觉世界,我们变得能够在生命或意识的这些极端或异常

① [法]莫里斯·梅洛-庞蒂:《1948年谈话录》,郑天喆译,商务印书馆2020年版,第19页。
② [法]莫里斯·梅洛-庞蒂:《知觉现象学》,姜志辉译,商务印书馆2001年版,第183页。

形式中发现更多的意义和趣味,以至于最终是世界和人本身的整体景象接受了一种新的意义。"①梅洛-庞蒂质疑了古典思想家的那些完美的观念,现实的人到底如何生活？人永远呈现出正常的健康的文明的图像吗？而事实上,一个正常的人也有不正常的时候,一个健康的人也有生病的时候,不仅仅会有生理疾病,还包括心理疾病,一个文明开化的社会也有可能重回野蛮残暴的时刻。因而不能志得意满,不能自我膨胀,要不断地进行自我审查,我们会发现,几乎每一个人在私人生活和公共生活,在自我独处和与他人共处,在家庭生活和社会生活,都存在着或多或少的不一致,而在有些人那里则明显得判若两人。几乎在每一个人的身上都能够发现错觉、口误、梦幻、走神的时候,不可思议的行为,莫名其妙的举动,似是而非的言语,模糊笼统的现象等在日常生活中几乎比比皆是。梅洛-庞蒂想说,正常的人、文明的人和成年人当然比儿童、疯子和野蛮人的思想更有价值,但是前提是这种思想不自命不凡,而总是更加坦荡也更加诚实地与人类生命中的模糊、矛盾与困难相较量:"不失去与这种生命的非理性根基的接触,最终理性认识到它的世界也是未完成的,不假装已经超越那些它仅仅遮蔽掉的东西,不把一种文明和认识当作不容置疑的,因为它最高的功能反而是进行质疑。"②

在梅洛-庞蒂看来,哲学确实不是试图获得最后答案,因为哲学本质上是一种探寻,一种质疑,一种追问,这种质疑和追问在历史上无处不在。在《到处和无处》一文中,梅洛-庞蒂指点江山,评点了历史上古今中外的哲学家们,他反对大理性主义,而提倡小理性主义,因为大理性主义充满了神话:"大致处于准则和事实之间的自然规律的神话,人们认为这个盲目的世界就是按照自然规律构成的;作为关系的认识的科学解释神话,甚至能延伸到一切可观察

①　[法]莫里斯·梅洛-庞蒂:《1948 年谈话录》,郑天喆译,商务印书馆 2020 年版,第 24 页。

②　[法]莫里斯·梅洛-庞蒂:《1948 年谈话录》,郑天喆译,商务印书馆 2020 年版,第 26 页。

事物,有一天能把世界的存在变成一个恒等的命题。"①健全的人不是把矛盾从自己身上清除出去的人,而是利用矛盾,把矛盾带入其生命活动的人,同样,纯粹的哲学和纯粹的历史都是一种神话,为了清除这些观念,必须重新发现它们的实际关系,哲学概念不能摆脱历史的意义,发现实际关系的哲学是一种具体的哲学,具体的哲学应该靠近体验,但不应该局限于体验,应该在每一个体验中恢复本身内在地带有其痕迹的本体论数目:"一种具体的哲学不是一种幸运的哲学……具体的哲学永远不能重新获得用其概念掌握自然和历史秘密的信心,具体的哲学不会放弃它的激进主义,不会放弃已经产生各种伟大哲学的前提和基础的研究。"②要么哲学带着其真理和离奇想法作为完整的事业继续存在下去,要么哲学不能继续存在下去。"哲学的中心是到处,哲学的边界是无处……'纯粹'哲学的赞成者和社会—经济解释的赞成者互换其角色,我们不必参与其无休止的争论,我们不必在一个虚构的'内部世界'概念和一个虚构的'外部世界'概念之间作出抉择。哲学始终在'事实'中——哲学没有不受生活影响的领域。"③

因而,梅洛-庞蒂继承了胡塞尔现象学的主旨,真正的哲学就是让我们重新学会正确地看世界。我们重新学会了感知我们的身体,重新发现了另一种我们关于身体的知识,重新认识了空间和对象,我们的身体始终与我们在一起,我们就是身体,我们通过我们的身体在世界上存在,我们用我们的身体来感知世界,我们通过知觉体验而走入世界的深处。人的知觉首先不是作为人们可以用因果关系的范畴来解释世界的一个事件,而是作为每时每刻的世界的一种再创造和再构成,我们首先拥有的是一个当前的现实的知觉场,这个知觉场不断地围绕着主体性而展开,一切知识都通过知觉处在开放的视域中。如果没有身体体验作为中介,那么我就无法把握对象的整体,事物和世界是与

① [法]莫里斯·梅洛-庞蒂:《符号》,姜志辉译,商务印书馆2003年版,第181—182页。
② [法]莫里斯·梅洛-庞蒂:《符号》,姜志辉译,商务印书馆2003年版,第195页。
③ [法]莫里斯·梅洛-庞蒂:《符号》,姜志辉译,商务印书馆2003年版,第157—159页。

我的身体的各部分一起被给出的,对象的综合是通过己身的综合来完成的。从一开始我们是以暧昧的含混的方式置身于唯一的生存情境之中,我们无法在这一情境中清楚地区分出客体与主体、身体与意识,意识并不能等同于一种孤立的思想,而是奠基于知觉体验的一种情境化的认识,是对人的存在情景的暂时勾勒。我用我的手,用我的眼睛,用我的耳朵,用我的身体体验着世界,既是一种反思,也是一种体验:"这就是'纯粹的体验,也可以说是无声的体验,问题仍在于把这种体验引向其本义的纯粹表达。'我们不是在能完全决定每一个事件的关系体系的意义上,而是在其综合不可能完成的一个开放整体的意义上得到一个世界的体验。"①

胡塞尔在先验构成意义与源初感知之间一直犹豫不决,梅洛-庞蒂则反对胡塞尔的先验构成学说,而以一种自然主义的态度对待世界,主体不再是先验的我,而是与他人一起肉身化地在世界之中,在当下,我的存在、我的意识和我的知觉是一体化的,我与世界是一种原始的共谋关系,我的生存意识、生存活动和身体运动是混杂在一起的。一个孩子的出生开启了对已存的积淀的意义的创造性把握的过程,随着这个新的个体的出生,一个新的在场领域就参与到世界之中,它开辟了一个新的处境,创造了一个新的意义层。从婴儿出生那一刻起,孩子的房间的所有对象都改变了意义,它们开始等待他尚未觉醒的知觉、尚未成熟的态度。历史出现了一个新的纪元,一个新的记事簿打开了。经历时间和历史,就是在一个人的存在中让各种裂缝和空隙呈现出来,后者通过重塑过去的行为为他证实和改变现在存在的方向提供了一种可能性。因而是我赋予了我的生活某种意义和未来,它们是从我的过去的意义的积淀,我的现在,以及我的现在与过去的共存方式中涌现出来的。通过文化活动,我确立了自己,我遭遇到了他人,我让自己为一切承担责任,我激发了一种普遍的生活,我通过我活生生的身体和深厚的在场立即将自己在某

---

① [法]莫里斯·梅洛-庞蒂:《知觉现象学》,姜志辉译,商务印书馆2001年版,第281页。

个情境呈现出来。在文化世界，制度构成了社会与个人的历史同一性，这包括语言、政治制度、经济制度、司法系统、宗教、道德法则、各种习惯与风俗等，通过用这些制度来理解体验的事件，就赋予这些体验更为持久的向度，因而制度是人的社会共存的我能的创造性活动的积淀，制度扎根于各种身体的习性中，与对它们的意义的重新把握共存。在文化世界中，每个人不仅重新把握原来的意义，创造出一种新的意义，而且在一个已经制度化了的生存领域中实现某种间隔和某种变化，因而，活着，对于一个人来说，并不只是意味着永远要给出意义，而且还意味着要继续围绕着一种体验旋转，这种体验曾经伴随着每一个人的出生和成长，它在一个人与各种事情的刚一接触时就形成了。

梅洛-庞蒂后期反对萨特哲学自为和自在的二元对立，反对意识哲学的主客二分："我们由此超越一元论和二元论，因为二元论被推得如此之远，以至于这两个对立面不再处于竞争状态，而是相互依靠、相互共处。"①他用模糊、暧昧、肉身、交织、间性、境遇、共情、深度、投射、交错、野性等一些概念，来揭示世界的神秘和理性的神秘："最终我通过反思进入普遍精神远不能发现我历来之所是，而且这种进入是我的生命和其他生命的交错、我的身体和可见物的交错所引起的，是我的知觉场和他人的知觉场的交叉所引起的，由我的绵延和其他的绵延的混合引起的。"②可见的是我的身体和外部世界，而不可见的是思想、意识和人的精神。"肉身（世界的肉身或我的肉身）不是偶然性，不是混沌，而是重新回到自身和适应自身的结构……思想就是与自我与世界，以及与他者的联系，思想因此是同时建立在三个维度上的。"③而从可见

---

① [法]莫里斯·梅洛-庞蒂：《可见的与不可见的》，罗国祥译，商务印书馆2003年版，第73页。

② [法]莫里斯·梅洛-庞蒂：《可见的与不可见的》，罗国祥译，商务印书馆2003年版，第66页。

③ [法]莫里斯·梅洛-庞蒂：《可见的与不可见的》，罗国祥译，商务印书馆2003年版，第179页。

的身体发掘出潜在的、沉默和不可见的意义就成为哲学的主题:"我的观点:一种哲学就像一件艺术作品,是一种更能引发思想而非思想中的'内容'的东西……"①而这是通过向生活世界的回溯来完成的。"通过胡塞尔和向人们敞开的生活世界之路,揭示原始存在或原初存在。"②"然而事实上,所有对自然本性、生命、人之身体和语言的具体分析,将使我们能够慢慢地进入生活世界和'原始'存在"。③ 因而,胡塞尔的生活世界理论仍然具有永恒的价值,胡塞尔的晚期开启了一条通向生活世界的无限的道路:"通过扩展我关于胡塞尔的文章概述原初存在……这种道路是开启、生活世界的主题化(和忘却)——应该在这上面下大功夫。"④梅洛-庞蒂说,在生活世界之路上,"我们建立了一种生活世界的哲学,我们的建构(以'逻辑'的方式)使我们重新发现这个沉默的世界……在普遍存在的生活世界和世界之终极产物的哲学之间并不存在对立或二律背反:揭示生活世界的是哲学"⑤。然而,尽管胡塞尔创造了"生活世界"一词,但是非常遗憾的是,先验还原又使胡塞尔回到了意识哲学的死路上去了,"胡塞尔的错误在于从一种被看作没有厚度的,被看作内在的意识的现实呈现出发描述这种相互嵌连"⑥。因而,真正的还原应该是向原始的生活世界还原:"我们必须回到其中的生活世界。重新开始知觉的问题,共情的问题,尤其是语言的问题,而不是放弃它们……问题在于把

---

① [法]莫里斯·梅洛-庞蒂:《可见的与不可见的》,罗国祥译,商务印书馆 2003 年版,第 250 页。

② [法]莫里斯·梅洛-庞蒂:《可见的与不可见的》,罗国祥译,商务印书馆 2003 年版,第 229 页。

③ [法]莫里斯·梅洛-庞蒂:《可见的与不可见的》,罗国祥译,商务印书馆 2003 年版,第 207 页。

④ [法]莫里斯·梅洛-庞蒂:《可见的与不可见的》,罗国祥译,商务印书馆 2003 年版,第 205 页。

⑤ [法]莫里斯·梅洛-庞蒂:《可见的与不可见的》,罗国祥译,商务印书馆 2003 年版,第 211 页。

⑥ [法]莫里斯·梅洛-庞蒂:《可见的与不可见的》,罗国祥译,商务印书馆 2003 年版,第 215 页。

言语恢复到生活世界历史的现时和过去中,问题在于恢复文化的呈现本身。"①梅洛-庞蒂说:"胡塞尔的所有分析都被意识哲学强加给他的行为框架所束缚住了。应该重新研究和展开功能的或潜在的意向性,这种意向性是内在于存在的意向性。"②

因此,梅洛-庞蒂就将现象学从纯粹意识的研究领域拉回到了具体现实的生活世界之中,这实际上是将现象学在人的个体实存和社会生活的领域中加以具体化,将现象学自命不凡的意识研究的清高转换为包含了人的实存的社会历史研究的实践,"这样将现象学导入生活和研究的具体混合之中,确实容易使它变得更能起作用了"③。因而,梅洛-庞蒂的现象学是一种真正奠基于生活世界基础之上有生命力的现象学,是一种文化世界的现象学,是关于人的尚未完成的事业的现象学。由于英年早逝,他的没有来得及建构完成的新本体论就不得而知了,然而,就如现象学的未来发展永远成为一种未完成状态一样,人们可以猜想和推测他对哲学的未来建构,可以说,他的哲学新的存在的基础一定是可见的东西和不可见的东西的统一,或者说是可见的东西和不可见的东西的各个方面的交织、交错、紧密联系和相互联结。

梅洛-庞蒂以一种略带老学究式的治学严谨、独创性的智识见地和一贯始终的刨根精神将胡塞尔现象学坚定地执行下去,不仅让我们看到了现象学在解决更为传统的哲学困境时具有的用武之地,还让我们领略了未来一定会有一种有关文化与自然界的完整的现象学哲学:"他想要在哲学领域内实践现象学,并且在具体应用中证明现象学的价值。"④可以说,如果没有他卓越的

---

① [法]莫里斯·梅洛-庞蒂:《可见的与不可见的》,罗国祥译,商务印书馆2003年版,第218—219页。

② [法]莫里斯·梅洛-庞蒂:《可见的与不可见的》,罗国祥译,商务印书馆2003年版,第311页。

③ [美]赫伯特·施皮格伯格:《现象学运动》,王炳文等译,商务印书馆2011年版,第758页。

④ [美]赫伯特·施皮格伯格:《现象学运动》,王炳文等译,商务印书馆2011年版,第758页。

出色才能,没有他杰出的学术业绩,现象学很难迅速获得如此巨大的声望,并使法国现象学声名鹊起、后来居上、独占鳌头。因而,与胡塞尔一样,梅洛-庞蒂的哲学追问将永远激励哲学的后来人勇往直前地沿着现象学之路继续探索下去。"存在,甚至我们本身的存在,在全部提问的根源上即使不是神秘的东西也仍然是一些谜。但是这并不能使这种新精神的哲学和提问的现象学失去效力。"①

---

① ［美］赫伯特·施皮格伯格:《现象学运动》,王炳文等译,商务印书馆 2011 年版,第766 页。

第六章　生活世界现象学的最新发展

第一节　古尔维奇

一、对主体间性问题的探索

古尔维奇与许茨有着几乎同样的经历,二人都受过良好的教育和哲学训练,都可以称作胡塞尔的学生,由于战乱,二人都不得不逃离欧洲,去往美国,而成为一位流亡哲学家。正如玛丽·罗杰斯所说:"舒茨与格威茨一样,谈到了作为犹太人、作为移民在一种陌生的语言环境中工作,为论文寻找出版处,在充斥权势等级、人际关系网,且学科界线十分明显的学术机构谋职。"①此外,古尔维奇作为梅洛-庞蒂的老师,深深地影响了梅洛-庞蒂,梅洛-庞蒂对法国现象学的后来居上功劳甚大,因而古尔维奇间接影响了法国哲学的基本走向。

古尔维奇文集的英文版三卷本早已经出版,成为理解其思想的第一手外文文献资料。在第一卷《历史观点的建构现象学》中,古尔维奇论述了作为

---

① [美]乔治·瑞泽尔:《布莱克维尔社会理论家指南》,凌琪等译,江苏人民出版社 2009 年版,第 372 页。

"第一哲学"的意识哲学、自然态度与现象学的还原，周围世界与人的科学，人的感知结构，胡塞尔的意向性理论，以及对梅洛-庞蒂等人的一些评论等。① 在第二卷《现象学与心理学之研究》中，古尔维奇谈到了格式塔心理学、科学体系中心理学的地位，以及对胡塞尔、戈德斯泰因、威廉·詹姆斯等人理论的探讨。② 在第三卷《意识的领域：主题现象学、主题的领域和边缘的意识》中，古尔维奇重点谈的是意识的领域，对格式塔心理学和他的建构性的现象学展开了深入论述。③ 对古尔维奇观点的引荐也可参见恩布里所编的《生活世界与意识：古尔维奇纪念文集》，而随着古尔维奇的新作《社会世界中人的遭遇》的问世，让我们看到了古尔维奇最新的思想发展动态。

古尔维奇与许茨一样，认为胡塞尔的先验构成现象学需要补充"新鲜血液"，特别是主体间性问题，古尔维奇与许茨一样，认为不属于先验现象学的构造领域，而是处于日常生活世界中的世俗领域，现象学对于文化世界的意义正在于，它开启了一种对社会世界的行动的深度研究，我们在生活世界中的行动和活动可以理解为一种有目的有动机的生活，因而现象学可以从这个角度来分析社会世界的意义构造。古尔维奇早期的博士论文致力于对自觉意识的研究，后来他将这一主题用于分析日常行动，考察我们与背景世界的遭遇，同时也包括那些能够进一步激发并且越来越摆脱反思性对象化的遭遇。

古尔维奇也非常重视主体间性问题。我们关于世界的任何观念都始终预设了一个他人，预设了你、大家和共同体的意识，这也是整个现象学以后发展

① 参见 Aron Gurwitsch, *The Collected Works of Aron Gurwitsch Volume* 1: *Constitutive Phenomenology in Historical Perspective*, Translated and Edited by Jorge Garcia-Gómez, Springer, 2009。

② 参见 Aron Gurwitsch, *The Collected Works of Aron Gurwitsch Volume* 2: *Studies in Phenomenology and Psychology*, Edited by Fred Kersten, Springer, 2009。

③ 参见 Aron Gurwitsch, *The Collected Works of Aron Gurwitsch Volume* 3: *The Field of Consciousness*: *Phenomenology of Theme*, *Thematic Field and Marginal Consciousness*, Edited by Richard M. Zaner and Lester Embree, Springer, 2010。

最为复杂也最为精妙的问题之一,牵涉到了一系列广泛的理论问题。主体间性并不只是与他人共处,共同生活,共享一个世界,主体间性始终是作为一个包括了亲密性和匿名性的不同的维度,主体间性还开启了一种经验研究,在这种经验性的奠基性的门径的基础之上,可以作为一种更高层面的理论概括,让我们不仅可以管窥到各种细微的丰富的内在体验,而且可以把握意识及我们的生活世界的多维结构。

在古尔维奇看来,主体间性作为一种给定的现象,本质上始终紧密维系在某种情境或情结之中。"他试图表明,主体间性尽管始终还是一种原初信念,但在情境的构成或发展的过程本身中所起的作用却越来越小,乃至于从包括传统哲学和自然科学在内的某种反思性情境的立场来看,甚至都不能够再将主体间性还原为一种现象,尤其是不能够再以它涉入日常生活的那种方式予以还原。"①背景情境仍然属于日常生活的世界,我们在某个微观背景中的生活是我们日常生活最主要的行为,这种意义上的微观背景主要有三种特征。第一,微观背景中遭遇到的既不是一种物质属性,也不是独立于我的客体或对象,而是作为我的某种装备、工具而包含了复杂意义的"材料",它涉及某些他人,涉及与他人的相互关系和共在;第二,我与背景的关系并不是对峙的,而是嵌入其中,我与环境融为一体,并获得某种环视,我根据这种环视,可以决定自己如何达到某种目标;第三,在一个背景世界中并没有任何先验同一的对象,这些材料只有在某种情境中才获得其活生生的意义。

进而,古尔维奇分析他所称作我们在根本上没有注意到或处于无意识状态的"含蓄的知识",这种知识处于与其他背景有着视域关联的某一背景之中,并最终延伸到包含了未指涉的某个视域之中。古尔维奇提出了"周遭世界"的概念,这个"周遭世界"是由事情和人类同伴的某种相互交织而构成的,

---

① [英]布赖恩·特纳:《社会理论指南》第 2 版,李康译,上海人民出版社 2003 年版,第 343 页。

周遭世界中有熟悉的邻里,有共同的生活情调,它包含了我们对于背景世界中主体间性的活生生的原初信念。"他把这些根本性的组织情境称之为'伙伴关系'、'成员关系'和'融合'。"①

我们看到,古尔维奇分析了传统哲学和自然科学中的那些反思性情境,而且分析了背景本身的主体间性情境,因而他在更加根本的层面上考察了某种"前本我论的意识先验构成功能",这种功能不仅为科学提供了终极的原逻辑,而且为普遍理性充当了基础。最终,古尔维奇将生活世界的开放结构展现为以多种方式表达主体间性各种情境的内涵与发展,而且导向了那些不惹人注意的也不能从概念上把握的前反思性理论的生活背景。

二、与许茨共同的现象学探索

许茨与古尔维奇同为世纪之交出生的欧洲犹太人,同为深受胡塞尔影响的哲学家,同为隔断原文化逃往美国的"流亡者",二人一个被胡塞尔称为"触及我的生活著作之意义核心的极少数人中的一个",另一个被胡塞尔称为"未来最有希望的学生之一"。他们都对胡塞尔、莱布尼茨、康德、柏拉图与亚里士多德等哲学家有强烈的兴趣,尽管他们的学业背景有明显的差异,古尔维奇主修格式塔心理学,而许茨饱含社会科学学养,古尔维奇是数学和物理学老师,许茨是银行经理,而且对音乐哲学造诣很深。个人学术背景下的差异并不影响二人结成深厚的友谊。许茨与古尔维奇有共同的语言,有共同的兴趣和话题,是一对志同道合的好友。许茨的学生格拉霍夫整理出版了这两位"流落异乡"的哲学家的通信录。② 也正如玛丽·罗杰斯所说:"要了解舒茨本人,没有什么比他与艾伦·格威茨(Aron Gurwitsch)(格拉特豪夫:1989 年)从

---

① [英]布赖恩·特纳:《社会理论指南》第 2 版,李康译,上海人民出版社 2003 年版,第344 页。

② 理查德·格拉霍夫写了《阿尔弗雷德·许茨和阿伦·古尔维奇通信录》这部重要著作,详见 Richard Grathoff, *The Correspondence of Alfred Schutz and Aron Gurwitsch*, Translated by J.Claude Evans, Indiana University Press, 1989。

1939 年至 1959 年间的通信更有启发性了。"①在长达近 20 年的通信中,他们彼此称呼对方为"挚友许茨"和"挚友古尔维奇",在这些信件中,更多的是心与心的交流,许茨将古尔维奇称作他"杰出且无比珍贵的朋友",他们二人除了勇敢地向对方坦诚地表白对方的重要性之外,还彼此真诚地交换自己的观点和对工作的看法。在这些信件中,还包括对许多哲学家的探讨,如康德、舍勒、莱布尼茨、米德、杜威、詹姆斯、萨特等思想的交流,当然讨论更多的是现象学的创始人胡塞尔,这位现象学大师深深地激励了这两位通信者。从这些信件中,我们能够感受到两个高尚的灵魂,感受到二人敏捷的思维、坚强的决心以及令人惊异的旺盛精力。

许茨与古尔维奇二人书信的内容深深植根于他们时代的历史,而他们的理智与文化之根则被欧陆大学的人文主义传统所塑造,他们二人都强烈地沉浸在胡塞尔哲学之中,然而又绝不止于胡塞尔,这些书信不仅是他们超常智慧与非凡人格的集中再现、他们彼此忠诚和持久友谊的见证,而且表达了他们对哲学近况的深切忧虑和紧迫之事,这绝不仅仅是他们私人的世界,而是一个普遍的世界。说这些通信是卓越的是因为它既是珍贵友谊的映衬,更是两个思维活跃的哲学家心与心的交流,是彼此双方才思火花的碰撞,是一种思想试验与哲学观念上的"探险"。正如古尔维奇在给许茨的信中形象地说道:"我自己正在挖隧道,听见有敲击声,这说明在另一侧有工人。"②在这些交流、辩论和论述中,大量是关于现象学的探讨,但正确理解与阐述胡塞尔始终处于第二位,而更重要的在于二人关心的实事本身,他们继承了胡塞尔所追求的执着与彻底的哲学精神,关于那些现象学问题严肃争论的展开正是一场场精妙而深奥的哲学对话,是正在进行的哲学思考活生生的经验,是哲学研究未加工的原

---

① [美]乔治·瑞泽尔:《布莱克维尔社会理论家指南》,凌琪等译,江苏人民出版社 2009 年版,第 372 页。

② Richard Grathoff, *The Correspondence of Alfred Schutz and Aron Gurwitsch*, Translated by J. Claude Evans, Indiana University Press, 1989, p.75.

始标本,是一种做哲学的原初方式。这部通信集凝聚了古尔维奇与许茨近20年关于哲学问题的交流与辩论,这些辩论从多个不同方面深化了我们对现象学的理解,而且它们一直是处于过程状态之中,这并非哲学的完成而是哲学的不断重新开始。这两位思想独立的哲学家志趣相投的共同探索本身就是当代哲学活生生的一个重要组成部分,这种真诚、自由与深刻的哲学对话以现场的方式为当代哲学作出了杰出贡献。

由于许茨承担多种工作,而这意味着多重角色和责任,这导致其身体状态每况愈下,非常遗憾的是并没有完成关于生活世界的著作①,并于1959年去世。然而,许茨与古尔维奇将胡塞尔的现象学分析运用到社会世界中来,一起开创了现象学社会学这一新的空间,形成了一个异常新颖、充满活力的研究领域,这种现象学社会学包括了对一般文化现象的根本性反思,并逐渐走向成熟,其基本脉络是一种对社会现象的深度分析和对生活世界的具体阐述。

许茨与古尔维奇的作品鲜明地体现了现象学分析和描述的最高境界,它们既是对孤零零的处境作出阐述,同时也是从主体间性的角度来作出阐述。例如,许茨有一次在信中向古尔维奇说道:"现在道路已经畅通,可以在生活世界富于成果的'bathos'当中安心地工作了。"②再比如,二人各自都常常使用从两头同时向中间"开挖隧道"的比喻,以描述这种非常深奥的哲学反思活动,尽管没有任何保证有朝一日二人能够在隧道中会合,但是这种不断钻研的刻苦精神的日益接近本身就有着非常重要的知识意义。正像胡塞尔的助手兰德格雷贝在他为此通信写的序言中所说,许茨与古尔维奇在探讨各自的观点时,经常围绕不在场的胡塞尔,并采用深入的引文注释、关键词和经过缩减的复杂表述,意见时而一致,时而不同。他们在这些作品中都以当时尚未流行的韦伯关于社会行动的分析为出发点,而不同于胡塞尔在算术哲学和心理学领

①　他的学生托马斯·勒克曼根据他的提纲写下了《生活世界的结构》这部著作。
②　转引自[英]布赖恩·特纳:《社会理论指南》第2版,李康译,上海人民出版社2003年版,第341页。"bathos"一词源于希腊语,意味着一种哲学意义上的"深度"。

域的研究体验,他们还都借用了戈尔施泰因关于脑部损伤的研究案例,许茨还从自己的作品中看出与帕森斯的《社会行动的结构》存在着某些关联,而许茨与帕森斯之间的通信交往以及二人之间的有时言辞激烈的辩论则成为令人感兴趣的学术研究的新的主题。①

他们二人来到美国之后,在试图首次将现象学社会学引入英语世界时,还探讨了威廉·詹姆斯、库利和米德的实用主义传统。他们都致力于将现象学融入当时主流的社会学理论中,而他们的工作并不着眼于抽象性的教条概括,而是着眼于对一个现象世界中的共同经验作出可能的深刻洞察,因而二人的作品都富有创造性地开辟了非常新颖、引人入胜的这块领地,这也是胡塞尔以后现象学发展最令人激动的重要一节。

许茨与古尔维奇在对生活世界和其主要的社会结构贯彻一种现象学分析时,始终包含了一种对于主体间性现象的某种特定理解,并以此为基础,在对世界的更高层面的反思领域内进一步分析主体间性充满意义的多种多样的表达。二人对胡塞尔先验主体间性问题最初的解决方法是暂且将主体间性视为一种世俗问题,以一种自然态度看待生活世界和共在的他人,主体间性已经严格成为日常生活世界的一种给定的原初现象,并给自己设定的工作是去阐明具体的主体间性以及其各种更高层面的反思性表达。通过主体间性,我们不仅可以切入内在体验和意识的领域,觉察到生活世界极为不同的多维结构,并且为我们提供了一个包含着巨大的可能潜力的具体的社会认知的空间。

许茨和古尔维奇逐步展开了现象学社会学的分析视角,拓展了关于主体间性研究的丰富内涵,共同创造了对生活世界历史突破性的重要成果。然而,许茨与古尔维奇也存在不同的地方,古尔维奇侧重于从对某种普遍理性的趋

---

① 许茨与帕森斯的通信录也由许茨的学生格拉霍夫出版,详见 Grathoff, *The Theory of Social Action*, The Correspondence of Alfred Schutz and Talcott Parsons, Bloomington: Indiana University Press, 1978。

向中把握我们在世界中的自我责任,而许茨则相反,把焦点放在具有自觉意识的个体自我之上,强调在与他人关系中的某种主体间性的创造性的意义赋予能力,正如许茨对其与古尔维奇之间差异极富洞见的说明:"只要我们活着,就不能阻止我们想要去死亡,因而我们必须努力在我们的世界中创造秩序,而如果在我们的世界中没有这种秩序,也可以将就。这整个的冲突——包括我们不同的方法之间冲突就隐含在重点的转变上。"①

第二节　勒克曼

一、《生活世界的结构》

许茨白天是银行经理,只有在晚上,才算得上是现象学家,而由于长年的积劳成疾,最后不到 60 岁就离世了,很遗憾没有完成他对生活世界问题的系统阐述。正是他的学生,托马斯·勒克曼在许茨临终前构思的关于生活世界的大纲的基础上写下了《生活世界的结构》一书,勒克曼基本上按照其老师许茨的意图与风格完成了此书的写作,这本书也成为研究关于生活世界问题在现象学领域的经典之作。

这本书一开始就阐明了对于生活世界的基本态度,生活世界是一个我们每天都遇到的从未质疑、理所当然的自然态度下的日常生活世界:"在自然态度下,我总是发现自己处于一个理所当然的不需证明的真的世界。我出生在那里,我认为在我之前它就存在。"②我们的日常生活世界并非一个完全世俗的生活,它还包括想象与艺术、预言与神话、哲学与科学、梦想与死亡。在自然态度下,人们习惯性地从一种情境向另一种情境转变,他们的心绪并没有被扰

---

① Richard Grathoff, *The Correspondence of Alfred Schutz and Aron Gurwitsch*, Translated by J. Claude Evans, Indiana University Press, 1989, p.37.

② Alfred Schutz & Thomas Luckmann, *The Structures of the Life-World*, Volume 1,2, Translated by R. M.Zaner and T.Engelhardt, Evanston: Northwestern University Press, and London: Heinemann, 1973, p.4.

乱,而只是与此时此刻人们的计划、意图与目的相关:"只要我们的经验参与到同样活的经验之中——即认知风格——因而只要它们仍然是某种有限意义域,这些经验的实在性对我们来说就会继续。只有当我们受生活计划的促动而接受另一种态度时……我们才必须将实在的重心转移(或'想要')到另一个意义域当中。"①在日常生活世界之中,正常的人可以在无数个有限意义域中自由穿梭,不停改变,有时是被动的,如当我们正在看书,被一个非常刺耳的声音打断,这使我们的读书被迫中止,而不得不质问这是一个什么声音,有时是主动的,我正在做白日梦,但我必须起身开始工作了,因为我要赚钱养活自己,梦的世界,想象的世界,工作的世界,艺术世界,历史世界,宗教世界,理论研究的世界以及哲学世界都可以称为一种有限意义域,一个人的一生,甚至是一天就是这样在多个有限意义域自由地来往跳跃,我们的意识不时地在经历着一种震动(shock)。日常生活有一些部分是我们可以操控的,有些事物和东西伸手可及,而有些东西遥不可及,例如远在天边的人、祖先等,关于处在我们居住的星球另一半的人们,我们只具有零星的片断的偶然的印象,而即使是那些与我们相识的人,也具有不同程度的亲密性、隐匿性和程度,有些人是我们的朋友,而有一些人让我厌恶,有一些人,如公务员、人大代表、快递员和收银,对于我来说只是隐匿的个人,有些人,如我的父母和我的儿子,是我的至亲,而与我保持着书信联系多年未见的老同学,则具有非常模糊而淡漠的认知强度。

勒克曼跟随许茨,非常重视我们意识中那种特定的你取向,并把这种你取向置于社会现实和人类意识的中心,你取向具有某种原始的性质,并且在预先假设的面对面情境中出现。"只要人类不像侏儒那样在曲颈瓶中被调制而成,而是由母亲们所生所养,那么,我们这个领域自然而然就预先假定了。"②

---

① Alfred Schutz & Thomas Luckmann, *The Structures of the Life-World*, Volume 1,2, Translated by R.M. Zaner and T. Engelhardt, Evanston: Northwestern University Press, and London: Heinemann, 1973, pp.24-25.

② Alfred Schutz, *Collected Papers I: The Problem of Social Reality*, Martinus Nijhoff/The Hague, 1973, p.168.

我们由母亲所生这是无法反驳的,因而对其他人的存在及行动的意义的经验就是我们首要的和最原始的经验。从直接的具有感官实在性的对社会现实的观察之中可以衍生出多种多样的社会关系,在你取向的我们关系基础上,才产生了各种不同层次的你们和他们,因而,他们最后得出的结论是生活世界具有分层的结构,而不是完全单一同质的,社会世界具有多种形式的结构,那种结构为成员构成意义提供了条件。我们总是处于某种环境下,而这种环境是受特定社会现实形塑和制约的,社会现实构成了一个复杂而相互依赖、相互交织的网络,而只有以这种方式,才可能理解社会生活世界。

在《生活世界的结构》这本书中,许茨与勒克曼还就生活世界中的知识、关联与类型化、知识与社会等问题进行了深入的探讨。知识来源于社会,类型与关联是个人的内在经验合成的结果,它们既是具有特定内涵的判断内容,又是先前判断行为的结果,我们在这里可以发现所有精神和意志活动的产物。因而,知识和精神财富与物质产品一样,也在不断积累,这中间还包括社会集体的产品、人工产品,特别是文化产品的知识积累。而这一点对于我们当今社会来说尤其具有现实意义,当代社会的音像产品、短视频、网络小说、书面短文、电子邮件、网上会议、网课、微信聊天记录等构成了庞大的文化产品,充斥在我们的世界之中,因而当代社会的历史文化内涵的比重越来越重,而直接接触和面对的情境在减少,生活在现代社会,意味着我们更多的是与符号打交道,而非直接与人打交道。难能可贵的是,许茨和勒克曼在半个世纪之前,就发觉到了社会这一发展趋势,他们指出了文化知识的重要意义。他们还指出,由语言支持并提升的知识积累,包含学问、方针、寓言、原理、教义、发现、新闻和所有其他知识在内组成了生活诀窍的内容,我们借此得以在日常生活世界中开辟道路。"在极大程度上,舒茨将个人手边知识的积累描述为大杂烩。"[①]这些知识既是个人传记式的,又完全是社会的,既是个人的成就,又是属于集

---

① ［美］乔治·瑞泽尔:《布莱克维尔社会理论家指南》,凌琪等译,江苏人民出版社2009年版,第379页。

体的,反映了社会环境与个人生活道路的交叉点。在该书的下册,他们还对行动、选择、理性行动、社会行动以及经验的边界和符号等问题进行了探讨。

二、生活世界与社会现实

勒克曼在德国具有很高的学术地位和声望,是 20 世纪六七十年代之后德国著名的社会学家,其主要学生包括格拉霍夫、杜克斯(Dux)、凯尔纳(Kellner)等。在勒克曼早期与伯格合著的《现实的社会建构》一书中,使用了"知识社会学"这一标题,其中还可以找到哲学人类学的许多引证,而且,他似乎对从历史学到生物学许多认识论上的问题都感兴趣,他将自己的思想向各式各样的社会学理论家开放,从韦伯到马克思,从涂尔干到米德,等等,他努力将这些学者的观点融入自己的思想中。

勒克曼将各种观点从不同的方面整合为一体,从整体上理解宇宙论以及神话、宗教与科学等符号体系,并以此为起点,揭示当今世界的宇宙论危机。在这场危机中,自然科学不仅不能基于批判性反思来理解自身对于宇宙的理解,而且不再能够回答对于人类来说十分重要的问题,即我们人类在世界上的生存本身的意义问题。勒克曼也承认没有任何的解决之道,他似乎看到了科学与生活世界之间存在的一种张力,并就此独立地摸索一条新的内在道路,旨在将作为一门经验科学的社会学与一种对于生活世界的彻底反思联系起来。他认为,既然社会科学依然受制于哥白尼—伽利略—牛顿模式,那么就需要一种生活世界现象学,能够提供一种在方法上具有必要性和解释性的社会学说,从而能够充分反映和表达人类社会的基本结构。① 勒克曼认为,这些基本结构就奠基于生活世界,而且在这些奠基性的普遍构成性的生活世界的分析之中,能够有助于推动各种类型的社会历史性问题的解决,从而避免执行基于单一社会的偏颇概括。

---

① [英]布赖恩·特纳:《社会理论指南》第 2 版,李康译,上海人民出版社 2003 年版,第 344 页。

因而,建构一种科学形式的语言或通用符号而不丧失意义,并且将这种活动理解为从生活世界现象学中得出的概念和分支,这也有助于保证现象学与社会学的某种统一。而这种统一并非一方消融于另一方,也并非一方为主另一方为辅,而只是提供一种负责任的关于生活世界的一种阐释与理解。社会学可以对那些具体的客观的社会进行精确的分析,而现象学则针对这个世界上的那些主观取向的普遍结构作出独立的洞察。勒克曼将他的论文集命名为《社会与生活世界》,笔者认为,这也可能是他最重要的研究主题,关于社会的理论可以视为植根于生活世界的理论,并不必归入后者,他进而将现象学的主观分析称作原社会学,而舍弃了现象学社会学这一称呼。由于勒克曼的作品复杂多样,视野广阔,因而这里不可能全面地梳理和挖掘其整个理论,更不用说充分展现那些丰富的具体经验研究了。然而,在勒克曼那里,两种研究范式清晰可见,一种范式是关于社会现实的建构的社会学分析,而另一种范式则是严格的描述性的现象学分析,它针对的是奠基性的生活世界中的那些主观取向的不变结构,这包括在主观的人类经验中实现社会世界的构成。而理解他所谓的两种情况下的"平行行动"非常重要,因为这可以充分把握社会与生活世界之间那些分析节点和基本媒介,最终将导致在社会行动中建构某种关于社会与文化的先验客观现实。

勒克曼发展了一套关于语言和沟通的理论。因为声音在互动的角度上作为最重要的客观载体和客观化的表达方式,随着特定的具体社会而产生,具有意义赋予和实在构建的特征。社会科学将已经经过解释了的沟通性日常生活作为客观的研究对象,而从现象学的角度可以将这些日常生活看作一种主观过程,这有助于阐明社会科学的反思性主题,这也有助于处理个人认同、社会化与制度等其他重要的研究主题,所有这些都涉及主体性与意识构造过程,以及社会世界的主体间性建构本身。在其后期,勒克曼关注道德秩序和道德现象,他"着眼于它们在不同的社会历史中相互关联的各种表达,着眼于沟通过程中的经验建构和重构的方面,着眼于它们共同的奠基性'本原',将其作为生活世界之普遍结构中的一种主体间性构成来分析"①。

勒克曼理论的总体特征是非常重视科学性，但仍然奠基于现象学的一种反思性考察，他试着提出一种关于人类在生活世界中行动取向的充分的认识，并尝试性地做到涵盖一切。值得一提的是，勒克曼在西方世界影响很大，"由于勒克曼在德国的杰出影响力，勒克曼的《现实的社会建构》在德国社会学家之间广为传播"②。其主要著作包括《不可见的宗教》《日常生活世界的语言建构》《现象学与社会学》《生活世界与社会现实》《论道德的主体间性建构》等，然而在国内直接研究勒克曼的相对较少，这应该成为未来研究的一个重要方向。

第三节　其他主要弟子

一、那坦森

莫里斯·那坦森也是许茨的一个主要学生，许茨文集的第一卷《社会实在问题》编辑者就是那坦森，那坦森为该文集写了一篇题为"理解生活世界的预设、结构和含义，构造人们解释自身行动和世界的方式"的长长的序言。那坦森的主要著作有《现象学与社会现实》《现象学与社会科学》《现象学、角色与理性》《论看与被看》《正在游历的自我》《情色鸟》等。

那坦森认为，许茨试图把握个体如何能够相互理解，这使得许茨极为重视主体间性现象，主体间性的问题因而成为日常世界的中心问题。许茨反对胡塞尔先验主体间性的构造学说，他认为主体间性并非一个构造的问题，而是一个既定的事实，是生活世界的一个材料，他着手构建一种世间的主体间

---

① ［英］布赖恩·特纳：《社会理论指南》第 2 版，李康译，上海人民出版社 2003 年版，第 351 页。

② Elzbieta Hatas, *Life-World Intersubjectivity and Culture*, Internationaler Verlag der Wissenschaften Frankfurt am Main, 2016, p.27.

性理论,旨在指明他人对我的解释与我对他人的解释是如何共同决定了其对我的意义,从根本上来说,意义就是一个主体间性现象。那坦森在某种程度上发展了许茨的这一观点,他认为我们每一个人都不可避免地生活在一个大家共享解释的世界,这个世界承载了人们太多的期望和需要,这些期望和需要由社会生活的要素和我们自己的经验交织而成。主体性总是具有两面性,单一的和多数的,独有的和共享的,个体的和集体的。那坦森认为,主体性意味着受主体限制,当它是以主体为限时,就相当于主体间性。"交互主体性是围绕着两个或更多达成一致并共同融入世界的主体的前景而形成的,不论这前景是实现了还是没实现。当两个或多个人意识到他们对彼此有足够的了解,以至于可以将他们相互的了解普遍视为理所当然时,它就形成了。"①

那坦森延续了许茨和古尔维奇关于生活世界的探讨,根据许茨的观点,生活世界在根本上是不透明的,它包含了多维社会结构,根据古尔维奇的观点,意识具有反思性。那坦森以胡塞尔的先验现象学为基础,自成一格地融合了多种观点,达到了自己独立的立场,这种立场可称为"生活世界中的反思自我"。那坦森有时将自己的作品称为"存在现象学",这种"存在现象学"既不是仿照胡塞尔,也不是跟随海德格尔,而是他自己做现象学的方式,他所谈论的存在,就是许茨所说的日常生活世界带有被想当然接受的全部类型化的世俗存在,因而他所谈论的现象学本质上就是对一种类型化的先验分析,或者说,是对这个现实的日常世界的可能性本身的先验分析。

具体说来,那坦森将存在现象学看作以一种更原始的方式发生的事业。我们的生存或活动首先而且一直是在这个日常生活世界之中,我们的自我以及这个世界的发展本身也始终依赖于自我的漫游能力,即通过意识的各种活动,介入并直面生活世界的世俗存在,以此凸显这个世界本身的轮廓。那坦森

---

① ［美］乔治·瑞泽尔:《布莱克维尔社会理论家指南》,凌琪等译,江苏人民出版社2009年版,第380页。

认为,意识活动是主动的自觉的和意向性的,它具有一种对事物进行纯粹类型化、统觉和抽象化的能力,因而可以阐明社会学建构性的理论结构。他还具体分析了匿名性和认识之间的根本性的交互缠绕的动态关系:"他人就是通过这种动态关系,以多种不同方式被把握,而巨大的社会世界也被看成既维持了它的事实性,也维持了它的自由。"①

那坦森不仅探讨了生活世界本身,探讨了其先验成分,而且他跟随古尔维奇和许茨,捕捉到那些处于边缘的经验,这些经验很难为自觉意识所把握,但是它导向整个世界的视域。那坦森还具体分析了持续不断的世俗生存,那是一种意识流现象,一种时间性的脉动,一种不断进行的具有宽度的赫拉克利特式的河流。意识在意向性上存在着熟悉的、陌生的以及奇异的事物的差异,而可能性则可以理解为事关意识的想象能力。他将日常生活世界的世俗性看成一种可能性,而通过意识的想象性活动、构成性活动以及综合创造性活动,意识不断实现了自身的漫游能力。对于那些处于捉摸不定、模糊不清的边缘性的隐藏性的细枝末梢上的感觉经验,那坦森运用了一种文学性的比喻:语词开始摆脱它们的界限,而在颠覆着我们关于常识的知觉经验。总之,那坦森的思想始终围绕着意识,关注我们自身,从未忘记生活世界内在的相互缠绕的边界,它最终会导向处于社会世界之中内在统一负责任的主体性,而同时拥有兼具光明和黑暗的两种视野。

二、格拉霍夫

格拉霍夫是一位富有创造力的年轻的波兰学者,其理论不仅参照了许茨的社会多维结构观点,还吸取了古尔维奇关于背景世界的观念,而且他还借鉴了皮尔斯、米德、韦伯、戈夫曼和帕森斯等人的作品。他也是继许茨与古尔维奇之后的下一代现象学社会学开拓者中的一个主要人物。格拉霍夫主张返回

---

① [英]布赖恩·特纳:《社会理论指南》第 2 版,李康译,上海人民出版社 2003 年版,第348 页。

到活生生的原始经验当中,要如实地阐明你所看到的东西,对于社会学家来说,现象学成为令人感兴趣的话题,对一些事件和事实的描述必须参照和指涉一些主观经验。为了将社会世界作为一种有意义的世界来分析,社会学家必须将个体的主观经验考虑在内并对其加以解释,而且要把握个体感知世界的不同方式,这样才能更好地理解一个真实的世界。

　　向主观世界的回归也代表着一种观点,即社会世界是在人们互动的过程中被建构起来的,现象学的分析可以深入社会文化世界中一些细微而平常的经验之中。在《背景与生活世界》一书中,格拉霍夫反对哈贝马斯和勒克曼的体系性哲学,与其说他关注的是生活世界,倒不如说他关注的是日常生活,他把目光转向了背景,背景是一个人在日常生活中最熟悉而又不在意、最接近而又容易忽略的领域。格拉霍夫对学者的私生活感兴趣,他关注这些学者工作的意图、原因和动力,努力研究那些未发表的手稿,而且愿意分析通信,通过收集个人档案、文件和传家宝等来得到一些未被编辑的材料。他不仅出版了许茨与帕森斯的通信录,而且出版了许茨与古尔维奇的通信录。① 他对那些普通人的日常生活的细微经验比对那些经济与政治等宏大事件更加感兴趣。作为一个社会学家,他所提供给我们的并非一个有良好的秩序概念的清晰体系,而是一个涵盖了人的观察、联想、理论评论与各种观念之网,他经常是从碎片、踪迹与暗示中建构文本,从那些异质而多样的材料中得出深刻的结论。因而,尽管有时他的观点有些独断,但它无疑是原创性的,有时他能看到人们几乎无法想象的联系,并以一种科学的定性研究的方式来把握社会现实。

　　格拉霍夫接受了许茨的一个观点,即在根本上我们只有从符号角度才能把握社会世界,而生活世界到底是指什么? 他的回答是关于背景对象的基本界定,他在概念上首先将背景从诸如此类的给定界定中解脱出来,在他那里,

---

① 　Elzbieta Hatas, *Life-World Intersubjectivity and Culture*, Internationaler Verlag der Wissen-schaften Frankfurt am Main,2016,p.24.

背景展现为一种研究对象,一种一般性的稳定的主题。而要想达到对背景与生活世界的关系的精确理解,必须结合他的第一部著作《社会多变性的结构》来加以补充。这部著作说明了那些非常复杂的现象交织而缠绕在一起,在人们的日常行事和活动的含糊情景当中,类型化活动以变异与分化的形式不断发展,而无论怎样变异与分化,总是包括新类型的形成,这个涉及社会类型化和社会多变性的过程被视为在更深的层面上具有从后件推出前件的推论式结构。因而,他对生活世界的探讨已经深入知觉意识的构成领域,这也是现象学迄今为止最为艰深的主题之一,它涵盖了那些完全未经阐明的社会性特征和主体间性特征:"格拉霍夫的探讨可以说从一开始就深深地扎根于现象学和社会理论相互交织的双重结构。"①

格拉霍夫主张,关于生活世界的整个理论诉求都必须保持对于社会科学研究的精神气质的开放状态。他坚定地捍卫方法论的主观主义,他的现象学社会学始终不渝地将焦点放在哲学与社会学之间的内在的生活世界的中间领域,强调作为主体间性情境中的一种指引理论形塑的创造性环节。他一直遵循着定性的研究思路,着眼于某种方法丛的塑造和使用,他所说的背景实际上就是一种正常的观念,他重视正常化生活世界情境的特定性质,以达到充分阐明社会性互动的目的。他依赖了胡塞尔"生活世界是在先给予每一个人的唯一的一个生活世界"的基本界定,从一种熟悉的角度来理解类型化,视其为生活世界的一种先验假定。正常性可以被理解为更具个性的熟识感,它可以视为仅限于背景。因而,正常的观念实际上就是人类生活背景中的一种不断趋向完成的社会性组织机制。人的社会情境所包含的种类,可以分为从周围的熟悉背景,到日常生活规范结构完全未经阐明的开放情境,再到社会系统。"社会与自然尽管持续不断地呈现出来,但并不比空气的变化更具有自我明证性。自然只有在其与背景之间的相对关系中,才首先成其为'自然的';而

---

① [英]布赖恩·特纳:《社会理论指南》第 2 版,李康译,上海人民出版社 2003 年版,第 355 页。

社会也通过相对自然的世界观,成为一种现时的社会实在"①。

格拉霍夫的背景也作为一种"前阐明"的环境,它可以导向更加具体的经验研究,因而背景可以视为更广泛的一种有明确界限和情景定位的行动情境与体验情境,屋中的床和桌子,花园中的树和花,与活生生的身体共同参与了情境的营造,对这些背景的修补工作,可以从与社会系统之间的某种专门的联结的具体角度入手。这样,像家庭、心理诊所、公司职场、养老院、大学生公寓等诸如此类的经验性社会情境,都可以得到专门研究。

总体上看,格拉霍夫的研究阐明了社会与背景之间的决定性差异与关联。尽管社会本身从未被当作生活世界的情境来探讨,但社会与背景之间的关联始终必须付诸具体研究,从这样的视角出发,以一种背景分析的研究思路,生活世界本身就可以展现为一种特殊的情境,至少可以包括六种意义维度:一是行为与社会行动结构,二是个人,三是主体间性,四是作为历史意义的世代之间的传递,五是实际与现实性,六是科学理论的基础与形态。这些主题的研究导向了他近来关于邻里关系与文化邻接的研究,导向了关于文化符号系统与历史纪元的研究,还导向了关于道德责任和政治责任的研究等。正如我们知道的,胡塞尔将死亡理解为从作为人类的自我客观化中先验自我的撤离,而格拉霍夫的研究则更进了一步:"作为先验自我,已经处于那种撤离中……他超越了背景,超越了日常生活,超越了具有其界限和边界的邻里关系,超越了生活世界和整个世界。"②

三、奥尼尔

关于奥尼尔是否能称为现象学家,以及其理论中包含有多少现象学的元

---

① [英]布赖恩·特纳:《社会理论指南》第 2 版,李康译,上海人民出版社 2003 年版,第 356 页。

② Elzbieta Hatas, *Life-World Intersubjectivity and Culture*, Internationaler Verlag der Wissenschaften Frankfurt am Main, 2016, p.26.

素,这是个可以引起争论的问题,有人说他已经偏离了现象学的发展方向。但是对他的影响最大的两个人,一个是许茨,他的作品是基于许茨关于世界的常识知识和行动者的实践态度的观点展开论述的;另一个则是梅洛-庞蒂,梅洛-庞蒂关于活生生的身体与语言的分析深深地影响了奥尼尔。而众所周知,古尔维奇是梅洛-庞蒂的老师和朋友,因而,古尔维奇也间接对奥尼尔产生了影响。

奥尼尔关注的中心问题是"生活世界中活生生的身体",他的早期作品《感知、表达与历史》《作为一种贴身行当的社会学》《整合意义:野性社会学导论》《书写蒙田》等以一种独具特色的社会学研究途径,将社会学视为一种基于活生生身体之上的无中介性的和人打交道的手艺,以共生的方式许诺将最初取自人们的东西归还给他们。根据奥尼尔的观点,社会学家在投入并实施社会学研究任务时,不是为了努力恢复人的整体,而是为了表达以下两个方面之间的种种关联,一个是个人经验,另一个是将我们人类的情感放在生活世界的技术、科学和政治之类的制度当中来理解,并进行重新评价。他的研究不仅分析活生生的身体,而且将生活世界中的身体看作与他人一起共同寻求某种意义的场所和共同体,基于这样的思维方向,尝试重新思考社会及其各项制度。

奥尼尔的出发点不是科学观察者居高临下式的态度,而是从内心深处基于身体的方式将社会学家的所见所闻和理智思考结合起来,在与他人的眼光交汇之点上,来寻觅人的注视中的那份关切、那份期待、那份忧虑和那份渴望的神秘,例如,根本关怀、注意、在场、开放性、自我与环境之间基于身体基础之上的合成、有限的反思性以及对于他人的信任等。这些都可能导向关于社会叙事、辩论和对话的一种相互关联的考察,而我们的身体在这些考察对象中,忍受着有序和无序生活的张力,从根本上可以被看作"世界的肉身,而世界也就此以肉身的形式融入人与社会的意义与无意义"①。而正是通过我们的言

① John O'Neill,*Making Sense Together*,New York:Harper and Row,1974,p.48.

语的述说与交流,我们自己才被看作语言的物质真理,也正是通过我们的身体的这种自然语言,我们才可以谈论世界,而世界也反过来在我们身上发言。因而,尽管言说被理解成语言在参与基于活生生的身体表达之上设立新的意义活动时所获得的那种确切内涵,但还不止这些,它永远也不会是关于世界的一种纯粹散文化的描述,而只能是我们关于在世存在的诗学。

奥尼尔将人的日常生活中的生老病死、婚丧嫁娶、衣食住行、成家立业等一些"重大的平常之事"作为一种更加具体研究的焦点,这些"重大的平常之事"最终被视为在现时中被重新构造,被实际生产出来,并以未来为导向的。这种现象学的社会学研究不仅仅依附于世界,而且这个世界在最直接的意义上是我们的环境,在其中看与被看都是人的自然眼光,而知识则开启了一条道路,他人在沿着聚集我们生命的义务方向的道路上继续前进。这种研究也可称作身体化的社会学研究,它始终会涉及奥尼尔所说的"一种意愿,具备一种共同体的外观,成为一座生存的居所"①。

在奥尼尔后来的著作《身体形态——现代社会的五种身体》《身体五态——重塑关系形貌》以及《灵魂的家庭经济学》等著作中,进一步深入分析了他的活生生的身体在生活世界中的社会的表现。他接受了维柯的《新科学》的一个观点,即拟人论:"我认为如果没有拟人说,人类将难以在世上立足。"②另一方面,他还借鉴了弗洛伊德的《文明及其不适》中的文明化命题作为论证思路,像弗洛伊德那样对我们高度发达的文明冷眼旁观,清醒地反思文明的不适与缺憾。他认为,拟人论对于人类而言是一种最原初也最基本的人类反应,如果彻底抛开拟人论,"这个世界将呈现出比任何神祇都更让他们感到隔膜的特性"③。在人类社会初期的神圣制度和世俗制度的公共塑造过程

---

① John O'Neill, *Making Sense Together*, New York: Harper and Row, 1974, p.80.

② [美]约翰·奥尼尔:《身体形态——现代社会的五种身体》,张旭春译,春风文艺出版社1999年版,第1页。

③ [美]约翰·奥尼尔:《身体形态——现代社会的五种身体》,张旭春译,春风文艺出版社1999年版,第4页。

中,拟人论一直充当着一种创造性的力量。奥尼尔希望通过对人的身体的研究切入人、自然与社会制度之间复杂的公共关系中的核心问题上来:"我们会比较细致地看到,人的身体如何作为一种有理解力和评判力的资源,参与对于支撑我们的社会、政治与经济制度的那些大小秩序的公共生产。"①

奥尼尔所谓的活生生的身体,就是我自己与他人之间沟通性的身体呈现,它是一种总的媒介,有时它表现为一种维持生命所必需的活动,而在更多的时候,则是在初始行动的基础上精心发挥,从其表层意义而进入喻指意义,从而实现新的意义内核。身体有时必须把自身打造成某种工具,以此在其周遭投射出一个文化世界,这也是梅洛-庞蒂的观点,那种沟通态的身体是人的世界与历史、文化、政治经济机制交汇总的媒介。人的文化的产生与兴起,恰恰是因为人的身体姿态与视听能力的结合开启了一个符合世界,它大大地丰富了我们的体验,人的生老病死、喜怒哀乐、饥寒交迫与美丑善恶,这些体验千变万化,令人难以置信,"对于如何将身体的这些体验适当地仪式化,各个社会之间未能达成任何普遍共识"②。然而,我们无法逃避与他人共在的生活,我们的社会交往依赖于主体之间的交互式体验,从本质上来说,具有沟通性功能的身体是一切社会乃至一切社会科学实践的道德基础。

无论是我们生活其中的小团体,还是更大范围的社会,我们的身体都是一个精妙的工具,在面前走来一位身材苗条的少女时,所有男人都会对她报以欣赏的一瞥,而一双手更是灵巧、灵活、灵秀的代名词,我们的穿衣打扮、化妆修饰、握手拥抱等社会交往活动,无一不与身体密切相关,而身体的不适不仅可以成为拒绝与排斥的表达,而且也可以成为委婉托辞与不参与的借口。哲学家们从来都是公开地谴责我们只看表象、图慕虚荣,但是,我们始终都会自觉

---

① [美]约翰·奥尼尔:《身体形态——现代社会的五种身体》,张旭春译,春风文艺出版社1999年版,第5页。

② [美]约翰·奥尼尔:《身体形态——现代社会的五种身体》,张旭春译,春风文艺出版社1999年版,第6页。

而不自觉地关注事物的外观和他人的外表。因此身体化的外形状况太重要了，而几乎不可替代，这可以解释为什么有那么多的年轻人忍受着刀割之苦而不惜花费巨额的金钱去整容的原因。正是通过人们的脸，人们的身体，人们的穿着外观，才会让我们产生好感和厌恶，喜欢与嫌弃，人的身体让我们产生了最初的领会与评价，并直接塑造了我们的反应和行动，是接近还是远离，是值得信任还是让人怀疑，是趋之若鹜还是避犹不及，是梦寐以求还是望而却步，是令人欣喜还是让人惧怕，是积极正面还是消极负面。总之，我对他人的第一感官，所知所感，所见所闻，构成了与他人互动的原始基础，它是我们的社会知识的肉身根基，是我们的印象、感知、判断与审美最初的来源。

因而，人的身体呈现能够在自我与社会之间创造根本的纽带。在成年人的生活背景下，身体具有符号功能，承担着各种各样的工作和使命，社会成员通过符号系统中的身体，彼此交往和沟通，交换着信息，对社会地位、能否可以进一步接触、是否可以成为朋友和伙伴，甚至是愿不愿意性爱都可以作出回答，至少是可能找出蛛丝马迹的信号。"作为沟通态身体，我们也参与了居处其间的文化与社会的消费与（再）生产。"①我们要想在自己所处的社会背景中有一个基本的定向和把握，就需要识别各种信息，而视觉无疑首当其冲地成为我们可以使用的最佳工具，因而，人永远是一个视觉动物，这个世界最不缺少的就是吸引眼球的功夫，各路商家、各色人等无一不绞尽脑汁来想办法怎样才能赢得人们的关注、青睐和认同，我们的社会是一个蔚然大观的肉身化的社会，这也是我们每一个人都身在其中而乐此不疲的身体化的日常生活的最高现实。

---

① ［加］约翰·奥尼尔：《身体五态——重塑关系形貌》，李康译，北京大学出版社 2010 年版，第 79 页。

结　语

　　西方文化(culture)一词的现代意义与古代意义截然不同。古代的文化一词指的是农业上的培育和耕种。赫尔德(Johann Gottfried Herder)最早表达了我们今天称为"文化"概念中关于"精神""灵魂""民族特性""精神特质"等方面的内涵,他细述了文化定义中的几个主要特点:非常深奥,难以界定,能够体现出生活方式的总体性等,各种不同的生活方式由于其本身的生动活泼而充满活力、热情激昂、引人注目而又美妙无比,人的世界充斥了各种各样的人的力量,鲜活的精神和人类的力量便是文化的内涵。因而,赫尔德就成为对文化概念进行最初注解和诠释的天才式的先锋人物,他突出强调了文化的特点是具有整体性,文化是生活方式的总和,通过艺术和诗歌为人所理解,但也时刻展现在日常生活世界无处不在的创造之中。

　　文化的概念与人类学的发展密切相关,英国早期的人类学家爱德华·泰勒(Edward Teller)较早地提出一种关于文化的定义,他把文化等同于文明:"文化,或文明,就其广泛的民族学意义来说,是包括全部的知识、信仰、艺术、道德、法律、风俗以及作为社会成员的人所掌握和接受的任何其他的才能和习惯的复合体。"①如今,文化成为多个学科共同研究的对象,民族学、人类学、哲

---

　　① 〔美〕爱德华·泰勒:《原始文化》,连树声译,广西师范大学出版社2005年版,第1页。

学、社会学、历史学、语言学、教育学等学科都分别从各自的角度谈论文化。文化至少具有三重相互包含甚至是相互矛盾的意思：文化首先是指全社会有利于礼貌和文明的各种结构组织和礼仪风度；文化还指经过历史特殊的沉积而变成的思想上层建筑，包括文学、艺术、宗教、道德、法律、理论科学和意识形态等；同时，文化还指生活方式的总和，其中包括富有意义的习俗和行为，组成这些习俗和行为的各种事物以及形成并影响这些习俗和行为的态度、激情等。因而，文化不仅体现了大众生活的礼貌修养，而且体现在教育、学习、娱乐、习俗、惯例、立法和社交活动中，体现在生产体系和交换传统中。文化有时可以与文明互换来使用，成为文明化成就的展现，成为一种历史凝结成的生活方式。

尽管胡塞尔对文化概念没有进行过具体阐述，也没有对一些文化现象给予特别的关注，然而，胡塞尔晚年集中探讨了生活世界的观念。生活世界可以作为所有科学的起源，生活世界成了不仅包括各门自然科学，而且包括精神科学和文化科学的意义基础，而同时，我对这个世界的全部思考，我和其他人的沟通和交往过程、社会共同体的形成和构造过程也属于生活世界。现象学的反思正在于将重新展现处于生活世界之中的意义的产生过程，胡塞尔认为，只有将其回溯到主体最初构造经验的过程中，才能找到这些意义的明证性。而通过向生活世界的这种回溯，我们不仅可以理解生活世界是如何被塑造为一个社会世界的过程，而且可以理解构造那些客观的观念科学和理想形式最初的主观性起源，胡塞尔将与生活世界的意义基础有关的有贡献作用的主体性的意向活动作为研究主题，将那些隐蔽的未被揭示的意向活动和意向作用变成可以让人们理解的东西，这也被他规定为现象学无穷无尽的任务。因而，生活世界是一个通往先验哲学道路的新的起点。

正是在这一点上，许茨不同于他的老师胡塞尔，许茨认为生活世界从一开始就是一个文化世界，因为生活世界对于我们每一个人来说从一开始就是一个意义的宇宙。我们要想在生活世界找到自己的位置，就必须进行解释，日常生活世界正好为我们提供了一个进行理解和解释的基本意义框架。我们在生活世界中进行定位不仅要依靠特定的自然环境,而更多的要依靠社会文化环境,一个人在某时某刻的立场不仅取决于物理空间,而更多的则是取决于他的社会文化立场,取决于他在社会系统中所处的地位和所扮演的角色,取决于他所受过的教育和生平情境,取决于他的价值观、道德素质和意识形态立场。生活世界是一个文化世界,还因为我们总是意识到它的历史性,我们在传统与习惯中与它遭遇,生活世界的最大特征在于它的给定性,它是人们以往活动的结果,是各种活动的积淀和凝结。生活世界的另一重要特征在于主体间性,生活世界是一个主体间性的文化世界,这意味着我们与其他人相互影响和共同工作而联系在一起,主体间性成为生活世界的基本成分之一,在日常生活中,我持续不断地理解他人,而且成为他人也持续不断地理解的对象。

因而,我们突出地强调许茨,因为他是一个日常生活世界意义的发现者和探索者。他希望理解日常生活的各种预设,他追溯到常识世界与常识思维的各种意义产生过程。生活世界不仅预设了他人,而且具有一种意义结构,它在不断地构造着人们解释自身行动和解释世界的方式,每一个人都在他的生活中持续不断地根据他的特殊的视角、兴趣、动机、理想、倾向、目的、价值观念、宗教信仰和意识形态承诺解释他所面对的一切,因而,日常生活世界成了一个意义的宇宙。日常生活世界还成了一种最高现实,成为各种有限意义域的原型,而其他世界,包括艺术的世界、宗教体验的世界、梦的世界、理想观念的世界、想象和幻想的世界、儿童游戏的世界、精神病患者的世界、科学和哲学的世界等,它们都可以称作日常生活世界的一个变体,都可以称作日常生活的经验的一种特殊的修正,都可以变得与日常生活的意义相容。因而,许茨突破了先验哲学的研究框架,扩展了现象学自我反思的边界,开辟了一个非常新颖的研究领域,显示了现象学对经验细致分析的巨大潜力,也丰富了社会学的自我理解,而且他创造性地将现象学的意向性分析运用到日常生活世界的意义的解释活动中,使现象学社会学充满活力并日益走向成熟。

　　几乎与许茨同时,法国现象学发展起来,而且超过了现象学的德国前辈而成为一支后来居上的哲学生力军,在法国现象学发展的早期阶段,有两个人功不可没,一个是萨特,而另一个则是梅洛-庞蒂。萨特主要的贡献在于完成了一项他的现象学的德国前人所没有能够完成的任务,将现象学与存在主义紧密联系起来,他将现象学完全建立在人的生存这个基本的层次之上,这种正常明显的放弃先验哲学的倾向并且将用现实的人来代替纯粹意识的选择成为对胡塞尔现象学的最重大改造,他关注的出现具体的人的存在处境和历史情境,以及人与人之间的现实交往与互动、主体间性也构成了萨特哲学的基本主题。梅洛-庞蒂不仅非常熟悉胡塞尔和海德格尔的著作,而且深受萨特的影响,他的知觉现象学完全在胡塞尔晚期的生活世界的观念上展开,他从人的知觉,从人的身体介入世界,进而探讨了语言、艺术、历史与科学等诸多的问题,可以说,梅洛-庞蒂的哲学丰富、扩展和深化了生活世界现象学的研究,他可称作对生活世界现象学的文化世界研究的集大成者。

　　理论不应该只在纯粹的观念王国中自由自在地翱翔,而是应该始终扎根于地面,哲学不应该远离生活,未来真正的哲学一定是奠基于生活世界丰沃土壤之上的文化哲学,文化哲学将在理论理性与实践理性的交汇之处,在形而上与形而下的临界点上茁壮成长、开花结果。人类生活始终是以日常生活作为基础的沟通性的关系性的反思性的多维视角的社会文化生活,通过细致地观察这种生活,就可以按其本质的形式作出多种类型的概括,积极投入、全身参与、相互理解、保持对话、把握视角、建构意义、分享经验、达成共识,就成为进行社会文化生活的关键步骤,这些步骤中的每一步都具备具体的扎根性经验形式,同时也可以将其看作跨越文化的类型化情境。对社会世界的研究越来越清楚地指涉到自身行动和互动的社会的文化的根源,社会建构不仅仅是宏观的、总括式的、一元性的和整体性的,而且还是微观的、具体的、混杂的、模糊的、暧昧的、细节性的、边际性的、弥散化的、局部性的、不确定性的和多元性的日常行为,这样,关于电影、身体、音乐、性、电视、绘画、传媒、自媒体、生活史、民族志乃至更一般层面上的文化研究,就凸显到日常生活的研究中来了,从而开启了文化的日常生活研究的先河。我们的文化世界有着各种各样的文化资源,它们并非都是早已被抛弃了的尘封的遗物,它们还有待开发,它们很可能是一些未曾播种的种子和一个个孕育新生的希望,这需要一种关于文化的自我意识、自我革新能力和创造精神。

参考文献

一、中文

[1][德]胡塞尔:《逻辑研究》第一卷,倪梁康译,上海译文出版社 2006 年版。

[2][德]胡塞尔:《逻辑研究》第二卷,倪梁康译,上海译文出版社 2006 年版。

[3][德]胡塞尔:《纯粹现象学通论》,李幼蒸译,商务印书馆 1992 年版。

[4][德]《胡塞尔选集》上下册,倪梁康选编,上海三联书店 1997 年版。

[5][德]胡塞尔:《哲学作为严格的科学》,倪梁康译,商务印书馆 1999 年版。

[6][德]胡塞尔:《现象学的方法》,黑尔德编,倪梁康译,上海译文出版社 2005 年版。

[7][德]胡塞尔:《生活世界现象学》,黑尔德编,倪梁康、张廷国译,上海译文出版社 2005 年版。

[8][德]胡塞尔:《欧洲科学的危机与超越论的现象学》,王炳文译,商务印书馆 2001 年版。

[9][德]胡塞尔:《笛卡尔式的沉思》,张廷国译,中国城市出版社 2002 年版。

[10][德]胡塞尔:《第一哲学》上下卷,王炳文译,商务印书馆 2006 年版。

[11][德]胡塞尔:《经验与判断》,邓晓芒、张廷国译,上海三联书店 1999 年版。

[12][德]胡塞尔:《内在时间意识现象学》,杨富斌译,华夏出版社 2000 年版。

[13][德]胡塞尔:《共主观性的现象学》,倪梁康主编,王炳文译,商务印书馆 2018 年版。

[14][德]胡塞尔:《现象学和科学基础》,李幼蒸译,中国人民大学出版社 2013 年版。

［15］［德］胡塞尔:《现象学的构成研究》,李幼蒸译,中国人民大学出版社 2013 年版。

［16］［德］胡塞尔:《现象学心理学》,李幼蒸译,中国人民大学出版社 2015 年版。

［17］［奥］许茨:《社会实在问题》,霍桂桓译,华夏出版社 2001 年版。

［18］［奥］许茨:《社会理论研究》,霍桂桓译,浙江大学出版社 2011 年版。

［19］［奥］许茨:《现象学哲学研究》,霍桂桓译,浙江大学出版社 2012 年版。

［20］［奥］舒茨:《社会世界的意义构成》,游淙祺译,商务印书馆 2012 年版。

［21］［美］施皮格伯格:《现象学运动》,王炳文译,商务印书馆 1995 年版。

［22］［荷］泰奥多·德布尔:《胡塞尔思想的发展》,李河译,生活·读书·新知三联书店 1995 年版。

［23］［德］海德格尔:《现象学之基本问题》,丁耘译,上海译文出版社 2008 年版。

［24］［德］海德格尔:《存在与时间》,陈嘉映、王庆节译,生活·读书·新知三联书店 1999 年版。

［25］［德］《海德格尔选集》上下册,孙周兴选编,上海三联书店 1996 年版。

［26］［德］马克斯·舍勒:《人在宇宙中的位置》,李伯杰译,贵州人民出版社 1989 年版.。

［27］［德］马克斯·舍勒:《伦理学中的形式主义与质料的价值伦理学》上下册,倪梁康译,生活·读书·新知三联书店 2004 年版。

［28］［德］马克斯·舍勒:《哲学与世界观》,曹卫东译,上海人民出版社 2003 年版。

［29］［德］《加达默尔集》,严平编选,邓安庆等译,上海远东出版社 2003 年版。

［30］［德］加达默尔:《科学时代的理性》,李河等译,国际文化出版公司 1988 年版。

［31］［爱尔兰］德尔默·莫兰:《现象学——一部历史的和批评的导论》,李幼蒸译,中国人民大学出版社 2017 年版。

［32］［法］梅洛-庞蒂:《1948 年谈话录》,郑天喆译,商务印书馆 2020 年版。

［33］［法］梅洛-庞蒂:《行为的结构》,姜志辉译,商务印书馆 2001 年版。

［34］［法］梅洛-庞蒂:《知觉现象学》,姜志辉译,商务印书馆 2001 年版。

［35］［法］梅洛-庞蒂:《符号》,姜志辉译,商务印书馆 2003 年版。

［36］［法］梅洛-庞蒂:《眼与心》,杨大春译,商务印书馆 2007 年版。

［37］［法］梅洛-庞蒂:《可见的与不可见的》,罗国祥译,商务印书馆 2008 年版。

［38］［法］梅洛-庞蒂:《哲学赞词》,杨大春译,商务印书馆 2000 年版。

［39］［法］梅洛-庞蒂：《世界的散文》，杨大春译，商务印书馆 2005 年版。

［40］［法］梅洛-庞蒂：《辩证法的历险》，姜志辉译，商务印书馆 2001 年版。

［41］［法］梅洛-庞蒂：《知觉的世界》，王士盛等译，商务印书馆 2019 年版。

［42］［法］萨特：《存在与虚无》，陈宣良等译，生活·读书·新知三联书店 2007 年版。

［43］［法］萨特：《存在主义是一种人道主义》，周煦良、汤永宽译，上海译文出版社 2005 年版。

［44］［法］贝尔纳·亨利·列维：《萨特的世纪》，闫素伟译，商务印书馆 2005 年版。

［45］［法］萨特：《萨特说人的自由》，李凤译，华中科技大学出版社 2018 年版。

［46］［法］利科：《哲学主要趋向》，李幼蒸、徐奕春译，商务印书馆 1988 年版。

［47］［美］弗莱德·R.多迈尔：《主体性的黄昏》，万俊人译，广西师范大学出版社 2013 年版。

［48］［丹］丹·扎哈维：《胡塞尔现象学》，李忠伟译，上海世纪出版公司 2007 年版。

［49］［丹］丹·扎哈维：《主体性与自身性》，蔡文菁译，上海译文出版社 2008 年版。

［50］［英］哈维·弗格森：《现象学社会学》，刘聪慧等译，北京大学出版社 2010 年版。

［51］［德］弗兰兹·布伦塔诺：《从经验立场出发的心理学》，郝亿春译，商务印书馆 2017 年版。

［52］［德］克劳斯·黑尔德：《时间现象学的基本概念》，靳希平等译，上海译文出版社 2009 年版。

［53］［德］克劳斯·黑尔德：《活的当下》，肖德生译，上海译文出版社 2020 年版。

［54］［德］克劳斯·黑尔德：《世界现象学》，倪梁康等译，生活·读书·新知三联书店 2003 年版。

［55］［美］乔纳森·特纳：《社会学理论的结构》第 7 版，邱泽奇等译，华夏出版社 2006 年版。

［56］［英］布赖恩·特纳：《社会理论指南》第 2 版，李康译，上海人民出版社 2003 年版。

［57］［德］施太格缪勒：《当代哲学主流》，王炳文等译，商务印书馆 1986 年版。

［58］［瑞士］鲁多夫·贝尔奈特、耿宁、艾杜德·马尔巴赫：《胡塞尔思想概论》，李

3

幼蒸译,中国人民大学出版社 2011 年版。

[59][德]哈贝马斯:《后形而上学思想》,曹卫东等译,译林出版社 2001 年版。

[60][德]哈贝马斯:《交往行动理论》第二卷,洪佩郁、蔺青译,重庆出版社 1994 年版。

[61][德]哈贝马斯:《交往行为理论》,曹卫东译,上海人民出版社 2004 年版。

[62][德]哈贝马斯:《包容他者》,曹卫东译,上海人民出版社 2002 年版。

[63][美]唐·伊德:《技术与生活世界》,韩连庆译,北京大学出版社 2012 年版。

[64][捷]卡莱尔·科西克:《具体的辩证法——关于人与世界问题的研究》,刘玉贤译,黑龙江大学出版社 2015 年版。

[65][美]威廉·詹姆斯:《心理学原理》,田平译,中国城市出版社 2003 年版。

[66][美]威廉·詹姆斯:《多元的宇宙》,吴棠译,商务印书馆 1999 年版。

[67][法]梅洛-庞蒂:《人道主义与恐怖》,郑琪译,商务印书馆 2021 年版。

[68][法]梅洛-庞蒂:《意义与无意义》,张颖译,商务印书馆 2018 年版。

[69][德]马克斯·韦伯:《经济与社会》,林荣远译,商务印书馆 1997 年版。

[70][德]马克斯·韦伯:《社会科学方法论》,韩水法等译,中央编译出版社 2002 年版。

[71][德]尤利安·尼达-鲁莫林:《哲学与生活形式》,沈国琴等译,商务印书馆 2019 年版。

[72][法]萨特:《想象》,杜小真译,上海译文出版社 2008 年版。

[73][德]本哈德·瓦尔登费尔斯:《生活世界之网》,谢利民译,商务印书馆 2020 年版。

[74][美]赫伯特·斯皮格尔伯格:《心理学和精神病学中的现象学》,徐献军译,商务印书馆 2021 年版。

[75][法]柏格森:《时间与自由意志》,吴士栋译,商务印书馆 1958 年版。

[76][英]齐格蒙特·鲍曼:《流动的现代性》,欧阳景根译,中国人民大学出版社 2018 年版。

[77][英]齐格蒙特·鲍曼:《门口的陌生人》,姚伟等译,中国人民大学出版社 2018 年版。

[78][美]乔治·瑞泽尔:《布莱克维尔社会理论家指南》,凌琪等译,江苏人民出版社 2009 年版。

[79][加]约翰·奥尼尔:《身体五态——重塑关系形貌》,李康译,北京大学出版社 2010 年版。

［80］［美］约翰·奥尼尔:《身体形态——现代社会的五种身体》,张旭春译,春风文艺出版社 1999 年版。

［81］［美］爱德华·泰勒:《原始文化》,连树声译,广西师范大学出版社 2005 年版。

［82］佘碧平:《梅罗-庞蒂历史现象学研究》,复旦大学出版社 2007 年版。

［83］杨大春:《语言　身体　他者》,生活·读书·新知三联书店 2007 年版。

［84］［英］弗雷德·英格利斯:《文化》,韩启群等译,南京大学出版社 2008 年版。

二、外文

［1］Richard Grathoff, *The Correspondence of Alfred Schutz and Aron Gurwitsch*, Translated by J. Claude Evans, Indiana University Press, 1989.

［2］Alfred Schutz & Thomas Luckmann, *The Structures of the Life-World*, Volume 1, 2, Translated by R. M. Zaner and T. Engelhardt, Evanston: Northwestern University Press, and London: Heinemann, 1973.

［3］Alfred Schutz, *Collected Papers Volume IV*, Kluwer Academic Publishers, 1996.

［4］Helmut R. Wagner, *Alfred Schutz: An Intellectual Biography*, The University of Chicago press, 1983.

［5］Aron Gurwitsch, *The Collected Works of Aron Gurwitsch Volume 1: Constitutive Phenomenology in Historical Perspective*, Translated and Edited by Jorge Garcia-Gōmez, Springer, 2009.

［6］Aron Gurwitsch, *The Collected Works of Aron Gurwitsch Volume 2: Studies in Phenomenology and Psychology*, Edited by Fred Kersten, Springer, 2009.

［7］Aron Gurwitsch, *The Collected Works of Aron Gurwitsch Volume 3: The Field of Consciousness: Phenomenology of Theme, Thematic Field and Marginal Consciousness*, Edited by Richard M. Zaner and Lester Embree, Springer, 2010.

［8］Edmund Husserl, *The Crisis of European Sciences and Transcendental Philosophy*, Translated by D. Carr, Evanston: Northwestern University Press, 1970.

［9］Thomas Luckmann, *Life-World and Social Realities*, British Library Cataloguing in Publication Data, 1983.

［10］Elzbieta Hatas, *Life-World Intersubjectivity and Culture*, Internationaler Verlag der Wissenschaften Frankfurt am Main, 2016.

［11］Afred Schutz，*The Problem of Social Reality*，Martinus Nijhoff/The Hague，1973.

［12］Alfred Schutz，Collected Papers II，*Studies in Social Theory*，Martinus Nijhoff/The Hague，1976.

后　记

　　转眼之间,我博士毕业已经 15 年了,浑浑然不知不觉之中也已经年过50,有时候还是觉得不敢相信,生命过半,人生进入下半场。年少的轻狂,曾经的抱负,现在开始沉淀,心态也逐渐平和起来。我已不再年轻,但依然有一份纯真的憧憬,依然对未来有所期待,依然对我当年毅然决然地选择的这条学术之路感到庆幸,也依然对崇高的学术殿堂保持着一份敬畏。我相信,随着精神境界的提高和思想的升华,这个与灵魂相伴的职业一定会让我倍感充实、自信和幸福。学海无涯,我的头发几近半白,但不敢说学有所长,更不敢说自己学有所成。我深知我只是一个进入哲学之思无尽浩瀚海洋的初学者,一个刚刚踏入无边的学海汪洋浅滩的弄潮儿。有时候我望着那一摞一摞的书发呆,我知道不管多么努力,我也不可能读尽所有那些我想要读的珍爱之作,有时候到了晚上觉得力不从心,感觉非常疲倦,我已不能像年轻时候那样熬夜发奋读书了。而当我回首之时,我倍感欣慰,因为可以说,我还算没有虚度光阴,尽管有时觉得自己学术长进不大,但依然在不断学习、慢慢积累,而且期望总有一天将会在静谧中爆发。

　　我开始接触和学习现象学已经 20 余年,我也非常有幸将现象学作为我的博士论文选题。现象学的思维训练培养了我,现象学的产生为 20 世纪哲学的新年钟声增添了意识世界自导的旋律和音符,也为文化焦虑的人们奉献了一场世纪大餐和精神佳肴。胡塞尔创造性地提出了"生活世界"这一概念,成为新哲学的导引,然而非常遗憾的是,先验还原的方法窒息了生活世界的创造力和想象力。尽管他豪情万丈地期望重建理性,仍然坚守着自古希腊人就具有的传统哲学的先验立场,但他最终还是模糊和误导了我们的理性和知觉。正是以现象学的生活世界为根基,许茨、古尔维奇、梅洛-庞蒂、萨特等人,各自展开其丰富而鲜活的独创性研究,这也让我们看到了生活世界的哲学持久而永恒的爱智魅力。这本书展现的只是我试图对现象学这一场轰轰烈烈的百年运动进行个人诠释和解读的粗浅之见,其中许多观点都不成熟或者尚待完善,因而,诚恳地请各位专家和学者向我提出宝贵意见。

最后,感谢人民出版社的支持和责编非常认真地一次又一次地提出宝贵的修改意见,感谢我的妻子多年来对我的照顾和陪伴,感谢我的儿子一直以来为我提供的精神慰藉和生活乐趣,感谢曾经对我伸出援手帮助过我的每一个人。希望每一个人的美好愿望都能够实现,希望每一个人都珍惜现今美好的生活,希望这个世界尽善尽美。

2024 年 12 月

责任编辑：刘海静
封面设计：石笑梦
版式设计：胡欣欣

图书在版编目(CIP)数据

现象学视域中的生活世界与文化 / 张彤著. -- 北京 ：
人民出版社，2025. 1. -- ISBN 978－7－01－027011－1

Ⅰ. B81-06

中国国家版本馆 CIP 数据核字第 2025AB7346 号

现象学视域中的生活世界与文化
XIANXIANGXUE SHIYU ZHONG DE SHENGHUO SHIJIE YU WENHUA

张 彤 著

人民出版社 出版发行
(100706 北京市东城区隆福寺街 99 号)

北京汇林印务有限公司印刷 新华书店经销

2025 年 1 月第 1 版 2025 年 1 月北京第 1 次印刷
开本:710 毫米×1000 毫米 1/16 印张:24
字数:385 千字

ISBN 978－7－01－027011－1 定价:99.00 元

邮购地址 100706 北京市东城区隆福寺街 99 号
人民东方图书销售中心 电话 (010)65250042 65289539